道德经

国学经典文库 图文珍藏版

春秋·老聃⊙原著

马松源⊙主编

线装书局

第六十八节　不争之德

【题解】

有的人说《道德经》也可以看作是一部兵书，因为其中蕴藏着对战争的深刻见解。本章中，老子明确地阐述了他的战争观。老子反对武力，在他看来，通过动用武力来取得胜利并不是一个好的统帅，"善为士者，不武"。孙武说过："不战而屈人之兵，善之善者也。"真正的胜利是兵不血刃，是和平地解决纷争，这已经成为中国古代仁人志士的共识，更何况纷争本身就是不符合"道"的。《道德经》全书一以贯之的核心即为"道"，在老子的心中，最高理想的统帅应该甘居人下，海纳百川，是能够以广博的心胸包容一切事物的圣人，而并不是穷兵黩武的霸王。

【原文】

善为士①者，不武②；善战者，不怒；

河上公《老子章句》：言贵道德，不好武力也。善以道战者，禁邪于胸心，绝祸于未萌，无所诛怒也。

王弼《道德真经注》：士，卒之帅也。武，商先陵人也。后而不先，应而不唱，故不在怒。

善胜敌者，不与③；善用人者，为之下；

河上公《老子章句》：善以道胜敌者，附近以仁，来远以德，不与敌争，而敌自己服也。善用人自辅佐者，常为人执谦下也。

王弼《道德真经注》：不与争也。

是谓不争之德，是谓用人之力，是谓配天古之极④。

王弼《道德真经注》：用人而不为之，下则力不为用也。

陈致虚《道德经转语偈》：善用人者为之下，善弯弓者为之射。万丈悬崖撒手时，方名了了弓弦御。

【注释】

①士：这里指的是领兵打仗的人，即将帅。不武：不逞勇武。

②武：逞匹夫之勇。

③不与：不争斗。

④配天：符合自然的标准。古之极：古来最高的准则。极，准则、标准。

【译文】

善于做将帅的人，绝不逞其勇武；善于作战的人，不会轻易被激怒。善于克敌制胜的人，不会和对手正面交锋；善于用人的人，对其所用之人会表示谦下。这是不与人争的"德"，这是善用他人的能力，这是完全符合自然准则的最高行为。

【解析】

本章重新诠释了第二十二章、第二十七章的"不争"和"袭明"。老子说："善闭，无关键而不可开；善结，无绳约而不可解。""清静无为"是为人处世乃至治理国家的重要方略，为士不武，战者不怒，礼贤下士都是"大道无为"在社会政治生活中的具体体现。曹操为了把效力于刘备麾下的徐庶拉拢到自己帐下，派人模仿徐母的笔迹将其骗来，结果徐庶进了曹营一言不发。项羽为了逼迫刘邦投降，把刘父抓起来以此要挟，最终还是败在了刘邦手中。由此不难看出，曹操和项羽在处理这两件事情的时候都没有遵循"道"的原则，强人所难、咄咄逼人都不合乎"无为"的精神。

《孙子兵法》云："主不可以怒而兴师，将不可以愠而致战。"又云："将不胜其忿而蚁附之，杀士卒三分之一，而城不拔者，此攻之灾也。"君

老子标准像（油画）

主和将帅如果带着怒气兴师动众，一来可能会错误地估计形势，二来是不爱惜士兵的生命，所以这对战局是极为不利的。这一军事思想与本章"善为士者，不武，善战者，不怒"一句的主旨很接近。另外，"善胜敌者，不与"的思想不主张与敌人发生正面的冲突，与《孙子兵法》中"不战而屈人之兵，善之善者"的思想有异曲同工之妙。

老子在很多章节都谈到了他对战争的看法，因此有些学者认为《道德经》是一部兵书。其实老子所生活的春秋时代战乱频繁，在阐述政治思想时回避战争问题

是不太现实的。老子深知战争是解决政治问题的重要方式之一,因此他并不反对战争,只是不支持罢了。老子反对的是主动挑起的战争、以杀人为乐的战争、以掠夺为目的的战争等非正义的战争,所以应该"胜而不美",这才是"不争之德"。"不争之德"是老子"德"学说中的一个重要概念,也是由"道"演化来的。具有超越天地万物的能力而不仗势凌人,是"德"之最高境界,而这一切皆源于"道"。

【名句品读】

善为士者,不武。

老子向来坚持这样一个原则,即能够用智慧解决的事情,就坚决不用武力。任何时候,武力都不是解决问题的最好的方法;因为它不但会劳民伤财,多数时候结果也不是自己想要的。因此,老子劝诫人们,与其大动干戈、劳民伤财、费心费力地采用武力却达不到自己想要的目的,还不如放弃这种愚蠢的方式,平心静气地想一想,问题的解决方式改变了,结果可能也就会得以改变。

战国时期,韩国和魏国为了一块土地争得不可开交。后来,魏国人华子拜见韩昭僖侯,昭僖侯当时正在为这件事忧虑不已。华子说:"如果现在让天下的人都来到你的面前立下契约,上面写着:'只要左手拿到契约就砍掉右手,或者右手拿到契约就砍掉左手,而拿到契约的那个人就一定能够拥有天下。'请问您愿意拿到契约吗?"昭僖侯非常肯定地说:"我不愿意拿。"

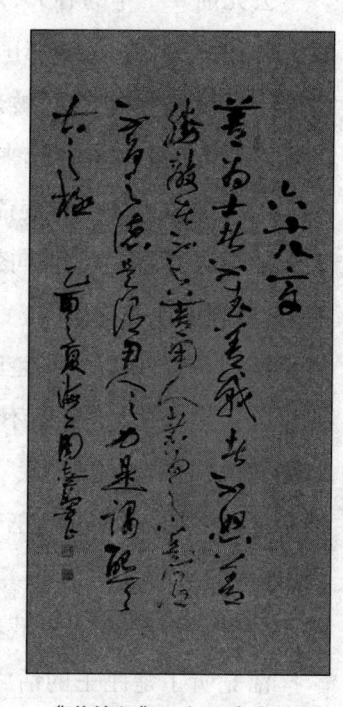

《道德经》六十八章书法

华子说:"由此看来,两只手要比天下重要得多,而相比来说,人的生命又比两只手重要。所以说,现在韩国与魏国所争夺的土地与整个韩国相比,也是微不足道的啊!那么,您又何必担心得不到那块土地,并为此忧虑不已损伤身体呢?"听了他的一席话,昭僖侯豁然开朗:"说得好啊!劝我的人很多,但我却从来没有听到像你这样高明的言论。"试想,如果各国国君都具有不争之德,不会因为土地而发起战争,那么国与国之间就会避免很多不必要的伤亡。

【经典故事】

领兵之道

止戈为武

公元前 597 年的春天,楚庄王亲自率大军攻郑国,打下了郑国都城。后来,晋军元帅荀林父率兵援救郑国,但是,晋军的将领对是和是战议论不决。后来,由于晋军上下没能协调一致,被楚军抓住了机会。楚军攻下邲地而获得大胜。楚庄王的霸主地位也由此建立起来了。

经过这一战,地处"蛮荒"的楚国战败了中原的强敌晋国,楚军将士欣喜若狂。大夫潘党也万分高兴,他向楚庄王提议:"这一仗我们楚军大获全胜,杀得晋军尸横遍野,威震中原各国诸侯。大王何不趁此机会,把晋军的尸体堆积起来,然后在尸体上筑起高台,用以宣扬楚国的武功,扬我国威?"楚庄王听完,笑着对他说:"大夫所说的不太合适,这样做不妥啊!"说着,他拔出宝剑,在地上写了个"武"字,然后对潘党说:"你看,这个'武'字不就是'止'和'戈'两个字合起来的吗?周武王当年推翻了商王朝,建立起周王朝之后,曾经写过一篇《武》文和一首《颂》诗,昭示全国说:讨伐的目的只是为了实现天下太平。我如今动用武力,初衷就是为了惩罚强暴,平息战争,安抚百姓,我如今堆尸筑台,那就是炫耀强暴,不得人心啊!"

潘党听了楚庄王的话之后,连连称赞:"大王真是仁德之君,果然高明,为臣深表敬佩!"于是,楚庄王率领楚军到黄河边上祭祀了河神,然后就班师回国了。

"止戈为武"并非完全放弃战争的"和平主义"。楚庄王获胜之后并不一味地自恃勇武,而是将"武功"的最高境界看成是通过战争平息战乱,求得和平,这正是"善为士者"的崇高品格,"止戈为武"的战略思想也一直被历代军事家和政治家成功地运用。

处世之道

路留一步,味留三分

一户人家来了远方造访的客人,父亲让儿子上街去买酒菜,准备请客,没想到儿子出门许久都没回来。父亲等得不耐烦了，于是自己就上街去看个究竟。

父亲快到街上的便桥时，发现儿子正在桥头和另一个人面对面地僵持在那儿，父亲就上前询问："你怎么买了酒菜不马上回家呢？"

儿子回答说："老爸你来得正好，我从桥这边过去，这个人坚持不让我过去，我现在也不让他过来，所以我们两个人就对上了，看看究竟谁让谁！"

父亲听了儿子的一席话，就上前声援道："孩子，好样的，你先把酒菜拿回去给客人享用，这儿让爸爸来跟他对一对，看看究竟谁让谁！"

生活中，到处可见这对父子的影子，不肯给别人一点余地，不愿给别人一点空间，往往只为了"争一口气"，本来没有什么大不了的，非要大费周章地坚持己见互不让步，结果小事变大事，甚至搞得大家都没好果子吃。

在狭窄的路上行走，要留一点余地给别人走。羊肠小道两个人相对通过时，如果争先恐后，两人都有坠入深谷的危险。在这种情况下，先停住脚步让对方过去，才是最有礼貌、最安全的做法。

遇到美味可口的饭菜时，要留出三分让给别人吃，这样才是一种美德。

路留一步，味留三分，是提倡一种谨慎的利世济人的做人方式。在生活中，除了原则问题须坚持外，对小事、个人利益而言，互相谦让会带来个人的身心愉快。

"小姐，你过来！你过来！"一位正在用餐的顾客指着面前的杯子高声喊，"看看！你们的牛奶是坏的，把我一杯红茶都糟蹋了！"

"真对不起！"服务员小姐充满歉疚地笑道，"我立刻给您换一杯。"

新红茶很快就端上来了，碟边跟前一杯一样，放着新鲜的柠檬和牛奶。小姐轻声地告诉顾客说："我是不是能建议您，如果放柠檬，就不要加牛奶，因为有时候柠檬酸会造成牛奶结块。"顾客的脸一下子红了，他匆匆喝完茶就离开了。

不一会儿，有人笑问服务小姐："明明是他的错，你为什么不直说呢？他那么粗鲁地叫你，你为什么不还以一点颜色？"

"正因为他粗鲁，所以要用婉转的方式对待；正因为道理一说就明白，所以用不着大声！"小姐说，"理不直的人，常用气壮来压人。理直的人，要用'和'气来交朋友！"

对于生活中那些喜欢小题大做、得理不饶人的人，我们大可以像这位服务员那样去以理服人，这也是中华民族的传统美德。

【古为今用】

忍一时风平浪静,退一步海阔天空

人生不如意十有八九。当我们生活中遇到不如意、不顺心的事情时,要"得理让人,忍让为先"。忍什么? 一要忍气,二要忍辱。气指气愤,辱指屈辱。气愤来自生活中的不公,辱产生于人格上的贬损。忍气是为了求安,凡事要想得开,看得远,正如俗话所言:"忍得一时之气,免得百日之忧。"

在中国人眼里,忍耐是一种美德,更是一种以屈求伸的深谋远虑。"吃亏人常在,能忍者自安",是提倡忍耐的至理箴言。忍耐是人类适应自然选择和社会竞争的一种做人方式。而且,忍耐、退步能够促进人与人之间的和谐相处,为自己创造一个更好的工作生活环境,大家何乐而不为呢?

第六十九节　哀者胜矣

【题解】

本章承接上一章,主要阐述了老子的战略思想,常言道:"春秋无义战。"老子生活在这样的社会环境中,清醒地认识到:在无休止的争斗中,永远不会有赢家,斗争双方从来都是两败俱伤,而整个人类社会也在危机四伏中愈发惴惴不安。

面对这种情况,老子提出了"吾不敢为主而为客,不敢进寸而退尺"的观点,从而达到"行无行,攘无臂,扔无敌,执无兵"的状态。依靠一味地仇视和拼杀当然不会做到,只有具备水一样谦和卑下的品性才会领悟到这种境界。

老子由此提出了以退为进的斗争方式和处世哲学。不执着地面对纷争,故而视野不受局限,才可以随时根据局势调整策略。这一切都要以"慈"为前提,心怀慈悲,柔顺的处世者必然不会轻敌,只有如此才会化解纷争,取得胜利。这里老子再次提起他的"宝",在此处告诫统治者:穷兵黩武,必会遭到失败。

【原文】

用兵有言:"吾不敢为主,而为客①;不敢进寸,而退尺。"

王夫之《老子衍》:居道之宫,非"主"非"客";乘道之机,亦"进"亦"退"。而"主"不知"客","客"能知"主",缘其相知,因以测非"主"非"客"之用:"进"无"退"地,"退"有"进"地,因其余地,遂以袭亦"退"之妙。"主客"之间有宫焉,"进退"之外有用焉。

是谓行无行②;攘无臂③;扔无敌④;执无兵⑤。

王弼《道德真经注》:彼遂不止。行,谓行陈也,言以谦退哀慈,不敢为物先,用战犹行无行,攘无臂,执无兵,扔无敌也,言无有与之抗也。

王夫之《老子衍》:"五行""无臂""无敌""无兵"者,如斯也。

祸莫大于轻敌,轻敌几丧吾宝。

王弼《道德真经注》:言吾哀慈谦退,非欲以取强,无敌于天下也。不得已而卒至于无敌,斯乃吾之所以为大祸也。宝,三宝也,故曰,几亡吾宝。

故抗兵相加⑥,哀者胜矣⑦。

王弼《道德真经注》:抗,举也;加,当也。哀者,必相惜而不趋利避害,故必胜。

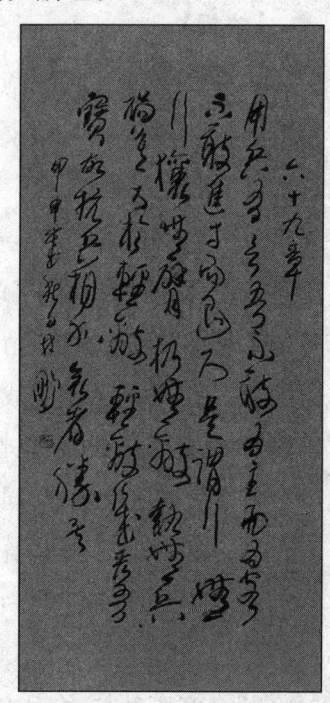

《道德经》六十九章书法

王夫之《老子衍》:远死地而致"微明",不"胜"其何俟焉?欲猝得此机而不能,将如之何?无亦姑反其势而用其情乎!以"哀"行其"不得已",所以敛吾怒而不丧吾"三宝"也。

【注释】

①为主:即采取攻势。主,战争时的主动进攻、采取攻势。为客:即采取守势。客,指战争时的被迫自卫。

②行无行:摆阵势就像没有阵势那样。第一个"行"动词,排行、摆阵势的意思,第二个"行",名词,行列、阵势。

③攘无臂:要挥举手臂就像没有手臂可举一样。攘,举起手臂。

④扔无敌：指虽然面对着敌人，就像没有敌人可以攻击一样。扔，对抗的意思。

⑤执无兵：虽然有兵器，就像没有兵器可拿一样。执，拿、持。兵，指兵器。

⑥抗兵相加：两军相对，力量相当。抗，相对抗。兵，指军队。相加，相当。

⑦哀：慈爱、慈悲。

【译文】

领兵打仗有这样一句话："我不敢主动进犯，而愿意坚守，不敢前进一寸，而宁愿后退一尺。"这就叫作虽然有阵势，却无须排列；虽然有臂膀，却无须奋举；虽然面临敌人，却无须厮杀；虽然有兵器，却无须执握。祸患中没什么比轻敌更为严重的了，一旦低估敌人就会丧失掉我的所谓"慈"。因此，当对战双方实力相当的时候，心怀悲悯的一方可以获得胜利。

【解析】

在本章中，老子再次阐述了他对战争的看法。其实老子谈战争并非旨在解决军事问题，他只是借战争来论证自己的"无为"和"不争"的哲学思想和政治思想。这些文字看上去好像是军事战略理论，其实蕴涵着深奥的哲理，揭示了"柔弱胜刚强"的道理，并告诫人们不要拘泥于形式教条。

以退为进就是"不争"的一种体现。春秋时，晋国公子重耳因避国内之乱流亡各国十几年，楚成王曾盛情款待过他，所以他向楚成王许诺，如果自己以后成为晋国国君，一旦晋楚两国交战，晋国将退避三舍以谢楚国恩德。后来重耳果然成为晋国国君，就是晋文公，而且晋楚两国之间真的爆发了战争。晋文公为了兑现诺言，下令晋军后撤三舍之地，同时以此作为诱敌深入之计。结果楚军大败，晋文公既没有食言，又没有使本国利益受到损害，后来成为春秋时期中原的一代霸主。

老子所说的"不争"并不是妥协退让，而是"知其雄，守其雌"，从而实现以柔克刚的目的，是通过"无为"来达到"无不为"。"不争"以"柔弱"为前提，以表面的"示弱"来麻痹对方，给对方造成错觉，从而率先出招，同时也过早地暴露出重心和弱点。于是，主动与被动在这一条件下可以相互转化，局势将出现逆转。可见，老子所说的"为客"与"退尺"，其本质是为了掌握主动权，变被动为主动。

在论述"不争"的同时，老子还强调破除成规，做事不拘于条条框框。孟子说："尽信书不如无书。"读书是很重要的获取知识的途径，但过于墨守成规也将使书本知识成为人们的思想负担。人人都懂得实践出真知的道理，但是很多人被书本知识禁锢了思想，做事畏畏缩缩、裹足不前。"纸上谈兵"就是一个关于书呆子的著名典故。老子说："行无行，攘无臂，扔无敌，执无兵。"这里说的是无招胜有招的道理，与孟子的"尽信书不如无书"如出一辙。

骄兵必败，哀兵必胜是人们普遍认同的说法。老子说："抗兵相加，哀者胜矣。"如果因为不得已而被卷入战争，则可以成为"哀者"之兵，老子觉得在这样的情况下可以一战。俗话说"狭路相逢勇者胜"，人们对"勇"的理解各不相同，老子认为"慈故能勇"，"慈"与"哀""同出而异名"，慈者因别无退路而被迫参战，于是成为哀者，进而成为勇者。老子反对以炫耀武力和掠夺土地财物为目的的战争，而肯定反侵略的正义战争，"哀者必胜"就是这个道理。

【名句品读】

祸莫大于轻敌，轻敌几丧吾宝。

《道德经》中，用兵作战时提到这样一句话："我不想主动进犯，情愿坚守在原地；也不会主动前进一寸，情愿后退一尺。"这句话所表达的意思是：即使有阵势，也不必排列；即使有臂膀，也没有必要奋举；敌人来袭时，不必厮杀；拥有兵器，也无须执握。在老子看来，祸患没有比轻敌更严重的了，因为一旦低估敌人，就会失去所谓的"慈"。

关羽画像

公元219年，关羽率军北攻樊城，水淹七军，生擒庞德，威慑中原。但遗憾的是，樊城还未完全拿下时，关羽就放松了对东吴的戒备，东吴趁机钻了空子，很快就夺得了荆州。关羽听到这个消息之后，无奈之下只得回兵。在回荆州的途中，关羽知道孙权已经亲自率军来到荆州。当时，江陵、公安、宜都等地都已经落入吴人之手，形势十分危急。此时，关羽部下的将士们都已经没有心情作战了，逃亡的战士也越来越多。看到这种情况，关羽深知希望渺茫,只得退守麦城。

【经典故事】

用兵之道

孙膑减灶灭庞涓

庞涓自从被"围魏救赵"而败于孙膑之后,日夜不安。后来,庞涓想出一条离间计:他派心腹之人潜入齐国,以重金贿赂齐国的相国邹忌,请求他除掉孙膑。邹忌因为齐王重用孙膑,唯恐有一天会被取代,于是暗中设下圈套,诬陷孙膑要帮助田忌夺取齐国王位。由于庞涓早已派人在齐国散布谣言,说田忌、孙膑密谋造反,齐王已经有些怀疑,一听邹忌的进言,怒不可遏,果然削去了田忌的兵权,并且罢免了孙膑的军事之职。

庞涓闻讯后大喜:"现在孙膑不在,我就可以横行天下了!"不久,就率兵攻打韩国,韩国自知无法取胜,便派人到齐国求救。

这时正好齐威王去世,齐宣王即位。宣王知道田忌、孙膑是被冤枉的,于是又恢复了他们的职位。宣王听说韩国来求救,连忙召集群臣在朝廷议事,讨论救还是不救。

相国邹忌主张不救,他认为:让这两个邻国自相残杀,对齐国有利;而田忌等人则主张去救,因为一旦韩国被魏国吞并,魏国国力就会大增,势必要进攻齐国,那时齐国就危险了。

群臣争论不休的时候,只有孙膑笑而不语。

宣王就问他的看法。孙膑回答说:"这两种意见都不算高明。依我看,应该'救而不救,不救而救'。"

众人都不解其意。

庞涓画像

孙膑解释道:"如果不救,则魏国一定会灭韩,必然危及我国;如果援救,则魏国军必然先与我开战,这就等于我们代替韩国打仗,韩国安然无恙;而我国无论胜负,都会大伤元气。所以说,这两种意见都不太好。我认为,大王应该采取这样的方法:先答应救韩,以稳定其心,韩国必然会坚持与魏国死战。等到两国都疲惫不堪之时,我们再出兵攻魏。这样,我们不用费力就可以打败筋疲力尽的魏军;同时也解救了快要失败的韩国,他们必定感激。我们事半功倍,不是更好吗?"

宣王听罢,十分佩服孙膑的智谋,便命田忌、孙膑率兵,伺机救韩。

韩、魏两国打了一段时间之后,齐军该出兵了。可这时,孙膑又主张不直接救韩,而去袭击魏国首都大梁。

庞涓闻讯,怒火中烧,大骂孙膑狡诈,于是气冲冲地率兵转而迎战齐军。孙膑得知庞涓领兵来战,就劝田忌不要去迎战。

田忌不解地问道:"以逸待劳,不是上次的战法吗?"

孙膑答道:"这次不一样,庞涓心怀愤怒,如果正面交锋,我军即使取胜,损失也会很大。我们不如以退为进,诱敌深入。"孙膑小声地说出了自己的计策。庞涓率兵赶回魏国时,齐军已经撤离。可庞涓这次决心与孙膑拼个你死我活,于是下令追击。他事先派人到齐军留下的营垒中数灶迹的数量,结果竟有十万之多。庞涓吃了一惊:"齐军

孙膑

人数众多,我们千万不能轻敌!"追了一天之后,他再派人数齐军留下的灶迹,只剩五万了。庞涓大喜:"原来齐兵如此厌战,听到我魏军的声威,更是闻风丧胆,逃亡过半了!"于是下令紧追。到了第三天,齐军只剩下三万了。庞涓大喜过望,以为齐军三天之内逃亡过半,此战魏军必胜。于是下令:"加紧追赶,务必活捉孙膑!"他自己更是披甲执戈,亲自率领两万精锐骑兵,日夜兼程追赶齐军。

再看孙膑,他计算了魏军的行程、地点之后,在马陵道设下伏兵。马陵道是夹在两座山之间的峡谷,进易出难。孙膑命人把道中间一棵大树上的一大片树皮刮下,在上面写了七个大字:"庞涓死于此树下",然后在附近安排了五千名弓弩手,并下了命令:"是要看到树下有火光,就一齐放箭!"

庞涓领兵赶到马陵道时,已经是黄昏时分。这时有士兵报告,前面的谷口有乱

石断树挡住道路!庞涓听了十分得意:"看来是齐军怕被追上,才设置障碍。他们不会走多远,快搬开障碍,加紧追赶!"说罢,一马当先,率兵冲进峡谷。

部队正在前行,忽然被道路中央的一棵大树挡住了去路,前面的士兵隐约看到树上有字迹。可是天已经黑下来了,庞涓便命人点亮火把,自己亲自上前辨认树上的字。等到看清,立刻大惊失色:"不好,我中计了!"话音未落,只听一声锣响,万箭齐发,魏军顿时阵容大乱,自相踩踏,死伤无数。庞涓身中数箭,自知在劫难逃,便挥剑自刎。齐军乘胜追击,正好遇上魏太子申率后军赶到。齐军一阵冲杀,生擒了太子申,大获全胜。

这就是历史上有名的"马陵之战",孙膑的战法被称为"减灶之计"。

处世之道

有虚有实　虚实并进

对待老实人,我们要坚决奉行"以实打实,将心比心"的做法;然而对待那些奸诈、叵测的竞争对手,我们不妨来点儿"虚实并进",在虚虚实实中挫败对手。老子的"虚实并进"的智慧,在《三国演义》中体现得淋漓尽致——长坂坡一役,看似鲁莽愚笨的张飞一人便阻住了曹操十万大军。

《三国演义》中这样记载:"却说文聘引军追赵云至长坂桥,只见张飞倒竖胡须,圆睁环眼,手绰蛇矛,立马桥上。又见桥东树林之后,尘头大起,疑有伏兵,便勒住马,不敢近前……把住阵脚,一字儿摆在桥西,使人飞报曹操,操闻之,急上马,从阵后来。张飞睁圆目又喝曰:'我乃燕人张翼德也! 谁敢与我决一死战?'声如巨雷。曹军闻之,尽皆股栗。曹操急令去其伞盖,回顾左右曰:'我向曾闻云长言:翼德于百万军中,取上将之首,如探囊取物。今日相逢,不可轻敌。'

张飞画像

言未已,张飞睁目又喝曰:'燕人张翼德在此,谁敢来决一死战?'曹操见张飞如此气概,颇有退心。飞望见曹操后军阵脚移动,乃挺矛又喝曰:'战又不战,退又不退,却是何故?'喊声未绝,曹操身边夏侯杰惊得肝胆碎裂,倒撞于马下。操便回马而去。于是诸军众将一起往西奔去。正是,黄口孺子,怎闻霹雳之声;病体樵夫,难听虎豹之吼。一时弃枪落盔者不计其数,人如潮涌,马似山崩,相互践踏。"

张飞能够喝退曹军并非偶然,张飞在曹操大军到来之前就命令所率二十多名骑兵都到树林子里去,砍下树枝绑在马后,然后骑马在林中飞跑打转。而他一人在长坂桥上,单人单骑、立马扬威,毫无惧色,尤其是他那惊天地泣鬼神的三声怒喝,吓死曹将之余,更增加了几分"实像"。而对面的曹操呢?他深知诸葛亮的本事,怕诸葛亮用张飞做诱,后有伏兵。曹操亲自前来观战,见到张飞那勇猛的样子,想起关羽告诉他,张飞能在百万军中取上将之首。另外,张飞的吼声吓死了夏侯杰。张飞在那里立马提枪,咄咄逼人,使曹军不敢冒着风险向前。

如果能熟练运用这一"虚实并进"的智慧,那么在与对手的交锋中定能略胜一筹,稳稳地将胜利握在自己手中。

【古为今用】

虚心使人进步,骄傲使人落后

古今中外,因为骄傲轻敌而最终遭到失败的例子不胜枚举。这就告诉我们这样一个很普通但又很深刻的道理:虚心使人进步,骄傲使人落后。可以说,绝大多数人在获得了某种成功或者已经具备了某种能力之后,往往都会产生骄傲自满的情绪,实际上这种情绪也是一种轻视他人的表现。但正因为轻视他人,以后的道路中必定会失道寡助,遭受失败。

一个人,不管取得了多大的成就,都不应该刚愎自用,轻视对手。须知饱满的谷穗都是低着头的。人也一样,为人处世时,如果能够保持谦虚,对他人能够保持谦恭的态度,必定会赢得他人的好感,而你也能够从他人身上学到更多的知识,并能得到他人的帮助,最后必定会取得更大的成功。

第七十节　被褐怀玉

【题解】

《道德经》寥寥五千言,无论是语言还是内容都是既质朴又深奥,因为越是简单的道理,往往就越难阐述清楚。

历代学者不断对其加以阐述,却又莫衷一是。

有人认为老子的"道"是将天道的自然法则化为处世之道,从而建立了自然界和人世都应该遵循的法则。然而即使一切法则均已完备,那又究竟有什么意义呢?老子已经感觉到,他的理论并没有真正得到天下人的重视和认可。老子认为,正是由于人们的无知,才导致了世人对自己的不了解。老子所倡导的是"虚静""柔和""慈俭""不争"等处世、为政思想。这些思想都是来源于自然,符合大"道"的。这本来是最容易被人理解、最容易在社会上实行的。但是,由于人们的心智完全被现实生活中的各种名利、地位、权势、财货所诱惑,原本纯洁质朴的本性逐渐被淹没,因而对老子提出的这些最为根本、最为显现的道理反而难以理解,于是老子发出了"知我者稀,则我者贵"的感叹。

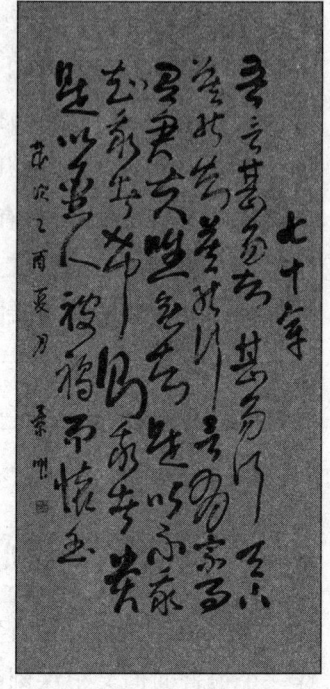

《道德经》七十章书法

即使是老子,也只能用有限的文字来模糊地描述无限的"道",可见老子也存在其自身的局限性。人生有涯,而思想却无涯,老子的心灵视野非常广阔,他也正是依靠自己心灵的领悟看到了自身之外的辽阔。

【原文】

吾言甚易知,甚易行。天下莫能知,莫能行。

河上公《老子章句》:老子言:吾所言省而易知,约而易行。人恶柔弱,好刚强也。

王弼《道德真经注》:可不出户窥牖而知,故曰,甚易知也。无为而成,故曰甚易行也。惑于躁欲,故曰,莫之能知也。迷于荣利,故曰,莫之能行也。

言有宗①,事有君②。

河上公《老子章句》:我所言有宗祖根本,事有君臣上下,使人不知者非我只无德,心与我之反也。

王弼《道德真经注》:宗,万物之宗也。君,万物之主也。

夫唯无知,是以不我知。

王弼《道德真经注》:以其言有宗,事有君之故,故有知之人不得不知之也。

王夫之《老子衍》:物之自然,非我言之,非我事之,我亦繇焉而不知。

知我者希,则我者贵③。

河上公《老子章句》:希,少也。唯达道者乃能知我,故为贵也。

王弼《道德真经注》:唯深故知者希也,知我益希,我亦无匹,故曰,知我者希,则我者贵也。

是以圣人被褐而怀玉④。

王弼《道德真经注》:被褐者,同其尘,怀玉者,宝其真也。圣人之所以难知,以其同尘而不殊,怀玉而不渝,故难知而为贵也。

明太祖《御解道德真经》:戏云圣人,被步袍,怀抱美玉,以其外贱内贵也。

【注释】

①言有宗:言论有主旨。

②君:主,意即根本、根据。

③则我者贵:遵循我的道理的人就更是难得。则,法则,这里作动词用,意即取法、以……为准则。贵,难得、可贵。

④被:同"披",穿在身上。褐:粗布衣服,穷人所穿。怀:动词,怀揣的意思。玉:美玉,这里指精神上的宝物。

【译文】

我说的道理很容易明白,也很容易施行。但是天下没人明白,也没人施行。说话有主旨,做事有依据。正是因为世人不明白这个道理,因此才不了解我。理解我的人太少,而能遵循我的道理的人就更为难得。因此,得道的"圣人"就像外面穿着粗布衣服,怀里却揣着稀世美玉的人一样。

【解析】

老子已经将自我完全融入"道"的世界中,因为"道法自然",而人们却失于自然,同时大"道"又是寂寥幽暗、无形无声的,所以很少有人能够真正看穿"道"的本质。这样一来,老子是孤独的,得不到众人的赞同与追捧,因此他说,"知我者希,则我者贵"。可是他从未因此而抱怨,有大"道"相伴,老子不会感到痛苦。

老子所说的"知人者"和"胜人者"的智慧和力量看似强大,实则微不足道,淡而无味的大"道",看似无能,却无所不能。因此老子并未因孤独而感到痛苦,大"道"不为人所认同完全是因为它过于深奥和玄妙,因此为闻道而大笑之的精神暧昧者而痛苦是不值得的。

老子"知我者希,则我者贵"的感叹并非孤芳自赏式的无病呻吟。老子为人谦和睿智,学识广博,因此他不太可能自怨自艾。老子的本意在于启迪后人永远保持虚怀若谷的心态。孔子说:"人不知而不愠,不亦君子乎?"《易经》上说:"遁世无闷,独立无惧。"这也是老子内心世界的真实写照。"道"永远保持着"无名"的质朴状态,孕育滋养着万物,却从不谋求主宰万物。老子正是怀着这样的心态看待世人冷漠的态度。老子是人不是神,将老子神圣化是对他的误解。

老子雕塑

在这一章中,老子与"道"合为一体,这是顺其自然或天人合一的完美体现。老子认为,他的话是极易理解的,也是极易付诸实践的。然而,为什么没有多少人理解他的话,也没有多少人按他说的去做呢?有些学者认为,老子代表保守的没落贵族阶层,也就是说他的怀才不遇是因为其思想过时了,被历史抛弃了。实际上并不是这样,老子的思想的确有其保守的一面,可并不能说他被历史抛弃了。先秦时期,叔向、墨子、魏武侯、颜触,都曾称引过他的话,庄子更是继承了他开创的道家思想,《庄子·天下》则颂扬他为"古之博大真人",法家的韩非曾系统地对《道德经》进行研究,著有《解老》《喻老》等文章。西汉初年,黄老之学一度居于统治地位,东汉时期,老子甚至被神化为道教的始祖。

无论老子的思想是否过时,都不可否认它在我国哲学史上独一无二的地位。老子与"道"合一并非为了神化自己,因为"道法自然",所以他的用意自明——保持一颗平常心。老子鄙弃那些整日以玩弄权术和投机取巧来标榜自己智慧的所谓圣王,他也否定掺入了太多虚伪成分的"智",认为真正的智慧是"大智若愚",这样的圣人"独异于人",拥有完美的道德和智慧,但是深藏不露,所以不易被只慕虚荣的庸俗之人所理解。"道"的"无知"不同于凡夫俗子的"无知","道"无欲无求,而凡夫俗子则自以为智慧,因而无法领悟大"道"的真谛。最后老子发出感叹:"是以圣人被褐而怀玉。"

【名句品读】

圣人被褐而怀玉。

这句话的意思是得道的"圣人"就像外面穿着粗布衣服,怀里却揣着稀世美玉的人一样。它用来说明大道是朴素的,它没有任何装饰,更没有进行任何的包装,但是却依然存在于天地间。圣人们很清楚这一现实,因此当世人争名夺利的时候,他们却能够宠辱不惊,清静无为。

在生活中,他们视外物为粪土,从来不会在衣饰、饮食、车马等方面下功夫,崇尚简单、自在的生活。这种淡泊,不是表面的虚饰,而是实实在在地放下,注重心灵美,并不被表象所迷惑。这些圣人,拥有纯洁无瑕的心灵却从来都不标榜自己,对于"道",他们的态度也是顺其自然,不会刻苦钻研,刻意追求;但正因为如此,他们却能够更快地融会贯通,并应用到生活中。

知我者希,则我者贵。

老子所说的"知我者希,则我者贵",并非孤芳自赏式的无病呻吟。老子试图通过对人们的思想和行为进行探索,从而对世间万物做出根本的诠释。在讲求虚怀若谷的同时也不忘坚持自己的真知灼见。

小泽征二是世界著名的音乐指挥家。一次,他去欧洲参加音乐指挥大赛。小泽征二拿到评委交给的乐谱后,指挥起来,在指挥过程中,他发现乐曲中有点儿不和谐,开始他以为是演奏错了,就让乐队重来一次,但仍觉得不和谐。至此,他认为是乐谱有问题。然而在众多权威人士和许多作曲家否认的情况下,小泽征二还是坚信自己的判断,他大声说:"不!一定是乐谱弄错了!"原来这是评委们精心设计的一个圈套,以试探指挥家们在发现错误而权威人士又不承认的情况下,是否能坚持自己正确的判断。

【经典故事】

处世之道

和氏璧

相传在春秋时期，楚国有一个人名叫卞和。一次，他在荆山找到一块璞玉。

按照当时人们的价值观，只有把玉献给国君，才能证明自己的能力与忠诚。于是，他把玉献给了厉王。厉王找来玉匠鉴别，玉匠认为那不过是一块普通的石头。厉王大怒，认为卞和犯了欺君之罪，于是砍掉了他的左脚，并将他赶出国都。后来，厉王去世，武王即位，卞和为了表明自己的清白，又将玉献给了武王。武王也找了玉匠鉴别，结果，这块玉又一

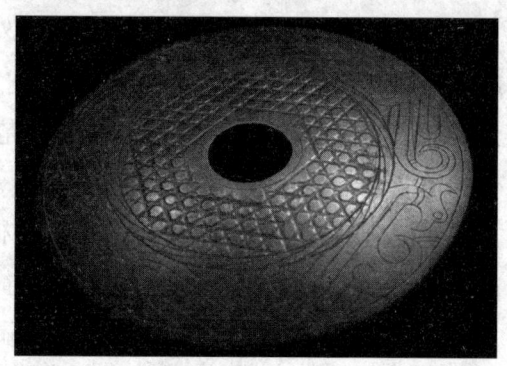

和氏璧

次被认为是石头；卞和又被判为欺君之罪，这次被砍去了右脚。又过了几年，武王死了，文王即位。卞和本想再次到国都申诉，可是他年老体弱，双脚已失，行动不便。他悲痛万分，抱着璞玉在荆山脚下终日痛哭，后来眼泪哭干了，眼中滴出了血。

文王听说了这件事，就派人去问他："天下被砍掉脚的人那么多，可唯独你这么悲伤，这是为什么呢？"卞和说："我并不是为失去双脚而伤心。这明明是块稀世美玉，却偏偏被认为是石头；我明明是个忠贞之士，却被判了欺君之罪。我是为了这黑白颠倒的世道而哭泣啊！"文王听到这话，心理受到了很大的震撼。他立即找来玉匠，命他剖开表层的石头，打开一看，里面果然是晶莹剔透的美玉。后来，为了纪念卞和，他所献的那块玉被人们称为"和氏璧"。

老子说"吾言甚易知，甚易行"，但是，在"大道"已废的年代，世人的感官被各种杂念所干扰，因而"天下莫能知，莫能行"。卞和献玉被砍掉双足，正说明了"大道"难行的悲哀。

静坐常思己过

子夏有一天去拜访曾子,他们曾一起在孔子门下读书,过去同窗时关系很要好。曾子一见子夏就说:"老兄,几年不见,你看起来发福多了。"

子夏回答说:"我自己战胜了自己,所以长胖了。"

曾子大惑不解地问道:"你的话我一点也不明白。"

子夏说:"以前我在书房里读到那些描写圣贤的高风亮节就非常敬仰,出门看到别人享受荣华富贵就非常羡慕。这两种力量在心里相持不下,长期不分胜负,所以人越来越消瘦。现在圣贤的道德战胜了享受的要求,崇高镇住了卑劣,见到别人大把大把花钱也不眼红,心里感到非常平静,生活清贫也很快乐,这样下去怎么会不胖呢?"

一个人是否具有反省能力对其为人很重要。自省可以改变一个人的命运和机缘。它在任何人身上,都会发生大效用。因为自省所带来的不只是智慧,更是夜以继日的精进态度和前所未有的干劲。

做人,与其低着头埋怨错误,不如昂起头纠正错误;与其在自省中衰颓,不如在自省中奋起。自省之后,心灵得到净化,人性真正流露,这时不论做什么,都会有前所未有的热情。

俗话说:"静坐常思己过,闲谈莫论人非。"静坐常思己过是一种反省的功夫。我们假如常能在静下来的时候,想到自己在做事或待人方面有疏忽有亏欠的地方,自然就消除了对别人的抱怨嫉恨,同时也由于明白了自己的过失而提高警惕,以后将不至于再犯同样的过错。这是"静坐常思己过"的真正意义。

【古为今用】

有点自省精神

提高自己的修养,完善自我,首先要能承认自己的不足,而不是自以为是、刚愎自用,我们每个人都不可能孤立生存,都和他人发生着各种各样的联系,生活在大集体中的我们,怎样才能和他人和睦相处?首先我们必须克服自以为是的弱点。

做人难不仅难在要能认清别人,更难在能清楚自己。怎样才能既不盲目骄傲又不妄自菲薄呢?这就需要我们进行广泛的社会交往。人和任何事物一样,是在相互比较中时时自省,正确看待自己的不足和长处。如有人谈到自己的能力时说:"比上不足,比下有余。"这一认识就是通过比较得来的。同时,更重要的是要进行广泛的社会实践,在实践中不断丰富和修正对自己的认识。

第七十一节　以其病病

【题解】

这一章是从老子对于知与不知的态度上来说的,强调人要有自知之明,却往往拘泥于自己有限的知识而妄自尊大,如此一来,恰如坐井观天,便再也难以有所长进了。

老子指出,要破除狭小眼界的局限,使思维得到解放,才不至于走进认知的死胡同而丧失探求真理的动力。不少学识渊博的人很容易钻牛角尖,因为他们过于自信,认为自己已经穷尽所有。

但庄子却说:"吾生也有涯,而知也无涯。"生命短暂,而世界却是无限的,将有生之年的所见所闻与整个世界相比,永远都是无知的。所以老子提出要正视自己的无知,将其当作一种弊病,只有这样才会不断超越。因此,这里的"不知",绝不是一种不思进取,而是具有了一种韬光养晦的含义。

【原文】

知不知,尚矣;不知知,病也[①]。

河上公《老子章句》:知道言不知,是乃德之上。不知道言知,是乃德之病。

王弼《道德真经注》:不知知之不足任则病也。

圣人不病,以其病病。夫唯病病,是以不病。

韩非子《喻老》:越王之霸也不病宦,武王之王也不病晋。

陈致虚《道德经转语偈》：大人之病病当心，不用药医只用针。针得血脓具下了，脱除痨瘵似观音。

【注释】

①病：毛病、缺点。

【译文】

知道自己还有所不知，很高明；不知道却自以为明白，就是缺点。明于大道的圣人没有缺点，因为他能够把缺点当作缺点，正是因为他把缺点当作缺点来看，所以他才改正缺点，从而减少了缺点。

【解析】

与恍惚迷离的"道"相比，人的视野实在是太过狭窄了。《庄子·养生主》说："吾生也有涯，而知也无涯，殆矣！"个人从来都不会比自然更伟大，在自然面前必须承认自己存在的渺小和认识的有限，盲目自大只会贻误终生。孔子也说："知之为知之，不知为不知，是知也。"（《论语·为政》）无知是不可避免的，但这并不能作为犯错误的借口，必须懂得勇敢面对自己无知的重要性，才能避免因无知所造成的错误。

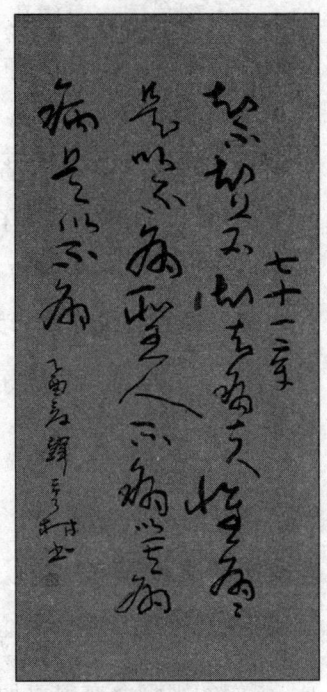

《道德经》七十一章书法

老子认为，"知不知"才是真正的智慧，但他并非想要摒弃我们所谓的知识和智慧。以"不知"为智，乃是老子通过将人的"小智"与宇宙间的"大智"进行对比才得出的。任何事物只要与广阔的宇宙做比较，就统统显得太渺小了，人类只有认识到这一点进而谦卑自处，才不会因盲目自大而做出蠢事来。在老子看来，"病"不是错误，"病病"更是一个被动的承受。不能因为错误是不可避免的就将错就错，而任其恶化下去。任何事物都有它的两面性，有弊则必有利。老子之所以将"病病"看成是一种符合"道"的正确行为，就是因为他清醒地认识到，承认错误是避免进一步犯错的必要前提。这也正符合于他"大成若缺"的观点，即一切皆无绝对的完美可言，追求完美是徒劳的，那么不如"抱残守缺"，建立起一套自我弥补的机制，来逐渐地趋于稳定，趋于"常"和"大"。

有趣的是，往往有的人社会地位越高学识越广，"不知知"的毛病就越明显。

图文珍藏版

这正如同在纸上画圈，什么都没画的时候会认为纸很大，画图之后就认为圈内的东西多了，外面的世界小了，殊不知宇宙这张白纸是无限的。眼界越宽，就越要善于自我反省。

春秋时期卫国大夫蘧伯玉就是一个谦虚谨慎善于自我反省的人。有一天，蘧伯玉差人到鲁国去看望孔子，孔子询问来人蘧伯玉的近况，来人回答说："蘧伯玉正想减少自己的过错，可却苦于做不到。"此人走后，孔子对弟子说："这个人很了解蘧伯玉啊。"据说蘧伯玉每天都要反省前一天所犯的错误，力求今日之后不会再犯。就这样，他每一年都会反省前一年的不足，到了五十岁的时候，依然在思考之前所犯下的错误。因此《淮南子》说让"年五十知四十九年非"。由此看来，一个人学识越丰厚，思想越深刻，他的态度就应该越谦卑。

老子说古时候那些行为合乎"道"的贤者"豫兮若畏四邻，严兮其若客，涣兮若冰将释"。看起来行事谦卑，毫不洒脱，但那正是因为他们对"道"深刻理解之后背心感受的真实写照。

【名句品读】

不知知，病也。

在大自然面前，人们应该清楚地认识到自己的渺小。而与扑朔迷离的"道"相比，人们的视野会变得更加狭窄。如果能够在自然面前承认自己的渺小，是明智之举，一味地盲目自大，最终会让自己贻误终生。

扁鹊有一次去见蔡桓公。看了一会儿对桓公说："你有病了，现在病还在皮肤里，不赶快医治病情将会加重！"桓公拒绝了。待扁鹊走了以后，桓公对人说："这些医生就喜欢医治没有病的人来夸耀自己的本领。"十天以后，扁鹊说他的病已经发展到肌肉里。桓公不理睬他。又过了十天，扁鹊说他的病已经转到肠胃里去了，再不从速医治，就会更加严重了。桓公仍旧不理睬他。

又过了十天，扁鹊去见桓公时，对他望了一望，回身就走。桓公觉得很奇怪，于是派使者去问扁鹊。扁

扁鹊画像

鹊对使者说:"病在皮肤里,肌肉里,肠胃里,不论针灸或是服药,都还可以医治;病若是到了骨髓里,就没有办法替他医治了。"五天以后,桓公浑身疼痛,赶忙派人去请扁鹊,扁鹊已经逃到秦国了。桓公不久就死掉了。

夫唯病病,是以不病。

圣人们都是善于反躬自省的人,但正是因为他们善于把自己的缺点当作缺点来看,所以他们才能没有缺点。孔子曾经说"见贤思齐焉,见不贤而内自省也";曾子说"吾日三省吾身:为人谋而不忠乎?与朋友交而不信乎?传不习乎?"这些话语都渗透着圣贤们强烈的自省意识。

狄更斯是名扬海内外的英国作家,但恐怕很少有人知道,他一直都在坚持这样一项原则:一遍成型的稿子绝对不能传播出去。他严格按照这项原则要求自己,因此他每天的创作都包含有两项内容,一项是创作本身,另一项就是检查。几乎可以这样说,他用在检查稿件上的时间和最初创作的时间基本相同。而狄更斯的这一习惯也一直坚持到他不能提笔。生命终结。

【经典故事】

为人之道

周处除三害

周处原本是东吴义兴人。他年轻的时候,身体魁梧,力大过人。他小的时候,父亲就死了,他从小缺乏管束,整天在外面游荡,不爱读书,而且他的脾气暴躁,经常出手伤人,甚至拔刀相向,义兴当地的百姓都害怕他。

当时,义兴邻近的南山上有一只白额猛虎,经常下山伤害百姓和家畜,连当地有名的猎户也制服不了它;当地的长桥下面,有一条大蛟,经常出没害人。当地人就把周处和南山白额虎、长桥大蛟并称为义兴"三害"。而在这"三害"当中,最使老百姓感到害怕的还是周处。

周处听说了本地的"三害",就去询问邻居家的老人。老人告诉他,一害是南山上的白额猛虎,二害是长桥下面的蛟龙。接着该说第三害了,老人却闭口不言。

图文珍藏版

周处性急，非让老人说出来不可。老人就说："这第三害，就是欺压乡里的恶人。"周处没想到这第三者指的是他自己，就说："这'三害'算得了什么，我这就去除掉它们。"

周处画像

第二天，周处果然背着利剑，带着弓箭，上山找虎去了。他到了丛林深处，只听见一声虎啸，从不远处蹿出了一只体格健壮的白额猛虎。周处往旁边一闪，躲到了大树后面，拈弓搭箭，向猛虎射去，正好射中猛虎前额，猛虎顿时气绝身亡。

周处下了山，把这件事告诉了乡里，有几个猎户到山上把死虎扛了下来。大家都向周处表示祝贺，周处说："先别忙，等我去斩杀了长桥的蛟！"

周处换了身衣服，带着刀剑跳到水里去找蛟了。那条蛟藏在江水深处，发现有人跳下水，就浮上来咬。周处乘机在蛟身上猛刺一刀。那蛟受了伤，就向江的下游逃窜。

周处见蛟没有被杀死，就紧跟在后面，蛟向上浮，他也往水面游；蛟向下沉，他就往水里钻。这样一沉一浮，一直追了十多里。

过了整整三天三夜，周处还没有回来。这时候大家议论纷纷，以为周处和蛟一定是两败俱伤，都死在江底了。这下"三害"已除，大家都欢呼雀跃，互相庆祝。

没想到，到了第四天，周处竟然安然无恙地回来了。原来那条大蛟受伤之后，被周处一路紧追，后来流血过多，终于被周处斩杀。

周处回到了家里，才知道，人们以为自己已经死去了，所以才非常高兴。直到这时，他才知道，原来他自己就是"三害"之首。

周处痛下决心，决定离开家乡往吴郡找老师学习。当时吴郡有两个名人，一个叫陆机，另一个叫陆云。周处就去找他们，陆机有事出门了，只有陆云一人在家。

周处见到了陆云之后，就把自己的想法诚恳地向陆云坦白了。陆云觉得周处年纪尚轻，及时改过，将来还可能成为栋梁之材，于是就收下了周处。

从此以后，周处一边跟随陆机、陆云学习，发奋读书；一边注意自己的道德修养。他勤奋好学的精神得到了人们的称赞，后来终于成了晋朝有名的大臣。

在这个故事中，周处正是因为能够及时改过，才从一个横行乡里的恶少成长为一代贤臣。他年轻时所犯下的过错不能说不多,但他及时认识到了自己的过错,并痛改前非,才成就了一番大事,这就是所谓的"夫唯病病,是以不病"。

处世之道

"没有缺点"是最大的缺点

在老子看来,要处理好人们相互之间的关系,必须对"人"有所认识。而要做到正确地认识别人,首先要正确地认识自己。他说,"圣人者有力,自胜者强大",也就是说,人贵有自知之明,要战胜别人首先要战胜自己。

怎样才能做到这一点,老子认为,一个人对自己应该有一个实事求是的态度,知道自己有所不知,最好;不知道却以为知道,这就是缺点。有"道"的人没有缺点,因为他把缺点当作缺点。正因为他把缺点当作缺点,所以他没有缺点。

汉高祖刘邦夺取政权后,与大臣讨论得天下的原因时,有一段这样的对语:"诸将毋敢隐朕,皆言其情。吾所以有天下者何。项氏之所以失天下者何?"

刘邦

高起、王陵对曰:"陛下慢而侮人,项羽仁而敬人,然陛下使人攻城略地,所降者,因以与之,与天下同利也。项羽嫉贤妒能,有功者害之,贤者疑之,战胜而不与人功,得地而不与人利,此所以失天下也。"

上曰:"公知其一,未知其二。夫运筹帷幄之中,决胜千里之外,吾不如子房;镇国家,抚百姓,给饷馈,不绝粮道,吾不如萧何;连百万之中众,战必胜,攻必取,吾不如韩信。三者皆人杰,吾能用之,此吾所以取天下者也。项羽有一范增而不能用,此所以为吾擒也。"(《资治通鉴》)

刘邦连用三个"不如"正是他"自知"的表现。他之所以能够战胜项羽而夺得天下,与这种思想修养不无关系。

【古为今用】

正视自我，坦诚面对

一个人，只有正视自我的缺点，才能改正缺点，超越自我，趋向完善，就是老子那句话——"夫唯病病，是以不病"的深刻含义。生活中凡是自以为自己没有一点"毛病"的人，就一定是思想上出了大毛病。

很多时候，人们都能够意识到自己是自己最大的敌人，但是却不敢面对自己的缺点和不足。不敢面对，不仅仅因为缺少勇气，还因为认识的局限性。一个人，首先要认识到对自己诚实的重要性，才有可能诚实地面对自己所有的缺点和不足，然后下定决心进行改正。

第七十二节　自爱不贵

【题解】

这一章是对统治者提出的讽刺，颇有警世之意。老子所谓的"圣人"，应该含威不露，了解并爱惜自己而决不自抬身价。统治者只有具备"圣人"的智慧，才能够善待民众，不被民众所厌弃，这是一种具备足够自知与知人之明的人。

世人多数沉迷在对于金钱、权势、名誉的欲求之中，但他们却又因此而迷失了自我，根本无法得知自己真正需要的是什么。人应该自尊、自爱，更要有自知之明，这样，人性才会完善。

【原文】

民不畏威，则大威至①。

河上公《老子章句》：威，害也。人不畏小害则大害至。大害者，谓死亡也。畏之者当爱精神，承天顺地也。

王夫之《老子衍》：李息斋曰：民不畏威，非天下兼忘我者不能。

无狎其所居②,无厌其所生③。

王夫之《老子衍》:侈于有者穷于无,填其虚者增其实,将聚首流目而无往非"狎"也,亦举手流目而无往非"厌"也。有"居"者,有居"居"者。有"生"者,有生"生"者。居"居"者浃于"居"之里,鸿洞盘旋,广于天地。生"生"者保其"生"之和,婉嬺萧散,乐于春台。而自弃其乐,自塞其广,悲哉!屏营终夕,不自聊而求助于"威"也。

夫唯不厌,是以不厌④。

河上公《老子章句》:夫唯独不厌精神之人,洗心濯垢,恬淡无欲,则精神居之不厌也。

王弼《道德真经注》:不自厌也。不自厌,是以天下莫之厌。

是以圣人自知不自见⑤;自爱不自贵。故去彼取此。

王弼《道德真经注》:不自见其所知,以光耀行威也。自贵则物狎厌居生。

陈致虚《道德经转语偈》:自知已是已灵明,内养工夫熟且纯。能自爱兮惟不厌,怡然理顺乐天真。

【注释】

①民不畏威,则大威至:前一个"威",指威压、威力。大威,指威胁、祸乱。人民不害怕威压,那么更大的祸乱就要发生了。

②无狎其所居:狎,狭迫、逼迫的意思。无狎其所居,即统治者不要逼迫的人民不得安居。

③无厌其所生:厌,压迫。统治者不要压制人民谋生的道路。

④夫唯不厌,是以不厌:前一个"厌"是压迫的意思,前一句针对统治者而言。后一个"厌"是厌恶的意思,后一句针对人民而言。

⑤自知不自见:见同"现",表现。有自知之明而不自我表现。

【译文】

民众不再惧怕威压的时候,那么统治者可怕的灾祸也就降临了。不要搅扰得民众不得安居,也不要破坏民众谋生的道路。只有不逼迫民众。才不会被民众所厌弃。所以,有道的圣人虽然了解自己但是从来不显露;爱惜自己却从来不自我夸耀。因此要舍弃自见、自贵,而要保持自知与自爱。

【解析】

老子认为,任何事物都是由相反的两个方面共同构成的,因此"有无相生,难易相成,长短相形,高下相倾"。故而反对或摒弃二者之中的任何一方面,都会同时对另一方面造成伤害,这是明显不符合"道"的。

君与民同样是一个国家的重要组成部分,本来不是对立的两个方面,而是不可分割的一个整体,合则两益,分则两伤。因此老子明确地提出反对暴力,无论是统治者为巩固其权力而施行的高压暴政,还是民众不堪压迫而进行的反抗斗争,都以老子在此针对统治者提出要"自知不自见,自爱不自贵",真正高明的君主自诩高贵、自我张扬。因为"自见"和"自贵"往往要以搜刮压迫民众为代价。"夫唯不厌,是以不厌",只有不压迫,才不会遭到反抗。这并非是一种妥协,而恰恰是一种通过被动赢取主动的圣人之"道",只有"不弃""不杀",才能做到不被民众所厌弃,从而避免社会动荡的恶果。

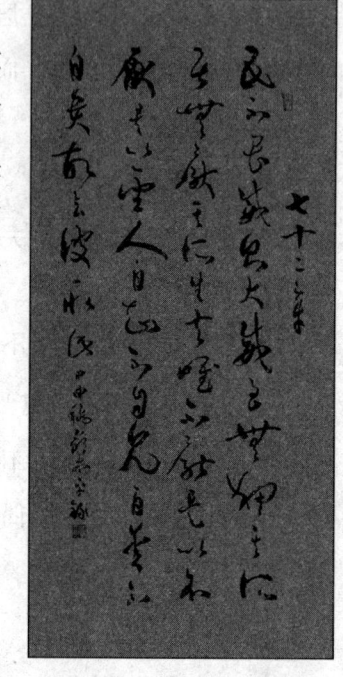

《道德经》七十二章书法

不求"自见""自爱"是一种节制的表现,是君王能够平治天下的前提,但能够真正保持这种清醒的节制态度的却很少。就像老子曾经说过的"方而不割,廉而不刿,直而不肆,光而不耀"一般,"自知不自见,自爱不自贵"之中也体现出其风度的不卑不亢与思想的深邃优美。

【名句品读】

自爱不自贵。

老子在《道德经》中讲究适可而止。通常,得道之人对度的把握都非常精准,他们知道什么时候需要节制。提倡人可以自爱,但不能过分地抬高自己,而应该将这份自爱把握、拿捏得恰到好处。老子所说的"自爱不自贵"也正体现了一个人的风度,具有一种不卑不亢的深邃之美。

有个书生,起程赶往京城之前,他卖了所有的家当,只为博取功名。路途中,他巧遇一位算命先生,于是就请算命先生为自己算了一卦,得到的结果是自己必定会功成名就。书生听了之后,非常得意地说道:"我早就预料到会是这个结果。"可是算命先生又不紧不慢地说了一句:"考取功名的前提是你必须再刻苦努力三年。"但书生并没有听取劝告,他认为自己满腹经纶,无须再学,于是立刻进京赶考。最后的结果是他不但没有考取功名,反而落个流浪街头的下场。

【经典故事】

处世之道

大泽乡起义

公元前 209 年,秦朝大规模征兵去戍守渔阳,陈胜被任命为带队的屯长。他与另外九百名穷苦的农民在两个将尉的看押下,日夜兼程地向渔阳进发。当队伍走到蕲县大泽乡时,不巧遇到了连日大雨,道路完全被洪水阻断,人们都无法通行。眼看着到达渔阳的期限将至,可是队伍却迟迟不能前进,大家焦急万分,不知怎么办才好。因为按照当时秦朝的法律规定,凡是戍边的兵丁,如果不能准时到达指定的地点,一律要处斩。

就在这生死存亡的关键时刻,陈胜决定谋划起义。当天夜里,陈胜找到了另一位屯长吴广。他对吴广说:"渔阳远在千里之外,我们无论如何也不能按期抵达了。现在,我们去也是死,逃走再被抓回来也是死,反正都是一死,不如咱们拼一把,干一番大事业。"

大泽乡起义

陈胜接着对当时天下局势进行了分析:"如今天下人忍受秦朝的暴虐统治已经很久了,百姓对朝廷的募役刑罚、苛捐赋税已经到了忍无可忍的程度。我听说,当今皇帝胡亥是秦始皇的小儿子,本来应该是贤能的长子扶苏继承皇位,可他却被二世杀害了;过去楚国的名将项燕,战功卓著,爱兵如子,很受人们爱戴。而现在天下百姓并不清楚这两个人是生是死,我们不如以他们的名言号召天下人起义,来反抗秦朝的暴政。"吴广觉得陈胜的主意正符合当时的人心,因此完全支持陈胜的决定。

由于当时盛行预测吉凶的占卜活动,陈胜和吴广经过周密的策划,专门找了一个负责占卜的人卜问吉凶。这位卜者知道二人的用意,也很支持他们,于是就说他们将获得成功,并且建议他们再向鬼神卜问一下。

陈胜、吴广听了之后非常高兴,并且悟出了借助鬼神来"威众"的启示。于是,他们两人在一块绸帕上用朱砂写下了"陈胜王"三个大字,然后把绸帕塞到渔民捕获的鱼的肚子里面。有的戍卒买鱼回来吃,发现鱼肚子中的绸帕,觉得十分惊奇。陈胜又让吴广潜伏在营地旁边的一座破庙里,在半夜点起篝火,并且模仿狐狸的声音,大声叫喊:"大楚兴,陈胜王!"戍卒们在睡梦中被惊醒,感到十分惊恐。第二天早上,戍卒们对陈胜指指点点,议论纷纷。陈胜对待下属本来就热情而谦恭,现在"上天"又把大楚复兴的大任务加陈胜肩上,这样他在戍卒心目中的威望就更高了。

陈胜见时机已经成熟,就让吴广故意激怒押送他们戍边的将尉。这两名将尉果然中计,不断责骂、鞭打吴广,这引起了戍卒们的强烈不满。吴广在争斗中,夺下了一名将尉的佩剑并将其杀死,陈胜也趁势杀死了另一名将尉。

然后,陈胜把九百名戍卒召集到了一起,高声说道:"各位兄弟,我们现在遇上了大雨,已经不可能按期到达渔阳了。按照律法,耽误了时间大家都要被砍头,即便是侥幸不被处死,去戍守边塞也很有可能要送命。"

他见戍卒民听得很认真,就继续说:"大丈夫不死则已,要死就要成就一番英名。那些王侯将相,他们生来就是贵族种吗?"

陈胜的这番铿锵有力的发言,说出了戍卒们的心声。大家对秦王朝的愤怒如同决堤的洪水一般奔涌而出,于是大家齐声高喊:"我们都愿意听从您的号令!"

于是戍卒们在陈胜、吴广的带领下,筑坛盟誓。陈胜、吴广按照事先的谋划,以公子扶苏、楚将项燕的名义,宣布起义。大泽乡起义就这样爆发了。

为人之道

庄子·秋水

《庄子》中讲述了这样的一个寓言故事:秋天涨大水的时候,黄河水神河伯看到两岸之间宽阔得分辨不清对岸的牛和马,感到自己非常伟大,于是欣然自喜,认为自己已经囊尽天下之美。当他顺流而东,看到无边无际的大海时,不禁有些怅然若失。他向海神北海君感叹地说:"我要不是亲眼看到了你无穷无尽的博大,那是多么危险啊!"北海君告诉他:"不可与井蛙谈论大海,因为它只知道自己周围狭小的天地……今天,你看到了大海,知道了自己的渺小,也就能够去谈论更大的道理了。"这则寓言告诉我们,一个孤陋寡闻、见识短浅、妄自尊大的人,往往过高地估计自己;而一个博学多才、见识高远、谦虚谨慎的人,则易于做到有自知之明。

管理之道

必要时要树立权威

权威固然是好东西,但是有两点需要注意。第一,权威要与权术相结合才有效果;第二,一切权威皆有限制,只有正确认识权威的限度,才能合理运用。

员工最喜欢什么样的管理者? 从人性的角度而言,当然是那些整天笑呵呵、心慈手软的上司,或者是对员工有求必应、掏腰包时绝不皱一下眉头的领导。

员工工作时候的自由度很高,到领钱的时候又收获颇丰,这样的头儿谁不喜欢? 但客观地说,管理者不能仅仅去讨员工的欢心,更重要的是要为企业创效益,这才是管理者最大的职责。如果你一味地求慈寻义,只会宠出员工们的怠慢之心,致使整个企业人浮于事,企业的生存与发展又从何谈起? 有句老话"慈不掌兵,义不守财",说的就是这个道理。

兵圣孙武

《孙子兵法》有言:"厚而不能使,爱而不能令,乱而不能治,譬若骄子,不可用也。"可见,掌兵不是不能有仁爱之心,而是不宜仁慈过度。如果当严不严、心慈手软,姑息迁就、失之于宽,乃至"不能使""不能令",当然就不能掌兵。

《左传》记载:孙武去见吴王阖闾,与他谈论带兵打仗之事,说得头头是道。吴王心想:"纸上谈兵管什么用,让我来考考他。"便出了个难题,让孙武替他训练姬妃宫女。孙武挑选了一百个宫女,让吴王的两个宠姬当队长。

孙武将列队练兵的要领讲得清清楚楚,但正式喊口令时,这些女人笑作一堆,乱作一团,谁也不听他的。孙武再次讲解了要领,并要两个队长以身作则。但他一喊口令,宫女们还是满不在乎,两个当队长的宠姬更是笑弯了腰。孙武严厉地说道:"这里是演武场,不是王宫;你们现在是军人,不是宫女;我的口令就是军令,不是玩笑。你们不按口令训练,两个队长带头不听指挥,这就是公然违反军法,理当斩首!"说完,便叫武士将两个宠姬杀了。

场上顿时肃静,宫女们吓得不敢出声,当孙武再喊口令时,他们步调整齐,动作规范,俨然训练有素的军人。

在工作中,散漫儿戏情况也屡见不鲜。管理者也应该像孙武一样,当严则严,有令必行,用一些有力的手段来压住自由散漫的风气,让员工对你的权威不敢小视,这样才能管好员工,管好企业。

【古为今用】

自爱而不自贵

自爱就是向自己敞开胸怀,使自己能感受周围和自身的一切;是愿意接受自己所做的一切,不加任何评论或批判,并给自己以足够的重视与关注;更是不自轻自贱,不放纵自己,并爱护自己的人格和尊严,珍惜自己的生命价值。

生活中,一个人只有懂得自爱,才能够赢得他人的敬重。做人要自爱,但不应该自贵,不应该时时处处都把自己当成是珍宝,不论好坏、美丑、善恶都觉得自己比别人尊贵,比别人可爱,这就是自贵的表现。人们都喜欢自爱的人,但会对自贵的人敬而远之。如果说自爱是提升自我魅力的一种法宝,那自贵就是毒害自己的一剂毒药。

第七十三节　天网恢恢

【题解】

这一章老子主张以自然之理来应对人世,为人处世应该顺应天道而行之。

老子认为，"道"的智慧奥妙无穷，"道"本身就是柔弱的，只有顺应了"道"，才能做到不用武力而取得胜利，不用语言表述就能做出回应，不必呼吁召唤就会自动出现，内心坦荡不存智谋而做好安排和谋划。

为人处世也当如此，以柔弱战胜刚强，只有以退为进、以柔克刚才是真正的生存之道。如果只是逞一时之勇，那么只会带来无穷祸患。天道自然，只有顺应"道"的规则从容生存，生命中才不会有什么遗漏。

【原文】

勇于敢则杀^①，勇于不敢则活^②。此两者，或利或害^③。

王夫之《老子衍》：执"不敢"以"勇"，"敢"矣；"不敢"其所"不敢"，"勇""敢"之施，"杀""活"之报，天乘其权，而我受其变，"难"矣。圣人畏惧其"难"，而承其"活"，不辞其"杀"，故"活"在己而"杀"任天下。何也？以己受"活"，则必有受"杀"者，气数之固然，而不是诘也。

天之所恶，孰知其故？是以圣人犹难之。

河上公《老子章句》：恶有为也。谁能知天意之故而不犯？言圣人之明德犹难于勇敢，况无圣人之德而欲行之乎？

王弼《道德真经注》：孰，谁也。言谁能知天下之所恶，意故邪，其唯圣人，夫圣人之明，犹难于勇敢，况无圣人之明而欲行之也，故曰，犹难之也。

天之道^④，不争而善胜，不言而善应^⑤，不召而自来，繟然而善谋^⑥。

河上公《老子章句》：天不与人争贵贱，而人子畏之。天不言，万物自动以应时。天不呼召，万物皆负阴而向阳。繟，宽也。天道虽宽博，善谋虑人事，修善行恶，各蒙其报也。

王弼《道德真经注》：天唯不争，故天下莫能与之争。顺利吉，逆则凶，不言而善应也。处下则物字归，垂象而见吉凶，先事而设诚，安而不忘危，未召而谋之，故曰，繟然而善谋也。

天网恢恢^⑦，疏而不失^⑧。

王夫之《老子衍》：夫唯已"活"而非以功，天下"杀"而无能罪，斯以处功罪之外，而善救人物，我无"杀""活"而天下亦"活"。彼气数着，日敝敝以"杀""活"为劳，其于我也，吹剑首之而已矣。是以圣人破"天网"而行"天道"。

【注释】

①勇于敢则杀：勇于敢做，则有杀身之祸。

②不敢：不敢做，这里指的是虚静守柔的态度。

③此两者，或利或害：这两个勇的方面，有的有利，有的有害。

④天之道：指自然的规律。

⑤应：回答、响应。

⑥繟然：宽缓、安然的样子。

⑦天网：指自然的范围。恢恢：广大、宽大。

⑧疏而不失：疏，稀疏。失，漏失。虽然稀疏但却不会漏失。

【译文】

行事鲁莽、无所顾忌就会招来杀身之祸，而勇于柔弱处世就可以自保。这两种方式，一种有益，一种有害。上天所厌恶的，有谁知道是什么缘故呢？所以有道的圣人也难以阐明其中的道理。自然的法则是，无须争夺却能够取胜；不用言语却能做好回应；无须召唤自然而来；安然散漫之间就能做好谋划。自然广阔无边，看似宽疏却绝无一丝疏漏。

【解析】

在老子的思想中，"勇"和"敢"是两个截然不同的词汇。从他所说的"慈故能勇"来看，他对"勇"是抱有肯定态度的，但此处的"勇"绝非匹夫之勇，逞一时意气而不顾后果的行为绝不是"勇"，而是"敢"。他所说的"不敢为天下先"，"不敢为主而为客"，"辅万物之自然而不敢为"，可见其对于"敢"的否定。而这些观点的提出是与老子所尊崇的柔能克刚、弱能胜强的观点密切相关的。

"勇"之所以为"勇"，在于谨慎与顺应，故而才能够全力以赴，能够专注地做事。而将勇气建立在妄为蛮干的基础之上逞强使气，往往就会招致杀身之祸。因此，"勇"和"敢"之别在本质上其实就是柔与刚的区别，也是自然法则预先就已经规定好了的。蕴藏于万物中的道本身就是难以捉摸的，所以想要做到遵循自然的法则就尤其需要谨慎了。

接下来，老子总结了几条自然法则的特点："不争而善胜""不善而善应""不召而自来""繟然而善谋"。从来不需要去争抢，因为刚强总会招来灾祸，当真正地达到什么都不屑去争夺的境界的时候，就没有人可以与之相比了；从来都不需要用言语表达出来，因为所要表达的往往都已经在行为之中自然流露出来了；不需要召唤和祈求，应该来的自然会准时悄然而至；自然的法则看似散漫而毫无头绪，但就在这散漫之中一切都已经安排妥当。善胜、善应、自来和善谋都是自然法则，亦即"道"对世间万物所起的支配作用的不同表现。自然法则是在不知不觉中发挥其作用的，至于世人惯常使用的"争""言""召"等一些外在的手段，它都从来不会用到，它只需要安排各种事物之间的内在关联，并加以调节，就可以得到相应的结果。自然法则看似散漫，其实不然，只是由于其太过博大，以常人的眼光根本就无法端详罢了。

【经典故事】

为人之道

割肉自啖

人们传说，在战国时代，齐国的一个小镇上住着两个勇士，他们自以为是天下最勇敢、最不怕死的人。一个住在城西，一个住在城东。

有一天，这两个勇士在街上偶然相遇。两个人寒暄了一阵之后，相约一起到一家酒楼饮酒。

他们在靠窗的一张桌子旁边坐下，伙计端上来一坛陈年好酒。两个勇士喝了一会儿，觉得没有肉食下酒实在是有些乏味。其中一个建议说："我们这样光饮酒不吃肉也没什么意思，我出去买几斤肉来，叫厨师做好后供我们下酒，你看如何？"另一个答道："用不着去买肉。你我身上不是有的是肉吗？我听说人腿上的肉都是精肉，我们从自己身上割肉下酒，又干净又新鲜，这不是很好吗？只要让店里的伙计拿酱来蘸着吃就行了。"第一个勇士为了表现自己的"勇敢"，爽快地同意了对方的建议。

他们让伙计端来一盆酱。当他们喝光一大碗酒之后，就各自拔出佩刀，在自己的腿上割下一块肉来，带着鲜血在酱盆里蘸一下，然后送进自己嘴里，大嚼着咽了下去。就这样，两个人每喝一碗酒，就用刀在各自的腿上割下一块肉来吃。在场的人见此情景，既惊讶又害怕，但没有人敢出面干预。

这两个勇士一边喝酒一边吃肉,他们都自称是天下第一勇士,谁也不肯向对方认输。就这样,肉一块一块地被他们割了下来,鲜血也不断地从他们的身上流出来,不一会儿,这两个勇士就因为失血过多而死去。

勇敢固然是非常可贵的品质,但是如果用错了地方,就会适得其反。"割肉自啖"的故事正反映了所谓的"勇士""勇于敢则杀"的悲剧结局。

为官之道

包拯办案一视同仁

宋仁宗时期有一位有名的铁面无私、执法严谨的官员,他就是包拯,包拯是庐州合肥县人,他先是扬州知州,后徙庐州。

包拯刚到庐州,就发现合肥县衙门内告状的人很多,于是他就亲自到县衙内,处理百姓们的案件。处理过程中发现,很多人告的都是包拯自己的舅舅,告他横行不法,强占民田等。但这些案件都未被审理,包拯感到非常奇怪,于是问县令:"这些案件为何不审理?"

县令说:"那些人都是无理取闹的,我已令人把他们赶跑了。"

包拯听了很生气,厉声问道:"你怎知是无理取闹?身为县令,你当为民做主。你却不察案情,反把告状的人赶跑,理应将你查办。姑念你是初犯,暂且放过。你现在要加紧审理!"

包拯画像

这个时候,县令开始犯愁了。因为依法惩办,必定会伤了包拯的面子。包拯知道他的难处,告诉他说:"你无法审理,可将此案报到州里。"说罢,便离开了县衙。

数天之后,包拯派捕快将舅舅缉拿归案。包拯夫人劝他留点儿情面,免得让乡人说包拯无情无义。但包拯说:"我坐镇庐州,更应执法严明,不徇私情。舅舅伙同一些乡绅横行乡里,弄得民怨载道,合肥县令不敢管。如果我宽恕了他,不拿他开刀,这庐州会弄成什么样子?"

当第二天包拯要去审案时，儿媳崔氏立来求情。因为包拯之子包意死后，崔氏全靠舅舅照料。包拯对儿媳说："舅爷照顾你，这些我都看在眼里。可他犯法也是不能改变的事实，我如不执法，怎能对得起黎民百姓？"

于是，在了解了案情的来龙去脉之后，包拯怒喝舅舅道："大胆罪犯，你为非作歹，扰乱乡里，不但不老实认罪，反辱骂本官，是何道理？拉下去，打！"衙役立刻将舅舅拉下，重打四十大板。那些同舅舅一起横行霸道的乡绅都在府衙门外等候，当他们听到"啪啪"的板子声，一个个面面相觑，吓得颤抖起来。

从此以后，这些家伙再也不敢为非作歹了。

【古为今用】

最高明的管理是让员工自我管理

长期以来，传统的认识认为，在企业中，管理者的职责是监视、监控，管理者只要监督下属的工作就行了。事实上，一个聪明的高层管理者是不用对员工进行刻意的管理的，宝洁公司的事例就是最好的证明。

在宝洁公司，当时他们提倡的是"办公室景观"的新观念，所有的办公室都是开放的，只由盆景、可移动的壁板、书架、柜子之类的东西隔开。一家商业杂志社曾对宝洁公司总经理史旺生做过采访。

当杂志社编辑看到了美丽的办公空间和漂亮的员工休息间后问道："你们对员工喝咖啡的时间和休息的时间有什么规定？"

"我们唯一的规定就是，不能在工作地点吃东西或喝饮料，因为我们不敢冒险弄脏这些地毯，也怕会搞坏其他装潢。至于我们的员工，他们随时都可以到休息室舒展筋骨，也没有人为的规定喝咖啡的时间。"总经理微笑着回答。

"完全没有规定？那你们如何防止滥用权利？员工岂不是想偷懒就偷懒？"

"我们不用防止权利滥用，也不怕员工偷懒，这些问题员工自我约束。""舆论和与生俱来的自尊就足以使每位员工都努力维护自己良好的形象。""当每个员工都知道：自己离开工作的地方别人都看得很清楚，而且每个经过休息室的人都能看见他们在抽烟、聊天、吃东西时，他们当然就不会再滥用权利了。"

最后，这位总经理开了句玩笑道："让公众注意一个人的行动是最好的管理方法,而公司不必为此付薪水。"

这位总经理的话实际就是杜拉克的观点:管理者不要去管理监督员工,每个人都会在各种各样的原因下自己管理自己。

人的本性证明:不论什么事情,凡是"加强"的就会遇到本能的抵抗。所以,身处管理层的人们一定要记住,人是不喜欢被他人管理的。

第七十四节　民不畏死

【题解】

本章表达了老子对当时统治者施行严刑酷法、置人民生死于不顾的谴责和不满。

人的生死,是由天道来决定的,是"道"对世界最美的馈赠。生命因"道"而生,自然也就应该顺应"道"的规则走到尽头。

老子所处的年代,统治者为了满足一己私欲,或是发动战争,或是施行严刑,置人民的生死于不顾,全国上下尸横遍野、民不聊生。那些统治者,在任意夺取人生命的时候,却忽视了对生命最本真的认识。这就如同不熟悉木工的人必然会砍伤自己一样,任何人都不能代替"道"来索取别人的生命。可见,老子对此是深有感触的。

【原文】

民不畏死,奈何以死惧之?

河上公《老子章句》:治国者刑罚酷深,民不聊生。故不畏死也。治身者嗜欲伤神,贪财杀身,民不知畏之也。人君不宽刑罚,教民去情欲,奈何设刑法以死惧之?

若使民常畏死,而为奇者①,吾得执而杀之②,孰敢?

王弼《道德真经注》:诡异乱群谓之奇也。

明太祖《御解道德真经》:若使民果然怕死,国以此为奇。老子云:吾岂不执而杀之?噫!畏天道而孰敢。

常有司杀者杀③。夫代司杀者杀④,是谓代大匠斫⑤,夫代大匠斫者,希有不伤其手矣⑥。

王弼《道德真经注》:为逆顺者之所恶忿也,不仁者人之所疾也。故曰,常有司杀也。

陈致虚《道德经转语偈》:不畏死兮却畏生,畏生之道在持盈。八千兵散浑闲事,项羽头来落汉营。

【注释】

①为奇者:为,做、从事。奇,奇诡,邪恶。为奇者,即捣乱作恶的人。

②吾得执而杀之,执,拘押、抓起来。之,指"为奇者"。

③司杀者杀:司杀者,专门管理杀人的人。这里不是实指现实社会中具体管理杀人的人员,而是指人死亡的自然规律等。司杀者杀,是指自然规律主宰人们的死亡。

④代:代替,指统治者热衷于刑罚,代替自然主宰杀人。

⑤大匠:高明的工匠。斫:用斧头砍木头。

⑥希:同"稀",很少的意思。

【译文】

民众连死都不怕的时候,怎么还拿死来威胁他们呢?如果民众真的怕死,那么对于那些僭越出格的人,抓来杀掉就可以了。有谁还敢明目张胆、无所顾忌?总有专管行刑的人负责杀人,而那些代替行刑官杀人的人,就像代替高明的木匠砍木头。那些代替高明木匠砍木头的人,很少有不砍伤自己的手的。

【解析】

所谓的"民不畏死""犯上作乱"大都是因为民众对沉重的压迫忍无可忍的时候,也就是说动乱的大部分罪责都应该归于统治者,即所谓的"乱自上作"。

老子在这一章里告诫统治者:不要用残暴的方式管理国家,一旦民众不堪其苦,那就一定会揭竿而起,对于一群死都不怕的人,用死来威胁他们还有什么作用吗?然而如果能够让民众安居乐业,那么他们自然会珍惜生命畏惧死亡。到那个时候对那些为非作歹的人,只要稍微动一点刑罚,还有谁会做坏事呢?故而老子认为,应同时从主、客两方面将情况考虑周全,再改换谦和卑下的态度采取宽容的政策。本章里"杀"字出现较为频繁,但此中的"杀"并非杀戮的意思。有生即有杀,

万物都是由"生"开始,以"杀"结束的。草木的凋零枯萎是杀,动物的自然衰老死亡也是杀。真正掌握着生杀大权的就是自然界,就是"道"。《庄子·逍遥游》说:"庖人虽不治庖,尸祝不越樽俎而代之也。"任何通过权势草菅人命而已越过了自己的权限的,因而违背了"道",这样一来只会给自己招致灾祸。

秦始皇统一六国,自称"始皇帝"的时候,本想秦朝的天下千秋万代永远延续下去,但是谁又能想到仅在十五年后传到第二世皇帝就灭亡了。尽管他采用各种手段想要巩固统治,但他的横征暴敛、独裁专制,早已经为国家败亡埋下了祸根。连续大兴土木、频繁的战争、庞大的官僚机构,动摇了秦王朝的统治基础。终于,公元前 209 年,陈胜、吴广起义爆发,不久,秦朝就被推翻了。

【名句品读】

民不畏死,奈何以死惧之?

在老子的施政理念里,最核心的思想就是"无为而治"。他认为,一切的统治最好遵循规律,顺乎自然。而残暴则是最愚蠢的统治方式,因为百姓一旦忍受不了酷刑劳役,就会揭竿而起,对于一群死都不怕的人,用死来威胁他们是没有任何作用的。但是如果能够让百姓安居乐业,那么他们自然会热爱生活、珍惜生命、畏惧死亡、好好生活。当然,对于一些为非作歹的人,你完全可以使用一点刑罚,但是这些刑罚起到的只是警告作用,而不是制约作用。所以老子认为,应同时从主、客观两方面考虑,并且以谦和卑下的态度采取宽容的政策。"杀"的范围很广,草木的凋零枯萎是杀,动物的衰老死亡也是杀。真正掌握这个生杀大权的是自然界,也就是"道"。"道"生出万物,也掌握万物。

所以对待不怕死亡的百姓,不要用更为苛刻的、以死相逼的方式去对待他们。

【经典故事】

从政之道

商纣王荒淫无道终自焚

商纣王贪恋妲己,终日荒淫,无心朝里之事。当时,任谁劝谏都无济于事。面对国君的荒淫,以及国家朝政的无人管理,太师杜元铣上奏劝谏,但是纣王却听从妲己的话,说杜元铣是奸臣,然后下令将杜元铣斩首示众。

上大夫梅伯知道了这件事以后,非常生气,立刻跑进内殿质问纣王。纣王似乎很有理由地说:"杜元铣捏造谣言,动摇军民,律法当诛。"听纣王如此固执,梅伯立刻劝诫纣王:"臣听说尧治理天下,应天而顺人。现在陛下您半年不曾上朝,朝朝饮宴,夜夜欢娱,不理朝政,不容谏章。须知'君如腹心,臣如手足',心正则手足正,心不正则手足歪斜。君之视臣如土芥,则臣视君如寇雠。请陛下不要听信女人的话而杀掉国家大臣。"听梅伯如此无礼地对自己说话,纣王非常生气地说:"梅伯与元铣一

商纣王画像

党,违法进宫,不分内外,本当与元铣同刑,现在姑且免罪,除去上大夫之职,永远不被录用!"

听得纣王如此糊涂,梅伯厉声大叫:"你这个昏君,听信妲己,失去君臣之义,就算杀了我又有什么可惜的呢?我只是不忍心成汤数百年的基业就要败在你的手上!"纣王大怒:"把梅伯拉下去,用金瓜击顶!"但是在一旁的妲己却说:"梅伯身为人臣,在殿中张眉竖目,辱骂国君,实在大逆不道。不过,为了避免日后一再发生同样的事情,请先将梅伯关起来,等妾做好炮烙刑具之后,再处死他吧。"

不久,炮烙铜柱就做好了,共有二十根,黄澄澄的,高二丈,圆八尺,三层火门,下有两滚盘,推着即可前行。炮烙铜柱一做好,纣王就下令将三层火门用炭架起,把一根铜柱用火烧得通红,然后撕掉梅伯的衣服,用铁索将手足围绑在铜柱上,梅伯大叫一声,便气绝身亡,只闻得殿上烙臭难当,不一会便化为灰烬。众大臣看了这惨状,无不恐惧,人人有退缩之心。

最后商纣王因众叛亲离而被迫自焚于鹿台。

从政之道

防民之口,甚于防川

在周成王、周康王执政的时代,西周的社会还比较安定。可是后来,由于宗室

贵族加重了对人民的剥削,再加上战争不断,百姓的不满情绪也逐渐增长。统治者为了加重奴役人民,制定了极其严酷的刑罚。到了周厉王在位的时候,他对人民的压迫更加严重了。

周厉王非常宠信手下的大臣荣夷公,并按照他的建议,实行"专利",即霸占一切河流、湖泊,不许百姓使用这些天然资源赖以为生;他们还横征暴敛,虐待百姓。当时,住在野外的农民被称为"野人",而住在都城的平民被称为"国人"。周朝都城镐京的国人对厉王的暴虐措施十分不满,怨声载道。

厉王手下的老臣召公虎听到国人的怨言越来越多,就进宫劝谏厉王说:"现在百姓已经忍受不了朝廷的暴政了,大王如果不尽快改变做法,后果将不堪设想!"厉王听后不以为然,他满不在乎地说:"你不必着急,我自有对付他们的办法。"于是,厉王下了一道禁令,不准国人议论朝政。他还特意从卫国请来了一个巫师,派他专门去监督议论朝政的人,告诉他说:"你如果发现有人背地里诽谤我,就立即向我报告。"

卫巫为了向厉王讨好,就派出一大批人到处打探,那些人还常常敲诈勒索,谁不服从他们,他们就诬陷谁。厉王接到卫巫的汇报之后,不辨真伪,因此有不少无辜的国人被杀。在这种压力之下,国人确实不敢在公开场合谈论国事了。人们走在街上遇到熟人,甚至不敢打招呼,只是交换一个眼色,就匆匆离开了。厉王见报告批评朝政的人愈来愈少,心里非常满意,以为自己的政策有了成效。召公叹了口气,对厉王说:"堵住百姓的口,不让他们说话,这比堵住江河还要危险啊!当初大禹治水的时候,通过疏通河道,让洪水流到大海中去;治理国家也是这样,必须让百姓说实话。以强硬的方式堵住河流,必然要决口;以强硬的政令堵住百姓的嘴巴,就要闯下大祸了!"可是厉王根本听不进去。所以周朝的朝政更加腐败,国势也更加衰落。

公元前841年,忍无可忍的国人聚众起义,围住了王宫,想要杀掉厉王,历史上把这件事称为"国人暴动"。厉王无奈只好出逃,愤怒的国人冲进了王宫,没有找到厉王。有人得知太子静逃到召公虎的家中躲了起来,于是又围住召公虎的住所,要他交出太子。召公虎没有办法,只好将自己的儿子冒充太子交了出去,国人杀了召公虎的儿子,这才把太子保护了下来。厉王出逃后,朝中没有了国君,群龙无首。大臣们经过商议,决定让德高望重的召公虎和另一位大臣周公暂时代替天子行使职权,史称"共和行政"。即公元前841年,从这一年起,中国的历史开始有了确切纪年。

"共和行政"一直持续了十四年,后来周厉王死在外面。大臣们立太子静即位,就是周宣王。宣王即位后,在政治上较为开明,得到诸侯们的支持。经过了这一场国人暴动,周朝的政治又重新恢复了民主。

【古为今用】

不可越俎代庖

老子说道:"常有司杀者杀。夫代司杀者杀,是谓代大匠斫。夫代大匠斫者,希有不伤其手矣。"大意是:通常应有一位掌管惩罚工作的人来执行惩罚任务。最高领导越俎代庖,是代替木匠砍伐。代替木匠砍伐,很少有不砍伤自己的手的。

管理者注定是孤独的,所以君主常用"寡人"自称,老子分析了管理者为了整个社会的安宁而不得已使用强制管理的情况。但是,执行强制性管理的人绝不能是最高管理者本人,而通常需要一位代替他完成这项任务的"司杀者"。当每一个领导都不甘做一个"孤家寡人",那么他就需要一位挡驾的"木匠",从而确保承受各种风暴的直接冲击。

从领导者的角度考虑,自己身边必须活动着这样一位"木匠"式的人物。历史证明,这是合理、高明的权力结构,这种权力结构保证你的宝座免受政治风暴的直接冲击,因而可以高枕无忧。

第七十五节　无以生为

【题解】

在这一章中,老子对统治者的苛政表示不满,并提出自己的警告。

世人总想成为强者,因为强者可以高高在上,可以为所欲为,但是灾祸往往在其为所欲为的时候悄然而至。人民的反抗和难以治理,从来都是因为统治者贪婪无度造成的。老子在此警告统治者:只有重视别人的生命,才能保全自己,平治天下。因为没有谁不吝惜自己的生命,一旦命悬一线,民众就会铤而走险,揭竿而起。

祸乱的根源在于统治者的"有为"和无度,只有不刻意求生,杜绝奢侈无度的享乐,才能真正地做到无所不为。

【原文】

民之饥,以其上食税之多①**,是以饥。**

河上公《老子章句》:人民所以饥寒者,以其君上税食下太多,民皆化上为贪,叛道违德,故饥。

王夫之《老子衍》:夫食税者上,而饥者民。

民之难治,以其上之有为②**,是以难治。**

王弼《道德真经注》:言民之所以僻,治之所以乱,皆由上不由其下也,民从上也。

王夫之《老子衍》:有为者上,而难治者民。彼此不相知而相因,诚有之矣。

民之轻死③**,以其上求生之厚**④**,是以轻死。**

河上公《老子章句》:人民所以侵犯死者,以其求生活之道太厚,贪利以自危。以求生太厚之故,轻入死地也。

唐玄宗《御解道德真经》:天下使人所以轻其死者,以其违分求生太厚之故,是以轻死。

夫唯无以生为者,是贤于贵生⑤**。**

陈致虚《道德经转语偈》:无生之义最难言,人世轻生若骏奔。趁得非生非死法,乾坤有限道长存。

明太祖《御解道德真经》:愚民无知,将以违法冒险,可以养生,殊不知亦丧身矣。即是无以生为者,是贤于贵生也。

【注释】

①民之饥,以其上食税之多:上,指统治者。食,动词,吃。人民陷于饥饿,是因为统治者吞吃的赋税太多。

②有为:有所作为。

③轻死:轻,作动词用,看轻、不重视的意思,轻死,看轻死亡,即不怕死。

④以其上求生之厚:求生,意即养生。厚,奢厚。求生之厚,指统治者不惜一切

代价保养自己的身体和生命。

⑤是：指示代词，这。贤：胜过、超过、比……好。贵生：贵，以……为贵，即看重的意思。指过分看重生命、过分保养生命。

【译文】

民众陷于饥饿，是因为统治者搜刮的赋税太多，所以才会发生饥荒。民众难以被治理，是由于统治者贪图名利、为所欲为，所以才难以统治。民众不爱惜生命，是由于统治者贪图享受、严酷搜刮，所以才冒死反抗。只有恬淡自然，不以养生保命为重的人，才比那些刻意在乎生命的人更高明。

【解析】

老子在这里指出民众与统治者之间的生存矛盾。最初之所以会有赋税，是因为君主忙于治理国家而无暇顾及自己的生计，因此民众才捐出物资，以便其能安心治国。这本是一种维系君与民之间和谐关系的妥善方式，但是由于后来的君主们贪图养生享乐，税赋成为国家动荡的导火索。

夏、商、周三代平民需要缴纳的赋税大约是收入的十分之一。到了春秋战国时期，民众的负担进一步加重，赋税要比从前高出三倍还多。而秦朝建立之后，所征收的赋税几乎是西周的二十倍，百姓食不果腹，因此，秦朝之亡毫不意外。

老子推演图

老子已经明确地提出：繁重的赋税与严酷的法令是国家动乱的最主要根源。如果不能从根本上解决这个问题，君与民之间的矛盾将会越来越多，而且演变得更加激烈，甚至可以导致国家灭亡。因此老子在篇末对统治者发出警告：刻意地追求养生不一定就会长寿，贪恋享受、聚敛钱财只会造成时局动荡，只有恬淡自然，不刻意去求生，不以养生保命为重的人，才比那些刻意在乎生命的人更高明，也只有这样的君王才能够使国家长治久安。

【名句品读】

夫唯无以生为者,是贤于贵生。

王弼在《老子注》中曾说:"民之所以僻,治之所以乱,皆由上不由其下也,民从上也。"王弼认为,人民之所以心生邪恶,行为不端正,政治之所以乱象重重,都是因为统治者只顾着下达自己的命令,而不顾天下百姓的民意,因此百姓也学着统治者的恣意妄为而肆意行动,这样国家当然会乱了。因此老子在本章开头就先提到"民之饥,以其上食税之多,是以饥。民之难治,以其上之有为,是以难治。"民众陷于饥饿,是因为统治者搜刮的赋税太多,所以才会发生饥荒。民众难以被治理,是由于统治者贪图名利、为所欲为,所以才难以统治。

换句话说,在位者看重什么、做什么,人民的生活都会随之反映出来,人民的行为也都会跟着仿效。因此老子强调在位者必须"无以生为",不重视生活物资的奉养,不要苛税压榨、政令烦琐、事事都管,政治自然可以清明,因为这代表在上位者是有德者,人民的行为也会跟着良善。

这是老子从社会角度来谈"养生"。在老子看来,人民的"养生"是统治者应尽的义务。可以说,养生是帝王的功课,是圣人应有余力推行的事情,所以对天下的治理,帝王必须"无为而治"。

【经典故事】

从政之道

苛政猛于虎

春秋时期,各诸侯国政令严酷,苛捐杂税非常繁重,百姓的生活苦不堪言。很多人不堪忍受苛政,只好举家逃到了深山老林、荒野沼泽地去居住,那里虽然条件艰苦,可是脱离了官府的管制,也许还有活下来的可能。

有一户人家,逃到了泰山脚下。一家人祖孙三代,早出晚归,四处奔波劳碌,才勉强活了下来。

泰山周围,时常有猛兽出没。有一天,这家的祖父上山打柴时遇到了凶猛的老虎,从此再也没有回来过。这家人悲痛万分,但却又无可奈何。一年之后,这家的父亲到山上采药,也命丧虎口,这家人只剩下母亲和儿子两个人相依为命,母子俩时常想搬到别的住处,可是左思右想,实在是没有退路可走:没有老虎的地方却有官府的苛政,照样没有活路。这里虽然有老虎,可是并不是天天都会遇到,只要加倍小心,还有可能幸存下来。

这样又过了一年,儿子在一次进山打猎的时候又被老虎给吃掉了,只剩下母亲一人整天坐在坟墓边痛哭。

这一天,孔子带领他的弟子路过泰山脚下,他们看到正在坟墓旁边痛哭不止的这个母亲,她的哭声是如此凄惨,孔子让学生子路过去打听,他自己则在旁边仔细倾听。

子路问:"您哭得如此悲伤,是发生了什么特别伤心的事情了吗?能告诉我们吗?"

这个母亲一边痛哭,一边回答说:"我们是从别的地方逃到这儿来的,在这里住了很多年了。两年前,我的公公被山里的老虎吃了;去年,我的丈夫也葬身虎口:现在,我的儿子也被老虎吃了,只剩下我一个,所以我才在这里哭。"老母亲说完,又大声地哭了起来。

孔子站在一旁听得清清楚楚,禁不住要问:"你们当初为什么不离开这里呢?"

这个母亲止住了哭声,回答说:"我们实在是无路可走了。这里虽然有猛虎,可是没有官府那些残暴的政令。这里的很多人家都是和我们一样,为了躲避暴政才搬过来的。"

至圣先师孔子

孔子听完后,感慨万千。他对众弟子说:"你们一定要记住:残暴的政令要比吃人的猛虎更加凶猛!"

为人之道

贪图私利,失去信任

五代时,后唐的皇帝李存勖以救国救民号召百姓,招募将士,先后灭掉了后梁等国,势力达到了顶点。

天下略为安定后,李存勖开始贪图享乐,他对大臣们说:"我军征战多年,今日有成,应该休息罢兵,享受太平生活。"

李存勖从此不理朝政,天天忙着看戏玩乐,一些忠直的大臣也被他疏远了。

皇后刘玉娘特别爱财,她把国库窃为己有,积攒了堆积如山的财宝。她任用自己的亲信,到处横征暴敛,百姓怨声载道。

忠诚的大臣把刘玉娘的行为报告给了李存勖,说:"当天下的君主应该关心天下人的生死,这样人们才能爱戴他,国家也会安定。现在皇后只顾自己捞钱,全不管百姓如何生活,这样下去要出大事的,皇上一定要好好管教她。"

李存勖这时也失去了往日的爱民之心,他为皇后辩护说:"筹钱粮,救民于水火,百姓一定会感激皇后的仁德,誓死保卫国家。"

刘玉娘把国库的东西视为自己的财产,她拒不交出赈灾,还生气地说:"你是宰相,救济百姓是你的事,与我有什么关系?"

她只拿出两只银盆,让宰相卖了当军饷。宰相长叹一声,掉头就走,他对自己家人说:"皇上、皇后之为自己享乐积财,这样怎能治理好国家呢?他们太自私了,国家一定会灭亡的,我们也另做打算吧。"宰相也不管事了,朝廷陷于瘫痪。

时间不长,大将李嗣源就率兵反叛。李存勖领兵平乱,愤怒的士兵纷纷投向叛军,不愿意再为李存勖卖命。

李存勖见事不好,急忙用重赏安稳军心,他对士兵们说:"我带领你们打天下,绝不是为了我自己,而是为了你们啊!这次如果平定了叛乱,你们每个人都有重赏,我说到做到,绝不食言!"

士兵们早不相信他了,这时见他还在说谎,不禁更加愤怒。他们发动了兵变,乱箭射死了李存勖。刘玉娘逃进了尼姑庵,也被士兵搜出,把她绞死。

李存勖、刘玉娘平时不知关爱将士百姓,只顾自己享受,结果导致了国家的灭亡,他们死不足惜。

一心为一己之私只顾敛财的人是干不成大事的,他可以利用人民一时,一旦被人识破真面目,所有人都会离开他,反对他。为多数人谋福利,首先要放弃个人的私利,这样才能处事公平,赢得世人的信任。

正所谓无欲则刚,无私才博大。有的人把个人的利益、名声、地位、权势看得高于一切,地位略有动摇,利益稍有损失,权势稍有削弱,就看成是大祸临头,结果活得非常痛苦。只有解脱名利的羁绊和生死的束缚,只有我们完全从自我占有、自我为中心的心态中超脱出来,才能使心灵世界如浩瀚的天空,任鸟儿自由飞翔。

【古为今用】

上行下效,以身作则

以身作则,通俗地讲就是要以自己的行为举止、行动语言作准则。当然,此"准则"就是正确的,我们平日所应该遵守的准则。几乎所有的成人都知道,以身作则是一件说起来简单,但实际操作起来却难之又难的事情。除非是特别有自控能力的、不同于一般人的人才能做到。

正人先正己,做事先做人。管理者要想管好下属必须以身作则。要事事为先、严格要求自己,做到"己所不欲,勿施于人"。一旦通过表率树立起在员工中的威望,将会上下同心,大大提高团队的整体战斗力。得人心者得天下,做下属敬佩的领导将使管理事半功倍。

作为领导,如果不能以身作则,不能自律,就很难以德服人。如果无法取得下属的信赖和认可,将必败无疑。所以,一个成功的领导必定懂得,在要求下属和员工做某些事情时,他自己必须首先做到。

绝大多数的企业领导者,都非常希望有一支高素质的员工队伍。但反过来,员工们更希望自己的老板能像个老板,是个事业上处处以身作则、靠得住、信得过的带头人。只有这样,员工们才会感到有奔头,死心塌地地跟着你。但有些管理者,疲疲沓沓,说话随便,打起麻将来,一玩就是半夜,上班迟到早退,自以为独霸一方,这样的老板谁会服呢? 其结果自然是好人一个个离他而去,坏人却越聚越多,不一败涂地才怪!

因此,要成为一个好的管理者,首先要管好自己,为员工们树立一个良好的榜样。言教再多也不如身教有效。行为有时比语言更重要,领导的力量,很多往往不是由语言,而是由行为动作体现出来的,聪明的领导者尤其如此。在一个组织里,领袖当然是众人的榜样,你的言行举止都看在众人的眼里,只要懂得以身作则来影响下属,管理起来就会得心应手。

第七十六节　强大处下

【题解】

在本章中,老子用具体的事物形象地阐释了生与死的原因,一开始就提出了"人之生也柔弱,其死也坚强"的观点,认为"坚强者死之徒,柔弱者生之徒"。

很多情况下,真相往往与表象相反,而人们却往往会执着于事物的表象。世俗之人崇拜力量、追求权势,通过刚强来克制柔弱,但这些绝不会长久。老子所看见的,是柔弱所蕴含的无尽的生命力和刚强所招致的无穷的灾祸。"道"虽然主宰着一切,但从不以强硬的形式显露出来,相反却是蒙昧混沌,不为人所知,故而虽然作为天地的主宰,却绝无毁誉。"道"正是以这种柔弱的品性默默展示着其永恒的存在。

【原文】

人之生也柔弱①,其死也坚强②。草木之生也柔脆③,其死也枯槁④。故坚强者死之徒,柔弱者生之徒⑤。

河上公《老子章句》:人生含和气,抱精神。故柔弱也。人死和气竭,精神亡,故坚强也。和气存也。和气去也。以上二事观之,知坚强者死,柔弱者生也。

是以兵强则胜⑥,木强则折。

王弼《道德真经注》:强兵以暴于天下者,物质所恶也,故必不得胜。物所加也。

唐玄宗《御解道德真经》:见哀者胜,故知恃强者必败。

强大处下,柔弱处上。

王弼《道德真经注》:木之本也。枝条是也。

陈致虚《道德经转语偈》:人死坚强木死枯,夫为不死是长图。五行颠倒人能用,有一物常死复苏。

【注释】

①人之生也柔弱:生,生存、生活。柔弱,指人的身体、筋骨、肌肉的柔软。人之

生也柔弱,即人活着的时候,身体、筋骨、肌肉是柔软活动的。

②其死也坚强:坚强,指人身体肌肉的僵硬。这句话是说,人死了以后身体就僵硬了。

③柔脆,指草木形质的柔软脆弱。

④枯槁:槁,干枯的意思。枯槁,指草木衰败干枯的样子。

⑤故坚强者死之徒,柔弱者生之徒:徒,指同一种类、派别的东西。所以坚强的东西属于死亡的一类,柔弱的东西属于生存的一类。

⑥兵,军队或兵力。

【译文】

人在活着的时候身体是柔软的,死了以后就变得僵硬。草木活着的时候是柔软脆弱的,死后就变得干枯坚硬了。所以僵硬是死亡的特征,柔弱是生存的特点。因此,依靠武力逞强必然导致灭亡,树木长高成材就会遭到砍伐和摧折。处于下位的表现为强大,处于上位的表现是柔弱。

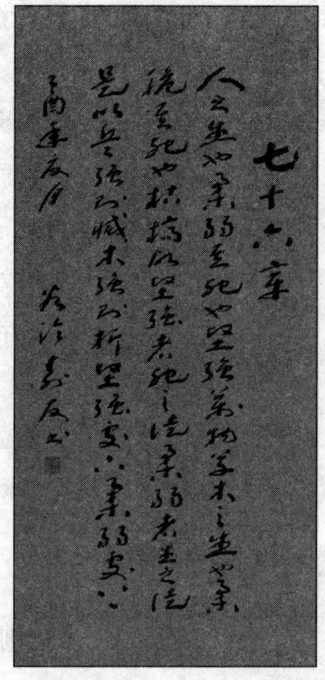

《道德经》七十六章书法

【解析】

"道"在老子的哲学体系中的地位是至高无上的,之所以这样,是因为"道"的本性是最为柔弱的。而老子之所以推崇柔弱,是因为"柔弱胜刚强"。

在老子看来,锋芒外露者必将招致损毁,而善于韬光养晦者必得保全。他以人的身体为例:"人活着的时候,肌体柔软;人死之后,身体就会慢慢变得僵硬。"又举草木为例:草木生长的时候,枝叶柔顺;凋零之后,就变得枯槁坚硬。通过这些,于是可以做出总结:坚硬刚强是死亡所表现出来的特点,而柔弱之中才蕴藏着无限的生机。后来庄子也说:山中的树木长高成材,就会被砍伐掉;油膏可以用于照明,所以就被燃尽;桂树上结了果实,枝条就会被人折断。

然而老子又叹息说,这种柔弱胜过刚强的道理,普天下的人都是知道的,但却没有谁能够遵循,世人往往与之背道而驰,于是老子不得不加以告诫:"强梁者不得其死。"

秦朝末年，陈胜、吴广在大泽乡起义后不久，项羽崛起于江东，举兵反秦。三年之间，纵横九州，一统天下。又率领各路诸侯攻入关中，推翻秦政，从此威震四海，分裂疆土，册封十八诸侯，大权独握，自号"霸王"，位同皇帝。但由于其刚愎自用、独断专行，难以听取旁人的意见，以至于韩信、陈平、英布等人纷纷离开了他。再加上他优柔寡断、错失良机，于鸿门宴上放走刘邦，又与其以鸿沟为界划地而治，给对方以喘息之机，以至于兵败乌江，最后落得个身败名裂的下场。

由此可知，真正强大并不是表面上的强硬，而是遵循看似柔弱而无所作为的"道"。世人习惯了追求强大与刚强，只知道用刚强的力量可以制服、压倒别人，却不知道刚强与柔弱本是对立而统一的矛盾体，如果只看到了它们的对立，而忽视了其本质上的统一，那么就永远也做不到真正意义上的强大。

【名句品读】

是以兵强则胜，木强则折。强大处下，柔弱处上。

倚仗武力逞强就会被消灭，树木长大就会被砍伐。所以强大的东西处在下方，柔弱的东西处在上方。争强好胜者，容易被人嫉恨，柔和谦逊者，能得到更多支持。"淝水之战"就很能说明这个道理。

东晋时，前秦皇帝苻坚打算率领百万大军南下，一举灭除东晋。苻坚召集群臣商议，很多人反对这次军事行动，认为东晋拥有长江天险，不可贸然南下，不如休养生息，练兵备战，等时机成熟后再发动战争。

苻坚不以为然："春秋时吴王夫差与三国时吴主孙皓，谁不是拥有长江天险，但最后怎么样？还是免不了灭亡。我现在有近百万大军，兵多将广、人多势众，我们把鞭子投到长江里，也足以阻断长江流水。哪里怕什么天险？"

于是苻坚亲率大军，兵临淝水，东晋派大将谢玄、谢石率领八万精兵迎战。众寡悬殊，苻坚信心百倍，根本不把对手放在眼里，倚仗兵力优势强攻，但那时遭到东晋军队的顽强抵抗。最终东晋以弱胜强，赢得战事。

淝水一战，前秦军队被彻底击溃，损失惨重。苻坚的弟弟战死，苻坚自己也受了伤。苻坚在逃跑途中草木皆兵，非常狼狈，从此以后，前秦一蹶不振。

淝水之战告诉人们的就是骄兵必败的道理。在战场上兵强不一定就能够取得胜利，树木强劲就会容易折损。因此，无论在什么情况下我们都需要保持清醒的认识,戒骄戒躁,认真谨慎,只有这样,我们才能减少失败的可能。

【经典故事】

为人之道

二桃杀三士

在我国古代的春秋时期,齐景公的身边有三名勇士:公孙接、田开疆和古冶子。他们三个非常勇武,为国家立下不少战功,齐景公非常宠爱他们。但是,他们却恃勇自傲,无视君臣之礼,在朝中横行霸道。

有一天,相国晏子从他们三个身边经过时,用小步快走表示敬意,但他们三个却坐着不起来,对晏子非常无礼。晏子因此非常生气,他就去晋见齐景公,对他说:"为臣听说,贤德又有才能的君主蓄养的勇士,对内能够防止暴乱,对外能够威慑敌人;国君赞扬他们的功绩,臣民佩服他们的果敢,因此他们有着尊贵的地位和丰厚的俸禄。而现在君主所蓄养的三个勇士,对上不遵守君臣之礼,对下也不顾及长幼之礼。如此看来,他们对内不能防止暴乱,对外也不能威慑住敌人。他们是祸国殃民的罪人,不如尽快铲除他们。"景公说:"这三个人力大无比,勇猛过人,如果跟他们硬拼,怕是斗不过他们;暗中行刺也不一定能刺中。"晏子说:"他们虽然勇武好斗,不畏强敌,但是他们不讲究长幼之礼。"于是晏子就趁机献计,请景公赏赐给他们两个桃子。

晏子

景公派人对他们说:"你们三个人都是寡人最为看重的勇士,寡人很想重重地赏赐你们,可是今天后花园里只摘下两个桃子,寡人想把桃子赏赐给你们三人中功劳最大的两人。你们现在比一比功劳,就按功劳的大小分这两个桃子吧!"

公孙接听完仰天长叹道:"晏子果然是个聪明人,他让国君叫我们按功劳大小分桃子。我们不争桃子,就意味着不勇敢;可如果去争桃子,人多桃子少,这样就只有两个人来分吃桃子。我曾经击败过野猪,后来又打败了猛虎。像我这样的功劳,足可以自己单吃一个桃子。"说着,他伸手便拿起其中的一个桃子。

田开疆说:"我曾经一个人手持兵器,连续几次击退敌军。按照我的功劳,我完全可以自己单吃一个桃子,而用不着与别人分吃。"说完后,他也拿起一个桃子。

这时候古冶子说:"我当初曾经陪同国君横渡黄河。当时,一只大鳖咬住了拉车的马,把它拖到了河中央。那时,我潜到了水中,逆流而上,潜行数百步,然后又顺着水流,潜行了数里,最后抓住那只大鳖,将它斩杀了。我左手抓着马尾,右手拎着大鳖的头,像仙鹤一般从水中一跃而出。旁观的人都非常吃惊,还以为是河神出来了,仔细一看,才知道原来是大鳖的头。凭我立下的功劳,也应当单独吃一个桃子。可是你们为什么不把桃子拿出来?"说完,拔出宝剑站了起来。

公孙接和田开疆听了之后,自叹弗如,说道:"我们两个人的勇敢和功劳都赶不上您,可是拿桃子的时候却不谦让,这就是我们的贪婪。然而如果我们还活着不死,那还谈得上什么勇敢?"说完,两人就交出了自己的桃子,拔剑自刎。

古冶子看到眼前的情形,感到很惭愧,说道:"我的两个朋友都死了,只有我自己还活着,这是不仁;用言辞来羞辱别人,抬高自己,这是不义;对自己的言行有所悔恨,却不敢去死,这就是不勇。"说罢,他放下了手中的桃子,也自刎了。

景公派去的使者回报说:"他们三个都自杀了。"景公便命人给他们换好衣服,按照勇士的葬礼厚葬他们。

【古为今用】

唇亡齿寒,柔生刚死

据前史记载:商容开口问老子说:"我的舌头还在吗?"

老子说:"在。"

又说:"我的牙齿还在吗?"

老子说:"不在!"

商容说:"知道这个道理吗?"

老子说:"不就是刚硬的容易败亡,而柔弱的能存在的道理吗?"

商容说:"唉!天下的事情完全是这样。"

这就是柔弱处世的方法。

《菜根谭》中说:"舌存常见齿亡,刚强终不胜柔弱;户朽未闻枢蠹,偏执岂能及圆融。"意思是说,牙齿较之于舌头,自然是坚硬刚强的,可是它们却经不起虫蛀菌噬,常被腐蚀得不堪入目,直至完全脱落,而柔软的舌头虽经酸甜苦辣,却毫发无损,安然无恙。

世人应该明白:内"刚"固可喜,若外亦"刚"则堪忧矣。

外柔内刚,就是自己有主见,有原则,不同流合污,而在行动语言上委婉、圆转、不恃强、不凌弱、不与人攀比,不争口舌之胜,不显贵露富。有些人虽然是强者,如果放逸不轨,也会被弱者所摧毁。

如果弱者能精进努力,谨慎不放逸地做事,就能使自己立于不败之地。反之,一个强者行为不端,就会招来祸患而败亡。有的国家虽然很小,若政通人和,就可能不被大国所吞并。

第七十七节 不欲见贤

【题解】

老子在本章中将"天之道"和"人之道"同时列出,进行了具体的比较。

"天之道"是真正的"道",是柔顺而公平的自然法则;而"人之道"却完全违背了本应效法的"天之道",充斥着争斗和不公。由此可见,所谓的"人之道"并不是真正的"道",而恰恰是与真正的"道"背道而驰。所以到了庄子生活的战国时期,"人之道"变得更为不公,以至于"窃钩者诛,窃国者诸侯"(《庄子·祛箧》)。这种与天道相违背的观念充斥于各个时代。故而老子推崇均衡自谦的天道思想,认为只有顺应了"道",天下才会同乐。老子再次阐述了他的民本思想。

【原文】

天之道①,其犹张弓欤②?高者抑之③,下者举之④;有余者损之⑤,不足者补之⑥。

河上公《老子章句》:天道暗昧,举物类以为喻也。言张弓和调之,如是乃可用耳,夫抑高举下,损强益弱,天之道也。

王夫之《老子衍》:唯弓有"高""下"而后人得施其"抑""举";唯人有"有余""不足",而后天得施其"损""补"。

天之道,损有余而补不足。人之道则不然,损不足以奉有余。

河上公《老子章句》:天道损有余而益谦。常以中和为上。人道则与天道相反,世俗之人损贫以奉富,夺弱以益强也。

王弼《道德真经注》:与天地合德,乃能包之,如天之道。如人之量,则各有其身,不得相军,如惟无身无私乎,自然然后乃能与天地合德。

孰能有余以奉天下,唯有道者。

宋徽宗《御解道德真经》:不虐茕独,而罄者与之。不畏高明,而饶者损之,非有道者不能。

明太祖《御解道德真经》:诚能以有余给民之不足者,则天下平,王道昭明焉。

是以圣人为而不恃,功成而不处[7]**,其不欲见贤**[8]**。**

王弼《道德真经注》:言唯能处盈而全虚,损有以补无,和光同尘,荡而均者,唯其道也。是以圣人不欲示其贤以均天下。

无为而益

【注释】

①天之道:天指自然。道,指规则、规律。

②其犹张弓欤:其,句中语气词,表示反问。

③高者抑之:高,指弦位高。弦位高了,就把它压低一些。

④下:弦位低了。

⑤有余者损之:有余,指弦的长度有余。损,减少。

⑥不足,指弦的长度短了。

⑦处:拥有、享有。

⑧见:同"现",表现。

【译文】

自然界的规律,难道不是像拉弓射箭一样吗?抬得过高就把它压低一些,压得过低就再把它抬高一些。拉得太满就放松一些,用力不足就再加力拉满一些。自然法则,是减少过剩的而补给不足的。而人世的法则却并非如此,是减少本已不足的来奉给已然有余的人。谁能减少有余的用以补给天下不足的呢?只有明于大道的人。因此,有道的圣人虽然有所作为但却不占有,有所成就但不居功,因为他不想显示自己的才能。

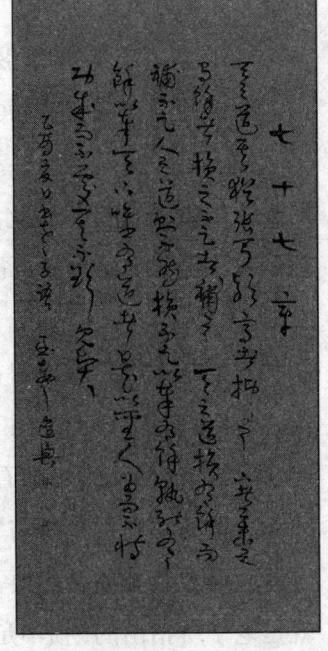

《道德经》七十七章书法

【解析】

贪婪是人类独有的兽欲,自然界的其他动物取食仅仅是为了求生和繁衍,而人则不同,往往只是单纯地满足这个既原始又野蛮的欲望而大肆搜敛。所以,如果说自然界的法则是妥善地调节万物之间的关系,使之和谐共生的话,那么人世的法则正好是与之背道而驰的。由于人性的贪婪,一旦占有自然就会想要占有得更多,因此富人更富,这样就导致贫穷者愈加贫穷,这一现象就是老子所指出的"损不足而奉有余"。然而世间一切都在道的安排之中,所谓"天网恢恢,疏而不漏"。因为"损不足而奉有余"与"天之道"相悖,因此发展到一定程度的时候,"天之道"就会发挥它"损有余而补不足"的作用。那些因"不足"而失去生存机会的民众必然会为了争取生存权利而奋起反抗。一旦反抗,就会给整个社会造成极大损害。可见"人道"是不能违背"天道"的,故而老子指出,"孰能有余以奉天下?唯有道者。"统治者只有遵照了自然法则行事,做到"损有余而补不足",天下才会太平,社会才能长治久安。

汉文帝曾经为了节约开支、减少百姓的负担,而取消了修建露台的计划,这就正如老子所说,只有将多余的拿出来调节天下的不平,才是符合"道"的。也只有能够这样做的人,才是真正的贤者,才是近于完美的圣人。

【名句品读】

是以圣人为而不恃,功成而不处,其不欲见贤。

圣人虽然有所作为但却不占有,有所成就但却不居功,他不想显示自己的才能。

老子说，大道就像拉弦开弓，高了就想办法压低一些，低了就尽力抬高一些，拉得太紧了就适当放松，拉得不足就稍微用力。天道是减损有余以弥补不足，人道却是减损不足以供奉有余。谁能减少有余来供奉不足，谁就是智者。只有求道、得道的人才能做到这些。因此，圣人往往都有所作为但却不占有，有了成就也不居功，他们从不会显示自己的贤能。如果一个人建功立业是为了长久地持有，那就是贪婪。

贪婪是人类独有的兽欲，而自然界的其他生物取食、索求仅仅是为了求生和繁衍，人却不会那么简单，往往只是单纯地为满足原始野蛮的欲望而大肆搜敛。因此，如果将自然界的法则看作是在调节万物之间的生存关系，使之和谐共生的话，那么人世的法则越来越与它背道而驰。由于人性的贪婪，有了成就还会据为己有，自恃其功。甚至还会想要占有更多，所以富者越来越富，贫者越来越贫。这一现象就是老子所指出的"损不足以奉有余"。然而世间万物都逃不开道的安排，正所谓"天网恢恢，疏而不失"。不以功自居，坚守正道，才是一个人应有的境界。

【经典故事】

从政之道

汉文帝罢修露台

中国古代的帝王之中，多数帝王都过着奢侈的生活，汉文帝却是一个例外，他身为一国之主，却能够以身作则，厉行节约，这在中国历史上是很少见的。

汉文帝的生活非常简朴。登基之后，他穿的一件长袍补了又补，一直穿了二十多年，也没有换过一件新的。他自己经常穿着粗布衣服，日常用品大都是前朝皇帝留下的，而他自己很少添加新的器物。在他的影响之下，他的夫人也很少穿华丽的服装。

此外，汉文帝非常关心百姓疾苦，他不仅经常亲自耕种，还让皇后去采桑养蚕。他登基不久就曾下令：凡是八十岁以上的老人都由国家供养，每月都要发给他们粮食和酒肉；对于九十岁以上的老人，国家还要定期发给绸缎、麻布、丝棉等物。

最能够反映汉文帝节俭的一件事就是他罢修露台。

有一次，汉文帝打算修建露台，用于欣赏山水风景。他找来了工匠，让他们算一下需要用多少钱。工匠们仔细计算后，就说："不是太多，有一百两金子就足够了。"

汉文帝听了，大吃一惊，连忙问道："这一百两金子大约相当于多少户中等人家的收入？"

工匠们约略估算了一下，说："大概十户。"

汉文帝听言，连忙摆手，说："不要建露台了，现在国库空虚，老百姓的生活非常困苦，还是把钱省下来吧。"

处世之道

处世之道

唐朝宰相李义琰的住宅没有正室。为帮助李义琰建造住宅，他的弟弟担任岐州司功参军时，便买了造屋用的木材送给他。

等到弟弟进京的时候，李义琰对他说："以我的才德而言，担任宰相已经让我感到愧疚，如果再建造华丽的住室，这就是让我加速招致灾祸，这哪是真心爱我呀？"

他弟弟解释说："一般人做到廷尉之类的小官，便营建大宅美室，况且哥哥位居宰相，难道就应该像平民百姓那样，一辈子居住在敝陋狭小的房子里吗？"

李义琰说："世间没有两全其美的事。我已经做了高官，现在又要扩建宅第，如果没有高尚的品德，必然要遭受祸殃。并不是我不想建豪宅住美室，而是担心因此违法获罪。"

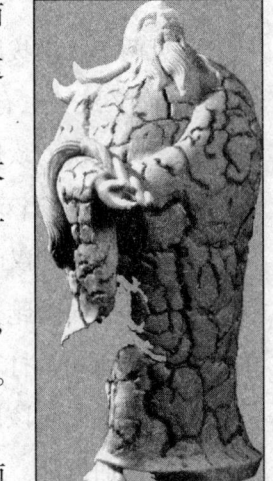

老子雕塑

李义琰始终没有营建正室，他弟弟送来的木料经日晒雨淋都腐朽了。

李义琰身为宰相，仍然住在低矮狭小的偏房中，他的弟弟送这些木料给他修建正室，本是无可非议，可李义琰却坚辞不受。由此可见，他绝不是做做样子，他是真的"处富思贫"，保持戒心。

李义琛分析道：既然当了高官，其他方面就应该注意谦卑一些。这样，才能够保持世间事物的平衡。如果既做高官，又建豪宅美室，稍不谨慎，就可能触犯法纪招来祸殃。可见，他不仅行动谨慎，而且头脑清醒。

人们凡事都求全求美，绞尽脑汁来达到这个目标。其实不论何事都不应想登峰造极，因为有上坡必然有下坡，一定要保持清醒的头脑，功业不求满盈，留有余地。比如对于置钱财家业，勿求多求尽；对于功名地位，勿求高求上。知急流勇退，才能保持人的本性，预先留几分余地，才会安全长久。

【古为今用】

取长补短，完善自我

始终怀着谦虚的态度，用一双慧眼去发现生活中身边人的优点，捕捉它们，并用这些人的优点来点亮自己的人生，我们的人生才能更加光彩夺目。

一天，上帝对一个盲人、一个跛子以及两个壮汉说："你们沿着这条路一起出发，谁先把幸福之门打开，我将满足他的任何愿望。"说完，一声令下，比赛正式开始。

只见两个壮汉拔腿就跑，其速度快如风驰电掣。而盲人因眼疾，只能一步步试探性地前进，跛子虽有明确目标，可也只能缓缓前进。

历经无数次的坎坷摸索之后，盲人和跛子达成了共识，即盲人背起跛子充当双腿，跛子给盲人充当双眼，两人取长补短，一步步向幸福之门迈进。

眼看着两个壮汉临近终点，一个壮汉突然停下将另一个壮汉狠狠地推倒在地，而后自己继续向前跑去。此时被推倒的人又迅速爬起来追上前者，一脚踢在对方的后腿上。两人厮打起来，他们谁都不允许对方打开幸福之门。

长处是我们应该加以发扬的，但却不能骄傲；短处是我们应该加以克服的，但却不可因此而掩饰。

丹麦天文学家第谷有出色的观察能力，但不擅长理论研究，结果得出了很多错误的结论。后来，第谷请了德国天文学家开普勒做助手。虽然开普勒在观察方面不如第谷，但他很有理论研究方面的才华。在他们的合作下，终于发现了行星运动的"三定律"。显然，他们两人只要有一个不存在，那么就不会有这样伟大的天文发现,也正因为他们的密切配合,互相取长补短,才能在天文学领域做出卓越的贡献。俗话说"人无完人",人毕竟不是"神",是活生生的有着缺点和长处的结合体,尤其是在科学文化发达的今天,分工很细,现代化建设需要有各种各样的专门人才。而由于时间和精力的限制,我们每个人又不可能什么都学,什么都懂。因此人与人之间,所长和所短差距很大,这就要求我们每个人既要谦虚谨慎,时时正视自己的短处,又要不断看到别人的长处,不能因别人有缺点或短处就紧盯着不放,把别人看得一无是处。

老子的智慧告诉我们,修身养性应该多一些取长补短。广泛吸取别人的优点弥补自身的缺点,是对待长处、短处的正确方法,也是让人进步的必备条件。

第七十八节　柔之胜刚

【题解】

老子认为,水的品性是完全合乎"道"的,天下没有什么比水更加柔弱的,但正是因为它的柔弱,才胜过了一切的坚强之物,恒定而永不改变。一般而言,统治者总是高高在上,不可企及的。但老子却认为,真正的君主,应该能够承受天下的屈辱和灾祸。这就像他所提及的"百谷王",甘居百川下流,以其柔弱的品性谦和地容纳一切,做到扰之而不浑,澄之而不清。这一说法打破了一切常规,不能用已有的观念来揣测,然而这也正是"道"之所在。

【原文】

天下莫柔弱于水,①**而攻坚强者莫之能胜**②**,以其无以易之**③**。**

王弼《道德真经注》:以,用也。其谓水也,言用水之柔弱无物,可以易之也。

唐玄宗《御解道德真经》:以坚攻坚,必是两败俱伤,柔制强者,则强损而柔全。故用攻坚强者,无以易于水者矣。

弱之胜强,柔之胜刚,天下莫不知,莫能行④**。**

河上公《老子章句》:水能灭火,阴能消阳。舌柔齿刚,齿先舍亡。知柔弱者久长,刚强者折伤。耻谦卑,好强梁。

是以圣人云："受国之垢⑤，是谓社稷主⑥；受国不祥⑦，是为天下王。"正言若反。

宋徽宗《御解道德真经》川泽纳污，山薮藏疾，国君含垢，体道之虚，而所受弥广，则为物之归，而所制弥远。经曰：知其荣，守欺辱，为天下谷。言岂一端而已，反于物而合于道，是谓天下之至正。

【注释】

①天下莫柔弱于水：天下，指天下的事物。莫柔弱于水，没有比水更柔弱的东西。

②攻坚强者莫之能胜：攻，攻击、进攻。莫之能胜，没有能够超过水的。

③无以易之：以，用。易，交换、代替。没有可以用来代替它的。

④天下莫不知，莫能行：天下，指天下的人。莫不知，天下的人没有不了解弱之胜强、柔之胜刚这个道理的。莫能行，没有能够去实践这个法则的。

⑤受国之垢，承担国家的屈辱。

⑥是谓社稷主：社稷，指国家。社本指土地神，稷是谷神，古代帝王都要祭祀社稷，故社稷后来变成了国家的代称。是谓社稷主，这里叫作国家的君主。

⑦受国不祥：不祥，指灾难。承担国家的灾难。

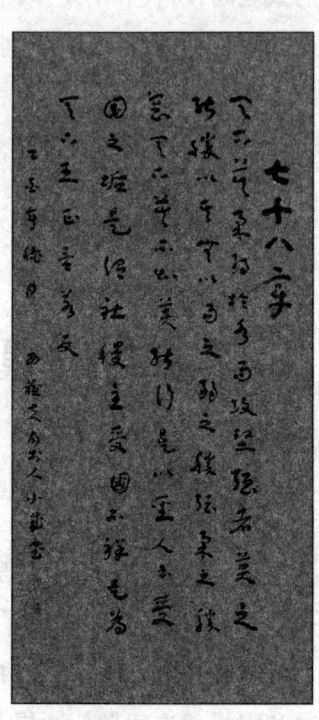

《道德经》七十八章书法

【译文】

天下万物没有什么比水更加柔弱，但攻坚克强的力量没有什么是能胜过水的，因为没有什么能改变水的性质。柔弱胜过刚强的道理，天下没有人不知道但也没有人能够做到。所以圣人说："能够承受国家的屈辱，才算得上是国家的主宰。能够承担国家的灾祸，才能当天下的主宰。"正确的话听起来往往像是错话。

【解析】

唐代诗人李白曾经说："抽刀断水水更流。"这句本来是用来形容诗人的苦闷，却无意间道破了水的强大：世间恐怕没有什么能改变水的性质，水是老子所推崇的一个近乎完全符合于"道"的行为典范。对于水而言，似乎一切都可以轻易地对其产生影响,但是却又没有什么可以真正地影响其本性,故而一切祸患都不可能加诸其身。水之所以为水,正是以其善于变化的特质保证了其性质的永恒。老子说"上善若水",孔子也说"智者乐水"。它流动的时候,忽高忽低遵循着一个原则:随势而行,声势浩荡,永不停息。永不枯竭,广阔含蓄就像"道";流向万丈深谷时,不以低微为耻,从容落下;在平川时仪态安详,含而不露;盛满了,就自动溢出流走,不去争夺高下之分;该到的地方都会流到。随意流转,无法阻挡,善于净化万物。

水的这些特征,一般人都是非常了解的,但把水这种善于自居下位、卑微谦和的性格融入自身生命之中,并加以运用就不是一般人能做到的了。

公元前266年,赵惠文王去世,其子赵孝成王继位,因为孝成王年幼,就由其母赵威后听政。秦国觊觎赵国已经很久,见赵国时局动荡,孝成王年幼无知,便一举攻下赵国的三座城池。赵太后求齐国增援,齐王提出须赵太后幼子长安君到齐国为人质,方才出兵。但赵太后溺爱幼子,坚持不与,后多亏了触龙劝说才能够达成协议,击退秦军。

由此可知,只有像老子所说的那样能够像水一样从容担当屈辱和灾祸的人,才是真正的君主,才有资格成为天下的主宰。

【经典故事】

为人之道

有担当才能有大成

清代中兴名臣曾国藩在自己的成功路上,每前进一步都要忍受莫大耻辱。例如初办团练时,一日,绿营之兵与湘勇哄闹,至黑夜闯入曾国藩行台。曾国藩亲自告知巡抚,巡抚不理,曾国藩只好第二日将兵营迁至城外,以避绿营乱兵。有人问其故,曾国藩叹曰:"大难未已,吾人敢以私愤渎君父乎?"意思是说,大敌当前我怎能为个人利益而泄私愤呢?

后来,曾国藩这样总结其忍辱负重之术:"好汉打脱牙和血吞。这句话是我咬牙立志的秘诀,自出道以来,无不遭受屈辱。我在庚戌、辛亥年间被京城的权贵们所唾骂,癸丑、甲寅年间被长沙的权贵所唾骂,乙卯、丙辰年间又被江西人所唾骂,

以后又有岳州、靖江、湖口三次打败仗,都是打脱牙的时候,没有一次不是和着鲜血往肚里咽。"正是因为这种忍让,曾国藩终于修成了官道上的正果。

俗话说:"人生不如意事十之八九。"的确,不要说十之八九,其实人生有时甚至事事都不能顺我们的心意,想要生存在这个反复无常的世界里,最重要的还是要学习曾国藩的"忍辱负重"之术。

曾国藩说"傲为凶德",特别是文人做官大多为所谓的自好之士,多讲气节,讲之不精,则流于傲而不自觉。气节本来是守于己的;而傲气则加于别人。由于过于骄傲,造成君臣不和,朝廷纷乱必为祸害。曾国藩在检讨自己的缺点时,认为自己"忍"得不够,说自己有三大过错:平日不取信、不尊重别人,

曾国藩

相对傲慢太甚,这是一;平时一句话不对劲,就蛮横无理,这是二;抵触分歧之后,别人恢复平静,他却反而悍然不近人情,这是三。有此三点,曾国藩更注重"忍"字之术,注意自己的心态修养,时时为自己敲起警钟。

为政之道

触龙说赵太后

公元前 266 年,赵惠文王去世,他的儿子即位,就是孝成王。因为孝成王年纪小,其实就是赵太后在执政。赵太后也就是历史上赫赫有名的赵威后。

当时的赵国,虽然有廉颇、蔺相如等重臣辅佐,但是国力已经不如从前。此时秦国见赵国国政正处于新旧交替之际,国内的局势动荡不安,而新君又年少无知,于是便认为有可乘之机,秦国对赵国发动突然袭击,一举攻下了三座城池。在这万分危急的情况下,赵太后决定请求齐国出兵增援。齐王虽然答应了帮助赵国,但是提出了一个条件,那就是必须把太后的幼子长安君送到齐国当人质。

赵太后不愿意答应这样的条件,朝中大臣极力劝谏。赵太后就公开对群臣说:"如果以后谁要再敢说让长安君去齐国当人质,我就一定朝他的脸上吐唾沫!"

其他大臣都不敢再去劝谏,唯独左师触龙提出要去求见太后。太后得知触龙

要来,就怒气冲冲地等着他。触龙进宫之后就迈着小步做出快速前行的姿势,但是他的脚步挪动得却很慢。

他来到太后面前,就谢罪说:"老臣的腿脚不好,不能快跑,因此很久没来看望您了。虽然有时候我私自原谅了自己,但总是担心太后的身体有什么不适,因此今天前来看望您。"太后说:"我现在全靠着坐车行动。"触龙问:"您最近的饮食没有减少吧?"太后答道:"我不过吃一点稀粥罢了。"触龙又说:"我最近很不想吃东西,只能勉强行走,每天只要走上三四里路,就能稍微增加点食欲,身上也感觉比较舒服了。"太后说:"我可能做不到。"她脸上的怒色稍微消解了一些。

触龙说:"我最小的儿子舒祺,很不成材,我现在已经老了,私下里非常疼爱他,希望他能够递补上卫士的数目,来保卫宫廷。我因此冒着死罪向太后禀告。"太后回到说:"这当然可以。你的儿子年龄有多大?"触龙回答:"十五岁了。他虽然年龄还小,但是希望我死之前就把他托付给您。"太后听了觉得很有意思,就问:"你们男人对小儿子也是非常疼爱吗?"触龙回答:"比女人还厉害。"太后笑着说:"可是妇女特别地疼爱啊。"

触龙听了之后,顿了一下说道:"不过我私自认为,您对燕后的疼爱就超过了长安君。"太后说:"您说错了!我对燕后的疼爱并不像对长安君那样厉害。"触龙说:"父母疼爱自己的子女,就应该为他们的将来做出光明的打算。您当初送燕后出嫁的时候,抓住她的脚踝痛哭不止,为她远嫁他乡而伤心。她出嫁之后,您时时刻刻都很想念她,可是您在祭祀时,总是为她祷告说'千万不要回来啊',这难道不是为了她的长远考虑,希望她能够生育子孙,世代做国君吗?"太后听了认为很有道理,说道:"确实是这样。"

触龙问道:"从现在往上推回到三代以前,一直到我们赵国刚刚建立的时候,被赵王封侯的子孙后人还在吗?"赵太后回答道:"没有了。"触龙说:"不仅是我们赵国,其他的诸侯国君被封侯的子孙,他们的继承人现在还有在的吗?"赵太后说:"我从来没有听说过。"触龙说:"在他们当中,如果祸患来得早,就降临到他们自己头上,如果来得晚,就会降临在他们子孙的头上。难道国君的后人就一定要遭到祸患吗?这是因为他们的地位高贵却没有功勋,俸禄丰厚却没有业绩,而他们占有的财富却太多了!现在,您把长安君的地位提得非常高,又封给他大片肥沃的土地,而不趁着眼前这个机会让他为国家立功,一旦你离开了人世,长安君又能凭借什么在赵国立足呢?我觉得,您为长安君所做的打算并不长远。所以我说,您疼爱长安君不如疼爱燕后。"

赵太后听完之后,恍然大悟,于是说道:"好,我听你的话,指派他去齐国。"于是就为长安君准备了一百辆马车,把他送过去做人质。齐国的救兵也就立刻出动了。

【古为今用】

柔弱胜刚强

老子讲求柔弱胜刚强之道,其实是讲一个弱者争胜之道。外表的柔弱不代表真正的柔弱,有道之人是不会轻易露出自己的意图的。所谓高深莫测,或许就是不轻易吐露自己的心声,常人所能看到的都只是表面而已。有些人无论表现得多么柔弱,都会在某一时刻发挥巨大作用;而有些人无论隐藏多深,都会被发现;一旦被发现、被认识,了解他也就不再困难。有道者治国做人,都不会将自己的强大表现出来。

真正强大的敌人,并不是兵力所能体现出来的。普通人只重表面,难以了解圣人的真正意图,因此,老子也曾说:邦之利器,不可以示人。当常人摆脱不了尘世环境与观念的束缚时便会把强硬的一面暴露无遗。

刚强之人常常会强到忘乎所以,一心想着巧取豪夺,以至于把自己的弱点暴露出来。相反,弱者更容易找到或者达到自己胜利的目的,躲在暗处的对手最可怕,一个懂得隐忍、表现柔弱的敌人才是需要引起关注的好对手,而一个有点本事便四处招摇的人,他的本事不见得有多少。

第七十九节　报怨以德

【题解】

本章看似字数不多,但是含义深刻。

老子看到当时天下的纷争势态,悟出了国与国、君与民之间矛盾的根源。在大

"道"已废的春秋时代，人与人之间所谓的信义只不过是一种符号。人们之间的仇怨难以消解，却很容易结成。任何矛盾，哪怕只是一丁点，都足以殃及自身。因此与其争强结怨，不如防患于未然，虚心处世，谦和待人。

宽容是一种美德，任何人都需要被宽容，也应该宽容别人。老子在此处阐释，无论待人接物都应该以"德"为本，顺应自然，不应该侵扰责难他人，否则违背了"道"，这样就一定会受到惩罚。

【原文】

和大怨，必有余怨①，安可以为善②？

河上公《老子章句》：杀人者死，伤人者刑，以相和报。任刑者失人情，必有余怨及于良人也。言一人，则先天心，安可以和怨为善？

王弼《道德真经注》：不明理其契以致大怨已至而德和之，其伤不复，故有余怨也。

唐玄宗《御解道德真经》：与身为怨怼之大者，情欲也。和谓调和也。言人君欲以言教调和。

是以圣人执左契③，而不责于人④。

河上公《老子章句》：古者圣人执左契，合符信也。无文书法律，刻契合符以为信也。但刻契为信，不责人以他事也。

王弼《道德真经注》：左契防怨之所由生也。

有德司契⑤，无德司彻⑥。

王弼《道德真经注》：有德之人念思其契，不念怨生而后责于人也。彻，司人之过也。

王夫之《老子衍》：彻，通也，均也，欲通物而均之。

天道无亲⑦，常与善人⑧。

宋徽宗《御解道德真经》：善则与之，何亲之有？

陈致虚《道德经转语偈》：左契犹如盘若舟，人能执此任西流。故云有德长司契，天道无亲亲善柔。

【注释】

①和大怨，必有余怨：和，调和、调解。调解深重的仇怨，必然会有余留的怨恨。

这句话的含义是,深重的怨恨是难以彻底和解的。

②安可以为善:安,疑问代词,哪里。这(调和大怨而有余怨)哪里能够算好呢?

③执左契:执,持有,拿着,掌握。契,即契券,古代借贷金钱、粮米等财物都用契券。

④责:索取偿还,即债权人以自己持有的左契向负债人索取所欠的财物。

⑤有德司契:即有"德"的人就像持有借据的人(那样从容大度)。

⑥无德司彻:彻,周代规定农民按收成交租的税收制度。司彻,指管租税的人。无"德"的人就像主管租税的人(那样追索计较)。

⑦天道无亲:天道,指自然的规律。无亲,没有亲疏之别,没有偏爱。

⑧与:帮助。

【译文】

深重的怨恨虽然可以和解但,但一定会残留些许余怨,所以有道的圣人从不与人结怨,就像保留借债的存根却并不责令其归还一样。有"德"之人就像持有借据的圣人一样宽容,无"德"之人就像掌管税收的人一样苛刻计较。自然法则不偏爱任何人,但会永远帮助有德者。

【解析】

早在先秦时期,人们订立契约后将契约内容记载到竹简或木牍上,然后分成两半,左边的一半由债权人保留。所以老子在这里所说的"执左契"也就是指持有证据,在纷争中占有主动权的一方。而所谓"不责于人"也就是指保持谦和卑下的态度,宽宏大度,不与人争执。在老子看来,只有做到"不责于人",才能真正地远离灾祸。老子说过"天道无亲",自然法则对世间万物皆无厚薄亲疏之分,而善者之所以会得到佑护,是因为他顺应自然,遵循着"道"。此处,也是在教统治者化解民怨的方法,真正高明的君主,会懂得无为之道,也会从中受益的。

"战国四公子"之一的孟尝君手下有一位名叫冯谖的门客,有一次,他替孟尝君到薛地收债的时候,自作主张将还不起钱的百姓的债券当众烧毁,以此为孟尝君树立了仁慈的形象。后来孟尝君被免去相位,到了薛地,受到了当地百姓的热情拥护。

由此可知,宽容顺应了自然法则,符合了"道"的安排,是避免君民之间矛盾结成的最佳手段,也是为自己争取"道"的佑护的最好方法。

【名句品读】

和大怨,必有余怨,安可以为善?是以圣人执左契,而不责于人。有德司契,无德司彻。天道无亲,常与善人。

调节了大的仇怨,之后一定还会有其余的小纠纷,怎么可以认为这样就是完美的调解了呢?因此圣人拿着债券,却不向人逼求债务。有德者只是手拿债券却不追讨,无德者手拿着租税章例向人苦苦索逼,不肯善罢甘休。自然天道不会徇私偏袒,它永远帮助那些心存慈善的人。

《太上感应篇》里所揭示的也是"天道无亲,常与善人"这样的一个道理。《太上感应篇》是宋代李昌龄所传的一本善书,书中借太上老君,即老子之口,宣扬奖善罚恶的天道,用以劝人为善,诸恶莫做,诸善奉行。而一开头就说:"太上曰:祸福无门,唯人自召。善恶之报,如影随形。"祸和福,不会认得谁是好人、谁是坏人,也没有任何喜善的标准,而是因为人的所作所为,而招致福、祸入门,而善报或者恶报都将如影随形,紧紧跟随在为善或为恶者身后,同样的意思,还有"福祸由人"这样的成语,人的遭遇是祸是福,皆由自己本身的行为所造成,而与外在一切无涉。

《尚书大传》中,记载了周武王伐纣灭商后进入殷商的国都,百姓们都很担忧,对新国君可能有的作为感到忐忑不安。然而周公说:"各安其宅,各田其田,无故无新,唯仁之亲。"令百姓继续在各自的家中安住,继续耕作自家的田地,一切都不做变动。而人事方面,则无论故旧新交,只亲近有仁者。这样的举动显现了周公稳定社稷的作为,也展现他用人唯才的观念。

【经典故事】

从政之道

画地为牢

《封神演义》中有一个"画地为牢"的故事。

以打柴为生的武吉是一个孝子。一天,他到西岐城卖柴。在南门,正赶上周文王的车驾经过。由于市井道路狭窄,武吉翻转扁担时不小心在守门军士王相的头上打了一下,结果当即就把人打死了,于是武吉被捉住来见文王。文王说:"武吉既

然打死了王相,理当抵命。"于是命他在南门地上画个圈做牢房,在旁边立了根木头做狱吏,将武吉"关押"了起来。

三天之后,大夫散宜生经过南门,见武吉痛哭不止,就问他:"你为那个人偿命,理所当然。你又为什么要哭呢?"武吉说:"小人的母亲已经七十多岁了,他只有我这么一个儿子,母亲孤身一人,怕是会被饿死了!"散宜生听罢立即入城来见周文王,说:"不如先把武吉放回家,等他处理完母亲的后事,再来抵命,不知如何?"周文王听完觉得很有道理,就同意让武吉回家去了。

由于画地为牢的故事发生背景是商周时期,当时民风淳朴,周文王又是圣贤君主,因此,人们能够在没有"执左契"限制的情况下依然遵照"道"来行事。"画地为牢"在今天看来,正是我们所追求的"和谐"社会的一个缩影。

为人之道

食马之德

春秋时,秦穆公的一匹良马被岐下三百多个乡下人偷着宰杀吃了。秦国的官吏捕捉到他们,打算严加惩处。秦穆公说:"我不能因为一条牲畜就使三百多人受到伤害,听说吃了良马肉,如果不喝酒,对身体会有害。赏他们酒喝,然后全放了吧。"

后来,秦国和晋国在韩原交战。这三百多人闻讯后都奔赴战场帮助秦军。正巧看见穆公的战车陷入重围,形势十分险恶。这些乡下人便高举武器,争先恐后地冲上去与晋军死战,以报答穆公食马之德。晋军的包围被冲散,穆公终于脱险。

穆公的宽容让他拣了一条性命,这就是宽容的价值。

【古为今用】

不要过于苛责别人

生活中常常有些人无理争三分,得理不饶人。而有些人真理在握,得理也让人三分。前者,往往是生活中的不安定因素,后者则具有一种天然的向心力;一个活得叽叽喳喳,一个活得自然潇洒。假如是重大的或者重要的是非问题,自然应当不失原则地论个青红皂白,甚至为追求真理而献身。但是日常的待人处世中,有些人往往为一些非原则问题争得不亦乐乎,谁也不肯让步,非得决一雌雄才算罢休,严重的大打出手,或闹个不欢而散。争强好胜者未必掌握真理,而谦虚的人,原本就把出人头地看得很淡,更不消说一点小是小非的争论,根本不值得称雄了。

水至清则无鱼,做人过于苛刻就会容易失去人缘。与人相处时,难免会有一些差异,会有一些小矛盾,对别人的小缺点不要太在意。

从前,汉朝的曹参对司法与市场的管理非常慎重,他认为在处理善恶的执法量刑上应该有弹性,要宽严适度、谨慎从事,必然能使恶人无所遁形。这正如圣人所言,在小事上不要太苛刻。

不过分吹毛求疵,凡事皆留有回旋余地,对枝节小事姑且放过,这乃是大部分中国人处世为人的信条。

海纳百川方显其磅礴,地容万物才显其生机,"故君子当存含垢纳污之量,不可持好洁独行之操。"宽容,使我们心境平定;忍让,让我们凸显人性光辉。

冰释自己与别人之间的怨恨仇绪,与人握手言欢,自己的修养亦借此得以提升,从而更加从容地待人处世,更加祥宁地坦然面对俗世中的万千事物,不轻喜、不急怒,平淡之中显己之真性情。

第八十节　小国寡民

【题解】

本章中,老子描绘了他的"理想国":"小国寡民""使有什伯之器而不用,使民重死而不远徙","使民复结绳而用之,甘其食,美其服,安其居,乐其俗"。这些都反映了中国古代原始社会自由自在的生活方式。

在战火纷飞的春秋时代,广大民众都处于水深火热之中,对战争和尔虞我诈的厌倦自然而然地令他们梦想着返璞归真。

春秋时代的各个诸侯国无不努力开拓自己的疆界、增加自己的人口,天下的争端因此而起,战事由此而生。老子厌倦了战争,于是他追根溯源,指出了消除战争的根本方法——停止开拓疆界和增加人口、回复到最初的"小国寡民"的社会,国家与国家之间也没有任何交流,这自然也就不会引起争端。虽然老子的这种设想只是抵触战争情绪的流露与因社会变革而产生的失落。

【原文】

小国寡民①。

河上公《老子章句》:圣人虽治大国,犹以为小,俭约不奢泰。民虽众,犹若寡少,不敢劳之也。

王弼《道德真经注》:国既小,民又寡,尚可使反古,况国大民众乎,故举效果而言也。

使有什伯之器而不用;使民重死而不远徙②。

王弼《道德真经注》:言使民虽有什伯之器而无所用,何患不足也。使民不用,惟身是宝,不贪货赂,故各安其居,重死而不远徙也。

宋徽宗《御解道德真经》:一而不党,无众至之累。其生可乐,其死可葬,故民不轻死而之四方。孔子曰:上失其道,民散久矣。远徙之位欤?

虽有舟舆③,无所乘之④,虽有甲兵⑤,无所陈之⑥。

河上公《老子章句》:清净无为,不作繁华,不好出入游娱也。无怨恶于天下。

明太祖《御解道德真经》:虽有巨舟革乘,力士千钧,皆无所施,而无所陈。

使民复结绳而用之⑦。甘其食,美其服,安其居,乐其俗。邻国相望,鸡犬之声相闻,民至老死不相往来。

唐玄宗《御解道德真经》:返璞归真,复归于三皇结绳之用矣。不食滋味,故所食常甘。不事文绣,故所服皆美。不饰栋宇,故所居则安矣。不浇淳朴,故其俗可乐也。

王弼《道德真经注》:无所欲求。

【注释】

①小国寡民:小,寡都是动词,使……小,使……少的意思。小国寡民,即国家要小小的。人口要少少的。

②重死:重,看重、重视。重死,即怕死、看重生命,不轻易冒生命的危险。不远

徒:徙,迁移、搬家。不远徙,不朝远处迁移。

　　③舟舆:车船。

　　④无所乘之:没有用车船的必要。小国寡民状态使人们无所向往,所以不用车船。

　　⑤甲兵:甲,铠甲。兵,兵器。甲兵,指武器装备。

　　⑥无所陈之:陈,陈列;一说同"阵",作动词用,意思是摆列阵势。无所陈之,没有用得着陈列武器装备的地方。小国寡民的状态,使人们与外无争,所以武器军队在这里没有用处。

　　⑦复:再。结绳而用之:用结绳的办法来记事。

【译文】

　　国家很小,人口也很少。即使有很多工具也不必使用;让民众珍惜自己的生命,不冒险向远处迁徙。虽有船只车辆等交通工具,却都根本没有乘坐的必要;虽然有盔甲和兵器,却没有使用的必要。使民众回归到结绳记事的远古生活中,吃得香甜,穿得漂亮,住得安稳,满足于宁静而平淡的生活。虽然国与国之间相互可以望得见,各国的鸡鸣狗吠之声也能相互听得见,但人民从生到死从不相互往来。

【解析】

　　"小国寡民"是《道德经》政治思想的核心所在,是老子对心目中理想的国家、社会和人群组织相识的具体描述。一些人断章取义,仅因此而简单地批判其为保守、复古、倒退等,这样草草结论,未免有些"二十一世纪古代世界观"的嫌疑,比"岳飞、文天祥是否妨碍了民族融合"的讨论更加无知可笑。

　　"小国寡民,使有什伯之器而不用,使民重死而不远徙。虽有舟舆,无所乘之;虽有甲兵,无所陈之"真的只是一种"乌托邦"式的理想化状态吗?当然不是。即使

福建省泉州市清源山老子雕像

按照"二十一世纪古代世界观"的要求,在当今社会中也不难找到鲜活的例证。

　　以公认的发达国家瑞士为例,在那里,手工制作钟表的技艺以家庭为单位世代相传,各个小作坊用最擅长制作的零部件互相配套、协作,多数人习惯于家乡传统

的宁静生活,不喜欢"什伯之器"之类的奢侈品;也不会轻易乘舟舆"远徙";至于"甲兵",更是与他们无缘。许多北欧小国的情形都与瑞士相似,他们并没有丢掉传统,而是"甘其食,美其服,安其居,乐其俗",却仍得以享受安静、平和、舒适的生活。GDP很少,由于国小民寡,军队对于他们而言已经不是政治延续的必要工具,因此不必热衷于对付"大规模杀伤性武器",也不必去到处掠夺资源、输出文化与宗教,这恐怕是"不争"和"道法自然"的被动实践吧。

类似的例子还有很多,比如马尔代夫和一些中东国家等,虽然苛刻的学者们仍然可以找出他们很多"小国寡民"以外的幸福原因,但不可否认的事实是,在全世界二百多个国家中,安详宁静的多数是"小国"和"寡民"。放眼全局,当我们今天回过头去审视"小国寡民"思想的时候,不难发现其中的合理性。

此外需要注意的是,老子所说的"国"与今天的"国家"的概念是有很大区别的,是建立在分封制上的邦国,相当于现在的地方自治,这也是当今世界政治发展中的一个明显趋势。如美、俄等大国的联邦制,各个州都保有相当大的独立性。

接下来,"使民复结绳而用之",大概是老子试图使"历史倒退"最有力的证据了,这样的说法让人难以接受。虽然老子的言论不可避免存在一定的局限性,但毕竟他是举世公认的圣贤天才。结绳记事的确够原始,但这种方法却有着语言和文字无法比拟的优越:它有事说事,无事休息,绝不传播虚假信息;也绝不会故弄玄虚。老子看到了充斥于人世间的谎言、夸大、恐吓和欺骗,希望找到一种更为可靠的信息传播方式,所以他选择结绳记事绝非是希望复古或倒退,深层动因在于:他希望人人都能够讲真话,互相用最纯真、自然的方式来沟通。在今天互联网时代,信息爆炸的速度越快,真话所占的比例就越小,对于返璞归真的"道"现代人似乎正在渐行渐远。

老子的另一个论点是:"老死不相往来。"如果直接翻译这句话,老子的意思就是让人们从生到死互不往来。连小孩子都知道:亲戚朋友总要串个门儿,至少娶媳妇、嫁闺女繁衍后代总要见一面,既然《道德经》讲的是"道",我们不妨本着"道"的精神去思考。如果人与人之间互相需要、互相合作,又不干涉,何须彼此走来走去?所谓"老死不相往来",就是人类个体与群体高度自由,又高度统一的理想状态,近乎共产主义高度发达与文明的社会。往来之中的真实与自然又能占多少呢?

【名句品读】

甘其食,美其服,安其居,乐其俗。邻国相望,鸡犬之声相闻,民至老死不相

往来。

使百姓食物甘美,衣服漂亮,居住安适,习俗称心。接壤的国家,彼此可以看得到对方,鸡狗的叫声彼此都能听见,而老百姓终其一生也不相互往来。

"鸡犬之声相闻,民至老死不相往来"是思想家老子追求的理想国。这里所体现出的人与自然的和谐,人内心的和谐,是值得今天的人们去思考的。

陶渊明的《世外桃源》讲述的就是这样的一种美好的生活状态:

东晋时期,武陵有一个渔夫捕鱼时发现了一片美丽的桃花园林。渔人离开船,来到了岸上,穿过了一个山洞,来到了桃花源。

那里的土地平坦开阔,房屋非常整齐,有肥沃的土地、美丽的池塘和桑树竹林之类。田间小路交错相通,村落间能相互听到鸡狗叫的声音。村里面不管是来来往往的行人还是耕种劳作的人,不管是老人还是小孩,都是高高兴兴,自得其乐。

陶渊明画像

桃花源中的人看见渔人,纷纷请他到家中,热情款待。村子里的人听说来了这样一个客人,都来打听消息,问长问短。桃花源中的人说,他们的祖先为了躲避秦代时候的祸乱,带领妻子儿女和同乡的人来到这个与外界隔绝的地方,再也没有出去过,所以根本就不知道外面的世界是什么样子。

渔夫在桃花源逗留了几天,就告辞离去了。桃花源中的人告诉他:"我们这里的情况可不能对桃花源以外的人讲啊。"

这就是老子所说的小国寡民的一种状态,很和谐,很融洽,虽然有一定的历史局限性,但是不失为一种美好的愿望。

【经典故事】

从政之道

魏武侯内修德政善听忠言

战国时期,魏国国君魏文侯听说吴起廉洁公正,善于用兵,颇得将士推崇,便拜吴起为西河(魏郡名,辖境在今陕西东部黄河西岸地区)郡守,以抵御秦国和韩国的进犯。

魏文侯死后,吴起便继续辅佐他的儿子魏武侯。

公元前395年,武侯来到西河,乘船顺河而下,察看地形。途中,武侯见高山大河,险要奇伟,感慨不已,回首对吴起说道:"山河环抱,形势险要,恰似一道一夫当关,万夫莫开的防线,阻挡着敌人的入侵,这真是魏国的荣幸啊!"

吴起

吴起听后,摇了摇头,劝谏武侯说:
"国家的兴盛衰败,在德不在山河之险。"

武侯看到吴起不同意他的观点,便问道:"这是什么原因呢?"

于是,吴起援引历史上许多国家山川地势险要,却不注意治理国家,不施恩德于民,终遭失败的例子。

他又劝谏武侯说:"国家的兴盛衰败,在于是否施德于民,不能只依赖山川的险峻。从前,三苗氏(相传古部落名)所居之地,左有洞庭湖,右有鄱阳湖,地势险要。可是由于没有德言,不讲信义,被夏禹(相传古部落联盟首领)灭亡了。夏朝末代的君主桀的住地,左有黄河、济水,右有泰山、华山,北有太行山,南有龙门山,地势更险要,可由于不施德政,被商所灭。从这些事实来看,治国在于有好的政策法令,给人民以恩德,而不在于地形的险要!如果您不施德政,恐怕船上的人都可能是您的敌人。"

武侯听罢,敬佩地说:"你说得对。"

由于魏武侯及时纳谏,内修德政,外练强兵,并支持吴起变法,改革兵制,从而建立起一支精锐骁勇的"魏武卒",称雄一方。

【古为今用】

多一点奖赏,少一些惩罚

我们强调赏罚分明,是因为奖赏和惩罚自身并非目的,受奖赏者,励其用命之忠,使之感恩戴德,更加效力于己,受惩罚者,责其背义之行,用以警示部下深思。

奖赏是正面的激励手段,即对某种行为给予肯定,使之得到巩固和保持。而惩罚则属于反面激励,即对某种行为给予否定,使之逐渐减退。这一正一反都是管人不可或缺的重要手段。

管理者在运用奖赏与惩罚手段时,必须掌握两者不同的特点。一般而言,正面强化立足于正向引导,使人自觉地去行动,优越性更多些,应该多用。而反面强化,由于是通过威胁恐吓方式进行的,容易造成对立情绪,故要慎用,将其作为一种补充手段。

因为,对员工进行处罚时,他们首先想到的不是对其表现的反省,而是对自身利益受损的恐惧和戒备。企业靠组织目标的一致性来吸引员工,很多情况下,需要一个积极的氛围来促使人们协作,实现目标。在这个过程中,以正面激励(奖励、表扬等)回应理想的绩效表现效果,远胜于以负面激励(批评、处罚)来回应不理想的绩效表现。

心理学测试结果表明,任何人只要头脑正常,都不想看到自己的工作一团糟。但为什么许多员工在刚进入公司的时候表现得非常积极,工作十分卖力,一段时间过后,就会消极、散漫、拖拖拉拉呢?最主要的原因是我们在管理过程中对"人性"的把握还不到位。做管理就是研究人,即对"人性"的分析、了解、引导等,最终达到有效管理的目的。

每一位员工,他们的成长环境、年龄、文化程度、宗教信仰、气质及性格类型都是不相同的,导致想法及做事方法都会有一定的差异。所以,作为管理者,不能对工作不积极的员工一罚了事,而要不断地观察、了解自己的员工,对症下药,只有知道员工心里所想,才能知道用什么样的方式来激励他们努力工作。

人所有行动力的根源都可以归结为一点,即追求快乐与逃离痛苦。员工不努力工作,往往是因为你还没有让他们更直接感受到努力工作会有什么快乐,至少是快乐还不够多。因此在管理过程中,经常采用"多一点奖赏,少一些惩罚"的原则,从而让员工在工作过程中产生一定的"快乐",提升员工的积极性。

因此,管理者在管理员工的实践中,对于正面和反面的驭人要有主有辅,有重有轻,不可同等对待,平分秋色。一般来说,正面激励的次数宜多,反面激励的次数宜少;正面激励的气氛宜浓,反面激励的气氛宜淡;正面激励的场合宜大,反面激励的场合宜小;正面激励宜公开进行,反面激励宜个别进行;在制定奖励和惩罚条例时,要考虑到人们的期望值和承受力。

以正面激励为主、反面激励为辅的激励策略,可以延续组织目标与个体目标的方向一致性,为企业绩效管理工程的推行,为实现组织的发展目标提供强大的支持。

当然,这并不是说,在管人时只正面激励不反面激励。根据强化原理,对需要改进工作的下属,进行适当的"鞭策"还是非常有必要的。但"鞭策"应注意适度(只要认为他仍有通过改进达到要求的可能)适度的轻责可以减低或避免因重罚而带来的负面影响。

第八十一节　善者不辩

【题解】

《道德经》的最后一章历来被读者看作是全书的总结,在本章中老子做出了对信与美、善与辩、知与博的评判,对于这三组的辨析,实际上是对真与假的辨析,是对人道德标准的评判。但是仅从伦理学的角度去理解老子,未免显得狭隘,老子之"道"已经远远超出了这个范畴,而与大千世界密切联系,"道"是宇宙间的原则和真理,远非人们所能限定。人的道德往往与其信念相互关联,而人一旦固执于自己的观念,就不免自大,脱离了谦卑之道就无路可循了。

《道德经》成不了儒家一类的主流文化,因为其胸襟宽广,极其谦卑。但也缘于此,老子的思想成了世人遭受磨难时必不可少的精神良药。他不自诩光明,也不把他者贬为黑暗,因为黑与白本就是相互依存的,世界也因此孕育了生命。《道德经》不仅教人放任自流,消极抵抗,还教人以守愚以为智,处弱以为强。实在是古今中外明哲保身的最高智慧。

【原文】

信言不美①,美言不信②。

河上公《老子章句》:信者,如其实也。不美者,朴且质也。美言者,滋美之华辞。不信者,饰伪多空虚也。

王弼《道德真经注》:实在质也。本在朴也。

善者不辩④,**辩者不善**。

王弼《道德真经注》:极在一也。无私自有,唯善是与,任物而已。

唐玄宗《御解道德真经》:善者在行,无辩说。空滞辩说,故不善。

知者不博④,**博者不知**。

河上公《老子章句》:知者,谓知道之士。不博者,守一元也。博者,多见闻也。不知者,失要真也。

唐玄宗《御解道德真经》:知者了悟也。博者多闻也。

圣人不积⑤,**既以为人己愈有**⑥,**既以与人己愈多**⑦。

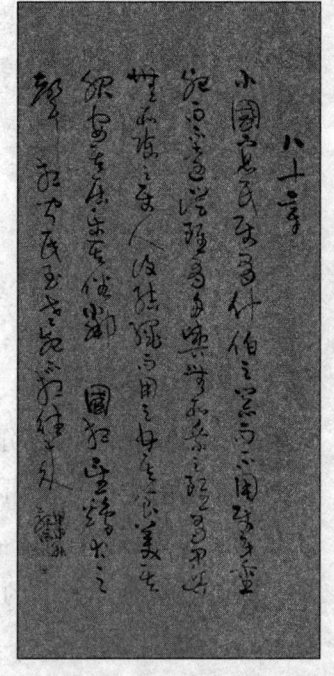

《道德经》八十一章书法

王夫之《老子衍》:以所"有""为人",则人"有"而己损;以"多""与人",则人"多"而己贫。孰能知无所谓者之"为人"邪?无所与着之"与人"邪?到散于天下,天下广矣,故"不积"。

天之道,利而不害;圣人之道,为而不争。

河上公《老子章句》:天生万物,爱育之,令长大,无所伤害也。圣人法天所施为,化成事就,不与下争功名,故能全齐圣功也。

王弼《道德真经注》:动常生成之也。顺天之利不相伤也。

【注释】

①信言:诚实的话、真话。美,漂亮、华丽。信言不美:诚实的言谈是不漂亮的。

②美言不信:华丽的言谈是不诚实的。

③善者:善良的人。辩:能说会道、有口才。

④知者不博:真有知识的人不广博。

⑤积:指私自保留、积藏。

⑥既以为人己愈有:尽全力帮助别人,自己反而更加充足。有;富有。

⑦与:给予。

【译文】

真诚可靠的话语说得不一定漂亮;说得漂亮华美的话也不一定可靠。行事高

明的人不屑于巧辩,口若悬河的人不见得做起事来有多高明。合乎大道的人并不依靠学识的广博,学识广博的人不见得合乎大道。圣人不为自己积蓄什么,他为别人做得越多,自己得到的就越多。自然大道对万物有益而绝不残害;圣人的法则是有所作为而不与人争。

【解析】

将"美""真""善"联系在一起的,老子大概是中国历史上的第一人。其中,"美"是表象;"真"是本质;"善"是动机。与"真、善、美"相对应的,是"假、恶、丑"。同一些影视作品中的好人、坏人泾渭分明,生活的丑恶经常是隐藏在美好的表现形式中的,因此老子反对过分注重形式上的美,即所谓的"信言不美,美言不信"。

唐玄宗画像

唐玄宗的宠臣李林甫,诗文、字画都很出色,堪称才艺过人。但他做官却不是本着良心和原则做事,而是一味地迁就迎合玄宗的旨意。因此,他在朝时青云直上,最后被封为宰相。一次,唐玄宗看到侍郎卢绚的风度很好,随口赞赏了几句。李林甫得知这件事,第二天就把卢绚降职为华州刺史。后来又被诬说他身体不好,再次降职。后来日子久了,大家最终还是发现他的伪善,于是大家便说李林甫是"口有蜜、腹有剑"。

日常生活中,像李林甫这样的人并不少见。这些人表里不一、首鼠两端,稍不留心,便会使人上当受害,让人们怎样去分辨?老子也给出了答案:"知者不博,博者不知。"透过华丽的包装,去发现事物的动机和本领,需要的不是用不完的智商和知识,而是追求本质以求"道"的态度。古语云"有心为善,虽善不赏;无心为恶,虽恶不罚",就是这种态度的具体体现。为善的具体做法也很简单,即"圣人不积,既以为人己愈有,既以与人己愈多。"这句话并不是让人们抛弃自我,专门利人,而是强调人与人之间高度的协作。如果大家都在考虑"人人为我,我为人人",那么,个体的一切需求都将自然地融入国家、社会的整体之中。只有达成了这种高度和谐的人际关系,才能实现"为而不争"的"人之道"。如果还可以进一步实现人与地球上万物生灵和自然环境互相依存"利而不害"的生态圈,那么我们人类就真正得到了"天之道"。

当人们在末篇综观全书时不难发现,一部《道德经》洋洋洒洒五千言,究其核心不外什么是"道"和怎样去追求"道"。"道",不仅仅是"道家"与"道教"的思想本源,也是中国古代思想、文化和哲学最重要的源头之一,甚至有的观点认为,"道"的概念就是整个中华文化的本质与核心。在历经两千多年的发展完善之后,"道"的意义已经不仅仅局限于某个领域,它丰富的思想内涵,早已经根植于每个中国人的心中。

【名句品读】

信言不美,美言不信。善者不辩,辩者不善。知者不博,博者不知。

真话不好听,好听的话不真实。善良的人不去巧辩,巧辩的人不善良。智慧的人不追求广博,广博的人未必真知。俗话说,良药苦口利于病,忠言逆耳利于行。察纳雅言,专心致志,才能一天天完善自我。

战国时期,有一位叫邹忌的男子,长相非常漂亮。

一天早晨,邹忌穿好了衣服戴好了帽子,在镜子前左顾右盼,他问妻子说:"我和城北的徐公(亦是美男子)相比,谁更英俊?"妻子回答说:"徐公怎么能比得上您呢?"

邹忌不大相信妻子的话,就又去问妾:"我和徐公谁更美?"妾毕恭毕敬地回答道:"当然是您美!"

第二天有朋友来访。邹忌忍不住问客人:"我与徐公相比谁更漂亮?"客人正有事要求邹忌帮忙,于是说:"徐公不如您漂亮。"

第三天正巧徐公来到邹忌家。邹忌非常仔细地打量了徐公一番,徐公走后,又赶忙拿出镜子照了半天,确信自己不如徐公漂亮。晚上他躺在床上翻来覆去睡不着,心想:自己确实不如徐公美,为什么他们都违心地赞美自己呢?左思右想,他终于悟出了其中的奥妙:妻说我美,是因为偏爱我;妾说我美,是畏惧我;客人说我美,是有求于我。

所以,好听的话,虽然听起来悦耳但是有时候并不可信。

朴素真实的"信言"与悦耳动听的"美言",两者恰巧互为对比。由于大部分的人喜欢听到动人的话,厌恶听到诚实的话,因而老子提出"信言不美,美言不信",警告人们不要被谄媚奉承的言论所迷惑。

《诗经·小雅·巧言》:"蛇蛇硕言,出自口矣。巧言如簧,言之厚矣。"意思是,

浅薄夸张的话,出自人的那张口。动听的话像是从簧片奏出,真实厚颜无耻的人啊!诗人以"巧言如簧"讽刺那些喜欢围绕在君王身边进谗言的小人。此外,在《论语·学而》里孔子曾语:"巧言令色,鲜矣仁。"把话说得很动听,脸色装得很和善的人,其实内心一点也不诚恳。《诗经》和《论语》中所谓的"巧言",即是老子口中浮华不实却又动人心扉的"美言"。

庄子画像

　　庄子亦认同老子"信言不美"的论述,在《庄子·天道》写有:"朴素而天下莫能与之争美。"意指朴素,单纯是全天下最美的,没有任何事物可以与之相媲美。再看《庄子·齐物论》有云:"道隐于小成,言隐于荣华。"真理被小有见识的人隐蔽,言语被修饰华美的辞藻隐蔽;换言之,人善于运用巧智遮蔽真实,利用"美言"遮蔽"信言"。还有《庄子·徐无鬼》出现以下两句:"狗不以善吠为良,人不以善言为贤。"狗不因为它很会吠叫,就算是好狗,人不因为他会说话,就算是贤人;在此借"狗吠"比喻"人言",毕竟能言善道的"善言",只能与"巧言""美言"归于同一类。又可知,庄子主张朴实无华为天下之至美。而人们总是喜欢浮夸巧饰之辞,轻信讲得天花乱坠的人,自然分不出事实的真和假。

　　天之道,利而不害。圣人之道,为而不争。

　　自然的法则,是利物而不害物。圣人的法则,是付出而不争夺。顺应自然,淡泊名利,才是圣人之道,君子所为。

　　明太祖朱元璋奠定基业之后,担心功劳显赫的老臣们威胁自己和子孙后代的皇位,于是大开杀戒,许多位高权重的大臣都难逃一死,只有汤和得以善终。

　　汤和早年和朱元璋一起投军,论资格他比朱元璋还老,后来,朱元璋脱颖而出,逐渐成了首领。汤和却没有摆老资格,他还对朱元璋非常尊敬,保持应有的距离,并把所有的功劳都推到朱元璋头上。

　　汤和不争功,打下江山论功行赏时,按条件汤和应该受封公爵,但他只受封侯爵。汤和没有一丝抱怨,继续兢兢业业地扶持皇帝,忠于职守。在众多高级将领中,汤和第一个自请解除兵权。朱元璋大为快意,拨款为汤和在凤阳老家造宅。

回到老家后,汤和仍然是低调做人,从不以功臣自居,并约束子孙家奴,遵守法纪,善待乡邻。他整天饮酒下棋,游山玩水,含饴弄孙,度过了安闲舒适的晚年。

【经典故事】

为人之道

卡耐基乐于助人成就事业的辉煌

卡耐基是美国著名的企业家、教育家和演讲口才艺术家。在 20 世纪,卡耐基的演讲口才艺术曾使亿万人获益匪浅。仅在欧美地区,就有 2000 个卡耐基演讲口才训练班,甚至许多地方出现了卡耐基演讲口才俱乐部,影响和改变了无数人的生活和命运。在参加训练的人中,有着著名的作家、政治家、商界大亨、学者、大学生、职员,甚至还有几位国家元首,可见其影响力之大,已经渗透到社会的各个阶层各个方面。

卡耐基

有一位英国企业家在接受记者采访时曾经这样说:"当今成功人士,恐怕没有人没读过卡耐基的书!"虽然这话不无夸张的成分,但是卡耐基的书长期以来都是全球的畅销书,印刷量仅次于《圣经》却是不争的事实。在如此多的卡耐基著作中,总有一本会落在自己的手中。

因此,卡耐基的学生可以说是无以计数,从中获得收益而走向成功的人也是很多的,这些人的成功本身无疑就说明了卡耐基的成功。但是他的成功还不止于此,他比人们心中所固有的成功模式更加成功,他不仅是一位伟大的教育家,更像一位少有的善于通过帮助别人成功的企业家,因为卡耐基始终坚信:"帮助别人成功自己也能成功。"

拿训练员工来说,恐怕没有人能胜过卡耐基了。他先后重用了 43 个青年,他们原来都家境贫寒,但后来却成了百万富翁。

卡耐基让别人的才能得到了最大限度的发展,他自己也没有受到任何损失,反而他因此缔造了一个非常庞大的组织,比以往的任何组织都要强大得多,这可以说是他事业的里程碑。他的成功最准确地诠释了这样一个真理:帮助他人就是成就自己。

在卡耐基的生命中,友谊是重要的组成部分,他对朋友忠诚如一,因此,他也同样赢得了朋友们的尊重与支持。他帮助了他人成功,反过来,别人也使他获得了更大的成功。

从政之道

清议和大臣辩难列强公使

义和团运动失败后,八国联军攻占北京,列强政府利用战争获胜的有利地位,向清政府提出了许多极端苛刻无理的要求。例如列强公使曾提出:他们的公使若向清帝国呈送国书或国家元首的亲笔信,清廷必须派人用黄色轿子迎送。

清廷认为,列强的这一外交礼仪要求实在难以接受,因为按中国的传统体制,只有至尊无上的清朝皇帝才可以乘坐黄色的轿子,而且如果各国公使同时向清帝呈送国书,根本就没有那么多的黄色轿子,清政府议和大臣向列强公使说明了不能允准的理由,要求他们改乘中国王公大臣乘坐的绿呢大轿。但各国公使非常蛮横强硬,声称,所有礼节必须由各个列强商定后。"中国照允施行"。

当时,清政府早被列强打得惊恐万状,对他们提出的许多苛刻条件都已经答应了,但是列强公使要用黄色轿子的要求实在是太过分了,议和大臣们向列强公使再次辩驳说:"中国对外国公使当然可以作为远方客人而给予礼遇优待,但列国公使毕竟不是各国的元首,如果公使可以随意乘坐中国最高级的黄色轿子,那么一旦该国的国家元首来华游历访问,又将乘坐什么颜色的轿子呢? 而且各国公使所享受的外交礼遇同本国亲王、王子等也应有所差别,以示高下尊卑。你们可以不顾中国的礼仪规则,强令中国人接受,难道你们也不为本国的体制尊严留点余地,以至于各国元首来华时在礼遇上等同于公使而受辱吗?"

清议和大臣这样辩难,正好抓住了列强的要害和谬误,终于迫使他们在礼仪问题上做了某些让步,同意只乘坐高于王公大臣的绿呢轿子而低于皇帝御用的黄色轿子的加有黄色丝襻的绿色轿子。

在当时的情况下,清政府同列强是没有对等谈判地位的,但清议和大臣在同列强公使的礼仪问题谈判中,却准确地抓住了列强公使的荒谬之处,采取"攻谬法",使其在肆意破坏中国礼仪与维护本国体制尊严中不能两全而被迫做出一些让步。

【古为今用】

舍得付出本身就是一种收获

舍与得的问题,多少有点哲学的意味。舍得,舍得,先舍才有得,不舍不得,小舍小得,大舍大得,舍即是得。舍是得的基础,将欲取之,必先与之,因此,人生最大的问题不是获得,而是舍弃。领悟了舍得之道,对于做人做事都有莫大的益处。做人,应该抛弃贪婪、虚伪、浮华、自私,力求真诚、善良、平和、大气。做事,应该有所为有所不为。

所谓舍得,总是要先舍而后得,你付出的越多,收获的自然也就越多,所以乐于施与的人有福,那些只想占便宜而不愿付出的人最后只会一无所获。明白了这个道理,生活中我们就应该学着多付出一点,多帮助别人,多善待别人。

一个阴雨绵绵的日子,剧院门外仍排起了等待购票的长龙,队伍中有一位身材瘦小的老妇人突然昏倒了。开门人连忙上前将她抱进了经理办公室。老妇人醒来后,只听经理和善地问她:"我可以送您回家吗?"老妇人一听一下子坐了起来:"天啊,我是来看电影的,现在可能连票都买不到了。""别着急,坐在这儿别动,我先给您弄点儿茶点。我是这个剧院的经理古德。""古德先生,多好的名字啊!往常,我总是连看两场电影,今天,我还可以这样吗?"老妇人问。"您想看几场就看几场。"古德先生答道。于是老妇人告诉古德先生,她是莫丝夫人,丈夫已经不在了,儿子也已去世。她之所以要来看这部影片,是因为片中的男主人公很像他的儿子。从此,他们成了朋友,每有新片上映,莫丝夫人都会来,看完电影之后,她总要和剧院经理聊聊天,有时还在小店喝杯茶,他们觉得在一起的时间过得很愉快。

那一年的冬天,许多人都找不到工作,剧院也越来越冷清,最后不得不关闭。莫丝夫人再没有什么事情好做了,只好独自待在家里。她常常为好心的剧院经理祈祷,希望他能找到新的工作。后来她病倒了,不久就离开了人世。

其实,莫丝夫人是位富孀。她将自己的遗产做了如下安排:一部分给"儿童之家"的孩子们,一部分捐给教会,还有一部分作为礼物送给剧院经理。她在遗嘱中写道:"我愿将这份礼物送给古德先生,因为他使我感到快乐。他并不知道我是谁,以为我很穷,但总是非常善良地对待一个瘦弱的穷老太婆。"

银行里的工作人员花费了好长时间,最终找到了古德先生,他现在工作很辛苦,报酬少得可怜。当执行莫丝夫人遗嘱的人告诉古德先生。因为他曾给一位瘦弱的老妇人带来欢乐,她也将欢乐回赠给他,因而他将得到莫丝夫人一百万美元的遗产时,古德先生惊呆了。

这是一个关于好人得好报的故事,说明同情心是感情的黏合剂,它使你与自己的心灵和周围其他人的心灵联系起来。学会了同情,你可以站在对方的立场,设身处地为对方着想。这样做了之后,你就会明白:同情并不仅意味着付出,它还可以给你带来丰厚的回报,这种回报就是你享受到了发自内心的愉悦。

老子观道图

当然,尽管这是真实的故事,但是并不意味着我们每一个人只要善良待人,就都能有机会得到一百万美元,或者说,不能为了得到好报而刻意去做好事。那种刻意做好事的行为,实际上已丧失了做好事的初衷。我们必须记住的是:任何小小的善举都会给人带来价值千金的快乐。

一年冬天,年轻的哈默随一群同伴来到美国加州一个名叫沃尔逊的小镇,在那里他认识了善良的镇长杰克逊。正是这位镇长,对哈默后来的成功影响巨大。一天,天下着小雨,镇长门前花圃旁边的小路成了一片泥淖。于是行人就从花圃里穿过,弄得花圃一片狼藉。哈默不禁替镇长感到痛惜,于是不顾雨淋,独自站在雨中看护花圃,让行人从泥淖中穿行。

这时出去半天的镇长满面微笑地从外面挑回一担煤渣,从容地把它铺在泥淖里。结果再也没有人丛花圃里穿行了。镇长意味深长地对哈默说:"你看,给人方便,就是给自己方便。我们这样做有什么不好?"

每个人的心都是一个花圃,每个人的人生旅途就好比花圃旁边的小路,而生活的天空不仅有风和日丽,也有风霜雪雨。那些在雨中前行的人们如果能有一条可以顺利通过的路,谁还愿意去践踏美丽的花园,伤害善良的心灵呢?

后来,哈默在艰苦的奋斗下成为美国的石油大王,一天深夜,他在一家大酒店门口被黑人记者杰西克拦住，杰西克问了他一个最敏感的话题："为什么前一阵子阁下对东欧国家的石油输出量减少了，而你最大对手的石油输出量却略有增加，这似乎与阁下现在的石油大王身份不符。"

哈默听了记者这个尖锐的问题，没有立即反驳他，而是平静地回答："给人方便就是给自己方便。那些想在竞争中出人头地的人如果知道，关照别人需要的只是一点点的理解和大度，却能赢来意想不到的收获，那他一定会后悔不迭。给人方便，是一种最有力量的方式，也是一条最好的路。"

这种"与人方便"的做法，貌似糊涂，实则智慧——因为在"善待他人"的同时，自己也得到了方便。

不要吝啬给予还有另外一个原因，就是在帮助别人、方便别人的同时，你其实也是在帮助自己，方便自己。

生活本来就是舍与得的世界，我们在选择中走向成熟。做学问要有取舍，做生意要有取舍，爱情要有取舍，婚姻也要有取舍，实现人生价值更要有取舍……正如孟子所说："鱼，我所欲也；熊掌，亦我所欲也。二者不能得兼，舍鱼而取熊掌者也。"人生即是如此，有所舍才有所得，在舍与得之间蕴藏着不同的机会；就看你如何抉择，倘若因一时贪婪而不肯放手，结果只会被迫全部舍去，这无疑是作茧自缚，而且错过的将是人生最美好的事物，即使最后也能获得什么，那也是一种得不偿失。

所以人们要明白，给予本身就是一种收获，更是智慧的选择。

第十一章　《道德经》智慧解读

第一节　道法自然的智慧

一切顺其自然

【原文】

道,可道,非常道。名,可名,非常名。

——《道德经·第一章》

【译文】

"道",是不可以用言语来说明的,否则就失去了"道"的真实含义。"名",是不可以用文字来表述的,凡是可以用语言说清楚的,就一定不是真正的"名"。

在老子的哲学体系中,"道"不仅是其哲学的总称,也是其研究对象的代名词。这个"道"是什么呢?老子认为,"道"并非固定形式,亦非常形,是对世界的抽象认知,又是对具体事物具体分析的活的思维。所以,"道"是虚无,无法说清楚、讲明白的。老子说,要是能说清楚、讲明白的话,那显然就不是正常、恒久不变的道了。

"道"在老子眼中是特指事物的规律性,而规律是不可见的,同时又是存在于事物形态中的。不同的事物有不同的形态,因此物与物往往是以形态来区别的,而不同形态的事物又往往体现不同的规律性,故曰"常无,欲以观其妙,常有,欲以观其徼"。

由此，我们看出，老子十分清楚地抓住了一个最普遍、最具根本性的问题：世间一切事物的生存、发展和消亡，无不是在时间、空间及环境等外界要素的作用下，按照自己的方式来完成其过程的。老子并非不承认有个精神世界的存在，他不但承认而且还特别看重它，只不过老子是把精神世界和客观世界分开对待而已。因为客观世界属于万物，而精神世界只属于人类这一特殊群体。

所以，老子其实是在告诫我们，无论发生了什么，无论做任何事情，都要合乎自然，顺应人情，这样才不会碰壁，才能一顺百顺。听任自然，顺应原本，是老子思想的主旨之一。

顺其原本，具体到处世态度上，又可以总结出经验条文，这里不妨列出若干：

顺其原本，安邦不可专制；

顺其原本，当官不可强权；

顺其原本，争利不可豪夺；

顺其原本，为名不可巧取；

顺其原本，求偶不可硬拧；

顺其原本，交友不可勉强；

顺其原本，美化不可矫揉；

顺其原本，文章不可造作。

这里，大至安邦，小至做文，方方面面，林林总总，皆是一个理：顺之者昌，逆之者亡；优胜劣汰，适者生存。有时只要顺其自然，便可一顺百顺，一通皆通。曲径亦可通幽处，这就是所谓看似糊涂无为的"智慧人生"的处世哲学。

顺其原本，超然人生，并非自恃清高，不食人间烟火。饮食男女，七情六欲，是人的自然属性，生物本能。要真正达到佛家的"四大皆空""六根清净"，那是要付出毕生代价，按照清规戒律苦苦修行才行，而且还

听任自然，顺应原本

未必能成正果。事实上，自古佛门也并非一片清静之地，各种抵不住的诱惑时时袭扰着禁欲的生活，所谓"苦行僧"的"苦"字岂是佛门以外的凡夫俗子写得出的？既

然不可能成为一个绝对的禁欲主义者,那就顺其自然,即顺人的自然天生,满足其基本需要。欲望不可强禁,强禁的结果只能使人性扭曲、变态、变形。这里所谓"顺其原本",就是顺乎人性、人道。

在老子的眼里,命运其实就是自然,是人的境遇而已。错过花,或许能收获雨;放下错过的伤痛,或许收获的是更多的快乐。

人生是需要随时面临选择与放弃的,不放下过去的伤痛,就永远无法尝试新的快乐;不埋葬旧的记忆,就无法面对新的开始。你有所选择,同时,你就有所失去。大自然的法则就是如此。

所以我们说,许多的事情,总是在经历过以后才会懂得。一如人们不要去强求不属于自己的东西,要学会顺其自然。违背规律去办事或者生活,就会步步艰难。而学会顺应规律,就会得心应手,一路坦途。

自然而然得自在

【原文】

人法地,地法天,天法道,道法自然。

——《道德经·第二十五章》

【译文】

人以地为法则,地以天为法则,天以道为法则,道则纯任自然,以它自己的样子为法则。

"人法地,地法天,天法道,道法自然",这是老子在分析研究了宇宙各种事物的矛盾,找出了人、地、天、道之间的联系之后,所做出的论断。"道法自然"揭示了宇宙中事物间的关系,是人们处事必须遵循的原则。

在广阔无垠的宇宙中,人受大地的承载之恩,所以其行为应该效法大地;而大地又受天的覆盖,因此大地应时时刻刻效法天的法则而运行;然而,"道"又是天的皈依,所以天也是效法"道"的法则周流不息;"道"是化生天地的万物之母,其本性是无为的,其发展变化是自然而然的,这又好像"道"是效法"自然"的行为,因此说"道法自然"。实际上"自然"是"道"的自性,"道"本来就是自然无为的。

天地万物都是自然生成的,而自然规律更是自然产生的,所以有许多事物发展变化，不是以人的主观意志为转移的。人要尊重自然，尊重自然规律。

老子认为，懂得人的行止，立足于自然的规律，居处于自得的环境，明白应变，屈伸自如，就可以说是道的较高境界了。

在自然状态中，人们自由自在。人，呈现出天然本质，物，也呈现出天然本性。人，假如能常守自然本性，便能外在态度安详，内在精神平静，有一种天德，也就成了生命自然的宠儿。于是，人敬人爱，外物也不伤不害。我们应当明白：行事，只能行可行之事；辩论，只能辩可辩之理；智慧，就是在发现不可勉强进入的地方，叫人止步。

为什么这么说呢？因为人从天地而来，本该秉从天地的禀性，自然而然地来到这个世界，又自然而然地长成，自然而然地求衣食，又自然而然地离开这个世界，回到天地的怀抱。一切的一切，都是自然而然的，过犹不及。

这里又出现一个问题，什么是自然呢？自然就是一人一物一事的自身本来的样子。世间一切都是自然的，人也是自然的一分子，人也是自然，不增加什么，也不减少什么，就是自然。加或减都是损害自然。

老子认为，人之所以有惊恐、疑惧、喜悦、苦恼、忧伤、快乐，是因为人向来有改变自然的冲动，也就注定背起苦难去追求幸福。但实际上，人的本来天性却是另外一个样子的。

老子以神悟天慧的心与口说："道大，天大，地大，王亦大。人法地，地法天，天法道，道法自然。"人若保持先天而来的那种同于天地的自然德性，那人就和天地一样泰然自若，又像天地一样宽宏伟大，这样的人就可称"王"了。当然，这个王不是帝王的那种王，不是帝王的那种杀伐、霸道、强横的赫赫威势，而是有如天地的那种自然造化之功，宽宏和顺之德。当然，有此功德者，也就是名副其实的王了。

在生活和工作中，有的人一味迎合他人，强装笑脸，自己屈心抑志，憋得慌，在一旁观看的人，也觉得难受得很。有的人故作高傲，完全按自己的主意行事，与人交往时合则留，不合则去，比自己强的人不接近，比自己差的人不迁就，这使自己的心灵很寂寞，也很压抑。

然而，有的人则自然地与人相处，把功利放在一边，把评价放在一边。这样，别人舒服，自己也舒服！

欲速则不达

【原文】

企者不立,跨者不行。

——《道德经·第二十四章》

【译文】

翘起脚尖要站得更高,反而站立不稳;一步跨作两步想要前进得更快,反而不能前行。

踮起脚尖来,能站多久呢? 其实,是难以长久立足的,练过功夫的人,也不过站短暂的时间。平时,人们很少踮起脚来站立,也许是个矮,为了与人比高,才这样做,或者是谁偶然远望。但是,到底是站不久的。这便是"企者不立"的道理。

"跨者不行"是说跨开大步走路,只能是暂时偶然的动作,却不能永久如此。如果你要故意夸大自己的步伐去行远路,那是自取颠沛之道,不信,且试跨大步走一二十里路看看,跨大步是走不远的。因此,老子用这两个人生行动的现象来说明有些人好高骛远。"企者",就是好高,"跨者",就是骛远。如果最浅近的、基础的事情都没有做好,偏要向高远的方面追求,不是自找苦吃,就是甘愿自毁。

在时间就是金钱的现代社会里,一切讲求速度:放眼望去,吃的是"速食面",读的是"速成班",走的是"捷径",渴望的是"瞬间发财",以至于造成社会追逐功利,普遍短视的现象。

古人告诉我们,拜师学艺,至少要三年四个月才会有成。任何工匠,讲究的都是慢工出细活。可是,我们已经把这套宝贵的生活哲学遗忘了。

在"速度"挂帅的前提下,人们不再脚踏实地,按部就班,而是处处显得毛躁马虎、急功近利。

我们做事,要注意速度的把握,并不是越快越好。就像开车一样,当汽车以合理的速度行驶的时候,它会完全在我们的控制之中,是平稳而安全的。但是当速度提高以后,虽然看上去短时间内效率提高了,但是它出事故的几率也会随之增加。所以,从长时期来看,高速度往往不一定能带来高效率,结果很可能是"欲速则不达"。

在 1994 年 8 月，三株公司提出的经营目标是，当年实现销售收入 1 亿元，第二年保三争五，第三年保九争十六。可是到在 1995 年之后，三株公司的目标突然放大了上百倍，在《人民日报》上刊出的"五年规划"中，老总吴炳新提出的目标是，1995 年达到 16～20 亿，发展速度是 1600～2000%；1996 年增长速度回落到 400%，达到 100 亿元；1997 年回落到 200%，实现 300 亿元；1998 年回落到 100%，实现 600 亿元；1999 年增长速度达到 50%，实现 900 亿元。正是在这种膨胀心理的驱使下，三株公司的机构、人员极度膨胀。

三株公司在鼎盛时期，在全国所有大中城市，注册了 600 多个子公司，在县、乡（镇）设立了 2000 多个办事处，各级营销人员总数超过

以平常心做事，自然水到渠成

15 万人。吴炳新曾豪言，除了邮政网以外，在国内没有比我的网再大的了。三株公司仅 1997 年上半年就一口气兼并了 20 多个制药厂，与此同时，其管理队伍也超常膨胀，短短四年内，母公司、子公司管理人员相应扩大了 100 多倍。后来一位副总裁用"十天十地"为三株画了一幅像："声势惊天动地，广告铺天盖地，分公司漫天遍地，市场昏天黑地，经理花天酒地，资金哭天喊地，经济缺天少地，员工怨天怨地，垮台同行欢天喜地，还市场经济蓝天绿地。"

事后吴炳新总结经验教训说："天底下黄金铺地，哪个人能够全得？一个人要学会控制自己的贪念。"

循序渐进是事物发展的规律，做事要脚踏实地，一步一步地来，一个台阶一个台阶地上，不可急于求成。成功的诀窍体现在一个"度"上，不可操之过急或过缓，要掌握求稳渐进的奥妙。做事要稳妥和周全，稳扎稳打，一步接一步有序地进行。急于求成，就可能会功败垂成。

盛大公司总裁陈天桥在 2001 年年终总结的时候，说："这一年里，我们总结了几条教训，很简单。这几条说出来现在大家都觉得是笑话，但是我们确实花了一年才拿到了教训：第一，一个人不要同时做几件事情，我们同时做了三个点，而每个点

都非常难;第二,不要做自己不能做的事情,要学会包出去,而我们当时什么都让自己做;第三,我们不做未来做的事。"这是盛大在做传奇的前一年发生的事情。公司壮大,搬入浦项商务楼,然后承接各种业务来维持公司的各项开支。盛大开始四面出击,下面的四个事业部全面运转,动漫部当时接了几个像飘柔等公司的广告单子;而技术部开始给其他企业做网站。但最终还是以裁员来收场。裁员是明智的,不仅仅节省了开支,还精简了公司的主营业务。更重要的是留下的基本都是核心骨干,战斗力更强了。盛大公司先学走路后学跑步,最后逐渐做大起来。

在这个世上,总想一步登天的人实在不少。事物发展的规律告诉我们,做事应该按循序渐进的规律,一步一个脚印地进行。脚踏实地,讲究实际,不可急于求成。在赛跑中,优胜者并非步子迈得最急或脚抬得最高的人。

比如,读书是件慢活,急不得。尤其是人文科学门类,知识有一个积累的过程,认识有一个深化的过程,功夫不到,水平就难达到,体悟不到,感觉就找不到。那种"活学活用,急用先学,立竿见影"的办法实在是把学问当作了工具,当作了一件随手可以抓来的用品,这样的实用主义态度是最要不得的。因而读书首要之事就是抛掉这种态度。

做人要有平常心,要有一种超然的态度,无论工作还是生活都不能心浮气躁、急功近利,要始终保持一种持之以恒、力学笃行,认真做事、本分做人的平静心态。

功到自然成

【原文】

大器晚成。

——《道德经·第四十一章》

【译文】

贵重的器物总是花费很多时间才能做成。

大器晚成这个词,一般被用来安慰那些少年不得志的人,但这并不是老子本来的意思。"晚"不是指年龄,而是指时间。准确地说,是刻苦努力的时间。只要为成功付出了相当努力,就渴望成功;反过来说,一定要将成功希望寄托在长期努力上,不可急于求成。

人就如一棵树，根深土厚，则苗壮茂盛，必成参天大树栋梁之材；根浅土薄，则生长无力，恹恹欲睡，到老也是又细又矮的小材料，只能够个扁担的料罢了。因此要想成为撑住国家的栋梁，必须进行艰苦持久的"培土固根"，大器之所以成为大器，很大一部分是由于晚成，因其晚而准备充足。

　　大文豪鲁迅先生 37 岁才发表作品，冲飞惊鸣，从此一发而不可收，终成一代文坛领袖；乡土作家刘绍棠 17 岁发表作品，过早成名，过早恋爱，心浮气躁，最终也没有几部像样的大作。多产并不意味着质量高，很多人著书等身，却都是泛泛之作，不久就默默无闻了。

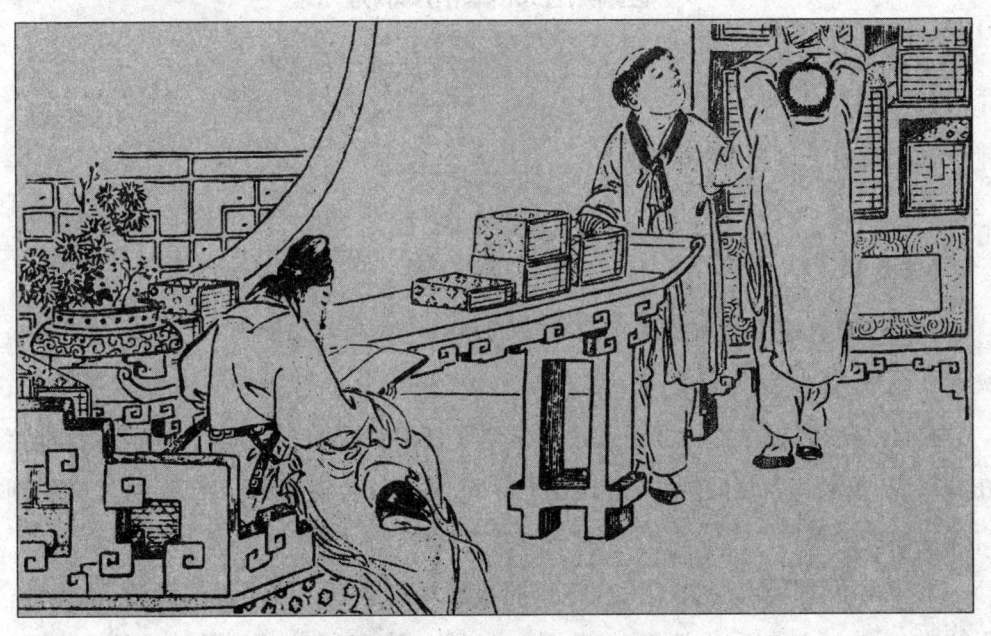

成功需要积累，厚积薄发，大器晚成

　　《三国志·魏书》有言："此所谓大器晚成者也，终必远至。"西汉严遵《道德真经指归》说："大器晚成，无所不有。变于无形，化于无形，动而无声，为而无体。威德不可见，功业不可视。祸息于冥冥，福生于窈窈。寂泊而然，是谓至巧。万物生之，莫知所以。勉勉而成，故能长久。"

　　很快到手的东西，其价值令人怀疑：用激素催生的速成猪，既无营养又有害健康；在速成班学会的"半吊子"技术，好看不好用；考试前临阵磨枪的速成成绩，造就的只是高分低能；挑灯夜战匆匆完工的速成建筑，真的能害死人……

　　尽管生活已经给了我们太多教训，有些人还是"不信邪"：别人需要"大器晚成"，但我不需要。为什么呢？因为我的智商高，或者说比别人聪明。他们每天都在琢磨如何找到一条捷径,省略辛苦练习的过程,比别人更快地实现人生目标。他们最后找到的捷径是赌博、买彩票、做违反规则的事情。他们的理论依据是:马无夜草不肥,人无横财不富。结果呢?最后一事无成。

真正的智者都知道,成功要靠一点点积累,一点点悟。正如美国著名的专栏作家查理·库金先生所说:"成就伟业的机会并不像急流般的尼亚加拉瀑布那样倾泻而下,而是缓慢的一点一滴。"

因顺应规律而成就

【原文】

知常曰明。不知常,妄作凶。

——《道德经·第十六章》

【译文】

认识了自然规律就叫作聪明。不认识自然规律的轻妄举止,往往会出乱子和灾凶。

对自然规律的探索,老子是超出先秦诸子任何一家的。他提出,一切事物都存在着形成、发展和变化的规律,循其规律行事,才是符合道理的。否则,必然会受到自然规律的惩罚。

万物无不存在自然规律,人应该按照自然规律办事。他还说:"无为,故无败;无执,故无失。"这似乎很消极,但若"慎终如始,则无败事"就不是消极的无为了。慎为,慎执,即其为是否合乎"道"。不符合自然规律的事不去做,自然不会败;不符合自然规律的事不坚持,自然不会失。应该从事情开始到事情结束,始终坚持按自然规律办事,就不会失败了。而现在的人,仍然常犯违反自然规律和社会发展规律的事,致使生态失衡,社会不安定,这些无不佐证了老子的高明。

道家认为,天地万物都是由"道"所化生,因而"一切有形,皆含道性"。自然之道是贯通天、地、人的,天地与人皆合于自然之道。葛洪在《抱朴子·内篇》中称:"天道无为,任物自然,无亲无疏,无彼无此也。"任物自然就是要人们遵循客观规律,顺乎无为之天道,与一切外物和谐共生,以获得人与自然在整体上的和谐。

《太平经》上说:"夫人命乃在天地,欲安者,乃当先安其天地,然后可得长安也。"人安身立命于天地间,要想得到好的生存和发展,就要认识和掌握自然规律,按照自然规律去办事,达到与自然的和谐。因此,《阴符经》开篇就提出:"观天之道,执天之行,尽矣。""观天之道"就是要认识自然规律,"执天之行"就是要掌握和利用自然规律,人与自然和谐的根本就在于此。只有懂得自然规律,掌握自然规律,才能更好地利用自然规律,从而不违背自然规律,这样才能真正达到人与自然的和谐。

美国作家伯罗蒙塞尔写过《自然之道》这篇文章,他告诉人们,和谐地对待自然的最佳方式就是尊重自然规律。

伯罗蒙塞尔和七个旅行同伴及一个生物学家向导,结队来到南太平洋加拉巴哥岛。在这个海岛上,有许多太平洋绿海龟在筑巢孵化小龟。伯罗蒙塞尔他们去那里的一个目的,就是想实地观察一下幼龟是怎样离巢进入大海的。

幼龟一般在四五月间离巢而出,争先恐后爬向大海。从龟巢到大海需要经过一段不短的沙滩,稍不留心,幼龟便可能成为嘲鹰等肉食鸟类的食物。

那天上岛时,已近黄昏,他们很快就发现一只大龟巢。突然,一只幼龟把头探出巢穴,却又欲出又止,似乎在侦察外面是否安全。正当幼龟踌躇不前时,一只嘲鹰突然飞来,它用尖嘴啄幼龟的头,企图把幼龟拉到沙滩上去。

罗蒙塞尔和同伴紧张地看着眼前的一幕,其中一位焦急地跟向导说:"你要想想办法啊!"向导却若无其事地答道:"叼就叼去吧,自然界之道。就是这样的。"向导的冷淡,招来了同伴们一片"不能见死不救"的呼声。向导极不情愿地捧起那只小龟,把它送往大海。那只嘲鹰眼见到手的美食丢掉,只好颓丧地飞走了。

然而,接着发生的事却让大家极为震惊。向导抱走幼龟不久,成群成群的幼龟从巢口鱼贯而出。罗蒙塞尔和同伴很快明白,他们干了一件愚不可及的蠢事。

那只先出来的幼龟,原来是龟群的"侦察兵",一旦遇到危险,它便会返回龟巢。现在那只幼龟被向导引向大海,巢中的幼龟得到错误信息,以为外面很安全,于是争先恐后地结伴而行。从龟巢到海边的一大段沙滩,无遮无挡,成百上千的幼龟鱼贯而出,很快引来许多食肉鸟。很快,数十只幼龟已成了嘲鹰、海鸥、鲣鸟的口中之食。

向导赶紧摘下头上的棒球帽,迅速抓起十几只幼龟,放进帽中,向海边奔去。罗蒙塞尔和同伴也学着他的样子,气喘吁吁地来回奔跑,算是对自己过错的一种补救。

大家都陷入了深深的后悔和愧疚之中。后来,向导发出了他的悲叹:"如果不是我们,这些海龟根本就不会受到伤害。"

人是万物之灵。然而,当人自作聪明时,一切都可能走向反面。所以说,我们必须自觉地去认识和正确把握自然规律,学会按自然规律办事。

我们都知道"拔苗助长"的故事,农夫总嫌田里的幼苗长得太慢,就把小苗一棵一棵往高处拔,结果小苗都枯萎了。如果不按自然规律办事,往往会做出和我们愿望相反的事。

就拿现在社会上出现的"神童"来说吧,出现一两个神童,所有的家长都纷纷效仿。为了让自己的孩子早日成才,有的家长甚至辞去自己的工作全身心地培养孩子读书,这些孩子在父母的呵护下,有的自控力差、封闭自我,出现严重的心理问题,把一个天真活泼的孩子培养成一个书呆子。他们不顾事物发展的规律,强求速成无异于弄巧成拙。对于培养孩子还是要回归到"生态自然"的轨道上来。顺其自然,循循善诱,过高的期待和过早的要求都无异于拔苗助长,得不偿失。

实践证明,违背自然规律就会以巨大的代价偿还。汶川地震给我们血的教训叫人痛心疾首,一瞬间上万条鲜活的生命就此终结。此次地震灾区是我国环境恶劣、各类自然灾害多发地区,还处在龙门山地震带上,地震灾害、地质灾害、洪水灾害频发生态环境极其脆弱,已被作为限制开发区,为什么我们的许多城镇都建在地震带上? 大灾过后,我们的启迪和反思是什么呢?

老子思想的深刻之处。在于他对自然规律的辩证认识。而人类对此尚不能有效把握是社会的悲哀。人类的行为必须遵照自然规律办事,千万不可与自然规律对抗。我们之所以胜利是因为我们遵循了自然规律,而所以失败是与自然规律对抗的结果。

这样的事情已经很多了,但真正从思想上认识这个问题,许多人还办不到。在处理人类自身的问题上,比如情感、爱情、生活等问题,许多人还是习惯于从主观意识出发,其结果是给他人和自己都造成了很大的伤害,自己不知道错了,反而还感到很委屈。

你看看自己和自己的身边一定会发现许多这样的问题。如果你还没有从思想上认识到人类是一个有着自己特有自然运行规律的群体话,那你还是找不到与人和谐共处的方法。

总之,任何一种符合客观规律要求的事物,总是不断向前发展的。人们应该自觉地顺应规律的要求,绝对不能违背规律。谁顺应规律,谁就成功。

无为乃最高境界

【原文】

为无为,事无事,味无味。

——《道德经·第六十三章》

【译文】

以无为的态度去作为,以无事的方式去做事,以无味作为味。

在《道德经》中有十二处提到无为。无为是《道德经》中的重要思想,是老子对自然界的运行和人类社会发展的基本认识,以及人的安身立命的基本态度。无为是顺应自然,不妄为的意思。

为无为,事无事,味无味。这里重点突出的是一个"无"字。"无"是核心,"有"是发展。"无"是万事万物所共有的本质,"有"则是各个层次不同的区别。因此,"无为"就是最高层次的"为","无事"也是最高境界的"事";"无味"就是最高境界的"味"。

"无为"不是什么都不做,而是"无违",即不违背客观事物的规律,改变客观事物的节奏。无为的境界,就是不违反万物自然发展的程式和机制,也就是不违反道理。凡事要"顺天之时,随地之性,因人之心",而不要违反"天时、地性、人心",凭主观愿望和想象行事。老子所反复强调的"无为"寓意深长,只要真正做到"无为",就没有什么做不到的了。这就是"无为"最高层次的"为"。

孔子对老子非常崇敬,曾经向老子问道,他们之间的往来绝非一次两次。孔子也主张无为而成。西汉文学家刘向在《说苑·君道》里记载了一个故事:

虞国人和芮国人为了田野的界限而发生了争执,一起到西伯侯(后来的周文王)那里去请西伯侯评理。

他们来到西伯侯所管辖的境内,看见那里的百姓像士大夫一样相互尊让;来到京城里,看见那里的士大夫也像三公九卿一样相互尊让。

两国的人一起议论道:"这里的百姓能够像士大夫一样互相尊让,这里的士大夫就像公卿一样相互尊让,如此看来,这里的君主也必然是不把天下当作是私有财产占为己有的。"

两国的来人，还没有见到西伯侯本人，就对原来相互争执的田野互相尊让起来，他们就这样各自回国了。

孔子说："文王之道非常伟大，可以说达到了无人可比的程度！没有任何有意的举动而使人发生了变化，没有有意做任何事情就接近成功了，这只不过是因为文王能够自己一丝不苟、谨慎真诚、恭敬待人，然而，虞国和芮国便因此而得到了平定。所以，《书经》中说：'惟有文王能够谨慎真诚地修养节制自己。'所指的就是这样的情况吧。"

孔子所赞美的，或许有很多人会怀疑，为什么？因为自己还在患得患失，因为自己还存有太多私心，当然会对仁德的影响力产生怀疑。固执于眼前的小利，固然不是罪过，但是，只顾眼前的小利，却永远不可能有长久的大利。

《周易》中告诉我们效法天地之道，《春秋》告诫国君莫为权力而争君位，孔子劝导人们"君子谋道不谋食"，孟子劝人们不要为私利而谋，老子说"大德不德，是以有德"，庄子劝人不要争蜗角虚名。这一切都需要有志之士的自我修养、自我砥砺。以没有追求为追求，不贪不躁，便可达到无为的境界。

"无事"与"无为"都是老子的观点，其重要性往往被后人忽视。老子说过"以无事取天下"，这是"无事"的最大成效。以"无事"的态度去办事，从客观实际情况出发，一旦条件成熟，水到渠成，事情也就做成了。所以，我们做人做事，要有追求，但不要刻意为了达到什么目的才去做，而是顺其自然地去做。

从自身创业起步，马化腾在短短几年中，用QQ改变了数亿中国人的沟通习惯。相比于在互联网业界的同行马云、张朝阳，他更加内向、低调，很少公开露面，也不爱与媒体打交道。但与此同时，他在马不停蹄地实施他的多元化战略，从门户网站到交易网站，从网络游戏再到搜索工具，"QQ帝国"不断扩张，几乎所有的国内互联网大腕都将他视作未来最大、最不容忽视的对手。这个用一只企鹅改变中国人沟通方式的"QQ"帮主，到底有着怎样的成功秘诀呢？

马化腾说过："很多人在创业初期可能都会有一个伟大的目标或者理想。其实创业之初，我只是想将一群有同样兴趣的人聚集在一起做一件大家都感兴趣的事情。那个时候工作成功而得来的自豪感和满足感远比经济回报更具吸引力。比如我们当时只想做一个即时通信工具，我们没有去做太长远的蓝图，我们更关注的是怎么样让用户觉得满意和提高服务的质量。但用户量就在那样的状态下突然迅速

地增长了,这甚至是我们没有预料到的。很多人关心付出与回报的问题,就在追求成功的过程中,可能越刻意追求就越是收获不多,不刻意追求反而获得更多。"

无论是在学业上还是在事业上,无论是从政还是经商,无论是面对爱情还是面对功名,要认真去做,自然而然,但不要刻意追求,可能一切都是那么不经意地水到渠成。但是,我们还要懂得,渴望成功但也要接受平凡。不是一切努力都没有结果,但也不是一切努力都有结果;不是最努力的就一定最有结果,更不是努力就有一个确定的结果。不要把生活变成一项志在必得的竞赛,因为生活不是竞赛。

"无味"更是一种境界,也是一种真实,一种更真实的生命状态。林语堂说:"论文字,最要知味,平淡最醇最可爱而最难。"明代大书画家董其昌在《画旨》中提倡"平淡天真,自然浑成"。人淡如水,水淡如云,云淡如风。文学艺术的最高境界是"淡",是"无",是"无味之味"。无味之味乃味之极也。只有真正体会到"无味之味",你才能在人生中达到崇高的境界。

为无为,事无事,味无味。我们要能够记住这简简单单的九个字。把无为当作行为,把无事当做事情,把无味当做好味。自然顺畅,清静无事,冲淡平和,就是"无"的境界。

"无"才能不以物喜从而不为物役;"无"才能不为己悲从而宠辱不惊。世间的事物就是那样从容、淡定、自然,世界万象总是体现无为乃最高境界。

不要逆势而为

【原文】

天之道,其犹张弓欤?高者抑之,下者举之,有余者损之,不足者补之。天之道,损有余而补不足。人之道,则不然:损不足以奉有余。

——《道德经·第七十七章》

【译文】

大自然的规律,岂不就像拉弓一样吗?弦位高张,就被抑低,弦位低就被拉高。有余的被减少,不足的被补充。减少有余,弥补不足,这正是大自然的规律。人间的法则却不是这样,总要剥夺不足,而用来供奉有余。

老子认为,天道自然,就是顺乎万物的自然规律,只要是矛盾的两个方面,一定

会相互转换的。高山变成沧海,沧海化成桑田。有生有死,有死有生。一切的一切,都在自然而然地变化着。人在日常活动中要顺应自然,顺势而为。

顺势而为,不能强势而为,更不能逆势而为。智者顺势而为,愚者逆势而动。一个人能够做趋势的追随者,无论是进是退,都占尽先机。

诸葛亮画像

所有的英雄,都是因时势而成的。天下最不可为者,莫过于逆势而行。逆势逆时,往往不只是事倍功半,而是徒劳无功,甚至身败名裂。

水从高原由西向东流着,渤海口的一条鱼逆流而行。它的游技很精湛,因此游得很自如,一会儿冲向浅滩,一会儿划过激流。它穿过湖泊中的层层渔网,也躲过无数水鸟的追逐。

它逆行通过著名的壶口瀑布,堪称奇迹;它穿过水流湍急的青铜峡谷,博得鱼儿们的齐声喝彩。它不断地游,最后穿过山涧,挤过石隙,游上高原。然而,它还没来得及发出一声欢呼,瞬间就被冻成了冰。

若干年后,一群登山者在唐古拉山川的冰块中发现了它,它还保持着游水的姿势,有人认出,这是渤海口的鱼。

一个年轻人感叹道:"这是一条勇敢的鱼,它逆流而上,游得远,游得长,游得久。"一位老者却为之叹息:"冲动莽勇,逆势而行,自取灭亡。"这两种观点。你赞成哪一个呢?

凡事都有个趋势,顺势而上,自然成功率高;逆势而上遇到的阻力就会高。自古办事者有顺势而行者,有逆势而行者。顺势而动,无往不利;逆势而行,举步维艰。伟大的拿破仑后期总打败仗的原因就是逆大势而动:天下人都厌恶了战争,他还持续发动战争,结果成为阶下囚。

　　孙中山说过一句名言:"天下大势,浩浩荡荡,顺之者昌,逆之者亡。"即使是孙中山这样的旷世之才,也要顺着天下大势的方向做事,不能由着个人的性子,也许智者与庸者的区别就在于是否能够判断出社会的发展趋势,并抓住机遇,顺势而为吧。

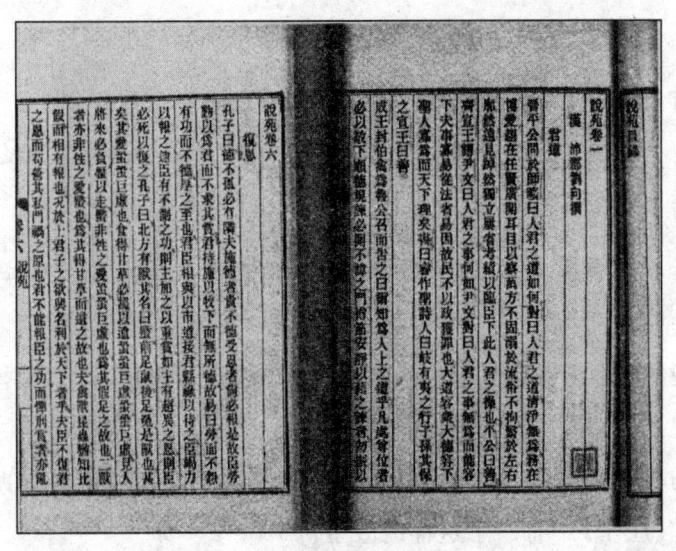

《说苑》书影

　　三国时期,蜀弱魏强。一般的道理是强者吞并弱者。魏国的君臣大多是人杰,又有地广人多的地利和人和,有机会就可灭掉蜀国。蜀国虽然有孔明、刘备,但人才储备远逊于魏国,再加上地小人少,根本无法与魏抗衡。

　　孔明为了报答刘备的知遇之恩在前,姜维为了完成孔明的志向在后,都一心伐魏,明知做不成的事,却凭着自己的才华,硬着头皮去做,结果只能是无功而返。

　　孔明七出祁山,每次都劳师动众,但收效甚微。到了姜维主持军事,蜀国更加弱小,但他为了告慰孔明的在天之灵,多次率领小部队进攻魏国,都没有什么成效。

　　到了费祎执政时,姜维三番五次要大举进攻,都被费祎拒绝。到黄皓执政时,姜维可以独立主持军事了。他率大军多次进攻魏国,结果没灭了人家,反而让魏国灭了自己。

其实，不是孔明和姜维的计谋不行，也不是他们不够勤奋，而是犯了逆势而行的错误。

顺势者，会使生命舒展勃发，即使凡人也可能成就大事。逆势者，生命蜷曲枯萎，即使伟人也可能面对失败。在竞争日益激烈的当今社会中更是如此。万事皆有定律，违背"顺势"法则的人，成功的几率很小。做人行事当牢记：不要逆势而为。

无我则无忧

【原文】

吾所以有大患者，为吾有身，及吾无身，吾有何患？

——《道德经·第十三章》

【译文】

我们之所以会有忧患，是因为我们有自我的存在。如果我们忘掉自我，我们还有什么忧患的呢？

老子所说的"无身"，也就是"无我"。老子认为，人一旦达到"无我"的境界，就没有什么忧患了。

道家一向呼吁"无我"的最高境界，老子以及后来的庄子都是如此。道家的另一本经典著作《庄子》中有一个这样的故事：

有一天，庄子打柴回来，很累，就躺在自己的茅屋旁睡着了。恍惚中，庄子做了一个梦，梦见自己变成蝴蝶，欣然自得地飞舞着的一只蝴蝶，他感到多么愉快和惬意啊！竟然忘记了自己原本是庄周。

突然间醒来。惊惶不定之间好像来到另一个世界。庄子很惊诧，掐了掐自己的大腿，方知原来是自己。

这是《庄子》里一个有名的故事，这个故事一般称为"庄周梦蝶"。在这个故事里，庄子不知是自己梦中变成蝴蝶呢，还是蝴蝶梦见自己变成庄子。

在一般人看来，一个人在醒时的所见所感是真实的，梦境是幻觉，是不真实的。醒是一种境界，梦是另一种境界，二者是不相同的；庄子是庄子，蝴蝶是蝴蝶，二者也是不相同的。

但这不是庄子的感受。李白《古风》云："庄周梦蝴蝶，蝴蝶为庄周，一体更变易,万事良悠悠。"也就是说庄周与蝴蝶已经"物化"为一体了。庄子已经看不到自己,而是和自然合二为一了。这就是"无我"。

对此,可以做以下推理:如果"我"一会儿可以是庄周,一会儿可以是蝴蝶。那么,"我"究竟是什么就成了不确定的了。所以说,"我"之所在是始终处于变幻不定之中,庄子称之为"物化"。

庄子认为:世上万物,尽管千变万化,都只是道的物化而已。庄周也罢,蝴蝶也罢,本质上都只是虚无的道,是没有什么区别,这叫"齐物"。"齐物"和"物化"的本质就是"物""我"两忘,也就是"无我"。庄子的这种"物""我"两忘,其实是对老子"及吾无身,吾有何患"的继承和发展。

老子的"无我",不仅是指四肢肉体会"无我",连精神也要"无我"。按照老子的"无我"哲学,我们还可以得出这样的结论:世间的其他动物或植物本身并不卑贱,人自身也并不高贵。大家都是平等无二,合二为一的。认识到这一点,才能达到"无我"的人生最高境界。

如果我们将老子的这种"及吾无身,吾有何患"的智慧予以总结,至少有以下两点:

(1)通过暝目存神,屏息万缘,而忘掉自己的四肢五体,从而使灵魂逍遥自在。人类的身体就是一个很大的障碍,我们不得不去每天为它谋衣糊口,去奋斗,去抗争,这样自然会惹出许多的烦恼和痛苦来。等到我们物我两忘不受时空的限制、心中没有牵挂障碍了时,就可以光灼灼而无所不在、无所不能了,自然也就不会为了那些衣食住行而操心烦恼了。那个时候,我们还会有什么灾难和不快呢!

(2)将生死寿夭、苦乐悲欢、是非荣辱、高低贵贱放在心上是愚人的悲哀,这样的人还在"有我"的境界里苦苦挣扎。在老子看来,既然人间的生死寿夭、苦乐悲欢、是非荣辱、高低贵贱没有什么区别,是虚幻不实的,是梦,人们就应该把它们看淡,身处其中而心处其外,不去辨识,不去执着,来了就让它们自然而然地来好了,去了就让它们自然而然地去好了。可是人们却往往做不到,结果是自寻烦恼,等到事情过去了,才醒悟过来,悔不当初。

烦恼的根源就在于考虑自己太多了,心有所求,患得患失间烦恼丛生。无我亦无烦恼,忘我亦为安然。无我无畏,无私无忧才是最高境界。烦恼的时候,试着放下一些东西。大千世界如过眼烟云,何必执着呢? 既在人世,内心常想着为社会、为大众、为众生服务,又何惧烦恼呢?

荣辱毁誉不上心

【原文】

何谓宠辱若惊？宠为下，得之若惊，失之若惊，是谓宠辱若惊。

——《道德经·第十三章》

【译文】

什么是"宠辱若惊"呢？恩宠是上对下给予的额外的恩赐，所以受宠者就会感到震惊。如果失去了额外赐予，也会因为失宠受辱而感到震惊。这就是"宠辱若惊"的意思。

宠，是得意的总表相；辱，是失意的总代号。老子认为，得到了荣誉、宠禄不必狂喜狂欢，失去了也不必耿耿于怀，忧愁哀伤。这里面有哲理，即得失界限不会永远不变，一切功名利禄都不过是过眼烟云，得而失之，失而复得这种情况都是经常发生的。意识到一切都可能因时空转换而发生变化，就能够把功名利禄看淡看轻看开些，做到"荣辱毁誉不上心"。

"荣辱毁誉不上心"，就要"宠辱不惊，去留无意"。当一个人在成名、成功的时候，没有"宠辱不惊，去留无意"的真修养，便会欣喜若狂，喜极而泣，自然会有震惊心态，甚至得意忘形。

例如在前清的科举时期，民间相传一则笑话，便是很好的说明。

有一个老童生，每次考试都不中，但他已经步入中年了，因此心中十分着急。这一次正好与儿子同科应考，到了放榜的一天，儿子看榜回来，知道已经录取，赶快回家报喜。他的父亲正好关在房里洗澡。儿子敲门大叫说：父亲，我已考取了！老子在房里一听，便大声呵斥说："考取一个秀才，算得了什么，这样沉不住气，大声小叫！"儿了一听，吓得不敢大叫，便轻轻地说："爸爸，你也考取了！"老子一听，便打开房门，一冲而出，大声呵斥说："你为什么不先说？"他忘了自己光着身子，连衣裤都还没穿上呢！

这便是"宠为下，得之若惊，失之若惊"的一个写照。

有关人生的得意与失意，荣宠与羞辱之间的感受，在官场、在商场和情场上是最明显的。以男女的情场而言，众所周知唐明皇最先宠爱的梅妃，后来冷落在长门永巷之中,要想再见一面都不可能。世间多少的痴男怨女,因此一结而不能解脱,于是构成了无数哀艳恋情的文学作品!

还有的人在荣誉宠禄面前也许能经得起考验,但他未必能经受得住屈辱和打击。所谓"富贵不能淫,威武不能屈""宁为玉碎,不为瓦全""士可杀不可辱"等,都是对古往今来那些豪杰英雄的赞美诗。面对邪恶,为了正义,宁死不屈,这就是至高无上的荣誉。但在特殊情况下,"忍辱"也是为了真理和正义,为了更多地赢得荣誉。这就是"忍辱负重"。

众所周知,《红岩》中的华子良,装疯卖傻多年,遭到敌人侮辱,也遭到自己同志的轻蔑,为的就是要在关键时刻营救战友。这种人确实是"特殊材料制成的",是多少凡夫俗子望尘莫及的,其荣辱观同样伟大高尚。

人只有卸下捆绑于心的精神枷锁,才能轻装上阵。这需要有一种平常心,不以物喜,不以己悲。这样会让人内心安宁。

唐高宗时,大臣卢承庆专门负责对官员进行政绩考核。被考核人中有一名粮草督运官,一次在运粮途中突遇暴风,粮食几乎全被吹光了。卢承庆便给这个运粮官以"监运损粮考中下"的鉴定。谁知这位运粮官神态怡然,一副无所谓的样子,脚步轻盈地出了官府。卢承庆见此认为这位运粮官有雅量,马上将他召回,随后将评语改为"非力所能及考中中"。可是,这位运粮官仍然不喜不愧,也不感恩致谢。这位运粮官真正拥有了一颗平常心。

唐高宗李治

所以,道家认为,在荣辱问题上,做到"难得糊涂""去留无意",这才叫潇洒自如,顺其自然。一个人,当你凭自己的努力、实干、靠自己的聪明才智获得了应得的荣誉、奖赏、爱戴、夸耀时,应该保持清醒的头脑,有自知之明,切莫受宠若惊,飘飘然,自觉毫光万道,所谓"给点光亮就觉灿烂"。

聪明的人对一切事物的态度是无可无不可,宠辱不惊。就像古人阮籍所说的"布衣可终身,宠禄岂足赖",一切都不过是过眼烟云,荣誉已成为过去时,不值得夸耀,更不足以留恋。另一种人,也肯辛勤耕耘,但却经不住玫瑰花的诱惑,有了点荣誉、地位,就沾沾自喜,飘飘欲仙,甚至以此为资本,争这要那,不能自持。这些人往往被名誉地位冲昏了头脑,忘乎所以。

嵇康画像

孔子说:"天下有道则见,无道则隐"(《论语·泰伯》)。能上能下,宠辱不计,只要顺愿、顺心、顺意即可。这样一来既可以在条件允许的情况下做点事,又不至于为争宠争禄而劳心劳神。去留无意,亦可全身远祸。有时在利害与人格发生矛盾时,则以保全人格为最高原则,不以物而失性、失人格,如果放弃人格而趋利避害,即使一时得意,却要长久地受良心谴责。

在现实生活中,每个人都可能有一两次这样的经验和体会,当你放弃利害,保全人格时,那种欣喜愉悦是发自肺腑的,淋漓尽致的。一个坦坦荡荡、人格纯洁的人,他的心是宁静安逸的,而蝇营狗苟的小人的心境则永远是风雨飘摇的。

无为而治

【原文】

取天下常以无事,及其有事,不足以取天下。

——《道德经·第四十八章》

治理天下经常用清静无为的方法,如果政治措施繁多严苛,就不足以治理天下了。

道家认为,一切有为之治都会使天下之人"淫其性"而"迁其德",因此"君子不得已而临莅天下"就应当"莫若无为"。无为,然后能无不为;无为,然后能有作为。

统治者应该以清静无为、无欲无争规正自身,人民就自然地回归于淳朴,社会就自然地趋于安定,国家自会呈现国富民安的太平盛世。相反的,如果事必躬亲,经常有事需要处理,就不能治理天下了。

有为与无为两个看似相反的作为,其实是相互贯通的。顺应客观,无为而治,并非完全听天由命,任人摆布,而是在顺应客观的同时,主动地、策略地、乐观地、自觉地去驾驭现实环境中所遇到的矛盾,并制定合理的方针、策略。

所以,"无为而治",其实是貌似无为,实则有为,眼下无为,长远有为的一种为政策略。

"有为而治"和"无为而治"符合辩证法的原理。"有为"是手段,"无为"也是手段,"治"才是目的。表面看来,"有为"和"无为"似乎是不相容的,但作为工作方法来看,它们却能够殊途同归,共同达到"治"的目的。

随着社会生产的高度发展,生产规模的扩大和部门层次的增多,一个高层(相对来说)的领导者即使精明强干,能力超群,也是无法事必躬亲,样样"有为"的。他必须忽略可以忽略的东西,做到大事"有为",小事"无为"。

那么,领导者如何做好"有为"与"无为"呢?

(1)领导者只需在事情的开始阶段表现出"有为"来。实践证明:很多事情不必领导者躬亲其过程,而只需要在开始表示一个态度就可以了。这种表态可叫"拍板",也可叫"决策",算是"有为"的举动。领导者仅在工程之始参加的"奠基仪式""开工动员"等就是属于此类性质。

有一个企业的老总,是一位非常敬业的企业家。她事无巨细,事必躬亲。公司里的事,无分大小,她都要亲自过问。她手下有 5 个副总级的干部,但她不放心,不放权。一个人忙得团团转,身体累垮了,企业还是不断出问题。

一个人的精力是有限的。你不可能什么都想得到而又什么都不想失去。你必须学会选择,学会放弃。这就要"有所为,有所不为"。

（2）领导者只需在事情的中间环节上表现出"有为"来。此时的"有为"，是为了引导、完善群众运动，促使高潮的到来。而当高潮形成后，他应当奔向新的目标，在新的领域开始自己的"有为"。

诸葛亮可谓是一代英杰，身在茅庐之中，就已经看到三分天下的鼎足之势，并且制定了辅助皇叔刘备匡复汉室的宏伟计划。然而他却日理万机，事事躬亲，乃至"自校簿书"，终因操劳过度而英年早逝，留下了"出师未捷身先死，长使英雄泪满襟"的遗憾。

明朝的吕坤在《呻吟语·人品》中说到"有所不为，为必成"。"为"与"不为"是事物对立的两个方面，有所不为才能有所为，有所不为便能"为必成"，有所不为是大有所为的必要前提。相反，如果不分主次、轻重、缓急，任何事情都"为"，其结果必然是"无为"又"无成"。

多领导少管理

【原文】

太上，不知有之；其次，亲而誉之；其次。畏之；其次，侮之。

——《道德经·第十七章》

【译文】

最好的管理者，大家都不知道他的存在。水平次一点的管理者，大家热爱他，赞美他；水平再次一点的管理者，大家都畏惧他；再次的管理者，大家轻侮他。

有人认为，管人就是施展手中的权力，通过三寸不烂之舌让别人"俯首称臣"。事实上，管人可不那么简单，它是一门高深的学问。

老子教导我们，作为管理者要"无为"。做到了"无为"，实际上也就是有为。不仅是有为，而且是有"大为"。《庄子》中有一段阳子臣与老子的问答。

有一次，阳子臣问："假如有一个人，同时具有果断敏捷的行动与深入透彻的洞察力，并且勤于学道，这样就可以称为理想的官吏了吧？"

老子摇摇头回答："这样的人只不过像个小官吏罢了！只有有限的才能却反被才能所累，结果使自己身心俱乏。如同虎豹因身上美丽的斑纹才招致猎人的捕杀；猴子因身体灵活，猎狗因擅长猎物，所以才被人抓去，用绳子给捆起来。有了优点反而招致灾祸,这样的人能说是理想的官吏吗?"

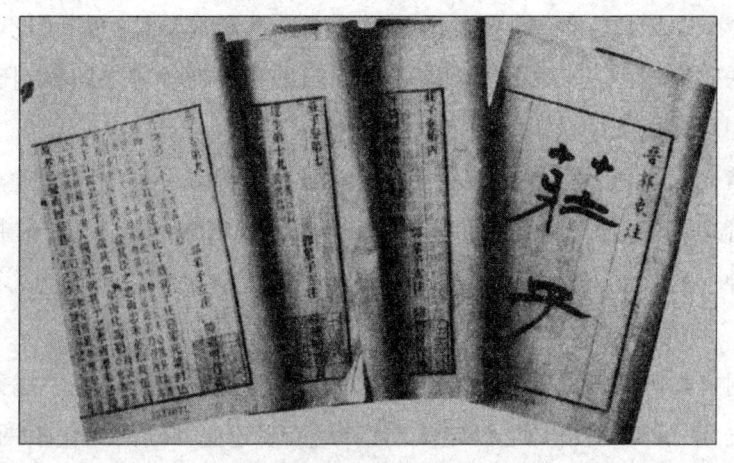

《庄子》书影

阳子臣又问:"那么,请问理想的官吏是怎样的呢?"

老子回答:"一个理想的官员功德普及众人,但在众人眼里一切功德都与他无关;其教化惠及周围事物,但人们却丝毫感觉不到他的教化。当他治理天下时不会留下任何施政的痕迹,但对万物却具有潜移默化的影响力。"

这就是老子"无为而治"的至理名言。当然,无为不是叫领导者完全撒手不管的意思,而是要多领导少管理。管理是督促人往正确的方向前进,而领导则给予一种工作的动力,使人从工作中获得成就感和归属感,这是最基本的人性需求。所以,领导者有时要兼任管理,而管理者也得要运用领导的技巧。但是,阶层愈高,则须多领导而少管理。

老子认为,优秀的领导者不会让手下觉得他在管人。领导和管理的最终目标是趋同的、一致的,基本职能也是互融的、相通的,但两者仍然有着显著的区别。

(1)领导者强调未来,是播种者;管理者着眼点在目前,是花匠,懂得怎样修剪树枝,美化环境。

(2)领导者是曹操,懂得用望梅止渴的远见和激励;管理者是孔明,擅长草船借箭的计划与执行。

(3)领导者犹如建筑师,知道怎么设计最有效能的房子;管理者是包工,懂得怎样把房子造得最有效率。

（4）领导是做正确的事，管理是把事情做正确。

我们时常看到，有的地方天天喊管理，制度一个接一个地出台，结果越管越乱，越管效率越低。导致人们"管得多，又管不住"的因素主要是：对下属不信任、害怕削弱自己的职权、害怕失去荣誉、过高估计自己的重要性等等。归根到底是人们对于领导作用缺乏正确的认识。

清华紫光集团总裁张本正主张"管理的最高境界就是去除管理"。去除管理并非不要管理，不要管理制度，而是让员工感受不到管理的存在，管理制度不会成为员工精神上的限制和束缚。具体说来，企业至少应做到以下几点，才可望达到"去除管理"的境界：

一是树立具有凝聚力的企业文化。这是人本管理的基础工程。优秀的企业文化为员工确立一种具有群体心理定式的指导意识，建立共同的文化氛围，树立共同的价值观及由价值观指导下的企业目标、企业精神、职业道德等，能激发员工爱岗敬业、奋发向上的工作热情，使员工的积极性、主动性、创造性最大限度地得以发挥，从而产生归属感、使命感、凝聚力、向心力。用优秀的企业文化统一员工意志，比再严厉的管理制度都要管用百倍。

二是确立具有亲和力的层级关系。企业上下级关系应当体现平等、团结、友爱、活泼的原则，主要管理者应当统揽而不包揽、敢断而不武断、放手而不撒手、大度而不失度。其他各级各类管理者和普通员工也都要有各自明确的职责分工，相互之间进行协调、配合、沟通，立足自己的岗位把工作做好。这种具有亲和力的层级关系起着维系人心、增进团结、实现目标的粘合作用。

三是建立具有活力的成长环境。企业要为每个员工（包括各类各级管理者）架构施展才华的舞台，提供创造价值的机会。使人人都能与企业共同成长。这类激励举措包括加薪、晋级、配送股权期权，当然还包括送员工培训深造等精神激励办法。在这种充满活力的工作环境中，员工的思想和行为与企业目标自觉等高，员工为企业创造价值，企业也同时为员工创造价值，实现"双赢"。

"去除管理"所应达到的效果是使企业的生产经营活动形成一个"流"，生产经营诸要素在时间和空间上得到最优组合，以最少的人力、最小的消耗、最省的时间、最短的流程、最简的动作来完成最大的工作量。鉴于目前我们很多企业还缺乏科学管理理念和管理方式，充分认识管理科学的内涵，因企制宜进行管理创新，实在是迫在眉睫的事情。

最好的管理是少管理。谨记老子"太上，不知有之"这句话，就会受益无穷。

无为而无不为

【原文】

为学日益，为道日损。损之又损，以至于无为。无为而无不为。

——《道德经·第四十八章》

【译文】

求学的人，其情欲文饰一天比一天增加；求道的人，其情欲文饰则一天比一天减少。减少又减少，到最后以至于"无为"的境界。如果能做到无为，那就可以无所不为。

做学问自然是愈多愈好，如此才能增长见识；修道则必须放淡欲望、清静无为，并且必须专一修炼，才能得道与开慧。

"为学日益"是说向外追求学问，通过学习获得科学技术知识，学习知识与技术要不断地丰富完善，才能做到精益求精。"为道日损"是指向内追求智慧，通过默修开启潜意识，从物质到精神过程中的私心杂念都要一一剪除，以期求人与自然的便捷沟通，与道会合，实现艺术与人生的最佳状态。损之又损、减之又减、简而再简、约而再约，"道"便显露出来。在这个求"道"的过程中，就可以开辟出一块广阔的空间来。这是一个修炼的过程，也是一个去杂念而存朴质的过程。

因此，无为是学道悟道的最高境界，一个人如果能达到这种境界，也就是心灵修炼达到上乘的境界了。人如果能够不妄为，就没有什么事情做不成。

当然，老子在这里所说的"以至无为"不是绝对的，而是相对的。但即使这样，我们普通人也达不到。怎么办呢？做任何事情都要尽量接近"无为"。

日本著名科学家系川英夫在他所著的《一位开拓者的思考》一书中，讲了一段极富哲理的话："人生的重挫酷似翻船，为使身体不致由水流动力紧紧地吸附于船底，造成窒息性死亡，就要落水后借助坠落的劲儿蜷缩身体，一沉到底，然后再顺着水流浮出水面，以求摆脱葬身鱼腹的命运。人生处于逆境时，如硬要违背客观规律，结果只能加剧事态的恶化。逆境之中最关键的是顺应所处的环境并暗中积蓄力量。"

这里的"蜷缩身体""一沉到底",看上去好像非常消极,一副听天由命、不再挣扎的样子,但却是死中求生的正确选择。如果不顾客观情势在坠水之后就拼命地胡乱扑腾一番,那倒会事与愿违,落得一个葬身鱼腹的下场。

一个是"无为"——不做挣扎,一个是"有为"——拼命挣扎。无为者生,有为者死。这就是"无为而为"的神妙。

"无为而无不为",这几个字中包含着丰富的哲理。无论做什么事情,都是有所为有所不为的。人生当中,如果有人想无所不为,那么最终的结果就会一无所为。做事要有所取就要有所舍,有所攻就要有所守,贪心太大,必遭祸害。

人类的历史已经证明,能够得到天下的人,靠的就是无为处事。倘若没有无为的心境,而非要用智谋的手段,处心积虑、极尽所能地去争取天下,反而是不可能达到目的的。古今中外的修道之人都必须去掉各种欲望,达到清静无为的精神境界之后,才能功成圆满。所以,做学问讲究每天精进,做人在于每天减少一点杂念与欲望。有所为,有所不为。

一个年轻人很想在任何方面都比他身边的人强,想成为一名大学问家。许多年过去了,他的其他方面都不错,学业却没有长进。他很苦恼,就去向一个大师求教。

大师说:"我们登山吧,到山顶你就知道该如何做了。"

山上有许多晶莹的小石头,很迷人。每见到他喜欢的石头,大师就让他装进袋子里背着,很快,他就吃不消了。

"大师,再背,别说到山顶了,恐怕连动也不能动了。"他疑惑地望着大师。

"是呀,那该怎么办呢?"大师微微一笑,"该放下,不放下背着的石头如何能登山呢?"

年轻人一愣,忽觉心中一亮,向大师道了谢,走了。之后,他一心做学问,进步飞快。

人生就如登山,每个人都在前行的过程中不断地往袋子里累积东西,这些东西包括你的名誉、地位、权力、财富等等。很多人只知道一味地往自己的袋子里堆积东西而不知道放下,以至于身心疲惫。

拥有太多有时并非是好事,拥有太多,顾虑也就多了,包袱也就沉了,那会拖累自己。所以我们要学会选择,懂得放下。收获对自己有益的东西,放下让心灵疲惫的一切,这样才能轻松地赶路。

凡事都有一个度和量，过分追求自己的所得，往往会适得其反，失去更多。人生即哲学，要有所得有所放。有时，人生需要加法，追求名利、追求知识、追求成功、追求富贵；但有时也需要用减法，远离名利、看淡成败、安于淡泊。

宋代林逋在《省心录》中说："饱肥甘、不知节者损福；广积聚、骄富贵不知止者杀身。"老子和林逋这两位智者劝导人们要知足、节制、知止，其实质上就是说人生要学会选择，要懂得取舍。一个人的生存能力再强、精力再多，也不可能无所不为，将所有的东西全部收为己用。什么都想要，什么都想做，只会什么都得不到，什么都做不好。

功成身退天之道

【原文】

功遂身退，天之道也。

——《道德经·第九章》

【译文】

一件事情做得圆满了，就要含藏收敛，这是符合自然规律的道理。

功成身退，是老子成功论当中又一个智慧的亮点。功成身退，是功德圆满的最佳方式，也是自我保全的最好法宝。功成身退，天道如此，懂得这个道理的人不少，可真正能够自觉做到的人可并不多。

我们可以从自然界的现象来体验"功成身退天之道"的哲理。你看，花开结果了，也就退了。老子对人生的观察是深邃的，他看到了人性的内核。人没有不爱慕财富、贪恋权势的，但是放眼历史，谁能守护住名利呢？

功成身退是一种前瞻性的智慧，以及对于自己生存环境的清醒的、睿智的把握与预测。古往今来，建功立业之后，坐享天下是一般成功者的宏愿，而功成身退者倒是微乎其微。西汉张良正是在助刘邦成大业之后，放出了他人格力量最耀眼的光华。

秦末，陈胜、吴广起义爆发后，张良和刘邦相遇，从此辅佐刘邦转战南北。用计策帮刘邦争夺天下，成为首席谋士，开始了其运筹帷幄决胜千里的谋略生涯。

张良协助刘邦在鸿门宴得以脱身，协助刘邦争取英布、彭越和韩信联合反楚，建议刘邦封最不喜欢的雍齿为侯，建议刘邦关中定都等等，为汉朝的建立立下了赫赫功勋。在论功行封时，汉高祖刘邦令张良自择齐国三万户为食邑，但张良坚决辞让。

后来，张良看到汉朝政权日益巩固，又目睹彭越、韩信等有功之臣的悲惨结局。联想范蠡、文种兴越后的或逃或死，深悟"狡兔死，走狗烹；飞鸟尽，良弓藏；敌国破，谋臣亡"的哲理，于是就自请告退，摈弃人间万事，隐居在张家界，专心修道养精，崇信黄老之学。

功成身退，不仅体现出张良博大的胸襟，也显示了他善于审时度势的睿智。张良因急流勇退而成为盛极之世的良臣，风采焕然，为后世表率。我们从东汉邓禹、宋朝赵普、明朝刘基等人身上，应该都可以看到张良功成身退的影子。

张良画像

北宋政治家王安石曾写诗赞道："汉业存亡俯仰中，留侯于此每从容。固陵始义韩彭地，复道方图雍齿封。"这是对张良的功绩的肯定。

提及张良，不得不说说韩信，二人正好有一个对比。历史上不能功成身退的人物中，韩信就是最著名的一个。

韩信是一位能将百万兵且"多多益善"的军事奇才。连汉高祖刘邦都不得不承认韩信能"连百万之军，战必胜，攻必取"，而自愧不如。但可惜的是，这样一位军事奇才却仅仅限于会打仗而已，对于政治却是一位"高度近视眼"。

韩信既心怀野心，又不能准确地把握机会。想当初刘邦、项羽争天下之时，天下形势尽决于韩信一人之手，所谓"与汉则刘帝，与楚则项王"。蒯通曾游说韩信，怂恿其三分天下，与刘邦、项羽鼎足而王。而此时韩信却"不忍背汉，又自以为功大"，错失良机。

不准备三分天下就老老实实地做人吧，可他偏不！他对刘邦欲铲除天下非刘姓王而贬其为淮阴侯心怀不满。陈豨谋反，韩信与之串通，欲起兵响应。但此时天下已定，他失去了与刘邦一争高低的时机，结果被吕后、萧何用计诛杀，只留下一个"成也萧何，败也萧何"的话头被人把玩。

韩信的悲剧在于他不能审时度势，该进不进，该退不退。最终落得身首异处，还慨叹"高鸟尽,良弓藏;狡兔死,走狗烹;敌国破,谋臣亡。"何其悲也!

生活中准确地把握时机,适时进退是十分重要的,该退的时候一定要退。须知,得失在一念之间。"有所为有所不为",这就是所谓的"道"。

"崇高必致堕落,积聚必有消散。"功成身退是自然的规律,居高位而不思退,是危险的征兆。与韩信有着相同结局的还有战国时期的商鞅。

秦孝公时,商鞅以变法的功绩,奠定了自己的地位,同时巩固了秦国的统治。当初,他为孝公断然采取极其严厉的政治改革措施,虽为秦国政治清明、富国强兵做出了巨大贡献。但"功高"易"盖主",当时商鞅的威望使孝公都感到威胁。

《战国策》中记载:"孝公疾起,传位商君,商辞而不受。"这是孝公生前故意传位,以试其心,可见商鞅已见疑于主子。这时他本应主动"功成身退",隐遁避险。

可商鞅在"退"字上欠火候。后来。孝公将他驾空,政敌也伺机报复,当秦孝公一去世,反对派们在新王即位后,纷纷策谋陷害他,终以谋反罪名对其处以五马分尸的极刑。一世荣华顿时化为乌有,死后仍骂声不绝。商鞅的悲剧,是由他缺少"退"的智慧造成的。

建立功名是相当困难的,但功成名就之后如何去对待它,那就更不容易了。老子劝人功成而不居,急流勇退,结果可以保全天年。然而有些人则贪心不足,居功自傲,忘乎所以,结果身败名裂。对普通人而言,如果他没有身败名裂之时,是不大可能领会功成身退的真谛的。

知进为勇,知退为智。劝退为明,自退为智。功成身退,天之道也。进者,时也;退者,顺也。我们的行为要符合天道,遵循自然规律,这才是长久之道。

第二节　修心养性的智慧

淡泊是一种享受

【原文】

我独泊兮其未兆,沌沌兮如婴儿之未孩,兮若无所归。

——《道德经·第二十章》

【译文】

我独自恬静淡泊不起波澜,浑浑沌沌的样子,好像一个还不会笑的婴儿,疲乏慵散地好像不知归宿。

老子认为,天下有办不完的事,更有赚不完的钱,如果一味去追求这些东西而成天把自己搞得筋疲力尽,最后却损害了自己的健康,那是得不偿失的。所以,老子主张,做人要有几分淡泊的心态,最高的修炼是达到"无我"的境界。要不然,欲望会让你痛苦不堪。

相对于世俗之人的浑浑噩噩、兴高采烈,老子却深知世故而返璞归真,宁静淡泊得像婴儿一样。在古今中外的思想家里,最歌颂婴儿纯净的应该是老子吧。如果一个人能不失去婴儿之心,就可以找到快乐的灵药了。

人世间的快乐,实际上就蕴藏在平凡而又平常的生活里。可叹世人身在福中不知福,充分地享受着文明生活所带来的一切便利,偏又把这一切视为理所当然的。快乐近在眼前竟毫无知觉,却偏偏去追求那些虚无缥缈的东西。

有位年轻人在岸边钓鱼,邻旁坐着一位胡须花白的老人在钓鱼,两个人坐得很近,老人总有鱼儿上钩,而年轻人一整天都没有收获。

年轻人终于沉不住气了,问老人:"我们两人的钓饵相同,地方也相邻,为什么你能轻易地钓到鱼,我却一无所获?"

老人一笑,从容地答道:"你是在钓鱼,我是在垂钓。你钓鱼的时候,只是一心想得到鱼,目不转睛地盯着鱼儿有没有咬住你的鱼饵,所以你看见鱼不上钩就心浮气躁,情绪不断发生变化,鱼儿都被你焦躁的情绪吓跑了。我呢,我是在垂钓,垂钓跟钓鱼不一样,我垂钓的时候,只知道有我,不知道有鱼,鱼来我也不喜,鱼去我也不忧,我心如止水,不眨眼,也不焦躁,鱼儿感知不到我,因此也没必要逃跑。"

老人所说的是一种境界,钓鱼是修身养性的一件事情,老人恰恰就做到了这一点。老人的一番话是针对钓鱼事件本身所说的,生活中也不失为睿智的人生哲学。人的一生中兴衰荣辱,得失进退,谁也不能掌控,唯保持一份淡泊的心胸可以在人生的大起大落中免受伤害。

人生贵在淡泊,古往今来多少名士终其一生心中都在向往或是操守着淡泊的心境。"采菊东篱下,悠然见南山",陶渊明算得上是个淡泊者;"一箪食,一瓢饮,不改其乐",凭着淡泊,颜回成了千古安贫乐道的典范;钱钟书学富五车,闭门谢客,静心于书斋,潜心钻研,著书立说,留下旷世名篇。齐白石晚年谋求画风变革,闭门十载,破壁腾飞,终成国画巨擘。

淡泊是人生的一种坦然,坦然面对生命中的得失;淡泊是人生的一种豁然,豁然对待人生中的进退。淡泊是对生命的一种珍惜,珍惜眼前从不好高骛远。淡泊可以使你真正地享受人生,在努力中体验欢乐,在淡泊中充实自己。

拥有淡泊的人是幸福的,淡泊使人心更加宁静,更加自由,没有羁绊。淡泊是不慕名利,远离喧嚣和纠缠,走向超越。淡泊是在遭受挫折时仍有与花相悦的从容,淡泊是别人都忙于趋本逐利时仍然保持恬静。淡泊是一种修养,一种气质,一种境界。

淡泊的人生是一种享受,守住一份简朴,不再显山露水;认识生命的无常,时刻保持一种既不留恋过去,又不期待未来的心态。宠辱不惊,去留无意。别太在意自己,天使能够飞翔,是因为把自己看得很轻。走一程蓦然回首,你会发现,其实幸福离你只有一个转身的距离。淡泊人生,并非消极逃避,也非看破红尘,甘于沉沦。淡泊是一种境界,要做到真正的淡泊,没有极大的勇气、决心和毅力是做不到的。

唐朝著名高僧慧宗禅师,特别喜欢兰花,于是带着一群小和尚辛勤地栽培。第二年春天,满山开满了兰花,小和尚们都高兴得合不拢嘴。不料一场暴风雨之后,满山的兰花被乱七八糟的打倒在稀泥里,花朵撒了一地。

小和尚们看到后都忐忑不安地等待高僧的数落,哪知高僧却平心静气地说:"我栽花是为了寻找爱好和乐趣,而不是得到愤怒和埋怨。"小和尚们顿时醍醐灌顶,不由自主对高僧宽广的胸怀充满钦佩。

兰花

是啊,只要我们将那些快乐的兰花栽种于心田,拥有了兰心蕙质,我们的心境一定会盈满幸福与快乐、安详与宁静的。

让我们的心境离尘嚣远一点,离自然近一点,淡泊就在其中。这或许是人生的另一个境界,能做到的人又能有几个呢?

是啊,与人生俱来的身外物何其多,颇有诱惑力。我若得之,淡然处置,不忘乎

所以；我若失之，不大悲大痛，身心不伤。如此这般，才会不被身外物所苦，不被身外物所累。

平常岁月，拥有一份淡泊的心境，不是做现实主义的逃避者，而是在工作和学习之余，多一份清醒，多一份思考。人生在世，往往不会一帆风顺，有进有退，有荣有辱，有升有降，有高潮，也有低谷。如果我们认识到平淡是真的道理，就可以在任何时候都保持心理平衡，做出明智的选择。

平淡的日子不会永远平淡，只要怀有淡泊的心境和一生一世永不放弃的追求，定能获得生活馈赠的那份欢乐，成功给予的那份慰藉，谱写出生命最璀璨辉煌的乐章。

正如有一首古诗云："痴心做处人人爱，冷眼观时个个嫌，觑破关头邪念息，一生出处自安恬。"一般人容易走这两个极端，而不能恰如其分地把握自己。世事纷繁，人事复杂，我们不可能总是左右逢源，也不可能一味地八面玲珑。在世俗圈子里痴心表演，人会活得不真实、不轻松、不自在。我们要活得自在逍遥，只有自然地做真实的自己，既不去"痴心做"，也不去"冷眼观"，要像古人说的那样"觑破关头"，摒除邪念，保持心境安然舒畅。

守住纯和之气

【原文】

骨弱筋柔而握固。未知牝牡之合而峻作，精之至也。终日号而不嗄，和之至也。

——《道德经·第五十五章》

【译文】

儿童筋骨虽然柔弱却结实地握住拳头。他还不懂男女交合但生殖器却能勃起，这是精气充足的缘故！整天啼哭嗓子也不会沙哑，是真气畅通和谐的缘故。

中国最早提出养生学理论的是老子，老子对于人体生命的研究，是从对婴儿的观察开始的。

熟悉道家思想的人知道，道的境界，即圣人境界是"如婴儿一般"的境界。骨弱而握固，无知而阳举坚，哭叫而不嘶哑。婴儿的这些表现是因为他保全了纯和之气,而我们不能保持这些纯和之气就是我们欲心动而神乱,嗔心动而气耗,情欲动而精散。这就是我们不能返回先天真常之态的原因啊。

老子说:"你能回到婴儿的境界吗? 你若能返回婴儿的境界,就进入了道的境界。"从懂事开始,直到长大成人,我们的欲望和贪心越来越重,我们的痛苦和杂念越来越纷繁,我们离天国越来越远,离道的境界背道而驰。回到婴儿的状态其实只是一个比喻,就是回到本来无欲无为的状态。

现代的人往往不去保固先天的元气,反而妄动暴躁,自以为很刚强的样子。其实这都是不对的举动。人的元气是每个人生来就具有的,如果不注意保持和维护,元气很容易被后天的欲望消耗。所以,做人需要时常向内去扫清心灵的蒙垢,固守住自己的元气。这是养生的重要功课。

有的人喝得酩酊大醉,从车子上摔下来,虽然满身是伤却没有死去。身体跟正常人一样受到的伤害,感觉却跟正常人不同,为什么呢? 因为他的神思高度集中,乘坐在车子上也没有感觉,即使坠落地上也不知道,死、生、惊、惧全都不能进入到他的思想中,所以遭遇外物的伤害却无半点惧怕之感。醉汉从醉酒中获得保全完整的心态尚且能够如此忘却外物,何况从自然之道中忘却外物而保全完整的心态呢?

由此看出,老子认为,持守纯和之气是至关重要的,这也是我国古代养生论的重要内容之一。

道家的这种持守纯和之气,逍遥于天地浑一的元气之中的智慧,也表现在他们对待死亡的态度上。

道家的另一本经典著作《庄子》中记载了这样一件事情:

有一天,子桑户、孟子反、子琴张三人不期而遇。

子桑户说:"天下谁能够相互交往于无心交往之中,相互有所帮助却像没有帮助一样? 谁又能登上高天巡游雾里,循环升登于无穷的太空,忘掉自己的存在,而永远没有终结和穷尽呢?"

这正好说到两个人的心里去了,大家心领神会,于是成为好朋友。

天有不测风云,子桑户因故死了。还没有下葬,孔子就派弟子子贡前去帮助料理丧事。到了那里,子贡惊呆了,只见孟子反和子琴张二人一个编曲,一个弹琴,相互应和着唱歌:"哎呀,子桑户啊! 哎呀,子桑户啊! 你已经返归本真,可是我们还在为活着的人而托载形骸呀!"见此,子贡快步走到他们近前,说:"请问,对着死人的尸体唱歌,这不太合乎礼仪吧?"孟子反和子琴张二人相视一笑,不屑地说:"你这种人如何懂得'礼'的真实含意!"说完,就理也不理子贡了。

讨得一身无趣,子贡只好回去了。回来后,子贡把见到的情况告诉给孔子,说:"他们都是些什么样的人呢? 不看重德行的培养而没有礼仪,把自身的形骸置之度外,面对着死尸还要唱歌,容颜和脸色一点也不改变,简直不可救药了。"

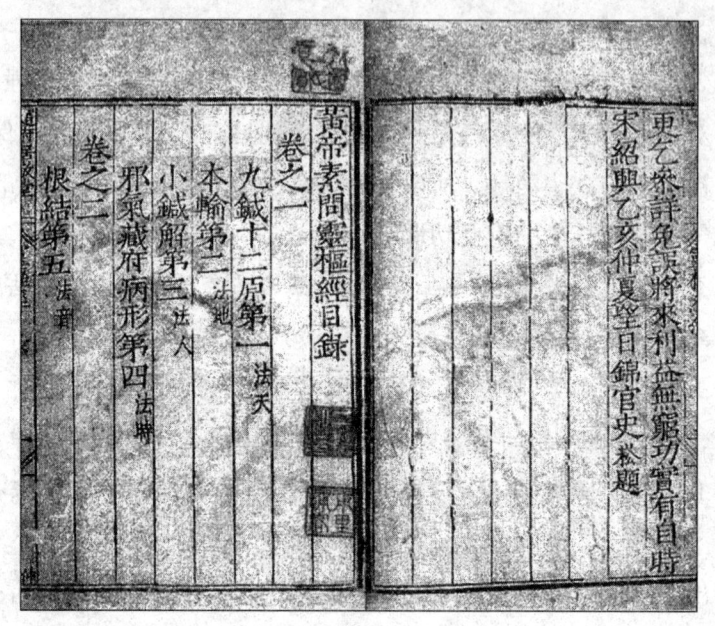

《黄帝内经》书影

孔子沉思良久,说:"他们都是远离了世间的纷纷扰扰的人,我们却生活在具体的世俗环境中。人世之外和人世之内彼此不相干涉,可是我却让你前去帮助料理丧事,我实在是浅薄得很呀! 他们正跟天地结为伴侣,而逍遥于天地浑一的元气之中。他们把人的生命看作像赘瘤一样多余,他们把人的死亡看作是毒痈化脓后的溃破。他们这样的人,又怎么会把生死看得不同呢? 凭借于各种不同的物类,但最终寄托于同一的整体;忘掉了体内的肝胆,也忘掉了体外的耳目;无尽地反复着终结和开始,但从不知道它们的头绪,茫茫然彷徨于人世之外,逍遥自在地生活在无所作为的环境中。他们又怎么会拘泥于世俗的礼仪,有意识地做给人看呢!"

人与自然界的关系,息息相通。顺应自然之道,适应自然界的变化,则何病能生? 又何患不寿? 老子认为自然界在不断发展之中,人体必须与自然规律相适应,才能生长。不然,逆自然规律而动,则会生病折寿。

这种朴素辩证的养生观,对我国中医学的养生学的形成与发展有着很大的推动作用,《黄帝内经》中便是应和了老子的这一养生主张,即:养生之道重在顺应自然,忘却情感,不为外物所滞。

心灵从容,贫富皆安

【原文】

见素抱朴,少私寡欲。

——《道德经·第十九章》

【译文】

老子主张的恬淡寡欲,清净为上,对他的精神修养、情志调节起着很好的作用。他极力主张"见素抱朴,少私寡欲",这本来是治国之道,后人发现用在养生上更为合适。一个人不要贪心追求名利,要寡欲清心,经常保持心通气畅、体泰神清的心理状态,自然可获得健身延年。老子还认为人之生难保易灭,气难清而易浊。只有节奢欲,才能保性命。会养生的人,一定要薄名利,禁声色,廉货财,损滋味,除佞妄,去妒忌。

人心不足蛇吞象,想想蛇吞象的样子,会是一种什么感受——咽不进,吐不出,要多别扭有多别扭。什么都想要,最后可能什么也得不到,反而一辈子将自身置于忙忙碌碌、钩心斗角之中。这样活着,未免太累!《论语》里说颜回"一箪食,一瓢饮,在陋巷,人不堪其忧,回也不改其乐。"如果少一些欲望,是不是也会少一些痛苦呢?

哲人说:"当官为民,有钱没钱,其实都一样可以活得有滋有味,各有各的活法儿。一切都随时空的转移,个人的条件为依据。"功名利禄不必刻意去追求,官大五品,腹中空空,也是虚有官禄。"芝麻绿豆"一个,身怀绝技,照样誉满全球,悠哉快哉!

但是,"人是贱坯子",没有追求就活得乏味,没奔头,还得要追求。功名利禄到手了,"七品"的还想闹个"六品",有了"六品"想"五品",有了"五品"又眼馋"三品"。于是就得巴结,拼命地巴结,只在"品"级上巴结,结果"人品"是巴结一级少

图文珍藏版

一品,到头来累得精疲力竭。仔细品味品味,竟不知道人生是个啥滋味,一辈子不曾享受过真人生,也不懂得真人生,"活得真累"!

在功名利禄之上,"难得糊涂",一切顺其自然,认认真真地做事,老老实实地做人,得则得,不能得不争;当得没得,不急不恼,不该得,得了,也不要,这才叫聪明人,活得轻松,悟得透彻。

有一个美国商人坐在墨西哥海边一个小渔村的码头上,看着一个墨西哥渔夫划着一艘小船靠岸。小船上有好几尾大黄鳍鲔鱼,这个美国商人对墨西哥渔夫能捕这么高档的鱼恭维了一番,还问要多少时间才能收获这么多。

墨西哥渔夫说:"才一会儿工夫就抓到了。"

美国人再问:"你为什么不待久一点,好多捕一些鱼?"

墨西哥渔夫不以为然:"这些鱼已经足够我一家人生活所需啦!"

美国人又问:"那么你一天剩下那么多时间都在干什么?"

墨西哥渔夫解释:"我呀?我每天睡到自然醒,出海捕几条鱼,回来后跟孩子们玩一玩,再跟老婆睡个午觉,黄昏时晃到村子里喝点小酒,跟哥儿们玩玩吉他,我的日子可过得充实而又忙碌呢!"

美国人不以为然,帮他出主意,他说:"你应该每天多花一些时间去抓鱼,到时候你就有钱去买条大一点的船。自然你就可以抓更多鱼,再买更多渔船,然后拥有一个渔船队。到时候你就不必把鱼卖给鱼贩子,而是直接卖给加工厂,然后自己开一家罐头工厂。如此你就可以控制整个生产、加工处理和行销。你就可以离开这个小渔村,搬到墨西哥城,再搬到洛杉矶,最后到纽约。在那里经营你不断扩充的企业。"

墨西哥渔夫问:"这得花多少时间呢?"

美国人回答:"15 到 20 年。"

"然后呢?"

美国人大笑着说:"到时候你就发啦!你可以几亿几亿地赚!"

"再然后呢?"

美国人说:"到那个时候你就可以退休啦!你可以搬到海边的小渔村去住。每天睡到自然醒,出海随便捕几条鱼,跟孩子们玩一玩,再跟老婆睡个午觉,黄昏时,晃到村子里喝点小酒,跟哥儿们玩玩吉他!"

墨西哥渔夫疑惑地说:"我现在不就是这样了吗?"

不戚戚于贫贱,不汲汲于富贵

听了渔夫的回答,也许我们会吃惊,会一时无语。但是我们不得不重新思考这样一个很难回答的问题:我们到底在追寻什么?是快乐?是金钱?是幸福?其实生活是一种态度,一种心情,一种选择,一种状态,一种活着的方式。

同理,一个人要想得到什么,就应该先给予别人,帮助别人,使"既以为人己愈有,既以与人己愈多"。即使于声色滋味上,也是懂得物极必反,取舍有度:"圣人之于声色滋味也,利于性(生)则取之,害于性(生)则舍之"。这就是道家提倡的"全生葆真"之道。

人总是会说话得很累。细究起来,生活中的累,除了体力之累,还有精神之累,欲望之累。欲望的满足不是满足,而是一种自我放逐,欲望会带来更多更大的欲望。

其实,从生活的价值来说,能够体味人生的酸甜苦辣,做过了自己所喜欢的事,没有虐待这百岁年华的生命，心灵从容富足，就可以安心了。

淡泊超然才是本真

【原文】

生之、畜之，生而不有，为而不恃，长而不宰。是为玄德。

——《道德经·第五十一章》

【译文】

让万事万物生长繁殖，产生万物、养育万物而不占为己有，推动万物发展而不自恃其功绩，做万物之长而不主宰他们，这就叫作"玄德"。这就是最高深的修养境界了。

自然天道使万物出生，自然天德使万物发育、繁衍，它们养育了万物，使万物得以一定的形态、形状存在、成长。所以，万物没有不尊崇"道"和珍贵"德"的。"道"之所以被尊崇，"德"之所以被重视，并没有谁来强迫命令。它是自然而然，自己如此的。

"道"使万物生长，"德"使万物繁殖。它们使万物生成、发展、结果、成熟，对万物爱养、保护。它们生养了万物而不据为己有，推动了万物而不居功自恃，统领万物而不对万物强加宰制，这才是最深远的"德"。"生而不有，为而不恃，长而不宰"，就是老子理想的道德。

《道德经》第十章和第五十一章都出现了"生而不有，为而不恃，长而不宰，是谓玄德"的话。大概是老子无意中的有意吧。"玄德"二字，在第六十五章还出现过，这更说明了老子对这句话情有独钟。

春秋时期，齐国人管仲和鲍叔牙是一对好朋友。管仲家里很穷，又要奉养母亲。鲍叔牙知道了，就找管仲一起投资做生意。管仲没有钱，本钱几乎都是鲍叔牙拿出来的。赚钱后，管仲拿的比鲍叔牙还多。

鲍叔牙的仆人看了就说："这个管仲真奇怪，本钱拿的比我们主人少，分钱的时候却拿的比我们主人还多！"鲍叔牙对仆人说："不可以这么说！管仲家里穷又要奉养母亲，多拿一点没有关系的。"

管仲和鲍叔牙之间的关系，如果用老子"生而不有，为而不恃，长而不宰"这句话来形容最恰当不过。鲍叔牙对管仲有再生之德、推荐之恩,他却从未将自己的这份功劳、这份恩情挂在嘴上或是记在心里,可谓"生而不有";管仲这匹千里马是被鲍叔牙拉到齐桓公面前的,齐桓公是伯乐,正是他们才使管仲立下了不世之功,人们只知有管仲而不知有君王,只知有管仲而不知有鲍叔牙。管仲却没有自恃功大而有过什么非分之想,没有做出过什么出格的举动,还经常主动为君王分谤,可谓"为而不恃";齐桓公有容人之量,知人之明,用人之法。他敢于放手使用千里马,连缰绳都没带,不怕马跑了,不怕马野了伤人,是驭马的主人却没有主宰千里马,可谓"长而不宰"。

老子教我们,人活着应当超然于世,回归生命的本真。现代人要能够以出世之心做人世之事,淡泊名利,拒绝世故,远离机谋,莫争霸权,努力保持真情真性。不要在盲目追求过程中误入歧途,忘却了生活的真正目的和意义。

养生贵在适度

【原文】

出生入死。生之徒,十有三;死之徒,十有三;人之生,动之死地,亦十有三。夫何故?以其生之厚。

——《道德经·第五十章》

【译文】

人出世为生,入地为死。属于长寿的,占十分之三;属于短命的,占十分之三;本来可以活得长些,却过早地走向死亡的,也有十分之三。为什么呢?因为奉养得太过度了。

老子认为,养生之道各有千秋,养生模式不尽相同,养生贵在掌握"适度"两字。所谓适度,就是根据自身具体条件,正确运用,掌握分寸,过之或不及都不是正确的养生观。

孙思邈在老子思想的启迪下,为世人总结出养生保健、延年益寿的十二少秘诀:"少思、少念、少事、少语、少笑、少愁、少乐、少喜、少好、少恶、少欲、少怒"。他认为人的七情六欲,是人难以回避的精神活动,如果放纵或者抑制都会对身体有损害。为此,要做到适度,就贵在一个"少"字上。就是说要有所节制,不太过,保持中庸之道,不走偏锋,对于养生益寿多有裨益。

　　他在倡导"十二少"的同时还提出了他所忌讳的"十二多"。"多思则神殆,多念则志散,多欲则志昏,多事则形劳,多语则气亏,多笑则脏伤,多愁则心摄,多乐则意溢,多喜则忘错混乱,多怒则百脉不定,多好则专迷不理,多恶则憔悴无欢。"他把这"十二多"视为"丧生之本"。按他的养生理论,"十二少"是养生的真谛,而这"十二多"是丧生之本。只有二者紧密地结合起来,有所倡又有所忌,才能达到真正的养生境界。

药王孙思邈

　　现代养生学认为,所谓养,即保养、调养、培养、补养、护养;所谓生,即生命、生存、生长之意。具体说就是要通过养精神、调饮食、练形体、适温寒等综合调养达到强身益寿的目的。

　　在运用过程中,我们应当注意以下8点:

　　(1)养勿过偏,综合调养要适中。有人把"补"当作养,于是饮食强调营养,食必进补;起居强调安逸,静养唯一;此外,还以补养药物为辅助。虽说食补、药补、静养都在养生范畴之中,但用之太过反而会影响健康。正如有些人食补太过则会出现营养过剩,过分静养只逸不劳则会出现动静失调,若药补太过则会发生阴阳偏盛偏衰,使机体新陈代谢产生失调而事与愿违。

　　(2)运动适度。运动是生命之源。运动过度伤身,运动不足无效。倘若闭门守舍,足不出户,缺少锻炼,必将导致精神不振,头昏眼花,食欲下降。如果锻炼强度过大,超负荷进行力不从心的运动,则会影响健康。动静结合乃是养生妙法。

　　(3)营养适度。营养是生命之本。医学专家认为:"均衡饮食才是强健体魄的关键。"营养过剩易因胖得病,营养不足则体弱易病。合理的膳食结构是:高蛋白、低脂肪、多维生素、少食糖、高纤维、限盐量。三餐质量:早好、午饱、晚少。

　　(4)情绪适度。经常保持乐观平衡稳定的情绪。勿过喜,防乐极生悲;勿过悲,过悲是生病祸根。马克思说过:"一种美好的心情,比十副良药更能解除生理的疲惫和痛楚。"这就告诉人们,好的精神状态,是可以转化为获得长寿的物质力量的。

（5）睡眠适度。睡眠过多或不足，都会疲倦。一项有 100000 人参加、历时 10 年的大规模跟踪调查表明，每天睡 7 小时的人最长寿。名古屋大学的专家们在新一期美国睡眠协会会刊上撰文说，不论男女每天睡七小时最合适，睡得越多死亡率越高，睡得越少死亡率也越高。

（6）动脑适度。退休后的老人，长期不用脑，脑细胞退化则快，易患老年痴呆症。但用脑过度，脑细胞会因缺乏能量，而逐渐丧失功能。

（7）用药适度。是药皆有毒。治病药还是保健药都有副作用。用药千万别自作主张，随便增减，务必遵医嘱，按时定量，才能恰到好处，获取祛病健身的最佳效果。

生命重于名利

【原文】

名与身孰亲？身与货孰多？得与亡孰病？是故，甚爱必大费，多藏必厚亡。

——《道德经·第四十四章》

【译文】

对我们来说，名誉与身体哪个对我更值得亲近呢？身体与财富哪个对我们更重要？以上几种失去哪个对我们更不利呢？所以，执着于名利，必会耗费心力去追求，而积藏的东西越多，失去得也越多。

人们都说功名利禄，功名利禄是什么东西？学过物理学的人都知道万有引力，人为什么不能飞起来，人为什么不会轻功，这是引力的作用。在人组成的社会里面，功名利禄就是万有引力。有一些人为了功名，为了利禄不顾一切，瞬间被吸到地狱里面去了。

所以，老子提出这样的问题：名誉和身体哪一个离你更近？生命和财富相比哪一个更重要？当然生命更重要，可以为了生命不要那个名，不要那个利，为了那个利牺牲自己的生命是没有意义的。

浙江人民电器集团董事长郑元豹，与正泰集团董事长南存辉、德力西集团董事长胡成中并称"柳市三雄"。自 1977 年创业至 2008 年，郑元豹建立了自己的企业王国，以年营业收入 146 亿元的业绩，坐上了中国 500 强第 264 强的交椅。

郑元豹的事业蒸蒸日上，宏图大展，身体也壮实矫健，英姿勃发。他在忙事业的同时，能自觉注重休养身心。郑元豹说，他的养心之道主要体现在三个方面：

一是重人。注重内心的自我平衡，平衡的心理带来了心灵上的平静。作为企业家，每天要处理的事情很多，完不成，烦恼就不断，怎么解决？这就是要靠自身的意、气、劲。以意带气，以气带劲。掌控自己的情绪、平和自己的心情。水平再高，高不过勤劳；本事再大，大不过人和。一切事在人为，平和的心态带来了健康，也带来了欢乐。

二是顺道。思想要开放，顺乎自然之道。要放开思想，天马行空，又要放轻松，不要总钻牛角尖。最能让人佩服的人是能拿得起，放得下的人。一个人有了开放的思想，博大的胸襟，容纳天地的肚量，健康状况自然不言而喻。

三是求和。和是顺和，竞和也是祥和、平和。这就是健康问题。没有了精神，也就没有一切。科学发现人体的细胞都是跟着人的精神状态来发展的。每个人有什么样的精神状态，他的身体状况，就会有什么样的发展。

除了上面的三部分内容，郑元豹还有自己的饮食、锻炼及保健方法。但郑元豹认为，饮食、锻炼是基于前三点。规律的生活，会使好的更好。有了前三点，已达到最高境界，自然而然地就会去注重运动保健。

很多人为了事业，玩命工作，虽然已经拥有几辈子都花不完的财富，有显赫的名声，但身体却垮了下来，有的甚至被累死。没有一个健康的身体，再蓬勃的事业、再幸福的人生又有何意义呢？

健康是生命的载体，生命依靠健康显示出一种活力。健康不是一切，但没有了健康也就没有了一切。

只知工作而不知休息的人会把自己搞得很忙碌，忙得没有时间关爱自己，连身体发出警讯提醒时，也因为太忙而被不经意地忽略，直到倒下来后才终于发出感叹：以前拼命去挣钱，现在拿钱来买命。牺牲自己的健康太不值得，身体一旦垮倒，没有了健康，什么成就，什么名声，什么财富，全部都是一场空。

一个人在世界上要想大有作为，必须"善待自己"，应该当心他那部成功的机器——自己的身体。

有许多人不知自爱，常常在无意识中损害自己、欺骗自己。他们出外办事时，总是饮食无定，有时竟一点东西也不吃，就是吃也不依照日常的时间。他们还总要剥夺自己睡眠和休息娱乐的时间。由于他们经常摧残自己的身体，不到40岁头发就已经渐白，身体也显出衰老的样子。他们竟然不懂得，要实现自己的雄心和志向，需要相应的体力与之配合。

许多人具有超群的天赋，却最终只获得了微不足道的成功，就因为他们不善保养身体这部机器。许多人到了晚年感到失望，甚至连年轻时希望的1%也不能达到，就是因为他们不好好保养自己的身体，所以也就毁灭了成功的可能。因为身体的原因，他们的生命光芒黯淡。

如果能够根据自己身体上的需要，给予适当的食物、充足的水分、新鲜的空气和阳光，就能为人体这部机器的正常运转提供能量。

清代·老子画像

在饮食和生活起居上，如果我们能应用自己的常识，维持适当的营养，过一种简单、有规律、有节制的生活，那么我们永远都不需要服药。

很多人为了节省金钱，便剥夺身体上应有的营养。他们往往很匆促地吞一块三明治，喝一杯牛奶，便算解决午饭问题，他们以为这样既节省时间，又节省金钱。殊不知，如果他们走进一家好的饭店，从容地进一顿美味而有营养的中餐，而后休息片刻使身体能对食物进行充分的消化吸收，这才是大有裨益，这样做才是真正的"合算"。一个人剥夺能给予我们生命力、体力与智力的食物，无异于把一只能产金蛋的鹅杀死了。

健康的身体能够促进人们在工作上的努力，使得人们不断进步。许多人因为没有善待自己的身体，致使自己的机能减弱、能力丧失。

睡眠和营养的不足、户外运动的缺乏、工作过度，凡此种种，都是减弱体力、损害身体的主要原因。

还有许多人把精力浪费在愤怒、忧虑、怨恨以及琐碎的事情上。甚至有的人在愤怒、忧虑、怨恨和琐碎事情上所耗费的精力，比在正式工作上消耗的体力还要多。

享受简单生活

国学经典文库

道德经

图文珍藏版

【原文】

俭，故能广。

——《道德经·第六十七章》

【译文】

节俭，清心寡欲，所以才能够有宽阔的胸怀，身后有更为广阔的空间。

先秦时期，诸子大都肯定"俭"而否定"奢"。孔子说："礼，与其奢也，宁俭。"墨子说："节俭则昌，淫佚则亡。"管仲说："审度量，节衣服，俭财用，禁侈泰，为国之急也。"崇俭是古代思想家的共识，尤其儒家的崇俭思想，对后世的影响更大。

《道德经》五千言，只不过"慈俭和静"四个字。善于养生的人，必然以这四个字为根本。

老子的"俭故能广"四字，无穷人生意味在其中。每个人的生命每天都只有二十四小时，那些伟人们并不能延长生命的长度，只是用自己的努力增加了生命的密度。人生在无垠的苍茫宇宙中，只是白驹过隙似的一瞥，一个人只有少点爱恨、少点交游、少点娱乐，才可以使短促的生命因集中而得以辉煌，才可以成为第一流的人物。

有所不为，才能有所作为。尘世物欲横流，生命迅如闪电，一生能抓住多少，一生又会需要多少呢？找钱耗时费力，花钱同样耗时费力，俭则有余，就过这样的一种简单生活吧！钱要有一点，但不要太多，温饱就足；权要有一点，也不要太大，能不被欺凌就行；关键是要有大量的闲暇时间，多做点自己想做的事。安于清贫而不甘于寂寞是一个知识分子的精神，物质上清贫、精神上高蹈，是一介书生的生命位置。

光在生活上节俭，是老百姓过小日子的美德，只有加上精神上、人生目标上的节俭，才是成就大事业的"俭"。目标太多就没有目标，失去方向的人生只能是撒了一地的时光碎片。欲望太繁会陷入泥潭，贪看沿路的风景就耽搁了一生的行程。清心寡欲则能随时明确自己的志向，俭淡枯宁才能达到远方的目标。唯有这样，才可以给生命一条完整的行程。

无节制的介入会不断地散失人生，成功的真理就是简单、简单、再简单。对那些思想者或有所创造的人来说，最重要的生活方式就是——尽量减少周围环境的干扰与制约，而保持内心的宁静与自由。活得简单，才能活得自由！

　　托玛斯·帕尔生于 1783 年，是英国历史上最有名的寿星之一。他 88 岁时第一次结婚，120 岁时第二次结婚，145 岁时还能跑步，给谷子脱粒，几乎能完成所有的体力劳动。他的传记作者对他的死感到非常遗憾，"如果按原来的方式生活下去，那么一切都将不一样。"传记作者写道："他死亡的原因主要归于食物和空气状况的改变。他从空气清新的乡下到了那时空气已经相当污浊的伦敦。在长年累月吃粗茶淡饭的情况下，他被带进了一个生活奢华的家庭，人们鼓励他吃好的饭菜，喝大量美酒，误认为这样能改善他的健康状况，延长他的寿命。结果，他的身体自然机能严重超载，而且身体的本来习惯全被弄得紊乱了，所有这样造成的结果加速了他的死亡。假如没有发生上述改变，按照他自己的身体系统本来还能生活许多年。他死于 1936 年，享年 152 岁。"

百多寿星

　　其实，生活中有很多简单的事情都让我们复杂化了。过简单的生活，正是健康的秘诀之一。一个人如果时常追求复杂而奢侈的生活，则苦难没有尽头，不仅贪欲无度，烦恼缠身，而且日夜不宁，心无快乐。因为复杂，往往浪费了宝贵的时间；因为奢侈，极有可能断送美好的人生；因为简洁，每每能找到生活的快乐。简单不仅是一种实在的生活，而且也是一种雅致的心境。生活简单并不排斥欲望，但是对物欲却不过分苛求。一生为得失忙忙碌碌的人，或整天价在灯红酒绿中寻找麻醉的人，根本就不能享受到生活简单的真谛。把自己交给社会，把自己交给他人，一生不能有自我的人，无法体会和享受生活简单的趣味。

　　享受简单生活，感受生活乐趣，不失为一种健康的生活方式和状态。心情可以在简单生活中得到休养，体力可以在简单生活中得以恢复。生活简单的人，自在自我。只有在简单生活中，你才真正地拥有自己的生活和空间。生活简单，意味着生活必须有所舍弃。不能舍弃，也就没有简单可言。

　　生活简单并不是生活单调孤单，简单生活的目的就是更好地享受人生。单调

图文珍藏版

而孤单的清贫不应该成为人的追求目标,真正的享受是生活简单而趣味丰富。简单而富有,这需要生活的智慧和人生的境界。只有懂得简化生活的人,才是真正享受生活的人。

在世俗的社会里,只有你自己的生活简单了,你才会成为自己的主人。简化你的生活,增加自己的个性情趣,你会发现,原来在被挡住的风景那里,才有最适宜的人生。

大肚能容天下事

【原文】

知常容,容乃公,公乃全。

——《道德经·第十六章》

【译文】

能够认识自然规律的人是宽容的,宽容就会公平,公平就能无所不包。

宽厚待人,容纳非议,乃事业成功、家庭幸福美满之道。事事斤斤计较、患得患失,活得也累。所以,老子说:"知常容,容乃公,公乃全。"学会生活,学会宽容。

弥勒佛

道家、儒家、佛家,都主张宽容。例如,有这么一句话:"大肚能容,容天下难容之事;开口便笑,笑天下可笑之人"。凡有弥勒佛的寺庙里,我们经常可以见到这副对联。这副对联,就是讲度量的,人能达到能容天下万事万物的度量,其思想便是进入"禅"的高层境界了。度量,是对他人长处、短处和过错的一种包容。度量大,能得人心、团结人、纳众谋,以成其强大,对创造和谐的工作环境,十分有益。

有首打油诗写道:"占便宜处失便宜,吃得亏时天自知。但把此心摆正直,不愁一世被人欺。"内心正直、胸怀雅量,才能包容万物,才能以美好善良之心看待万物。

宽容在人际交往、朋友关系、婚姻关系中发挥着不可替代的功效。

(1)宽容是人际关系的润滑剂,真诚地宽容他人的过失,能够减少人与人之间的摩擦,改变人的精神状态,使人处在祥和、幸福的氛围中。

(2)友谊也需要宽容来保持新鲜,当我们在朋友有了过失,或是对自己犯了错误的时候,我们应给予朋友最大的关怀、最无私的谅解。如此,我们会因为宽容了朋友,自己的感觉也很好。

(3)在婚姻关系中,无私地宽容对方的过失,能够增进亲密关系,使婚姻生活更加和谐,家庭生活更幸福。试想,若有人爱你,而不计较你的错误,甚至你做错了事情他也接纳你时,你无法不更爱他。

(4)宽容可以把亲人之间的敌视、嫉妒、不满和愤恨等等,统统逐渐溶化。

生活中我们可能会遭到别人的误会甚至伤害,对此如果一直耿耿于怀,就会对我们的生理和心理健康都不利。反之,忘记和宽容那些事、那些人,则对我们的健康大有益处。实验表明:人在记仇怀恨时,心跳会加快,血压会上升,而在心怀慈悲、宽容"仇人"时,心跳会减慢。

那么,如何才能拥有一颗宽容之心呢?

(1)凡事不计较。不如意的事来临时,泰然处之,不为所累;受人讥讽,不要睚眦必报;学会吃亏,便宜让给别人;多看别人的优点,少盯着别人的缺点。

在交往过程中,人和人之间难免会有一些摩擦,正如一首歌中所唱的那样"勺子总会碰锅沿,脚板总要擦地皮",但是请记住"在这小小的天地里,我们大家生活在一起",既然如此,还有什么大不了的事总是耿耿于怀呢?要知道没有度量的人,是干不出什么事业,成不了什么气候的。

(2)忍耐。对同事的批评、朋友的误解,过多的争辩和"反击"实不足取,唯有冷静、忍耐、谅解最重要。相信这句名言:"宽容是在荆棘丛中长出来的谷粒。"能退一步,天地自然宽。

(3)洞察。世界由矛盾组成,任何人或事情都不会尽善尽美。无论是"患难之交""亲朋好友",还是"金玉良缘""模范丈夫",都是相对而言的。他们的矛盾、苦恼常被掩饰在成功的光环下,而掩盖的工具恰恰是宽容。不必羡慕人家,不要苛求自己,常用宽容的眼光看世界,事业、家庭和友谊才能稳固和长久。

(4)原谅别人的过失。面对别人的伤害,有的人选择了逃避,有的人选择了怨

恨,有的人则极端地选择了报复。为何不选择宽容呢?

宋朝的王安石和司马光,年轻时都曾在同一机构担任一样的职务。两人互相倾慕,司马光仰慕王安石绝世的文才,王安石尊重司马光廉洁、谦虚的人品,在同僚中,他们俩的友谊简直成了某种典范。

王安石和司马光的官愈做愈大,心胸却慢慢地变狭,相互唱和、互相赞美的两位老朋友竟因为互不相让而结怨,反目成仇。

有一回,洛阳牡丹花开,包拯邀集全体僚属饮酒赏花。席中包拯敬酒,官员们个个善饮,自然毫不推让,只有王安石和司马光酒量极差。待酒杯举到司马光面前时,司马光眉头一皱,轮到王安石,王安石执意不喝,全场哗然,酒兴顿扫。司马光大有上当受骗被人小看的感觉,于是喋喋不休地骂起王安石来。王安石以牙还牙,二人打起嘴仗。

自此,两人结怨更深,王安石得了一个"拗相公"的称号。司马光也没给人留下好印象,他忠厚宽容的形象大打折扣,以至于苏轼给他取了个绰号叫"司马牛"。

司马光

"拗相公"的拗性和"司马牛"的牛脾气更激化了他们的冲突。王安石作为"敢为天下先"的改革派领袖,根本不把司马光放在眼里。司马光也不是好惹的,他又是上书,又是面陈,告了"拗相公"的御状。罪状之一是"不晓事,又执拗";罪状之二是拉帮结派,利用皇帝给的特殊权力,拉拢了一帮江西等地冥顽不化的蛮子。结论是:此人不是良臣,而是贼民。一直把王安石搞下了台,司马光才罢休。

到了晚年,王安石和司马光对他们早年的行动都有所后悔。大概是人到老年,与世无争,心境平和,世事洞明,消除了一切拗性与牛脾气,从而达到谦和的境界。王安石曾对侄子说,以前交的许多朋友,都得罪了,其实司马光这个人是个忠厚长者。司马光也称赞王安石,夸他文章好,品德高,功劳大于过错。

世上人与人之间的矛盾升级,主要在于双方不肯宽容。宽容是一种非凡的气度,一种宽广的胸怀,更是一种高贵的品质,一种崇高的境界。古人有云:"人非圣贤,孰能无过,过而能改,善莫大焉"。人生在世,可以说天天都在犯错误,只不过轻重不同而已。

宽容绝不意味着放纵、纵容、偏袒与迁就。宽容错误绝不是纵容对方犯错,更不是对对方的错误视而不见,听而不闻,不管不问,而是需要用一颗平常心去对待,对其正确引导,给予其改过的勇气与机会。

不要再为鸡毛蒜皮的小事斤斤计较。但是,对于大是大非的问题,不该包容的就不能包容,否则,就会演变为包庇。无论对于自己还是别人,过分的包容不仅不会解决问题,反而会引来对方得寸进尺。任何事情都有个度,过犹不及,就是这个道理。

平淡平和过一生

【原文】

夫唯无以生为者,是贤于贵生。

——《道德经·第七十五章》

【译文】

只有清静恬淡无为者,才比看重养生的人高明。

老子认为,恬淡、寂寞、虚空、无为,这是天地赖以均衡的基础,而且是道德修养的最高境界。如果想治理天下,就必须使自己清幽恬淡。只有保持恬淡之心、乐观之态才能更好地做事。

道家认为,悲哀和欢乐乃是背离德行的邪妄,喜悦和愤怒乃是违反大道的罪过,喜好和憎恶乃是忘却真性的过失。因此内心不忧不乐,是德行的最高境界;持守专一而没有变化,是寂静的最高境界;不与任何外物相抵触,是虚豁的最高境界;不跟外物交往,是恬淡的最高境界;不与任何事物相违逆,是精粹的最高境界。纯净精粹而不混杂,静寂持守而不改变,恬淡而又无为,运动则顺应自然而行,这就是养神的道理。

东晋末期南朝宋初期诗人、辞赋家、散文家陶渊明,出生在一个衰落的官僚家

国学经典文库

《道德经》智慧解读

图文珍藏版

庭,其祖辈、父辈都曾在朝中为官。由于家庭环境的影响,陶渊明很小就喜爱读书,对儒家的经典有特别浓厚的兴趣,深受儒家思想的影响。而且,他以其祖宗先人的文治武功而骄傲自豪并奉为楷模。因此,青年时期的陶渊明,颇具"大济苍生"的宏伟抱负。他少年立志,以治国安邦、建功立业为自己的人生追求,决心干一番造福国家、造福人民的事业。

从29岁到41岁,胸怀大志的陶渊明先后五次为官,但是他的性格耿直,"不为五斗米折腰于乡里小儿",与官场的腐朽风气格格不入,每一次出仕的时间都不长,每一次为官都获得与其理想追求相反的人生体验,以致信仰动摇,每次都辞官而去。

陶渊明在《归园田居》中说:"误落尘网中,一去三十年。"他认为为官实在是误入歧途,在他41岁时,他辞去彭泽县令之职,决定回归田园生活。他在《归去来兮辞》中写道:"悟以往之不谏,知来者之可追;实迷途其未远,觉今是而昨非。"以此为转折和标志,陶渊明的人生观和理想追求都发生了根本的转变。

陶潜画像

在陶渊明归田之后,它把自己的整个生活和精神皈依于大自然的怀抱中了,不仅是他的日常生活,而且他的诗都充分表明了他对大自然的向往、热爱、眷恋。在日常生活中,陶渊明和家人都参与耕作,过着"躬耕自资"的生活,保持一种平和的心态。

陶渊明不仅受儒家正统思想的影响,还受到了道家的崇尚自然、任其自得以及追求"真""淳"的思想的熏陶。而且魏晋时期玄学"贵无",讲求"越名教而任自然",追求"平淡"之境,这些也都深深印入了陶渊明的头脑中。

另外,陶渊明从出仕到归田,生活历尽艰辛,促使其人生观发生改变,从曾经拥有"大济苍生"的政治抱负发展到皈依自然,追求心灵安宁。他的思想表现出一种皈依自然、平淡、率真的观念,透出其独具的"平和"心境。他豁达、平和地对待生活,从容不迫地直面人生道路上的一切艰辛和苦难,始终固守恬淡高洁的情操。他的人生道路和处世哲学给后人很多启发。

人生最紧要的就是一个"平"字,平淡、平和。我们需要以一种平淡的心境对待生活,以平和的心态对待感情,看待一切。

平淡,就是不要勉强去追求轰轰烈烈和惊天动地。"平平淡淡才是真",这句话告诉我们,大多数人的大多数时光是要在平淡中度过的。人的一生如果有轰轰烈烈和惊天动地干事业的机遇,当然不应错过,那是"天降大任",理当应时履命。但对我辈小民,此等机会千载难逢。没有这样的机会,切不可勉强自己,"故作不平凡状",岂不贻笑大方?

平和,就是以平常心对待生命中的一切。老百姓说"天掉下来也要把气喘匀和",话粗理不糙。一个人赤条条来,赤条条去,得与失最终都是身外物,顺其自然,不应强求。而且还要有的时候想到无,多的时候想到少,高的时候想到低,富的时候想到穷,苦的时候想到乐,得意的时候不忘形,穷困的时候不潦倒。古人所谓"贫贱不能移,富贵不能淫,威武不能屈",所教导的就是人应该时时保持这种平和之心。《红楼梦》从另一个方面告诉我们应该具有平和之心,那就是世界上的事情总是"好了相随","好即是了,了即是好"。

幸福是用平和的心态对生活的一种满足。只要你用平和的心感悟生活,幸福就会离你很近。以平淡平和的心笑看人生,你会过得更轻松,更自由,更快乐。

忧患生于执着

【原文】

为者败之,执者失之。是以圣人无为故无败,无执故无失。

——《道德经·第六十四章》

【译文】

有所作为的将会招致失败,有所执着的将会遭受损害。因此圣人无所作为所以也不会招致失败,无所执着所以也不遭受损害。

老子主张无为而为,人不应该过于执着,一切顺其自然,能够像"道"那样在合目的合意图中顺利取得成功。无执的境界,可以找到真我,不会让人陷入迷途。这是做人的原则。

　　人之所以痛苦,在于执着一些东西。我们认为金钱可以代表地位,但金钱带给我们的烦恼也很多。我们认为赌博可以带来快乐,但为了赌博自杀或家庭破碎的事,却时有所闻。谈恋爱卿卿我我,好不浪漫,但是每天打开报纸,情杀的案件一大堆。痛苦大多是人们自酿自斟自饮。

　　苦乐皆有因缘,亦为人自造。执着是众苦之源,如果我们破除一切执着尘劳,丢掉身外乱性的贪婪和物欲,找回自己,这样就能获得身心的自然安宁,惬意、舒适、安逸、幸福的生活也随之而来。可叹世人一生只知道追逐名利而不知道享受,所以心最苦累。世上有多少人能够不让各种欲望占去清醒时刻,多一些时间来追寻生命的意义呢?

　　《列子·周穆王》曾记载着这样一个故事:周国有一个姓尹的富翁,在经营产业的过程中,把手下干活的仆役差遣从早到晚奔走忙碌,连气也喘不过来。他自己整天苦心经营,殚思竭虑,也弄得心力交瘁,到了晚上,倒头就呼呼睡去了。

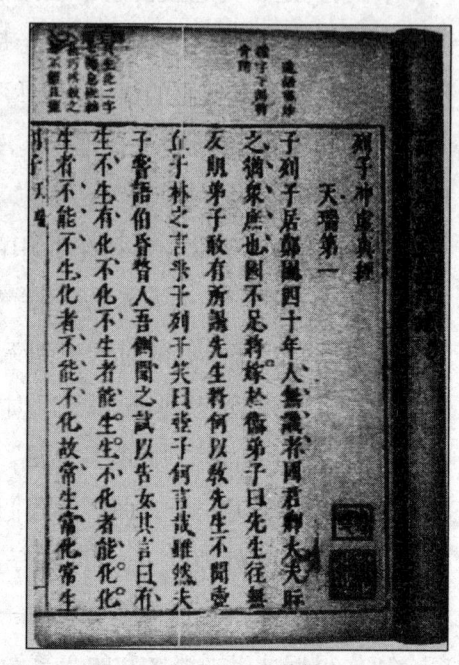

《列子虚冲真经》书影,明刻本

　　睡梦中,他梦见自己在当着别人家的佣人,奔走干活,样样都做,弄得不好还要挨骂挨打,真是吃尽了苦头。尹富翁不堪夜夜梦中的痛苦,便去求教朋友。朋友告诉他说:"你的地位足以荣身,资财也绰绰有余,远远超过了别人。你夜里梦见做人家的仆佣,这是劳苦和安逸彼此往复的理数之常。你想醒时和梦里都获得快乐,哪有这么便宜的事?"

　　姓尹的富翁听了朋友的开导,心里立时大悟,从此宽待仆役,而自己也省却了不少劳心的事。不久,他自己感到果然减轻了不少心头的痛苦。

　　我们尊重并赞成尹富翁强烈的事业心,但他的心灵执着成这个样子,夜夜继续劳苦不息,生活也就毫无快乐、了然无趣了。世界上有许多诱惑,金钱、桂冠、权贵,都是身外之物,只有生命才是最真实的。可叹世间大多数人似乎都不能真正选择是要钱还是要命,所以活得很辛苦。

　　人活着之所以感到很累,就是因为总被种种外在的表象所迷惑,总希求得到的越多越好,以至肩上的担子越来越重,连步子都迈不开了。如果放下执着,苦就是空,人生就是解脱。

执着是对人和事一心一意地追求,这本是件好事,但凡事都有两面性,当执着成了一个人内心的负累时,其害是很大的。"忧生于执着,患生于执着。凡无执着心,亦无所忧患。"今日的执着,会造成明日的后悔。做人、做事都要把握重心、实实在在,要去除那些浮华、虚伪的心态。花自飘零水自流,倘若是心中存了自然的法则,多一些"条条道路通罗马"的浪漫,生活就会过得平静而怡和。

我们常常去追求高于现实的东西,渴望得到幸福的人常常越追求越远离幸福,享乐也往往越深入越觉得枯燥无味。为何不回转心念,拿出部分爱心,照顾一下自我的心灵呢?

一切随缘就好

【原文】

道常无为,故无不为。侯王若能守之,万物将自化。

——《道德经·第三十七章》

【译文】

道永远什么都不做,但却无所不在。如果王侯能把握它,万物都会自然发展。

老子对宇宙万物的认识基于"道",他认为整个宇宙万物是浑一的,因此也就无所谓分别和不同,世间的一切变化也都出于自然,人为的因素都是外在的、附加的。所以,不要把自己人为的和世上万物分开。人即自然,自然是人的本性,物就是我,我也是物。得"道"的人从不堕入物我两分的困境。

既然人即自然,那么就要遵循自然的规律。而自然的规律是不以人的意志为转移的,所以,我们无须去刻意要求什么,而要一切随缘。

何为随?随不是跟随,是顺其自然,不怨恨,不躁进,不过度,不强求;随不是随便,是把握机缘,不悲观,不刻板,不慌乱,不忘形;随是一种达观,是一种洒脱,是一份人生的成熟,一份人情的练达。

顺其自然,不怨尤、不急躁、不冒进、不强求、不悲观、不慌乱,这便是随缘。大千世界芸芸众生,可谓是有事必有缘,如喜缘、福缘、人缘、财缘、机缘、善缘、恶缘

图文珍藏版

等。万事随缘，随顺自然，毫不执着，这不仅是哲人的态度，更是我们快乐人生所需要的一种精神。

苏轼《定风波》词里有句："试问岭南应不好，却道，此心安处是吾乡。"品味此句，有一种意态自足的淡然，惹得多少后人喜欢。想来，苏轼做过那么多诗词，最可心最入耳的还是"此心安处即吾乡"。单是这一句，便成就了他，诗人之外还是哲人。

在那么多的古人里，苏轼是难得的一位通达智者。即使贬官海南，他也没有痛苦绝望过。身体的漂泊固然愁苦，可是倘若有一颗安定平和的心，那么在这世界上，就决不孤凄。他不需要别人来为他营造一种家的氛围，而是靠内心的温暖，找到了许许多多世俗家庭中都没有的勇气与温馨。

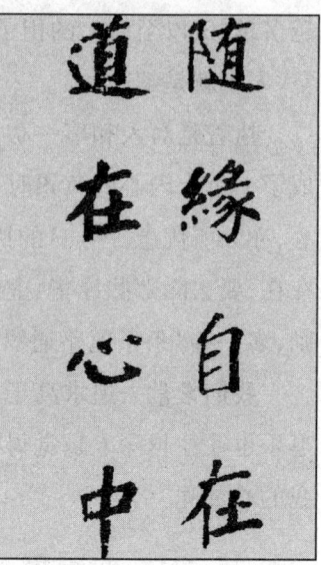

随缘自在，道在心中

随遇而安，随缘生活，随心自在，随喜而作，这是生活的智慧。若能一切随他去，便是世间自在人。我们生在人世间，必须得学会接受现实，虽然有时候现实很残酷。我们要学会随缘一世，才能活得自在。

在这个世界上，凡事不可能一帆风顺，事事如意，总会有烦恼忧愁而不顺心的事时常萦绕着我们，那该如何面对呢？"随缘自适，烦恼即去"。其实，随缘是一种进取，是智者的行为。

许多人都有这种愿望：有生之年，顺顺利利地度过每一天。可现实却是残酷无情的，它常会猝不及防地给我们一击，把我们伤得很深、很痛，让我们一时不知所措。这就要求我们学会自我调节，学会适应环境，学会随遇而安，化解一切不幸和痛苦。

世事难料，人生变幻。也许你苦心经营的事业会被突如其来的一场灾难毁于一旦；也许你正精心安排着你的前程，精心设计着你未来美好蓝图，一场大病却彻底重写你的人生；也许你本来就体质虚弱，你想实现壮志雄心，却是力不从心；也许你激情满怀，理性不足，盲目投资，你不仅惨败，不经意间还花去你十年青春，让你彻底感受人生的无奈。在这个关键的时刻，你更需要有随遇而安的心态。随遇而安是对挫败者的一剂良药，是人生的另一种坦荡，是一种成熟后的胸怀。

随缘是一种人生态度，高超而豁然，是不容易做到的。一切随缘，是一种多么洒脱的胸怀,它需要人看穿眼前的浮云,把人生滋味咂透。

第三节　看透得失的智慧

智者察于未萌

【原文】

其安易持,其未兆易谋,其脆易判,其微易散。为之于其未有,制之于其未乱。

——《道德经·第六十四章》

【译文】

局势安定时容易维持,事情没有露出苗头时容易筹谋,事物脆弱时容易消解,事情微小时容易散除。要在事情还没有发作时处理它,要在局势还没有动乱时治理它。

我们常说要见微而知著,要善于发现问题的先兆,把问题和动乱解决在萌芽状态。老子的这个智慧可以活用到我们的现实生活当中。

比如,当我们的爱已经不再存在,当两个人爱的火焰快要熄灭的时候,当婚姻即将破裂的时候,这已经到了最坏了。但是我们可以想一想,它总归有一个前因后果的,总归有一个渐变的过程,总归有一个由小到大,由轻到重,由朦胧到渐明的这样一个进程。老子的智慧教导我们,要及早发现问题,并予以解决。

比如,谈到婚姻的转折,最常听到的一句便是"七年之痒"。其实,现代人的婚姻,往往等不到7年,便已"痒不可支"。激情的厮守是否变成无味的相对,甚至最终分手? 作为当事人并非完全不可把握。有先见之明的人,能调整好自己的心态,去认真面对和把握,可以说,这才是避免婚姻危机产生的重要秘诀。看下面这个故事。

乔天民的苦恼,他的妻子郭风云从来不知道。乔天民是个爱面子的男人,在同事和朋友面前,他永远会扮成婚姻幸福的样子。但其实他对这桩婚姻从来没有满

意过。"我知道她很爱我。但是,真的,我经常觉得很不舒服。"

不快乐的种子其实早就埋下了。郭凤云与乔天民是多年邻居,自情窦初开时便恋上对方,经过 10 年坚持不懈的等待,终于等到他来求婚。然而真相是,答应结婚并不是因为他终于爱上了她,而是觉得无法不给郭凤云一个交代。

郭凤云在别人眼里看来,并无什么明显的缺点。温柔,勤快,苗条,做着一份体面的工作,而且极爱乔天民。或许她唯一欠缺的便是对丈夫的了解。"她自己非常爱我,就认为我一定也非常爱她,因此就觉得我们之间不会有任何问题。她一点都不知道,其实常有异性对我表示好感。"乔天民对此很郁闷。

"晚上回家,我喜欢看看碟片,结婚前她经常陪我看,结婚后起初还看看,后来便只顾着自己看电视了。其实我一个人看碟片很寂寞,而且看完了总想谈谈感觉,但一看到她赖在沙发里看肥皂剧的样子,就觉得懒得讲话了。"

3 年看似美满的婚姻之后,乔天民的医院新来了一位女同事,不漂亮,又因为太瘦太苍白而显得不够健康,但是乔天民动摇了。"你知道吗?我看过的所有电影,她都看过。我们常在 MSN 上聊电影,一聊就是一两个小时。"乔天民说。

郭凤云就像很多具有灵敏本能的妻子一样,及时发现了丈夫的异常。她向丈夫哭诉,又去找那所谓的"第三者"谈话,甚至每天去乔天民的医院接他下班。一番折腾之后,以那位女同事辞职走人收场。而郭凤云以胜利者的姿态,回到了沙发上,继续着她的肥皂剧之旅。

乍似一切归于平静,对方罢手,紫气东来,但所有人都可以预见,虽然这一次郭凤云留住了丈夫,她还会遇到下一次,再下一次,直到丈夫彻底没有了内疚感,直到丈夫彻底地爱上了别人。

问题出在哪里?第三者的出现?不,问题出在那段平静的日子里。太多人一直到婚姻已经病入膏肓才急忙想着补救。其实婚姻就像一只桃子,当表面坏了的时候,里面已经烂了。

永远都别认为你的婚姻绝对不会出问题。当你这样想的时候,问题已经很有理由出现了——由于你的忽视。

不争能赢可避祸

【原文】

以其不争,故天下莫能与之争。

——《道德经·第六十六章》

【译文】

就是由于他不与人争来争去,因此,天下就没有人能与他竞争了。

老子认为,一个人越是有私心,就越难以做自己;越想有所为,就越难以有所为。如果你与全国人去争国家,与全天下人去争天下,与所有领域中的人去争成败,结果必然是一无所获。你如果不与他人去争,恬淡无为,或许会有所得,不争之争反而天下莫能与之争。

在老子看来,最无争的,莫过于水了。水,具有滋养万物生命的德性。它能使万物得它的利益,而不与万物争利。就如古人所说:"到江送客棹,出岳润民田。"只要能做到利他的事,就永不推辞地做。但是,它却永远还不要占据高位,更不会把持要津。俗话说:"人往高处走,水向低处流。"它在这个永远不平的物质世界里,宁愿自居下流,藏污纳垢而包容一切。所以老子形容它"以其不争,故天下莫能与之争",以成大度能容的美德。因此,古人又拿水形成的海洋和土形成的高山,写了一副对联,作为人生修为的指标:"水唯能下方成海,山不矜高自及天。"

《孙子》中说"夫兵形象水"。他认为最理想的作战方式应该像水一样,水中隐藏着巨大的力量,却没有固定的形状,视容器的不同而改变形状。所以,孙子以水喻兵,主张作战时要学习水的精神。他说:"就像水没有固定的形状一样,打仗也不可能有固定不变的态势。需视敌人的态势自在地变换战略,方能掌握胜利之机。"因此,为将者首先要把握住大的原理,不可僵硬死板,墨守成规。需视情况的变化,灵活地运用原理,自由自在地变换我方的战略。具有这种灵活多变的伸缩性,那么在逃避对方攻击的同时,便能积极地积累自己的力量。就像水一样,虽然它具有往低处流的倾向,但是当它形成一股漩涡或急流时,再大的岩石,再粗的树干也都能轻易地冲走。

日本的围棋高手高川秀格,曾以"流水不争先"作为座右铭。他在围棋比赛

时,将阵形布置成像水一样的悠散,不让对方感到畏惧。一旦开战,沉静的波澜立即发挥出所蕴含的能量,迅速击溃对方的攻势,这就是灵活运用了"以其不争,故天下莫能与之争"的道理。

"以其不争",绝非被动人生。现实人生中"以其不争"是指大有为而小"无为",貌似无为,实则有为,眼下无为,长远有为的一种处世哲学。可以说是百态人生中"曲径通幽""曲线有为"的做法。顺天意、顺时势、顺民心、顺人性,绝不是做被动状,完全把自己交给大自然,像原始人那样任自然摆布,由天养活,而是在顺应客观的同时,主动地、策略地、乐观地、自觉地去驾驭命运之舟,在人生的海洋中航行,正所谓"我就是我自己的上帝"。

在这方面,春秋时期的范蠡给我们做了很好的榜样。

范蠡是越王勾践的谋士,知识渊博,精通兵法,与孙子、张良齐名。他与当时另一个赫赫有名的谋士文种是辅佐越王勾践成为"春秋霸王"的两个关键人物。

范蠡与文种侍奉越王勾践,可谓辛勤劳苦,尽心尽力;经历二十多年,最终灭掉了吴国,同时也洗刷了勾践会稽兵败、为吴王洗马的耻辱。

勾践称霸中原后,范蠡、文种都被封官,其中范蠡被封为大将军。但范蠡居安思危,视权势为祸害。况且他知道越王勾践为人心胸褊狭,"只可与之共患难,不可与之共安乐",便坚决辞官不做,装上轻便的珍珠宝玉,和家人乘船而去,驾一叶扁舟,走三江,泛五湖,然后浮海到齐国,经营农业和商业,终生未回越国。

范蠡

走前范蠡给大夫文种留下一封书信,劝他道:"飞鸟尽,良弓藏;狡兔死,走狗烹;越王的长相是脖子长,嘴尖得像鸟,这样的人可以跟他共患难,但却不可以与他同欢乐,你应该离他而去!"

文种于是托病不再上朝,但没有听从范蠡的意见,离开越国。最终越王果然赐予文种一把宝剑,并且说:"你教给了我四种讨伐吴国的计谋,我只用了三种,还有第四种你到先王那里用吧!"文种无奈,只得自刎于家中。

而范蠡呢,泛舟过海来到齐国后,自称鸱夷子皮,在海边耕作,从事商贸,没过多久,财产已经无法计数。齐国人都知道他的贤能,便要请他做丞相。范蠡却不肯,散尽财产,悄悄离去,来到陶地安居。陶地是天下的交通中心,贸易重地,他善于等待时机,贱买贵卖,每次只追求微薄的利润。没有多久,财产累计达到百万,富可敌国。从商的 19 年中,他曾经"三次掷千金"——三次散尽家财,又三次重新发家。

范蠡与文种同为辅佐越王勾践成为"春秋霸王"的功臣,但两个人最后的命运却有天壤之别:一个成为天下巨富,与西施泛舟湖上,不亦乐乎;而另一个却是兔死狗烹、鸟尽弓藏,最后被迫自刎于家中。

这其中的关键,便是范蠡明白"无争才能无祸"的道理,不贪图高官厚禄;而文种对自己的权势富贵还恋恋不舍,最后连性命也丢了。

老子的"不争"并非目的,而是策略。正是这种"不敢为主而为客,不敢进寸而退尺"的策略艺术,使领导者能退而避免过错,保全自身;进而消解矛盾,乱中求治。"夫惟不争,故天下莫能与之争。"这种以退为进,以柔克刚,以屈求伸,以曲求全的生存哲学,很有些现代心理学的自我心理保健的味道。老子这里的"不争"内容很广泛,包括不争长短,不争高下,不争是非,等等。

真正修养深厚、庄矜自重的人,不与人争长较短,因为他们把自身的优势,向内变成为一种人格涵养,向外变成为一种不屑计较的态度。宋代宰相富弼年轻时,有人告诉他:"某某骂你。"富弼说:"恐怕是骂别人吧?"那个人又说:"叫着你的姓名骂的,怎么是骂别人呢?"富弼说:"恐怕是骂与我同名字的人。"据说,那位骂他的人,听到这事以后,自己惭愧得不得了。为什么惭愧呢? 因为与自己一比,富弼人格庄矜自重的优势太突出了。

因此,矜而不争,是一种高度的自信、高度的自尊,是在人格价值上超越对方、压倒对方。

当然,"矜而不争"是有条件、有场合、有限度的,它并非要求人在任何情况下都绝对不争以致甘受欺侮。因此,所谓"矜而不争",不仅只是自己自尊自重的一种处世态度,而且也要有事实与优势地位,不然,矜无所矜,就成为阿 Q,成为懦夫了。那也不是我们所要修养的内容。

与人无争,就能亲近于人;与物无争,就能育抚万物;与名无争,名就自动到来;与利无争,利就聚集而采。

祸福相倚要看透

【原文】

祸兮,福之所倚,福兮,祸之所伏。孰知其极? 其无正。正复为奇,善复为妖。

——《道德经·第五十八章》

【译文】

灾祸呵,幸福就倚傍在它旁边。幸福呵,灾难就藏伏在它之下。谁知道它们的究竟? 并没有一个定准! 正忽而转变为邪,善忽而转变为恶。

老子认为,祸和福这对矛盾,像一切对立的事物一样,是辩证的,在一定条件下也可能互相转化。

在福与祸这对矛盾关系中,要做到顺其自然,就得想得开,看得透。有时候想开点,看透些,就是福;想不开,看不透,就是祸。福也好,祸也罢,仅仅就是一念之差,别因一时冲动,毁了自家的幸福。

不以物喜,不以己悲,人生随缘

我们说,人生短暂,与浩瀚的历史长河相比,世间的一切恩恩怨怨、功名利禄皆为短暂的一瞬。况且,有时候,恩和怨,喜和悲,功名利禄和一介草民的转换,也许就在那么一瞬间。面对恩恩怨怨,喜喜悲悲,潮起潮落,我们还有什么好计较的呢? 我们还分不清哪是福,哪是祸吗?

所以,老子说:"祸兮,福之所倚,福兮,祸之所伏。"大可不必太在意人生历程的幸与不幸。不以物喜,不以己悲,只要悟透了其中的道理,便会豁然开朗。

可是，我们所处的世界——车水马龙、霓虹闪烁、香车美女、别墅洋楼、鱼翅燕窝、鲍鱼熊掌……在这样一个充满诱惑的时代，面对这一切，人们便不由自主地浮躁起来。似乎我们什么都想得到，似乎这些在我们心中是最美的。但我们的心灵呢？

我们应该让它安静下来，还它美丽。

三伏天，禅院的草地枯黄了一大片。"快撒些草籽吧，好难看啊！"徒弟说。"等天凉了。"师傅挥挥手，"随时。"

中秋，师傅买了一大包草籽，叫徒弟去播种。秋风突起，草籽飘舞。"不好，许多草籽被吹飞了。"小和尚喊。"没关系，吹去者多半中空，落下来也不会发芽。"师傅说："随性。"

撒完草籽，几只小鸟即来啄食，小和尚又急了。"没关系，草籽本来就多准备了，吃不完。"师傅继续翻着经书，"随遇。"

半夜一场大雨，徒弟冲进禅房："这下完了，草籽被冲走了。""冲到哪儿，就在哪儿发芽。"师傅正在打坐，眼皮抬都没抬，"随缘。"

半个多月过去了，光秃秃的禅院长出青苗，一些未播种的院角也泛出绿意，徒弟高兴得直拍手。师傅站在禅房前，点点头，"随喜。"

在这个故事中，徒弟的心态是浮躁的，常常为事物的表面所左右，而师傅的平常心看似随意，其实却是洞察了世间玄机后的豁然开朗。

其实，能够影响我们的不是事物本身，而是我们对待事物的态度。我们对待事物的正确态度应该是：平和沉静，脚踏实地；不以物喜，不以己悲。

范仲淹在《岳阳楼记》中写道："不以物喜，不以物悲；居庙堂之高则忧其民，处江湖之远则忧其君。是进亦忧，退亦忧。然则何时而乐耶？其必曰'先天下之忧而忧，后天下之乐而乐'乎！""先天下之忧而忧，后天下之乐而乐"已成历代仁人志士崇高忧乐观的精辟概括。而"不以物喜，不以己悲"这一句，在忧喜这对矛盾关系的处理上，也可以达到顺其自然"难得糊涂"的境界。

范仲淹记岳阳楼，一为重修岳阳楼，更为劝老朋友滕子京。滕子京当年作为改革派人物受诬被贬到岳州，心中愤愤不平。范仲淹便借记岳阳楼，把规劝之言和自己的处世态度自然艺术地表达出来。所谓"不以物喜，不以己悲"，就是说人的忧喜情绪不因客观景物美好而高涨，也不因个人境遇不佳而低落，而应顺其自然，豁然，超然。

一般人难以做到"不以物喜,不以己悲"。因为人毕竟是有情有欲,不可能受客观外界干扰而无动于衷,也不可能受到不公正的待遇还麻木不觉。只是要在客观外界向自己压迫而来时,能够慨然以对,洒脱些,想开点,看远点。

老子画像

"不以物喜,不以己悲",不是随心所欲,跟着感觉走,要怎样就怎样,无拘无束无节制,而是要懂得掌握一个"度"。凡事都要有个限度和分寸,过了那个限度和分寸就会走向另一个极端。追求自由人性和放纵自我之间只是一步之隔,一念之差。忧忿过度会导致对现实不满,进而伤害他人,损害社会公德;无限制地"享受生活",就会堕落,就算不会堕落,也不利于养生。所以,过忧过喜都有害于人的身心健康。

忧也好,喜也罢,有时在客观环境不变,或变化比较小的情况下,就得靠主观调节,努力减少忧虑,多寻找一点快乐。把目光放远些,不要为眼前的境遇所困扰所压倒;不要被蝇头小利所诱惑,所腐蚀,做一股"浅浅水",让它"长长流,来无尽,去无休"。

是非由于多开口

【原文】

大音希声,大象无形。

——《道德经·第四十一章》

【译文】

最大最美的声音乃无声之音,宏大的气势景象似乎没有一定之形。

最美的乐声,反而听起来无声响,最大的形象反而看不见行迹。这是"道"的至高境界,看似没有味道,其实却包含了一切味道。做人应该含蓄内敛,少说话是有道者的普遍特征。

当初,释迦牟尼佛在莲花池上,面对诸位得道弟子,突然拈花微笑,众人不解其意,而只有迦叶尊者领悟了佛祖的意思,他会心一笑,于是就有了禅宗的起源。

释迦牟尼佛拈花微笑，老子说"大音稀声"，这两位东西方高人真是殊途同归。它劝诫人们：为人宁可保持沉默寡言的态度，不骄不躁，宁可显得笨拙一些，也绝对不可以自作聪明，喜形于色，溢于言表。

陶觉说："出于身当言者，缓颊而陈；不当言者，卷舌而退。"就是说一个懂得讲究说话艺术的人，一定是一个懂得如何做人的人。

所以说，人不可无缄口之铭！

在各种场合，能言善道的人，似乎拥有一件强有力的武器，占尽一切便宜。但是，成功的人，并非因为那一张嘴巴而成功。正如俗语所说"水能载舟，亦能覆舟"。很多人的失败，往往又是因为那张不能控制的嘴巴。事实上，上天赐给你说话的能力，但没教你说话的技巧。能说话和会说话是两件完全不同的事。前者是上天特别的照顾，而后者要靠后天的努力才可得到。

老子出游图

话说得太多意味着思路不清和信心不足。一个思路不清晰的人，很难让人信任。连自己的事情还没搞懂，如何帮助人家去做好事情？如果思路是清晰的，但话太多，表明这个人信心不足，其中信心不足的原因只有一个，他说的东西不像他所描述的那样好，他想尽力让人相信他的谎言。

一个说话随便的人，往往没有责任心。话多不如话少，话少不如话好，多言不如多知，即使千言万语，也不及一件事实留下的印象那么深刻。我们绝对要少说话，尤其当有比我们有经验的人在时。因为如果说多了，便是不打自招地露出了自己的弱点，也失去了一个获得智慧和经验的机会。说话要说得少而且说得好。因此，在我们人生中，有两种训练是不可少的，那就是沉默与优美而文雅的谈吐。如果我们没有机智的谈吐，又不会适时沉默，是很不幸的。我们常因说话而后悔，所以，当你对某事无深刻了解的时候，最好还是保持沉默！

少说话的人就能静静地思索，使自己说出来的话更为精彩。

说话不容易，然而语言又是人与人之间沟通的桥梁。因此，要能达到双方沟通的效果，说话就必须有要领，否则就会有"做人难，难做人"之苦。那么，应该如何说话呢？

（1）言必契理。有的人见到老农老圃，就说如何种植稻谷菜蔬；见到商人，就说出一套生意经；见到工人，就说各种工巧技艺。这表示其说话能契合听者之意。契机固然必要，不过最重要的还是要言论能够合理、也就是契合道理。

（2）言可承领。这是说所有的言论，要让别人能接纳领受。如何让别人接受我们的言论呢？这就是要多说好话，不要吝于赞美。此外，即使说好话也要能适时适地，简单明了，让人生起欢喜心，而接受我们的美言。否则，有好话不能使人承意领受，岂不可惜！

（3）言则信用。言而无信，如何立身？所以，说话要有信用。我们一生说话童叟无欺，不虚伪，能让人相信我们的言论，其人格必为人所肯定。

（4）言无可讥。这是说我们所说的话要圆融，面面俱到，令人无懈可击。要慎言，不可强不知以为知而随意发言，让人有讥讽的口实。什么话可以让大家接受、欢喜而不讥评呢？给人信心、给人欢喜、给人希望、给人方便的言论，则能不为人所讥讽。

不管一个人说得多好，你要记住：当他说得多的时候，终究会说出蠢话来。所以，一个人最可贵的才能是：管住自己的嘴巴，在用一个词就能说清楚的地方绝对不用两个词。

顺逆不足喜忧

【原文】

天下皆知美之为美，斯恶已；皆知善之为善，斯不善已。故有无相生，难易相成，长短相形，高下相盈，音声相和，前后相随。

——《道德经·第二章》

【译文】

世人都知道了美之为美，也就知道了何谓丑恶；都知道了善之为善，也就知道何谓不善。所以，有与无相并而生，难与易互相成就，长与短互相对比，高与低互相映衬，音节与旋律彼此应合，前与后连接相随。

这是老子的方法论和自然主义的功德篇。老子的这一篇文章，旨在说明事物是互相对立而存在的，同时也说明了为功而不居功，所以功德永在的自然主义思想。

老子在这里主要阐述自然与人事的相对论,告诉人们一切事物都有对立面,一切事物都在相反的关系中产生,它们相辅相成,彼此互补。相反的关系是经常变动着的,因而一切事物及其价值判断也在不断地变动。以"有无相生,难易相成,长短相形,高下相倾,音声相和,前后相随"的辩证法,说明世间一切现象,都在对立中相调和。

比如,人生的处境就是如此。有时候我们处在顺境中,一顺百顺;有时候我们处在逆境中,看不到未来的方向;甚至一会儿心情很好,一会儿又莫名其妙地烦躁起来。怎么看待这个问题?怎么让自己的处境和心情有一个连续性?

根据老子的辩证法,要避免自己的处境和心情的大起大落,就必须在顺与逆这对矛盾关系的处理上实现"顺不足喜,逆不足忧"。

《菜根谭》有言:"居逆境中,周身皆针药石,砥节砺行而不觉;处顺境中,眼前尽兵刃戈矛,销膏靡骨而不知"。这段文字的意思是:一个人如果生活在逆境中,身边接触到的全是犹如医治自身不足的良药,在不知不觉中会使你磨炼自己的意志。反之,一个人如果生活在顺境中,这就等于在你的面前摆满了消磨你精神意志的刀枪,在不知不觉中使你身心受到腐蚀而走向失败的路途。

人生的路有起有落,看待人生的起落顺逆应该有辩证的观点。居逆境固然是痛苦压抑的,但对一个有作为、能自省的人来说,在各种磨砺中可以锻炼自己的意志,修正自己的不足,一旦有了机会,就可以由逆向顺,振翅高飞。居顺当然是好事,但对于一个没有良好的品质和远大追求的人来说,优裕环境中往往容易堕落腐败,这和在清苦环境中的容易发奋上进的道理一样。一个人生活一优裕,就容易游手好闲不肯奋斗;相反,如果处在艰苦的环境中,就会"穷则变,变则通"。所以贫与富不是绝对不变的,顺与逆也是可以相互转化的。

老子告诫我们,当你遇到挫折时,切勿浪费时间去算你遭受了多少损失;相反的,你应该算算看

顺不足喜,逆不足忧

你从挫折当中,可以得到多少收获和资产,你将会发现你所得到的,会比你失去的要多得多。踮起脚尖儿,又是另一条生命,另一种活法,另一番境界。

老子还说:"名与身孰亲?身与货孰多?得与失孰病?是故,甚爱必大费,多藏必厚亡。故知足不辱,知止不殆,可以长久。"这是讲人的一生之中,名誉、名声和生命到底哪个更重要呢?自身与财物相比,何者是第一位的呢?得到名利地位与丧失生命相衡量起来,哪一个是真正地得到,哪一个又是真正的丧失呢?

也许一个人可以做到虚怀若谷,大智若愚,但是事事吃亏,总觉得自己在遭受损失,渐渐地就会心理不平衡,于是就会计较自己的得失,再也不肯忍气吞声地吃亏,一定要分辨个明明白白了。战友之间,同事之间是非不断,自己也惹得一身闲气,而所想到的也照样没有得到,这样,在他的心里一直都很不顺。

而在老子看来,一个人应该更看重的是自身的修养,而非一时一事的得与失。

春秋战国时期的子文,担任楚国的令尹。三次做官,任令尹之职,却从不喜形于色,三次被免职,也怒不形于色。这是因为他心里平静,认为顺与逆和他没有关系了。子文心胸宽广,明白争一时得失毫无用处。该失的,争也不一定能够得到,越得不到,心理越不平衡,对自己毫无益处,不如不去计较这一点点损失。这样,在子文的人生中就全是顺境,没有逆境可言了。

不要得意忘形

【原文】

不自见,故明;不自是,故彰;不自伐,故有功;不自矜,故长。

——《道德经·第二十二章》

【译文】

不自我表现,所以高明;不自以为是,所以出色;不自我夸耀,所以能建立功勋;不骄傲自满,所以能够长久。

世上总会有这样一些人,认为自己很聪明,自己的主意很好,自己的见解很正确,自己的能力很强。事实上,这是大多数人的盲区,看不到自己的缺点,常常因为自己不够谦虚而受到惩罚。

老子告诉人们,不要主观,不要自满,不要骄傲,谦虚才能使人进步。谦虚是一个人内在修养的体现,骄傲张狂是一个人无知浅陋的体现。有时候低调谦虚是一种获胜的力量,而骄傲张狂则是胜利的障碍。

所以,智者常以谦虚、诚恳的说话做事方式打动人心,愚者则对人对事做骄傲张狂的姿态,使人们对之产生厌恶感。低调谦虚的人在遇到困难时往往会得到人们的同情和帮助,而骄傲张狂的人有了麻烦别人大多会隔岸观火不去理会。

老子还说:"淡兮其若海。"意思是志得意满时应平淡如海,不可骄傲侮慢,仍须心谦身平,不狂妄,心体莹然不失人生之本,堂堂正正做人,踏踏实实做事。

东汉末年,何太后之兄何进有忿于十常侍弄权,欲请外兵入京诛杀他们。京城乃军机重地,藩镇军马照律不经宣诏不准进京,以防作乱。但出身屠家的何进见识浅,不谙此理,动了这念头。曹操知道后,

得意时淡然,失意时要坦然

对何进说:"宦官之祸,古今皆有;但世主不当假之权宠,使至于此。若欲治罪,当除元恶,但付一狱吏足矣,何必纷纷召外兵乎?"曹操这话很有道理,一则天子不应让宦官拥有如此大的权力;二则要办他们的罪时,也只需把他们交给狱吏究罪就行了,不必要动用到外兵进京。何进不但不听曹操劝阻,反而猜忌曹操怀有恶意。曹操感叹说:"乱天下者,何进也。"果然,由此演出董卓进京,淫乱内宫的悲剧。

天下乱始于何进,而何进在十常侍设下阴谋算计他时,不但不听部下的劝告,反而认为自己掌天下大权,无人敢奈何他。这就注定了他的灭亡。

掌天下大权是说明权力大而已,并不能证明自身的安全。相反,权力之顶峰,成了众欲之望,众矢之的,反而成为别人谋害的对象。

何进的结局就是这样。虽然袁绍、曹操各选精兵五百,命袁绍之弟袁术带领,亲自护送何进入宫,但宦官传太后懿旨,阻止袁绍兵将进去。何进就在太监们的围攻下被砍成两段,成了十常侍作乱的第一个诛杀目标。

何进的见识与他的出身有关。因妹妹入宫为贵人,生皇子辩,妹妹被立为皇

后,何进由此平步青云,一下子成了大将军。他位于人臣之极,但却外强中干,头重脚轻根底浅,成不了大事。他看不到三步棋,只看见自己的权势和职位,以为有了权力,就有了一切,就进了保险箱,任何人都会拜倒在他跟前。何进的逛妄自大使他最终死在己手。

权、财、势大时,容易冲昏头脑,小看对手。在生活中,何进的权位,非一般人所有。作为普通小人物、小百姓、小干部、小领导,可以从何进的教训中吸取的经验是,对待问题,应多思、慎虑、认真对待。不要以为有把握,或是已熟悉了,就可以轻视它。问题在未解决之前,即使是百分百的把握,也应视为三成、四成的把握来考虑。事情是变化的,人与人,人与事之间的关系都会转过来。在关键的地方,错失一步,可能会全盘失去。故此,万事小心为上。得意时切不可忘形,淡然最重要;失意时切不可自我作践,坦然最可贵。

得意之时淡然,意在不要太看中自己一时的胜利,躺在成绩上面睡觉而不思进取,而是仍要用真诚经营情感,用执着追求事业,用微笑面对磨难,用宽容善待人生,这样便会无忧无虑,路也会越走越宽阔。

失意之时坦然,意在失意逆事之时,不可自暴自弃,自我作践,更不可自我绝望,而要处之坦然。常常想想那许多现在还不如自己的人,则怨愤自然消除。坦坦荡荡心境平如水,少了得失之烦心,多了自乐之恬愉。失意之时也不应不思进取,应在坦然面对失意的时候奋起。

人生得意的时候容易忘形,一忘形就不知道自己姓什么,于是恶念和恶行就会趁隙而入。

人生失意的时候容易失态,一失态就不知道自己的未来,于是消极和绝望就会趁隙而入。

人生多有曲折,得意之时不可忘乎所以,失意之时不可灰心丧气。按老子说的去做不会错。

福往者福来

【原文】

圣人不积,既以为人己愈有,既以与人己愈多。

——《道德经·第八十一章》

【译文】

圣人不积累财富,一心为众人着想,自己反而越富有;竭尽全力地奉献给大众,自己反而得到的越多。

老子认为,人世间的事情,有了付出才有回报,没有无回报的付出,也没有无付出的回报。正所谓"爱出者爱返,福往者福来",付出越多,得到的回报越大,只想别人给予自己,那么"得到"的源泉终将枯竭。

春秋末年,齐国的国君荒淫无道,横征暴敛,逼取于民以无度。齐国的贵族田成子看到这种情况后,对他的僚属说:"公室用这种榨取的手段,虽然得到了不少财富,但这种取是'取之犹舍也'。仓储虽实,但国家不固,终是'嫁衣'。"于是田成子制作了大、小两种斗,大开自己的仓储接待饥民,用大斗出借谷米,用小斗回收还来的谷米,"予民于惠",于是齐国人民不肯再为公室种田效力而投奔于田成子门下,一时"民归之如流水"。

田成子用这种大斗出小斗进的方式,借出的是粮食,收进的是民心,貌似给予,实则得到。果然,齐国的国君宝座最后为田氏家族所得。史学家范晔说:"天下皆知取之为取,而不知与之为取。"正是对这种得失观的一语道破。

得与失的互为转化之效果,有时也并不是马上就可以见到的,但懂得其中奥妙的人,会掌握取舍的主动权,让它发挥出意想不到的效果。

战国时,齐国的孟尝君是一个以养士出名的相国。由于他待士十分真诚,感动了一个有真才实学而十分落魄的士人,名叫冯谖。冯谖在受到孟尝君的礼遇后,决心为他效力。

孟尝君画像

一次孟尝君让人为他到其封地薛邑讨债,问谁肯去。冯谖说我愿去,但不知用催讨回来的钱,需要买什么东西?孟尝君说就买点我们家没有的东西吧!冯谖领命而去。到了薛邑后,他见到老百姓的生活十分穷困,听说孟尝君的讨债使者来了,均啧有怨言。于是,他召集了邑中居民,对大家说:"孟尝君知道大家生活困难,这次特意派我来告诉大家,以前的欠债一律作废,利息也不用偿还了,孟尝君叫我把债券也带来了,今天当着大伙的面,我把它烧毁,从今以后,再不催还!"说着,冯谖果真点起一把火,把债券都烧完了。薛邑的百姓没有料到孟尝君是如此仁义,个个感激涕零。冯谖回来后,孟尝君问他,讨债的钱呢?冯谖回答说,不但利钱没讨回,借债的债券也烧了。孟尝君便大不高兴。

冯谖对他说:"您不是叫我买家中没有的东西回来吗?我已经给您买回来了,这就是'义'。焚券市义,这对您收归民心是大有好处的啊!"果然,数年后,孟尝君被人陷害,齐相不保,只好回到自己的封地薛邑。薛邑的百姓听说恩公孟尝君回来了,全城出动,夹道欢迎,表示坚决拥护他,跟着他走。孟尝君至为感动,这时才体会到冯谖的"市义"苦心。

这就叫"好与者,必多取",先舍后得,换取更大的利益。

所以,有高人总结出"欲取先予"的三个阶段:

第一阶段:舍不得。舍不得也要舍得。第二阶段:舍得。人一舍得,就会越舍越得。你付出了多少就会收获多少,从来没有只种不收、只收不种的道理。第三阶段:大舍得。这个阶段是"白给"的阶段。施舍不求回报,帮助不求还恩。这种境界只有圣人才能做到。

利害在于取舍

【原文】

物或损之而益,或益之而损。

——《道德经·第四十二章》

【译文】

事物的规律,有的被损害反丽得益,有的受益反而被损害。

老子认为,一切事物,有时减损它反而使其增益,有时增益它反而使其受到减损。损益是对立统一、如影随形的。此损则彼益,此益则彼损,有所失必有所得,有所得必有所失,损益相伴而行,损中有益,益中有损。

既然损益相生,那么是否我们在损益面前就无能为力了呢?并非如此,因为人有思想,人会思考,人有智慧。

《国史补》中记载,渑池道中有车载着瓦瓮,堵塞在狭窄的路上。当时正值冬季天气寒冷，冰雪盖路又陡又滑，使得出行的人们进退两难。天色渐渐暗下去，公家的和私人的旅客成群结队走来，数千车马拥挤在后面，人们被冻得手脚麻木，脸上露出了惊惧之色，只是眼睁睁地望着那些瓦瓮也毫无办法。这时有一个叫刘颇的旅客，催马赶来，问道："车上的瓮能值多少钱？"有人回答说："七八千。"刘颇立即打开包裹取出银子，将全部的瓮买下之后又推到山崖下。这时，车载轻了，车马加快了步伐，后面的车队也跟着前进了。大家松了口气，都对刘颇表达感谢之意。

刘颇在无可奈何的情况下，权衡利弊，当机立断地采取行动，以小损换大益的行为，在当今社会日趋激烈的竞争形势下是十分必要的。

在战争中，爱兵如子是所有将帅的美德，所以，损失士兵的事是统帅所不愿意做的，但有时为了获得战争的胜利也不得不做出牺牲，以小损换大益正是保存了士兵最大的利益。而作为经营者，也该有这种当舍则舍的将帅气概。

以小损而换大益是战争中的重要战术，这种重要战术又称为"损"战。"损"战在商战中同样适用。

商人做生意谋的是利，是为了让顾客在消费自己商品的同时带来利润。当每个顾客带来的利润有限时，尽可能多争取顾客就显得十分重要。欲擒故纵在争取顾客上效果通常十分明显，是一种有效的谋利手段。

从单一商品获利上来看，商人利用价格对比的差异，让出一部分利润，用低价商品吸引顾客。我们通常看到的打折、大减价、大甩卖等就是此类。

从整体商业利益上看，商人在做生意时牺牲一种商品的利润，从而带来其他商品的收益，例如，预付话费赠手机等。

无论采用什么方法，总之，"纵"出去的是为了更好地"擒"回来。

老子出关图

新中国成立前，烟台啤酒厂在上海各大报纸上刊登了一则启事：某日，"新世界"按正常门票价格出售门票，持门票进入"新世界"后，由烟台啤酒厂赠洗脸毛巾一条（上有"烟台啤酒厂赠"字样）。然后，游人可免费喝啤酒，喝酒多者，按前三名顺序分别予以重奖。消息传出，上海市万人空巷，人们争先恐后进入"新世界"。

这一天,48瓶一箱的啤酒被喝掉了500箱。上海市的各家报纸绘声绘色地报道了这次啤酒比赛的盛况以及获奖者的得意之态,整个上海为之轰动。

高明的商人会在付出和收获之间的对比上做文章、动脑筋。

以小损换大益!在各种利益得失之间,区分轻重缓急,做出正确取舍,更多的时候,丢"卒"保"车"就是一计良策!善于运用,才能够使我们逢凶化吉,趋利避害!

安而不可忘危

【原文】

祸莫大于轻敌,轻敌几丧吾宝。

——《道德经·第六十九章》

【译文】

祸患没有比轻敌更大,由于轻敌几乎丧失了我的"命宝"。

在《尚书》里有句话:"居安思危,思则有备,有备无患。"《汉书·息夫躬传》有言:"天下虽安,忘战必危。"商人李祖理说:"精理精勤,竹头木屑之微,无不名当于用,业以日起,而家遂烧。"

做人办事应居安思危,处乎其安,不忘乎其危。少一些安乐,多一份忧患,将使人生进入佳境。只有凡事小心谨慎、如临深渊、如履薄冰,才能高瞻远瞩,运筹帷幄。

当事业高歌猛进时,应保守稳重,处进思退;当事业陷入危机与低谷时,应告诫自己不要消沉下去,积极进取,争取再创辉煌,这样的人才有望把事业做大。

小心谨慎不是放不开,更不是畏惧、退缩。事业步入低谷时,人们往往会走入过度保护自己的误区,除了造成决策思想放不开之外,还会给个人精神上带来巨大的压力。

古人说:富贵如刀兵戈矛,稍放纵便销膏靡骨而不知;贫贱如针砭药石,一忧勤即砥节砺行而不觉。《易经》中说:"君子,存而不忘亡,治而不忘乱,是以身安而国家可保也。"安而不可忘危的道理对经商来说也是非常重要的。在困境里很多人往往能刻苦奋进;而当步入佳境、事业顺利、百事亨通时,反而忘乎所以。原因就在于,面对前者创业者能兢兢业业,小心翼翼;对待后者,往往放松警惕,造成失误、导致失败。

在现代竞争激烈的商业社会中,一个企业即使取得商业领袖的地位,也不能高枕无忧,安于现状,而要密切注视市场动态,居安思危,不断开发和创新,这样才能巩固自己的产业领袖地位。

美国的吉列公司是以生产剃须刀而闻名世界并大发横财的企业。可是它就因为没有居安思危,高瞻远瞩,在公司发展的历史上曾受到沉重的打击。

1961 年,剃须刀的制造工艺领域内出现了一场具有划时代意义的革命——英国的威克逊公司在世界上第一次采用不锈钢材料制造剃须刀片获得成功,推出了人类有史以来第一把不锈钢剃须刀片。

不锈钢刀片的异军突起,给吉列拉响了警报。显然,不锈钢刀片市场份额的扩大,严重影响了吉列的市场地位。

此时,吉列公司要么立即推出自己的不锈钢刀片,这样可以满足吉列已有的广大市场,并且不需要用太多的促销费用。但这样做,将会对原有产品“超级蓝光”的市场造成强烈冲击,甚至要放弃“超级蓝光”,因而需要很大的决心和勇气。

吉列的决策者们经过分析,错误地认为自己在刀片市场的地位不会被动摇。于是,他们不理睬不锈钢刀片,全力巩固自己的“超级蓝光”的市场地位。

后来事实证明,这是一个极端错误的决策。在吉列的决策做出后不久,事态的发展便急转直下,令吉列的决策者们瞠目结舌。不锈钢刀片在市场上的销售势头空前凶猛。完全剃刀公司和精锐公司充分利用吉列无动于衷的大好时机,投入巨额促销费用,大力宣传不锈钢刀片的经久耐用,物美价廉,使不锈钢刀片的销售不断升温。

在强大的促销攻势下,吉列的新老顾客纷纷叛离,投入了不锈钢刀片的怀抱。吉列的“超级蓝光”碳钢刀片的销售量急剧减少,吉列的市场份额降至有史以来的最低点。

如今,40 余年过去了。在这期间,世界剃须刀片市场上龙争虎斗,几经沉浮,虽然吉列还是牢牢占据了市场的霸主地位,但那次大伤元气的痛苦教训是深刻的。

在万千世界中,任何事物都要竞争。当今世界是一个充满竞争的残酷世界,每个人都可能随时被击倒成为输家。老子的“祸莫大于轻敌”的提醒,可以让我们树立忧患意识和危机感,懂得居乐思悲,居安思危,居福思祸,在忧惕中生存和发展。

做事善始善终

【原文】

慎终如始，则无败事。

——《道德经·第六十四章》

【译文】

慎始慎终，就不会失败了。

所谓"慎终如始"，就是指在做事上，不能只有一个很好的开头，还要有一个令人满意的结尾，不能给人留下一种有始无终、只重开始不管结果的印象。

大唐天子李隆基，因平定宫廷叛乱而登上九五之尊。他励精图治，在著名宰相宋璟、姚崇、张九龄的辅佐下取得了二十多年"开元盛世"之辉煌，使唐朝走向最鼎盛的巅峰！

然而这位唐明皇却不能慎终如始，在成绩面前飘飘然起来，日益骄傲，故步自封，淫逸堕落，把儿媳妇杨玉环霸占过来，"承欢侍宴无闲暇，春从春游夜专夜"，"从此君王不早朝"。

他还爱屋及乌，连她的三个姐姐也都封为夫人，一切政事委托给口蜜腹剑的奸相李林甫和不学无术的冒牌舅子杨国忠。这二人狼狈为奸，把朝政搞得一塌糊涂，最终引发了八年之久的"安史之乱"，唐玄宗仓皇逃亡四川。多亏了郭子仪借来回鹘兵才平定了这场叛乱，但从此唐朝走向了日益衰败的下坡路，"安史之乱"是唐朝由盛而衰的转折点。

人们做事情，常常在快要成功的时候却失败。所以，老子告诫我们，如果人们在事情快要完成的时候，也能像开始的时候一样谨慎，那么事情就不会失败。所谓"行百里者半九十"，做一件事要善始善终，切勿在最后关头疏忽大意，否则就会前功尽弃。

感情也这样，人往往喜新厌旧，"这山望着那山高，不知哪山有柴烧"。很多男人热恋时甜言蜜语献殷勤，无所不用其极，一旦结了婚便失去了新鲜感、神秘感，一变而冷若冰霜，面目狰狞，动辄打骂，再也找不到婚前的如胶似漆、温情脉脉了。致使双方感情都不能慎终如始、始终如一，都发现对方变成了另一个极为讨厌的人，因而都把目光转向新的猎取目标。

在工作中,有头无尾、虎头蛇尾的事也常常遇到。一些已布置的工作,没有反馈;有的事,只有出去的指令,没有"做得如何""结果如何"的回音。例如,很多工作,其实在年初就已列入计划目标。对于一个部门、一个单位来说,也已经有了1、2、3、4、5……的排序。问题在于,进入了第四季度,这些事、这些任务完成得如何?哪些已经完成了?哪些还没有完成?更重要的在于,离目标值还有多少距离?该如何接近目标,最终达标?正确的观念应当是,任何方针目标,都要有头有尾,有始有终。因此,我们一定要充分重视起来,咬住、盯住、抓住、抓紧、抓实、抓到位,在每年的最后一段时期再坚持拼搏一番。

面对激烈竞争,面对全面预算目标,面对完成年终任务的压力,我们只能认认真真、扎扎实实地把今年的方针目标全面、有效地实施好,为明年的工作打下一个坚实的基础,虎头蛇尾只会使工作越来越难做。

当心功败垂成

【原文】

民之从事,常于几成而败之。

——《道德经·第六十四章》

【译文】

人们做事情,常常失败于将要成功之际。

世上,很多人都有成为圣人的远大理想,他们也确实为之奋斗了,可是,最后的成功者却寥寥无几。究其原因,是他们缺少了"最困难的时候坚持住"的精神。

美国著名教育家戴尔·卡耐基原本是一个很普通的人,而且曾经很自卑,但他后来终于觉醒了,依靠自己不懈的奋斗改变了命运。

卡耐基出身贫寒,从小就要帮助家里干活。为了赚取必不可少的学费,他还经常给人家干活。他不肯向现实屈服,总想寻求改变命运的途径。他发现,学校里有两种人最受重视:一种是体育出色的人,如棒球队员;再一种就是口才出众的人,如在演讲赛中的获胜者。他选择了后者,决心在演讲方面下功夫,争取在比赛中获胜。

卡耐基勤学苦练几个月，但在演讲赛中一次又一次失败了。屡次失败，让他痛苦不堪，甚至想到过自杀。然而，他终究不肯认输，又继续努力。次年，他开始获胜了。这个突破，为他以后的事业打下了基础。

一位演讲与交际界的世界大师，当初竟然也在演讲赛中屡遭失败。这个迥异的反差说

人们做事常常失败于接近成功之时，因而坚持尤为重要

明，古今中外，众多的成功者并不是依赖好运气，而是得力于他们在挫折面前敢于咬牙坚持下去的精神。

作为一个想要有所作为的人，难道说你宁可永远后悔，也不愿意试一试自己能否转败为胜？然而，我们却常常在不该打退堂鼓时拼命打退堂鼓，因为恐惧失败而不敢尝试成功。

人们做事往往在快要成功时失败了。成语"功败垂成"就出自这里。为什么往往功败垂成呢？说穿了，就是恒心毅力不够，在"黎明前的黑暗"那紧要关头退却了，败下阵来，不能"将革命进行到底"。

一个成功者曾说："胜利的希望和有利情况的恢复，往往产生于再坚持一下的努力之中。最艰难之时坚持最后五分钟，事情可能就会有了转机。社会上的失败者，大多数不是由于没有能力，而是因为没有坚强的意志。这样的人，做事有头无尾，永远怀疑自己能不能成功，难以抉择自己该干哪一件事。"

所以，平庸和杰出的不同之处，就在于能不能持之以恒，坚持下去就是胜利，半途而废则前功尽弃。

第四节　利人利己的智慧

注重自身根基的修养

【原文】

善建者不拔，善抱者不脱，子孙以祭祀不辍。

——《道德经·第五十四章》

【译文】

善于建树的不可能拔除，善于抱持的不可以脱掉，如果子孙能够遵循、守持这个道理，那么祖祖孙孙就不会断绝。

老子在第五十四章讲"道"的功用，即"德"给人们带来的益处。善建者不拔，建德犹如打基础，基础越稳固修得越牢固。善抱者不脱，善于抱持的人，抱住就不易逃脱。不管做任何事，都要注重自身根基的修养；就像建房子，根基最重要。

韩非子在《喻老》篇对老子的《道德经》做了解释，这也是现存最早的注老文献。韩非子说，楚庄王救郑国获胜后，在河雍地带打猎，回国后奖赏孙叔敖。孙叔敖请求汉水附近的土地，要了一块贫瘠的地方。楚国的法律，享受俸禄的大臣，到第二代就要收回封地，只有孙叔敖的封地独存。不把他的封地收回，其中的原因是土地硗薄，因而他的子孙好多代享有这块封地。所以《老子》说善于树立的就拔不掉，善于抱持的就脱不开，子孙因为善守封地而代代香火不绝。说的就是孙叔敖这种情况。

韩非子的解释，能够帮助我们理解老子大道无为的思想。善于建立者，不会被拔除。圣人因为建无，所以不拔。善于抱握者，不会被滑脱。圣人因为抱无，所以不脱。善于建无抱无的圣人，子孙繁茂，是不绝祭祀的。这就是说，无为，是有人继承，不会绝嗣的。

孔子曾说善人治理国家经过一百年，也就可以克服残暴免除刑杀了。从汉朝建立到孝文帝，经过四十多年，德政达到了极盛的地步。一方面文帝受老子思想影响，采取无为而治的方式；另一方面文帝为人十分仁德宽厚，这使天下百姓受益无穷，也使西汉王朝逐渐走向强盛。

文帝刘恒的仁德体现在方方面面。

其一，他废除了连坐法和肉刑。文帝认为，法令是治理国家的准绳，是用来制止暴行，引导人们向善的工具。既然犯罪的人已经治罪，就不应该株连他们无罪的父母、妻子、儿女和兄弟。而且法令公正，百姓就忠厚，判罪得当百姓就心服。

其二，在确立继承人的问题上他希望寻找到圣德之人实行禅让。文帝说自己的德薄，希望可以找到贤圣有德的人把天下禅让给他。

其三，文帝能够推己及人，与民同乐。文帝对普天下施以德惠，安抚诸侯和四方边远的部族，加封有功大臣，因此各方面上上下下都融洽欢乐。

其四，为了不劳苦百姓和节省财力，文帝二年（公元前178年）十月，他下令居住在长安的列侯回到各自的封国。一方面可以省却百姓供应运输给养的劳苦，节约人力和财力；一方面列侯也可以教导和管理封地的百姓。

其五，对于自己，文帝则十分节俭。文帝从代国来到京城，在位23年，宫室、园林、狗马、服饰、车驾等等，什么都没有增加。但凡有对百姓不便的事情，就予以废止，以便利民众。

其六，废除法令中的诽谤朝廷、妖言惑众以及百姓批评朝政有罪的罪状。文帝认为，古代治理天下，朝廷设置进善言的旌旗和批评朝政的木牌，可以打通治国的途径，招来进谏的人。而这条罪状就使大臣们不敢完全说真话，做皇帝的也无从了解自己的过失。群臣中如袁盎等人进言说事，虽然直率尖锐，而文帝总是宽容采纳。

文帝一心致力于用仁德感化臣民，无为而治，因此天下富足，礼义兴盛。这才是真的奉天承运，只有真正敬畏上天的君主，才能治理好国家。中国历史上有文景、贞观、康乾三个盛世，汉文帝刘恒是第一个盛世的开创者。

汉文帝的治国思想及成效，充分说明了老子"善建者不拔，善抱者不脱，子孙以祭祀不辍"的主张。老子这句话，道出了建业和守成的智慧。人之所建不能拔除，有这样的建吗？人之所抱不能滑脱，有这样的抱吗？实际来说，任何建有都必然拔除，想抱住任何东西都必然滑脱。世间都是无常，没有什么可以常在。常在永恒的，只有大道。

古人很重视德与业，《易传·系辞》上说："夫易，圣人所以崇德而广业也"。《易经》的一个重要思想就是德、业并举，正如整个六十四卦体系是"乾坤并建"一样。孔子认为，"乾以易知，坤以简能"，易经的思想能让人"可久可大"，"可久则贤人之德，可大则贤人之业"。德和业，成为人类"可久""可大"的追求目标，德是内在的道德修养，业是外在的功业创建，前属内圣，后属外王，两者不可偏废，必须互相结合。而《易

孔子问礼于老子

传》的人文思想更偏重于以德创业，以德守业。由六十四卦卦象引出的《大象辞》，强调的是"君子以果行育德""以振民育德""以反身修德"等，充分表现了这一倾向。

由此可见，老子主张的以德守业之道，是大智慧。

《论语·卫灵公》上说："子曰：知及之，仁不能守之，虽得之，必失之。知及之，仁能守之，不庄以莅之，则民不敬。知及之，仁能守之，庄以莅之，动之不以礼，未善也。"凭聪明得到的职位，若不能用仁德去保持它，即使得到了，但最终必定会失去。凭聪明得到的职位，能够用仁德去保持它，但不能以庄严的态度去对待，那么也得不到百姓的尊敬。凭聪明得到的职位，能够用仁德保持它，能够以庄重的态度去对待，但不能形成制度和秩序让百姓按规矩办事，那也不是很完善的。这里，孔子讲了守业的条件。

道德，在古代中国人的心目中有着崇高的地位。你可以凭借智谋在战场上打败敌人，取得胜利，但是战场上的胜利并不是战争的结局。只有用道德使敌对方心悦诚服，胜利才能保持，甚至达到不战而屈人之兵的境界。

所以，建立事业和守成事业，都离不开道德的修养。我们还应该知道，道德不是用来装饰门面、沽名钓誉、巧言令色的奢侈品，也不是形式或口号性的东西。道德朴素而具体，是个实实在在的东西。

老子说："上德不德，是以有德；下德不失德，是以无德。"上德之人不为道德而道德，才能有其德；下德之人总是试图以道德装饰自己，结果反而没有德。也就是

说，不有意追求道德，也不标榜自己有道德，才是真正的道德。

良好的道德品格是通过学习、磨炼、涵养和陶冶培养而成的，这种持续的自觉的修养，能够加强一个人的道德自律，提高自身的道德选择能力，提升自己的道德境界。道德修养是一个持之以恒的渐进过程，它需要一个人的不懈努力，时刻注意以德修身，自觉抵制各种诱惑，经得起各种考验。

善于向人学习和借鉴

【原文】

善人者，不善人之师；不善人者，善人之资。不贵其师，不爱其资。虽智大迷，是谓要妙。

——《道德经·第二十七章》

【译文】

善人可以作为恶人的老师，不善人可以作为善人的借鉴。不尊重自己的老师，不爱惜他的借鉴作用，虽然自以为聪明，其实是大大的糊涂，这就是精深微妙的道理。

老子主张向一切人学习，不仅向好人学习，而且还要向不好的人学习。向不好的人学习，当然不是要学坏，而是吸取教训，把坏人作为一面镜子，不使自己犯同样的错误，实际是起一种反面教员的作用。

善人和不善人，一方的存在以另一方的存在为条件，相互借鉴，相互影响，相互转化，好人可以变坏，坏人可以变好。有善人必有不善人，有圣人就有强盗，无善人也就无所谓不善人。

在歌德那本著名的《浮士德》里，恶魔靡非斯特就成了浮士德博士追求真善美的引路人。他的助恶，他的阻碍向上，都成了浮士德不断追求、自强不息的刺激。善与恶，美与丑，积极与消极就是这样相生相克，相辅相成的。

所以，我们既爱自己的老师，也要爱自己的敌人，而不仅仅是恨他，厌恶他。对于不善之人，除了要爱他之外，也要以他做你的镜子，借以自我反省。

善人是不善人的学习榜样，不善人是善人的反面教材。榜样的力量是无穷的，发扬好人好事的带头作用，让人们见贤思齐，见善改过，从而感化带动后进的人们；

同样,也要以坏人坏事为反面教材,知道坏人们的可悲下场,引以为戒,不致重蹈覆辙,误入歧途。

我们也常常用坏人坏事的例子教育人们走正道,不走正道没有好结果,像他们那样是罪有应得。君子爱财,取之以道;君子好色,纳之以礼。坏人坏事的警世作用不可忽视,有时反面教材比正面榜样更有力量。

刘建刚现在已经步入不惑之年,20多年前的一个事件,让他至今难忘。

刘建刚高中时的同学陈某,是县城机关子弟,和一帮机关子弟在一起走了邪路,从读初中时起便开始伙盗,连武装部的枪支弹药都敢偷。读高中时,陈某还是班长,和女团支部书记谈恋爱,谁也想不到他会是一个盗窃犯。

那是1983年夏天,同学们正在操场上上体育课,公安人员突然来把陈某押走了,同学们为之大惊失色。这年严厉打击刑事犯罪活动,一网拉出很多"大鱼",审判大会就在刘建刚学校的操场上。当时,民警对青年学生们说:"看看你们的同学,胸前挂着个大牌子,剃了葫芦头,反铐双手,两个民警押着他,谁犯了法就是这个样子!"

所谓"不善人者善人之资!"那一幕永远留在刘建刚和同学们的心目中,终生以为教训、借鉴,不再重蹈班长的覆辙,决不走到邪路上去。

那么,我们如何做到"以善人为师,以不善人为资"呢?

孔子说:"见贤思齐焉,见不贤而内自省也。"这句话与老子的意思正好相同,也是后世儒家修身养德的座右铭。见到有德行的人就向他看齐,见到没有德行的人就反省自身的缺点,这种人的修养境界很高。

见贤思齐是说好的榜样对自己的震撼,驱使自己努力赶上;见不贤而内自省是说坏的榜样对自己的警醒,要学会吸取教训,不要跟别人堕落下去。看到他人的优点鞭策自我,看到别人的缺点反省自己。人应随时随地注意向他人学习,取人之长,补己之短。

东汉末年,有位叫郭泰的文人,他学问高深,为人谦和。有个叫魏照的人,不仅常来听郭泰讲课,还把行李搬来,整天和郭泰住在一起。

郭泰很奇怪他听完课为什么不回家。魏照说:"能找到一位传授知识的老师很容易,但找一位能教自己做人的老师却很难。我天天和您在一起,是要模仿您待人接物时所表现出的高尚品格。"郭泰很感激,尽心竭力地教他,魏照很快就成为一个学识渊博、志向远大的人。

通过这个故事，我们可以看出，只有见贤思齐，并真诚地付出，才能让自己也成为一个贤人。魏照就是这样的一个人，并且，他也是一个让郭泰老师敬仰的学生。

古人云："善者可以为法，恶者可以为戒。"善恶皆可为师，择善而从，其不善者可以为戒。你看见别人的过失和是非，就要赶快去反省，这就是修行。每逢看见别人的过失，便是自己一个长进的机会。

作家王蒙在《学习是我的骨头》里说："你也应该尽量去理解这个坏人和蠢人的心理与动机，看看究竟为什么那样的自以为是，那样的自鸣得意，从他身上得到借鉴，得到警惕，得到教训，见到坏人不要只考虑他的坏，也要反问自己，换一种条件下自己会不会也做同样的或类似的坏事蠢事？还有自己有没有失误疏漏，给了他或她以可乘之机？"从别人身上看自己，比从自身看自己看得还要清楚。一个人要能够时时检省自己，在看别人的过失的时候，也别忘了多检讨一下自己。当我们看到在大庭广众下怒骂撒泼的人的形象和不文明的行为时，会觉得十分的丑陋，于是我们会避而不学。当喜欢搬弄是非的人对我们大谈别人是非的时候，我们会警觉，自己可千

老子画像

万不要学之。这些都是一些镜子，反映出人们的陋习，我们要在直面后以之为戒，调整自己的形象和行为。

《周易·益》中说："善则迁，有过则改。"见到别人的善良德行就学习，见到别人有错误就自觉对照改正。宋朝学者杨万里在《庸言》中写道："见人之过，得己之过；闻人之过，得己之过"。这是一种观照他人的自省与自律。你有没有在看见别人错误的时候发现这是你的影子？他人是我们最好的镜子。或许我们自己有很多不良行为、过激行为、不雅观的行为等，会在我们不经意间表现出来，我们会觉得很自然。因此，以人为镜，常检自陋，常新自己，提高修养，是一个最简捷的方式。

以人为镜，能看见自己的身影；以别人的生活为镜，也能辉映自己的生活。时时从别人的身上看到自己的不足，改进并进步，不也是人生乐事吗？

做人要厚道

国学经典文库

《道德经》智慧解读

图文珍藏版

一四九三

【原文】

是以大丈夫居其厚,不居其薄;居其实,不居其华。

——《道德经·第三十八章》

【译文】

所以,男子汉大丈夫,选择淳厚而不选择轻薄,选择朴实而不选择虚华。

老子很重视人的厚道,在《道德经》一书中,他反复地从各个角度阐述。老子认为,"道之华"为"愚之始",即高尚的道德是纯真朴实的,如偏于奢华,则是愚昧的开端。

他还说:"善者,吾善之;不善者,吾亦善之"。他认为人要仁慈大度,多为他人着想,以诚信之心去感染转化他人,从而创造出一种同心同德的群体气氛。

深刻的道理往往掩藏在最朴实的语言中。做人要厚道,无论讲给谁听都像是一句略显多余却又无可厚非的、充满乡土气息的俗话。认同归认同,然而在现实生活中,又有多少人敢面无惧色地承担起"厚道"的良知和沉甸甸的社会责任呢?

老子画像

其实,厚道不外乎"忠厚之道",它包含了诚实、善良、豁达、感恩、直率、助人为乐、爱憎分明等品质,浓缩了几千年来人类的精神美,而对天性追求真善美的人类来讲,没有谁愿意拒绝厚道。

"做人要厚道"其内涵外延无限延伸,其意义放之四海而皆准。提倡"做人要厚道"应是中华民族的传统美德。这个传统美德在大讲政治文明、精神文明、物质文明的今天,不但需要发扬光大,而且应该成为人人都具有的一种涵养。

香港《文汇报》曾刊登李嘉诚专访,记者问:"俗话说,商场如战场。经历那么多艰难风雨之后,您为什么对朋友甚至商业上的伙伴抱有十分的坦诚和磊落?"

李嘉诚答道："简单地讲,人要去求生意就比较难,如果生意跑来找你,就容易做。一个人最要紧的是节省你自己,对人却要慷慨,这是我的想法。顾信用,够朋友。这么多年来,差不多到今天为止,任何一个国家的人,任何一个省份的中国人,跟我做伙伴的,合作之后都能成为好朋友,从来没有一件事闹过不开心,这一点我是引以为荣的。"

李嘉诚曾鼎助包玉刚购得九龙仓,又击败置地购得中区新地王,却并没为此而与纽璧坚、凯瑟克结为冤家。每一次"战役"后,他们都握手言和,并联手发展地产项目。

要照顾对方的利益,这样人家才愿与你合作,并希望下一次合作。凡与李嘉诚合作过的人,哪个不是赚得盆满钵满?

君子厚德以载物。品格是人生的通行证,做人厚道,必有回报。但是,我们还应注意一个事实:做人厚道虽然最受欢迎,但也最容易被欺骗。所以,做人既要厚道,还要有原则地灵活应对。

常怀一颗善心

【原文】

杀人之众,以悲哀泣之,战胜,以丧礼处之。

——《道德经·第三十一章》

【译文】

战争杀人多时,要带着悲痛的心情,胜利了要以丧礼对待。

做人要静怀一颗善心。如果每个人都能常怀一颗善心,这世界就应该平和美好多了。

老子认为,战争意味着死人,不是什么好事,所以打了胜仗,杀了许多人,不要沾沾自喜,而应该心怀悲哀而哭泣。如果为战胜而高兴,则等同于为杀人而高兴,这样就是"乐杀人"。因此,战胜方用丧礼的方式来对待胜利是非常合理的。

曹操和袁绍在反董卓时曾是战友,后来分道扬镳乃至兵戎相见。经过十分艰苦曲折的战斗,曹操才打败袁绍,袁绍兵败身亡,死得很悲惨。得胜后曹操办的第一件事就是到袁绍的坟上去祭奠。他哭得很伤心,忆起了很多充满友谊的往事,这件事令随行的兵士很不解。甚至连后来那位很喜欢评点古籍的金圣叹也很不解，也嘲讽地说曹操真不愧是"奸曹"。

其实未必。当年既为战友总是有一定友谊的，无论后来发生了什么事情，都毕竟是后来的事，不能抹杀当年的友谊确实存在过，并在人的记忆中占着实实在在的位置，结怨之后再想起当初的友谊，尤为感到伤怀。刀兵相见，一存一亡，存者忆起当初为友时的一切，往往产生双倍的悲怆之意，这是君子的胸襟，大家的风范，小家子气的人是很难体味的。

曹操仿刘邦哭项羽，除了念及一点旧情外，还有敬畏，友善。在曹操看来，虽然袁绍战败了，但仍然值得尊重，值得以礼相待。曹操身在弱肉强食的乱世，有其不得已而为之的凶狠的一面；但是，曹操终归也是个有感情的人，明白"善待他人就是善待自己"的道理。特别是曹操连自己的敌人都能善待，那我们还有什么不可以善待呢？

所以，如果我们把老子的"杀人之众，以悲哀泣之"拓展一下的话，那就是要善待自己、善待敌人、善待我们这个和谐的世界。

古代圣人说："天下有受饥饿的人，如同自己受到饥饿；天下有落水的人，如同自己落水。"这才能看出他的伟大，他的仁德。

曹操

人间需要每个人都永存爱心，然而这却是一件很不容易的事。要做到永存爱心需要从以下几个方面加强修养。

一是要有自爱之心。自爱心是人的本性，是个体生存的基本特征。自爱心的进一步发展，就会产生自尊心、羞耻心、责任心和自信心，这有助于塑造自我道德形象。

人若没有自爱心，生命便缺乏根基。正如鲁迅所说："无论何国何人，大都承认'爱己'是一件应当的事。这便是保存生命的意义，也就是继续生命的根基。"自爱

包含着对自己做人的准则、人生意义、道德信仰、价值观念、人格荣辱等诸方面的理解、信奉和实行。它体现着一个人对真、善、美的珍视和追求。

二要有爱人之德。一个人如果只能自爱而不能爱人,那只能说是一种低层次的狭隘的爱;人只有做到爱人如己,以爱己之心爱人,才算有了爱人之德。正如古人所云:"以爱己之心爱人则尽仁。"

三要有利人之行。在社会生活中,"爱语"会给人们带来温暖和快乐,甚至有"回天之力"。但是,人们之间的相爱,不能只停留在漂亮的语言上,还要体现在实际的行动上。佛教有这样一句格言:"一个救人性命、出于纯正之爱的行动,比在侍奉佛祖的宗教活动中献祭大象和马匹而度过一生时光要更伟大。"

然而,人际关系也常常像自然界一样,种瓜得瓜,种豆得豆,播什么种子结什么果。正如墨子在《兼爱》篇中所云:"夫爱人者人必从而爱之,利人者人必从而利之,恶人者人必从而恶之,害人者人必从而害之。"现实生活中,许多宽厚的人,常有"己愈予人己愈多"的感受。在人们之间的交往中,总是有思想感情的交流与沟通。把自己的感情真心实意地奉献给他人,而自己的感情并不会因"给予"而减少;相反,我们给予他人的愈多,那么自己所得的也会愈多,从而也就使自己的思想境界更加丰富、高尚。

行善与功利无关

【原文】

上德不德,是以有德;下德不失德,是以无德。上德无为而无以为,下德无为而有以为。

——《道德经·第三十八章》

【译文】

具有上乘品德的人,从来不追求形式上的"德",这才是真正具备了"德";而下乘品德的人,从来不放弃形式上追求"德",实际上没有真正具备"德"。真正具备"德"的人,顾应自然而无心作为,形式上具备"德"的人,顺应自然却是有心作为。

老子这句话的意思实际是说,一个人要求名求利,立功立德,必须首先要从不求名利做起,不能自恃有德。假如处处表现自己的有德,唯恐失去自己的"善"名,那实际上就已失去了德、名。

我们应该这样理解这句话："上德不德。"做善事是应该的，要不故意去做好事追求名声，也就是不为名声而故意去做好事，这样才能安心，心平则气和。为了做好人而做好事，为了让人家去表扬，为了让人家叫我们好人而做善事，那就不算善事了。比如，有很多人捐款救助别人而不留下姓名，不企求任何回报，这就是"上德不德"。

从这里我们可以看出，老子的"上德无为而无以为，下德无为而有以为"，实际上是说抛开功利心，自然而然地去做善事，这样心灵才能得到升华，才能"养护精神，尽享天年。"

汉朝的大将军韩信小时候是个市井流浪儿，当不了官，做不了买卖，常贴着人家吃白食，人都厌烦这个"嘴上抹石灰"的青年。有一回他在城下钓鱼，很多老妈妈在那里漂洗衣服，有一个老妈妈看见韩信没饭吃，就把自己的午饭分给他一些。就这样，韩信跟着那位好心的老妈妈吃了数十天饭，韩信非常感激，说以后一定重重报答她。老妈妈生气地说："男子汉大丈夫不能自己挣饭吃，我可怜你才给你饭吃，哪里希望你回报啊！"

吴起

这位老婆婆不是故意为善，而是出于慈母之爱心，决不望报，真是上德、上善！

老子主张"上德不德"，就是叫你不要逃避，真为善，也不要为了因果报应而故意求善，那样往往是无果而终。比如，常常碰到信奉宗教的一些朋友，他们觉得自己做了好多善事，磕了好多头，拜了好多佛，念了好多经，为什么还会遭遇不幸呢？这种心理就是为了一定目的，或者为了自己的私利去行善，其结果往往让人失望。

这就是老子所说的"下德不失德，是以无德"。

与孙武齐名的吴起最善用兵。他足智多谋，士卒也愿卖命，故能百战百胜。

《史记·孙子吴起列传》上记载：吴起作为一个将领，他的饮食与衣着，全都跟士卒中最下级的相同。他晚上睡觉的地方，不加铺盖，行军的时候，不骑马乘车，亲自背粮食，一切都跟士卒同甘共苦。士卒中有长皮肤肿烂病的，吴起亲自为他吸出脓汁。这个士兵的母亲听了这个消息，不禁失声痛哭起来。旁人不解地问："你的儿子，只是一个兵卒，而贵为上将的吴起亲自为他吸出溃疮的脓汁，你为何反而哭起来了呢？"那名士兵的母亲解释说："这个你们就有所不知了。往年吴公也曾为我孩子的父亲吸过脓疮，孩子的父亲为报答他的恩德，在战场上格外卖力杀敌，结果就战死在沙场上了。而今，吴公又为他的儿子吸吮脓疮，我不知道这孩子又会为他卖命战死在哪里了。想到这点，所以我禁不住要哭出来了。"

吴起对士卒好，还亲自为士卒吮吸疮疽的脓血，在一定程度上是为了让士卒感恩图报，战场上为他卖命，这便是"下德"。正是由于吴起具有这种难能可贵的"下德"，士兵们怎能不深受感动呢？

如果我们为老子的这段话做一个总结，那就是：不要故意行善，更不要为名或利行善；大错莫犯，小错要慎，最好别犯。小的迷惑，使人迷失东西南北，大的迷惑叫人失去天然性情。真正的聪明是安于自然常态，不可画蛇添足。顺着自然规律去做，就可以养护精神，保护自己不受伤害，善始善终，得以安享天年。

万事和为贵

【原文】

万物负阴而抱阳，中气以为和。

——《道德经·第四十二章》

【译文】

万物背负于阴，而拥抱着阳，阴阳之气互相激荡而又互相调和。

宇宙万物是阴阳生息，遵循阴阳交融相合之道，相互对立又相互统一。"冲气"，就是对万物重要的调控作用。"和"，是阴阳消长平衡的结果。"冲气为和"，就是客观规律作用于事物内部矛盾的两方面，"高者抑之，下者举之，有余者损之，不足者补之"，通过其变化使之在新的层次上达到新的和谐。所以，无论是整个自然界或是细微的具体事物，都是运用着这条自然规律在这种动荡的调节中维系着自身的平衡。

老子还说，"知和曰常，知常曰明"，这意思是说，知晓了和谐的道理，可谓知晓了道的常规；知晓了道的常规可谓明智。《荀子·天论》说："万物各得其和以生"。《论语》中所谓："礼之用，和为贵。先王之道，斯为美，大小由之。"也就是说圣明君王治国，无论大小事都遵循着达到和谐这样的标准去做。郑君《中庸》目录云："名曰中庸者，以其记中和之为用也。"可见儒道两家都崇尚事物的和谐，从这点来讲，可以说是殊途同归。

韩非子画像

"和"是一种精神，也是一种境界。历经了2000多年心心相传，"和"已深入人心。它纵贯了整个中国思想文化发展的诸多过程，积淀于各个时代的各家各派的思想文化中。它体现着中国思想文化的首要价值和精髓，也是中国思想文化中最完善，最富有生命力的体现形式。

韩非子讲过一件事，叫作"狗猛酒酸"。

宋国有个卖酒的人，酿制的酒香味醇厚。他人也和气、公道，待客人殷勤周到，但是生意却很清淡。店外的酒旗高高地迎风招展，可酒就是卖不出去。由于酒卖不出去，放着放着就变酸了。这人很苦恼，也不知道是什么原因。

他就去请教邻里的一位长者。这位长者告诉他："你养的那条狗太凶猛了，人们害怕狗咬，谁还敢来买你的酒，酒变酸也就可想而知了。"

韩非子用这件事来说明治理国家的道理，其实也可以用来比喻做生意的道理。

生活中，你给人一个微笑，别人也会给你一个微笑；你热心帮助别人，当你遇到困难的时候，自然也会得到别人的帮助。善有善报，和和气气是绝对没有坏处的。

再比如经商，古人都知道以和颜悦色来笼络顾客，让他们放心，让他们亲近，让他们舒适。这样，顾客还能不把你那里当作消耗银子的一个好地方吗？

有一个老字号商店的掌柜，算是把这一课学透了。凡在他那里买货的，无论是年少年长，还是文弱强悍，他都对你一脸笑容，客气陪送。有时碰到一两个年少无知的，冲撞了他老人家，他也毫不介意，甚至还会夸奖两句那些冲撞他的人。

如果有人寻衅滋事,伙计耐不住握紧老拳,想打一个出手。老掌柜则示意不要动怒,送走即了之。如果伙计们咽不下这口气,说出些许不敬的言语,老掌柜便会断喝制止。这使新来的伙计往往不明白,也老大不痛快。当然,等到他们待久了,也就明白了这个道理,待人接物和老掌柜如出一辙。

一次,有个人去买水果,"这水果这么烂,一斤也要卖 10 元吗?"他拿着一个水果左看右看。

"我这水果是很不错的,不然你去别家比较比较。"

他说:"一斤 8 元,卖不卖?"

老掌柜还是微笑地说:"先生,我一斤卖你 8 元,对刚刚向我买的人怎么交代呢?"

"可是,你的水果这么烂。"

"如果是很完美的,可能一斤要卖 15 元了。"老掌柜依然微笑着。

不论客人的态度如何,老掌柜依然面带微笑,而且笑得像开始那样亲切。客人虽然嫌东嫌西,最后还是以一斤 10 元的价格买了。

等到那位客人走了,老掌柜自言自语地说:"嫌货才是买货人呀。"

"和"能嫁接无根树;"和"能点燃无油灯;"和"能使世界更加完美。国家为政之道讲究"政通人和";家庭这个社会细胞讲究"家和万事兴";人与人之间的交际讲究"以和为贵";商业或企业的经营者讲究"和气生财";网络中的交流讲究"和谐美好"!一个小小的"和"字,与国、与家、与人、与物都有许多充满教益的大道理。

谦卑是一种力量

【原文】

故贵以贱为本,高以下为基。是以侯王自称孤、寡、不谷。此非以贱为本邪?非乎?故至誉无誉。

——《道德经·第三十九章》

【译文】

所以贵以贱为根本,高以下为基础,因此侯王们自称为孤、寡、不谷,这不就是以贱为根本吗?不是吗?所以最高的荣誉无须赞美称誉。

"贵必以贱为本,高必以下为基。"是说尊贵的人必须把百姓当作根本,居高位的人必须把百姓作为基础。老子深谙为官为人之道,他要求管理者深入基层,与民众打成一片,了解民众的想法和愿望,这样,管理者的地位就建立在了牢不可破的基础上。

《易经·谦》上说:"谦,亨,君子有终。"道德高尚的人能做到安于谦,会有好的结局。《彖传》说:"天道下济而光明,地道卑而上行。天道亏盈而益谦,地道变盈而流谦,鬼神害盈而福谦,人道恶盈而好谦。谦尊而光,卑而不可逾,君子之终也。"天道向下却不失其光明,地道卑下却向上行。天道损去盈满的而增加谦虚的,地道变动多余的以流到不足之处,鬼神祸害盈满的而降福于谦虚的,人道厌恶盈满而喜好谦虚。谦虚恭让反而可以扩大,卑下反而不可逾越,君子之终讲的就是这个道理。

在三国人物当中,曹操最强的对手是刘备。从个人能力上来观察,刘备确实是没有多大能耐,曹操参战的获胜率为八成,而刘备只有两成,可以说是败多胜少。结果曹操顺利地扩充势力,而刘备却时沉时浮,举兵二十年后仍无建树。为什么最终刘备能成为曹操最强的对手与之抗衡很多年呢?根本原因在于刘备拥有一种弥补个人能力不足的秘密武器:谦德。

刘备打算聘请诸葛亮为军师时,张飞说要把诸葛亮用绳子捆来,他坚定地拒绝,并且说诸葛亮是贤才,不应鲁莽行事。当时两个人地位相差悬殊,刘备虽然在争霸的过程中不太顺利,但是也颇有名望。刘备竟然会特地三次造访诸葛亮,以崇敬的态度请求诸葛亮做他的军师。及至在诸葛亮应允之后,又马上将全部作战计划等国家大事都委任于他。这实在是最彻底的谦虚态度以及深切的信赖。

到了晚年刘备终于建立了自己的势力范围,这种成就与其说是刘备自己的才智所获致的,不如说是来自部下们的奋斗更恰当。像诸葛亮、关羽、张飞、赵云等人甚至可以为了刘备赴汤蹈火而在所不辞,他们之所以有这样的忠心耿耿,完全是因为刘备所具有的德的手腕,即温良、谦恭,以及对他人的信任。

谦卑是一种姿态,是一种胸怀,也是一种力量。一个谦卑的人,他不会极尽地表现自己的优越感,一个谦卑的人,懂得只有尊重别人才能获得他人的尊重。泰戈尔曾经说过:当我们大为谦卑的时候,便是我们最近于伟大的时候。

谦虚永远都是做人的美德,而且这种美德本身就是一层保护色,也是人生最大的智慧。具有谦虚谨慎品格的人不喜欢装模作样、摆架子、盛气凌人,更易受人欢

迎。而且,谦虚谨慎的品格,还能使一个人面对成功、荣誉时不骄傲,把它视为一种激励自己继续前进的力量,而不会陷在荣誉和成功的喜悦中不能自拔。

《尚书》中说:"满招损,谦受益,时乃天道。"老子也说:"不自见故明;不自是故彰;不自伐故有功;不自矜故长。"大凡人生惨败者多数都是狂妄之辈;而人生成功者绝大多数都是谦谦君子。谦虚会受到人们的欢迎,并且自己不会四面树敌,导致人生之路越走越窄。骄傲则只会讨别人的厌恶,更不用说与其合作共事。不会谦虚的人往往不能正确看待自己和别人,于是自己会走入愚蠢的绝境。总是有着这样一些人,他们滔滔不绝而又斩钉截铁地说着自己

三顾草庐图

不容辩驳的观点,他们的态度表明自己在这些事情上是不会出错的,别人只需要无条件地服从就可以了。有时候他们还会绷紧面孔、颐指气使地指挥着别人,好像他们就是君临天下的帝王。这些人就是那些唯我独尊者。那么,采用这种态度能够得到什么好处吗?恐怕是非但得不到什么好处,反而会把自己在交际中孤立起来,弄得难以和别人相处,最终导致人生的失败。

骄傲自大的毛病是一个人致命的弱点。因为骄傲,就会在应该同意的场合固执起来;就会拒绝别人的忠告和友好的帮助;就会丧失客观方面的准绳;就会得意忘形,紧跟着挫折和失败的厄运就会不约而来。所以说,做人还是谦虚一点为好。

智者改过而迁善

【原文】

行善者不巧辩,巧辩者不良善。

——《道德经·第八十一章》

善良的人不文过饰非无理狡辩,文过饰非无理狡辩的人不良善。

在一切道德品质之中,善良的本性在世界上是最需要的。不论是远古,还是今天,善良都是做人的最基本原则。

老子说:"善者吾善之,不善者吾亦善之。"但生活中更多的是不善者吾亦不善之,即所谓的以其人之道还治其人之身。大家都不想吃亏,所以便冤冤相报,没完没了。世界每一日的不安宁,大概都缘于此吧。

善良的人不需要狡辩,他的言说表现出的是朴实无华,追求的是诚实可信。人与人交往需要心灵的沟通,坦诚地对待,要做到这些,就必须要真诚。

社会交往中,诚实地承认错误,胜于强词夺理,狡辩令人讨厌并使问题更加复杂。毫不掩饰错误,常常得到谅解。狡辩,只是为自己的罪行开脱。为自己狡辩是无耻的,是任何一个有道德的人不会做的。

在一个村庄上,村里的人共同偷得了一头牦牛,并且把它宰杀吃掉了。失牛的人根据线索,寻到这个村庄上来,见到了那些村人,问他们说:"我的牦牛,是不是在你们的村庄上?"

偷牛的村人回答说:"我们并没有村庄。"

失牛的人又问:"池边不是有一株树吗?"

他们回答说:"并没有树。"

失牛的人于是再问:"你们偷牛,是不是在村庄的东边?"

他们仍旧回答说:"并没有东边。"

失牛的人又问:"你们偷牛的时候,不是刚刚正午吗?"

他们还是回答说:"并没有正午。"

最后,失牛的人就说:"依照你们所说,没有村庄,没有池,没有树,或者还可说得通。可是天底下哪里会没有东边,没有正午呢? 因此,我知道你们说的都是谎话,不可相信。牛一定是你们偷吃了,是不是?"那些村人知道无可抵赖,只得承认把牛偷来吃了的事情。

大多数人错了不肯认错,于是想办法遮盖错事,不肯认错,于是狡辩,推卸责任,因此一错再错,一直错到底,铸成更大更严重的错。

犯错,要诚实地认错,狡辩只会害了你自己。人不能总是活在自欺欺人之中,真诚不需要狡辩和掩饰。你有勇气狡辩、威吓,就没勇气认错?

邹韬奋先生在《硬吞香蕉皮》中讲过一个关于香蕉皮的笑话。

一个做过黑龙江省督办的旧官员在宴会上第一次看到香蕉,便不假思索地连皮吃了下去。等一会儿,看到同座的客人剥皮再吃时却为时太晚。他不肯认错,只得一本正经地解释说:"我向来吃香蕉就是连皮吃下去的!"一时传为笑柄。

可见,吃了香蕉皮不怕,怕的是吃了以后还没有一个正确的学习和认错的态度。

古人云:智者改过而迁善,愚者文过而饰非。愚者只要一听到别人指出他的错误,就极力否认,其结果是"迁善则德日新,饰非则恶日积。"勇于承认错误,虽然失去颜面,却能对己对人无愧。

其实,绝大部分人都是宽大的,只要你真诚地说"我错了",把真相告诉大家,大家是会原谅和接受的。人生在世,孰能无错? 出错后拒不认错,别人虽然无奈,但终必将唾弃之。本想保存面子,却反而颜面尽失。

人生在世,总有错的时候,重要的是能否及时地改正,寻找到真实而正确的路。有许多人有自知的能力,但是如果只是停留在自知阶段而不落实于行动,那只能是自我作茧式地品味痛苦。

古人说的好:"改过宜勇,迁善宜速。"人们尊重那些勇于认错的人。一个勇于认错的人,必定是要求自己有所改变的人,是一个向前看的人。改变自己的错误,就是向正确的路迈进了一步!

宽容心是福

【原文】

为无为,事无事,味无味。大小多少,报怨以德。

——《道德经·第六十三章》

【译文】

以无为来作为,以无事来做事,以无味来品味。不必去计较那些大大小小、纷纷扰扰的事,用德行来回应怨恨。

老子认为,以德报怨,就是以恩德来报答别人曾给予自己的怨恨。显然,没有与人为善的愿望,没有博大的胸怀和宽宏的气度,是很难做到这一点的。

孔子在《论语》中有"以德报怨"的论述;明初理学中提出了"不念旧恶"的主张。不计前嫌,克己让人,以德报怨,是处理人际关系时常常采用的一种好的方式。

历史上懂得"以德报怨"的人很多。

在齐桓公成为齐国国君之前,齐国的公子纠曾同他争夺君位。管仲为了帮助公子纠,射过公子小白(即后来的齐桓公)一箭,幸好射在了衣带的钩子上,不然小白早就没命了。然而,齐桓公当上国君后,不仅没有报这一箭之仇,反而委以管仲相国之重任。在管仲的全力辅佐下,齐国日益强盛,齐桓公成为春秋时期的第一个霸主。

管仲

战国时期,魏国大夫宋就担任和楚国邻界的边县县令。两国的边亭都种瓜,魏国边亭的人勤于浇灌,瓜长得很好;楚国边亭的人懒于浇灌,瓜长得不好。楚亭人出于嫉妒,夜里偷偷去拔魏亭的瓜。魏亭人发现后也要去拔楚亭的瓜,宋就不但予以制止,而且让魏亭人在夜里悄悄地为楚亭人浇瓜,楚亭的瓜于是长得越来越好。楚王闻知此事后,感到很惭愧,以厚礼致谢,并主动要求与魏国建立睦邻关系。

孙权伐黄祖时,孙权部将凌操被黄祖部将甘宁用箭射死。不久甘宁归附孙权,为东吴屡立战功,但凌操之子凌统,为报杀父之仇,每遇甘宁都要与之拼命。后来凌统在与曹操部将乐进交战时,被坐骑掀翻在地,就在乐进持枪欲刺时,甘宁一箭射中乐进,救下凌统,凌统深受感动,顿首拜谢甘宁。

齐桓公、宋就、甘宁等人堪称以德报怨的典范。他们的做法收到了化消极为积极、化冲突为和睦、化对手为朋友的功效。《史记·管晏列传》评述道:齐桓公"九合诸侯,一匡天下"而成就霸业,得力于"管仲之谋也"。《新序·杂事四》指出:"梁(魏)楚之欢,由宋就始。"即魏国和楚国的友好关系是从宋就开始的。《三国演义》第六十八回写道:甘宁救了凌统后,凌统"与甘宁结为生死之交,再不为恶"。

上述以德报怨的善行义举,给了我们非常有益的启示,对我们正确处理人际间

甘宁画像

的矛盾和纠纷,有着很好的借鉴作用。

按照正常人的思维方式,人都有些自知之明,对自己所做所为的是与非,心里多少是清楚的,因此在对不起他人的地方,难免心存愧疚之意。一旦出乎意料地得到对方的原谅,甚至得到对方真诚的关心和帮助,一般说来都会生发出由衷的愧悔、感激之情,进而心悦诚服地改正自己的过失。所以说,显示了高度涵养的以德报怨,是超越个人之间恩恩怨怨,协调和处理好人际关系的最佳方式之一。

其实,人与人之间并无根本的利害冲突。在学习、工作和生活中接触多了,出现一些误会、摩擦和分歧,发生这样或那样的不愉快,是免不了的事情。可是有人却容忍不下,计得失,算恩怨,针尖对麦芒,以眼还眼,以牙还牙,以怨报怨,导致矛盾激化,关系紧张,双方都捆绑在无休止的争斗战车上。

生活当中的许多事实表明,容人之过,谅人之失,以德报怨,是形成良好的人际关系的润滑剂。听说过这样一件事:

一位农民的庄稼被邻人的牛踩坏了,这位农民捉到牛后把它牵到阴凉处喂以水草,在牛卧倒休息时还为它驱赶蚊蝇。邻人见后惭愧不已,一再道歉、致谢,并主动赔偿损失。

试想,要是这位农民为出一时之气而把牛打一顿,结果将会如何呢? 很可能惹出新的纠纷,甚至就此结下仇怨。可见,以德报怨,怨恨自消;以怨报怨,积怨益深。

然而,我们提倡以德报怨,是指原谅并适度厚待那些一时触犯、伤害过自己的人,而绝不是姑息纵容坏人、恶人。对那些以坑人为快的小人应该批评教育;对为非作歹而又不思悔改的恶棍,要绳之以法,使其得到应有的惩罚。

不要试着去改变他人

【原文】

天下神器,不可为也,不可执也。为者败之,执者失之。

——《道德经·第二十九章》

【译文】

天下(人类社会)是大自然神圣的产物,是不能凭主观意志去改造的,也不能强行把持。凭主观意志去改造必然会失败,强行把持则必然会失去。

老子对于"有为"之政所提出了警告:治理国家,若以强力作为或暴力把持,都将自取败亡。世间的物性不同,人性各别,为政者要能允许差异性与特殊性的发展,不可强行,否则就变成削足适履了!

所以,理想的政治应顺应自然,因势利导,要舍弃一切过度的措施,去除一切酷烈的政举:凡是奢费的行径,都不宜施张。

丹麦民间流传着一个故事:

有一位国王,他非常喜爱一只小鸟,将它捉来关在一个黄金制的笼子里,上面缀满钻石、红宝石和翠玉等等。国王每天都喂它吃各种他自己喜欢吃的山珍海味,像牛排、猪排等,还给它喝威士忌、伏特加、兰姆酒等,因为国王认为这些是他所能给他最爱的宠物最好的东西。

不过如我们所知,小鸟不喝威士忌,小鸟也不吃鸡肉,它们只吃一些谷类,喝一些纯净的泉水,在广大的天空和无垠的穹苍之间自由自在地欢唱飞翔。如果这位国王真的爱这只小鸟的话,他应该给它自由,让它过着一般小鸟应有的生活,选择喜欢吃的东西,随时都能展翅高飞。

同样的,生活也是如此,对你而言很好的事物,不一定对别人也很好。你认为很好的事物,是因为你喜欢,而且对你有益,可是别人也许不愿尝试。何必老是批评别人这里不好、那里不好,他们都很坏、很冷酷无情呢。

人都有自己喜欢的东西和不喜欢的东西,这很正常。你喜欢的东西当然很好,但是你不喜欢的东西也要允许它的存在。况且,无论你喜欢还是不喜欢,都不能阻止它的存在。如果你因为自己的好恶而惊喜或恼怒,那必定会损害到你的身心健康。

从这个意义上说，我们要允许别人跟自己不一样——不一样的思想，不一样的个性，不一样的生活方式，等等。也就是说要允许别人按他自己的方式生活而不去干涉。

不要去改变他人

王小波在《一只特立独行的猪》中说，对生活做种种设置是人特有的品性。他认为世界上只有两类人：一种是想要设置别人生活的人，另一种是对被设置的生活安之若泰的人。

前一种人总是希望别人按自己的意愿和喜好生活，以为自己喜欢的别人就喜欢，结果却是碰一鼻子灰。

比如为人父母者，会有意或无意地把自己未完成的心愿让孩子承担起来。这对孩子是一种压力。很多父母甚至把自己一生的遗憾寄托在孩子身上，一直逼孩子往自己认为是正确的路上走。即使孩子并不适合，或者不喜欢，譬如学钢琴、出国学习等等。

为把孩子培养成艺术家、音乐家，许多父母把物力、财力、精力全都倾注在孩子身上，对孩子在艺术方面的期望远远超过了培养兴趣的范围。在这种压力下，家庭变得不快乐，亲子的愉快时光成了斗争大会。牺牲了亲子的和谐关系，追求一些莫名其妙，也不见得正确的父母理想。当子女长大回想起童年，尽是不快乐的回忆。

又比如，一对情侣或夫妻，很多时候需要一种包容，因为对方永远也不会变成你需要的那个样子，或许你会发现还是最初的那个他是最好的。年轻的时候你希望对方能够成熟一些，但真的变成这样了，你或许又会认为人还是简单一些好，但磨去的棱角怎么能再回来？

我们大多数人都试着去改变他人，其实我们并不需要这样做，而只需改变自己。当我们改变了对他人的看法时，他们在我们的眼中就已经改变了！

培养美好的言行

【原文】

美言可以市尊,美行可以加人。

——《道德经·第六十二章》

【译文】

美好的言辞可以博人尊敬,美好的行为可以见重于人。

一个人说话做事,是在实现自己的言行,也是在塑造自己的形象。你将如何塑造自己,别人是帮不上忙的。

言行是一种艺术。在公共场所大吹大擂,一句不慎之言,足以使十句光彩照人之语黯然失色,而且还会给人一种不良印象或给自己造成难以弥补的损失。

你的言行举止时刻体现你的个人素质。一个有素质的人会受到别人的尊重;反之,就会受到他人的排斥及厌恶。言行是心灵的图画,举止是你最优秀的简历表。为人处事注重言行,必受人欢迎。

一家大公司在媒体上刊登一则招聘广告,要聘一名办公室文员。应聘当天,闻讯前来应招的约有100余人,公司人力资源部长准备借用笔试筛选一部分人再作决定,然而总经理却拒绝了如此烦琐的招聘手续,他吩咐人力资源部长传唤每一个人到他的办公室做现场应聘。

被人力资源部长传唤而去的一个个应聘者,他们不是夹着厚厚的简历表,就是怀抱一摞证书,甚至还有人怀揣着公司上层领导的朋友的介绍信。然而,总经理走马观花地面对前来的应聘者,每出去一人,他总朝人力资源部长摇摇头。

在总经理感到失望之时,一个貌不惊人但衣着整洁的男孩

老子《道德经》碑廊

被人力资源部长叫进来。人力资源部长看到男孩两手空空，有些替他惋惜，怎么一点也不准备呀，至少也该有份简历表呀。

只见男孩走到总经理的办公室门前，礼貌地敲了三下门，待里面传出"进来"，他才轻轻推开门，立于门前，认真地蹭掉脚上的泥土，然后进门后随手关上了门。未走近总经理的办公桌，男孩发现地上有本书，很自然地拾起放到办公桌上。

总经理和男孩简单地交谈了几句，这时有人敲门说是找总经理。门一开，一位残疾老人蹒跚而入，男孩连忙起身搀扶老人，且让座于他。男孩所做的一切毫无造作，呈现在别人面前的是善良、体贴。

当男孩走出办公室，人力资源部长进来准备请示总经理再叫下一人时，总经理微笑着冲他点点头说："就是刚刚的男孩被我看中了！"

人力资源部长惊愕地问道："刚刚那男孩？他既没有一本证书，也没有受任何人的推荐，甚至连最基本的简历表都没有。"

"你错了，"总经理对人力资源部长说，"其实他带来了内容丰富的简历表，且是这些人中最优秀的简历表！"

人力资源部长疑惑了，莫非男孩是总经理的亲属或有特殊的关系？ 总经理继续微笑着说："男孩的言行是他最优秀的简历表，他轻敲三声门，说明他懂礼节，做事小心仔细；他在门口蹭掉鞋上带的泥土，说明他注重细节；当看到那位我有意安排的残疾老人进门时，他立即上前搀扶，且让座、沏茶，表明他善良、体贴、热情。其他所有的人都从我故意放在地板上的那本书上迈过去，而男孩却俯身捡起那本书，并放回桌上，他的动作是那么的自然、镇定。他和我近距离交流，他的回答干脆果断，他的头发梳得整整齐齐，指甲修得干干净净……难道这些细节不是男孩最优秀的简历表吗？ 我认为他的言行就是他最好的简历表！"

人力资源部长心悦诚服地笑了起来。

老子说：美好的言辞可以博人尊敬，美好的行为可以见重于人。我们平时注意自己的言行，就能成为有修养的人。言行举止能让人起欢喜心，就表示你的修养好；若让人不高兴，则表示你的修养还不够好。

言行对一个人的人生非常重要。西汉大儒扬雄在《法言义疏》中说"言重则有法，行重则有德"，"言轻则招忧，行轻则招辜"。言行是人立身处世的根基，人要在社会上有好的发展，就要在语言和行为方面提高自己的修养。

守住纯真的善良

国学经典文库

《道德经》智慧解读

图文珍藏版

【原文】

善者，吾善之；不善者，吾亦善之，德善。信者，吾信之；不信者，吾亦信之，德信。

——《道德经·第四十九章》

【译文】

对于善良的人，我善待他；对于不善良的人，我也善待他，这样就可以得到善良了，从而使人人向善。对于守信的人，我信任他；对不守信的人，我也信任他，这样可以得到诚信了，从而使人人守信。

老子在此阐述了"圣人"对善者、不善者、信者、不信者的态度问题。一个人如果有纯真质朴的善良，对于善者，能善待他，对于不善者，也能善待他；对于信者，能信任他，对于不信者，也能信任他，从而让普天下之人都能善良和诚信。

在现实生活中，假如每一人都能做到如老子所说的一般，人人都如同婴儿般单纯质朴。个个如同婴孩般善良可爱，没有坑、蒙、拐、骗、偷，也没有了吃、喝、嫖、赌、抽，那社会该是多么纯洁，多么美好。

时至今日，对于善良的人，我们能善待之都很难，有的人还专门找善良人说事；对于不善良的人，即使不敢恶向相待也会疏远他，躲避他；对于诚信的人，有时也难以诚信报之，有人还专门利用别人的诚信来攫取自己的利益；对于不诚信的人，一般都会给他作了标识，此人不可交，尽量少打交道，少往来。能如老子所言的"善者，吾善之；不善者，吾亦善之，信者，吾信之；不信者，吾亦信之"是少而又少的。

古语说："处世无奇但善良，做人有道唯诚信。"善良和诚信是人的灵魂，一个失去善良和诚信的人，只是一个行尸走肉的人。要想做一个有灵魂的人，首先就应该拥有善良和诚信。

善良虽然不求回报，但必有回报。因为你善良，所处的社会环境是纯净的，这就是回报；因为你善良，你的人际关系是和谐的，这就是回报；因为你善良，得到别人的同情和帮助，这就是回报；因为你善良，你的心理是健康的、平静的，这也是回报。所以，一个播种善良种子的人，他一定会获得善的果实。

与人为善说起来很简单，做起来却不是一件容易的事：关心他人，当朋友遇到困难的时候主动伸出友谊之手；尊重他人，不去探究他人的隐私，不在背后议论他人；善于和别人沟通、交流，善于和那些与自己兴趣、性格不同的人交往；承认别人的价值，负起该负的责任……让我们学会善待他人吧！用理性、善意去面对现实生活。

一个播种善良种子的人，他一定会获得善的果实

老子说得好，"上善若水"。与人为善跟水一样精深博大，能化解人间恩仇。

慈航法师在鼓山当衣钵的时候，一天上厕所忘记带卫生纸，就向正在他身旁上厕所的寺中一位茶房头索取。原来茶房头是个坏心人，他把用过的给慈老，弄得慈老一手的大便，茶房头这样捉弄人，要是别人一定很生气，可是慈老没有。

一天，慈老搬房间，那位茶房头来了，慈老对他说："你来得正好，请你帮我看守一下东西，我把这棉被先搬去，马上就来。"不一会儿，慈老回来时，发现他抽屉里的100元银洋少了六七十个。

正当他感到惊奇时，灵机一动，这不是茶房头干的还有谁？但这不能揭穿，揭穿了对一个人的名誉有很大的影响，钱少了有再来的时候，人的名誉失去了怎么恢复呢？慈老想到这里，就装作不知道。

过了一会儿，茶房头告辞了，临别时，慈老反而再拿出500块银圆送给他。他不肯接受，慈老告诉他，人生互相帮助，他现在当衣钵，每月有20元，这一点给他拿去用没有关系，这样他才接受了。

不久，寺中很多人怀疑茶房头哪来这么多的钱？茶房头说是慈航法师送给他的。又有人问慈航法师是不是真的？如果换作是别人早就揭发茶房头的窃盗行为了，但宽宏大量的慈老始终不肯说一句茶房头的不好。

慈航法师的行为充分体现了古人崇尚的"不念旧恶，不嗔恶人"的美德。生活中，我们经常会碰到很多使人感到很无奈的事，有时候也会碰到一些恶意的、真正对不起我们的人，如果不学会宽容，你就会把自己陷入无穷无尽的烦恼之中，永无解脱之期。在生活中如果能以律人之心律己,以恕己之心恕人,不去苛求任何人,也是一种宽容,一种善待。人生如此短暂,我们又何必把每天的时间都浪费在一些无谓的摩擦中呢?

与人为善是一种无形的相助,一种博大的爱,是一股矫正世俗的春风。与人相善,谦谦和煦的态度,虽然不一定能为你带来巨大的财富,但一定能给你好的人缘,让你成为受欢迎的人。

善良可能会受到伤害,但是,我们不能因为别人的不善而改变自己的善良本性。孟子说:"人之初,性本善。"小时的善良是一种本性,长大后的善良是一种修养。善良是一种没有功利性的人性原则,是一个人内在的纯真。人活一辈子不能抛弃善良,人需要有一颗善良之心。人与人需要多一些信任,社会需要多一些关怀。

罗马著名哲学家爱比克泰德说:"不要到外界事物中去寻找善,到你自身中去寻找:如果你不做善事,你就找不到它。"善良体现在每一个人身上。与人为善,等于善待自己。善良其实很简单,善良地对待家人朋友,善良地对待身边的每一个人,不要计较个人的得失,给别人空间,不要给别人压力,不要强人所难。让善良温暖别人的心,自己也会快乐。

第五节　知人自知的智慧

知己知彼为明智

【原文】

知人者智,自知者明;胜人者有力,自胜者强。

——《道德经·第三十三章》

【译文】

善于了解别人是明智,善于了解自己才最聪明。战胜别人是有力量,战胜自我的才是真正的强者。

老子在此把"知人"和"自知""胜人"与"自胜"对比,明确表示后者比前者更难。在老子的眼里,智,就是自我之智。明,就是心灵之明。"知人者",知于外;"自知者",明于道。智者,知人不知己,知外不知内;明者,知己知人,内外皆明。智是显意识,形成于后天,来源于外部世界,是对表面现象的理解和认识,具有局限性和主观片面性;明,是对世界本质的认识,具有无限性和客观全面性。欲求真知灼见,必返求于道。只有自知之人,才是真正的觉悟者。

人类的通病是喜欢自以为是,几乎没有人不认为自己具有了解他人的能力。一个人善于了解别人,就是知彼,那就是明智。因此老子把知人作为极大的智慧。

光了解别人还是不够的,还得了解自己。有一句话叫"人贵有自知之明",老子对这个问题看得很清楚。"自知者明"就是说能清醒地认识自己、对待自己,这才是最聪明的,最难能可贵的。按照我们的普通想法,不能真正了解别人,总应该能够自己认识自己吧? 其实却大不然。

老子认为:有的人自以为清醒,好像什么都知晓,什么都明了,其实却很愚昧。

有些人只知道了解别人,把持别人,管理和领导别人,却不能更好地了解自己,把持自己。只有了解自己,才能控制自己和管理自己的行为,获得一种自己能够认可的成功。只有自己知道自己的优缺点,才能发挥优点,克服缺点。

古时候,在一个叫南岐的山谷中,那里的居民很少与山外的人交往。南岐的水很甜,但是缺碘,常年饮用这种水就会得大脖子病。南岐的居民,没有一个脖子不大的。

有一天,从山外来了一个人,居民们扶老携幼都来围观。他们看着看着,就对外地人的脖子议论起来了,言语里充满了嘲讽:

"嘿,你看那个人的脖子!"

"可不是,真怪呀。他的脖子怎么那么细那么长,真是难看死了!"

"多细的脖子啊,走到大街上该多丢丑! 怎么也不用块围巾裹起来呢?"

"他的脖子干巴巴的,准是得了什么病!"

外地人听了众人的话,就笑着说:"你们的脖子才有病呢! 叫大脖子病。你们自己有病不说,反而来讥笑我的脖子,岂不是太可笑了?"

南岐人说:"我们全村人都是这样的脖子,这样肥肥胖胖的,多好看啊! 你掏钱请我们去治,我们都不愿意呢!"

在现实生活中,也有不少人如同南岐人一样,总是喜欢孤芳自赏,自以为是。

一般来说,这主要可以分为两种类型:

第一种是自命清高,我行我素。

这种类型的人觉得别人的行为习惯都是庸俗浅薄、低级无聊的,不值得与其接近,有点傲视一切的味道。即使有时想"迁就一下","屈驾俯就"他人,也显得极为不自然,别人也不愿意接受这种俯就,因此他就变得更独来独往了。

另一种是跌倒在自己的优势上。

许多时候,我们不是跌倒在自己的缺陷上,而是跌倒在自己的优势上,因为缺陷常常给我们以提醒,而优势却使我们忘乎所以。

做人难,不仅难在要能认清别人,更难在能清楚自己。怎样才能做到既不盲目骄傲又不妄自菲薄呢? 这就需要我们进行广泛的社会交往,人也和其他任何事物一样,是在相互的比较中获得对自己的正确认识的。

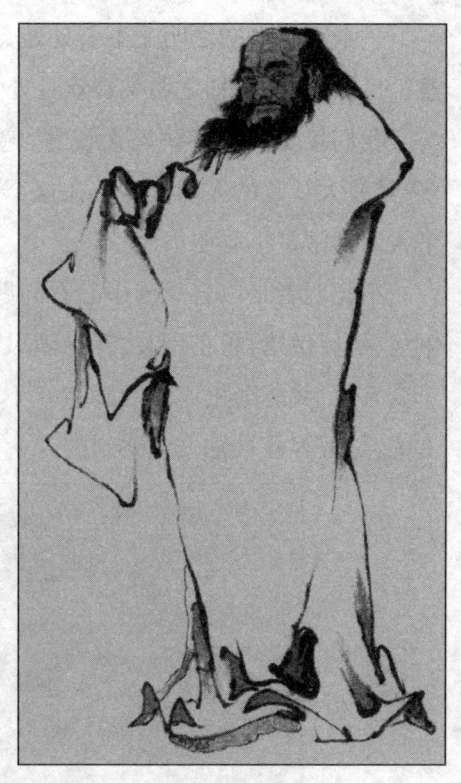

知人者智,自知者明

讲道理容易,实行起来困难。清楚地认识自己,确实不是一件容易的事情。知人者不一定知己,所以要学会读懂自己,把自己的一生看作是一本书,我们去读,读懂了自己也就了解了生命。

所以说,自认为聪明的人,往往很愚蠢;自认为不太精明的人,其实是十足的精明。但也只有进到这一境界,才能明白人生是怎么一回事。

人生需要大智慧

【原文】

是以圣人自知不自见,自爱不自贵。

——《道德经·第七十二章》

【译文】

因此,有道的圣人有自知之明,而且也不显扬自己,能自爱而不自显高贵。

国学经典文库

《道德经》智慧解读

图文珍藏版

一个人有自知之明又不会处处突出自己，爱惜自己而不抬高自己，是一种大智慧。反之，没有自知之明又喜欢处处显耀自己，是一个有点小聪明的人。

我们接受的教育缺乏大智慧，遍布小聪明。所以，生活中有小聪明的人有很多，具有大智慧的人却很少。在这个世界上，成就一个人的往往是大智慧，毁灭一个人的常常是小聪明。

小聪明者是以自我为中心看问题，他们表现得聪明伶俐，会说话会办事，伶牙俐齿，机灵敏捷，善于伪装，有种随风而动的轻巧，有种趋炎附势的灵动，有种你能千变万化，我能随机应变的聪慧。小聪明是近观，小聪明是装饰，这种聪明是表面上的，是很容易被别人觉察到的。

要大智慧，戒小聪明

何为大智慧？大智慧者以环境为中心看问题，他们表现得山水不露，稳重大方，拙中藏巧、大智若愚，运筹帷幄，高屋建瓴，有种水滴石穿的坚韧，有种任你有千变万化，我早已将你看穿的沉稳。大智慧就像一部哲学著作，初读时不一定得到人们的喜欢，可是你要是能读下去的话，你会变得深厚，也会终身受益。

如果我们具体分析大智慧和小聪明，主要应有下列的不同：

（1）凡大智慧者必懂低调为人，而小聪明者只会显摆炫耀。有小聪明的人看到比自己聪明的人心里，会有一种紧张感，遇见不如自己聪明的人会表现得不屑一顾，遇见大聪明的人就只有望而兴叹了；有大智慧的人看到比自己聪明的人心里会有一种钦佩感。

（2）凡大智慧者必包容，而小聪明人多计较。小聪明的人自以为对人性有一定了解，因此他们从内心认同的人不是很多。有大智慧的人对人性一定很了解，因此他们能够十分包容地看待一切，他们将宇宙装在自己的胸膛里面。

笑看云翻雨覆，谛听旷野喧嚣

（3）凡大智慧者必理性，而小聪明人多感性。小聪明对于每一个人来说，只是多和少的问题；而大智慧对于每一个人，则是有和无的问题。

（4）凡大智慧者必高瞻远瞩，而小聪明人只考虑眼前利益。大智慧所统辖的是超越感知的宏观，所谓的大象无形。因而当这个智慧刚刚出现的时候，绝大多数人只感觉到这个智慧的平淡无奇,直到智慧灵光显现的一刻才能引起人们的惊叹。小聪明在细而不在全,在某一方面有过人之智,可其他方面却不行,所以小聪明时而会翻船。

(5)凡大智慧者必长线钓鱼,而小聪明人多走一步算一步。真正聪明的人会未雨绸缪,为未来做好规划,并认真地执行,一步步走向成功,成为时代的弄潮儿。而小聪明则是浅尝辄止,应付小场面还可以,遇到大事就要手忙脚乱了。

(6)凡大智慧者必有大局观,而小聪明人只考虑小圈子。小聪明的人由于过于注重细节,所以常常不满足,会怨天尤人,并且苦恼特别多。大智慧的人由于注重大局,所以只要大局还行,他们就感到满意,所以他们过得更幸福。更何况大智慧往往与大能力结合在一起,他们能实现大发展,从而带来更大的幸福。

(7)凡大智慧者必懂春播种秋收粮,而小聪明人只会即种即收。大智慧者,高屋建瓴,审时度势,纵横披靡,无往不利。小聪明者,见树木而忘森林,眼中有石块而无叠峦群山。喞喞于一隅之得而失天下,沾沾于蝇头小利而忘全局。终究不过是捡得芝麻来,丢了西瓜去。或许遇小河水而过,遇波涛之川,唯望洋兴叹矣。

(8)凡大智慧者必知做正确的事,而小聪明人只会正确地做事。

(9)凡大智慧者必懂吃亏是福,而小聪明人只会抓小放大。

(10)小聪明的人善于攀比,大智慧的人善于平衡。

小聪明者在世俗中随波逐流,被小聪明所误,容易把春光看作秋风,会用自造的凄凉来折磨自己;大智慧是老子哲学中的以柔克刚,仰观满天星斗,俯瞰人间烟火,淡泊明志,宁静致远,高山挺拔,草木景仰,大海辽阔,江河来归。

人生需要的是大智慧,而最忌讳的是小聪明。小聪明本身就具有一种擦抹不掉的悲剧色彩,小聪明总有个性的弱点,个性的弱点总会造就人生的局限,所以大智者的人生常常很成功,小聪明的人生可能支离破碎。

小聪明一旦与功名利禄粘连,人生的悲剧就上演了。清朝的和绅是个绝顶聪明的人物,但他的一生都是在耍小聪明中度过的。他的整个一生都在贪婪敛财,从而成为超级贪官,害国害民,不得善终,令人扼腕!小人物被小聪明所误,容易变得张狂,自己不认识自己,走路辨不出南北西东,做事不知道天高地厚。

大人物若是被小聪明所误,造成的损失则是灾难性的。"赔了夫人又折兵"的典故,出自《三国演义》。讽喻那些设计整人整不到,反而贴了老本的人。周瑜自恃胜券在握,不想遇到了诸葛亮。这"赔了夫人又折兵",实际上正是周瑜聪明反被聪明误的结果。

《红楼梦》中的王熙凤也算是文学作品中"聪明反被聪明误"的典型。凤姐在贾府算是一个巾帼英雄了,她想尽多种办法聚剑财富,引来贾府上下的不满,最终还落得个悲惨的结局。应了书中对她的判词:"机关算尽太聪明,反误了卿卿性命。"

其实,聪明是一笔财富,关键在于怎么使用:财富可以使人过得很好,也可能使人毁掉。真正聪明的人会使用自己的聪明,那主要是深藏不露,或者不到火候时不轻易使用。耍小聪明往往是招灾引祸的根源。

若是运用大智慧,便能造福苍生,泽被后世。大人物运用大智慧就能眼明耳聪:笑看云翻雨覆,谛听旷野喧嚣! 真个是"不畏浮云遮望眼,只缘身在最高层。"小人物运用大智慧,一生受益无穷。大智慧像阳光,即使没有缝隙,阳光也能照亮心窝。幽兰吐馥,金菊傲挺,翠竹抱虚,寒梅争妍,无一不是大智慧。

过度自信就是狂妄

【原文】

知不知,上;不知知,病。

——《道德经·第七十一章》

【译文】

知道自己有所不知,最好。不知道却自以为知道,这是缺点。

有人说,站在山顶和站在山脚的人看对方同样渺小。"会当凌绝顶,一览众山小。""山外有山,天外有天。"这样的意境恐怕不是身在山脚下的人们所能体会到的吧!

许多时候,我们会不自觉地感到自己的强大,这种信心是不可或缺的,但不可发展为自负,否则就成了狂妄。正如空中的星星,对于尘埃来说它大如宇宙,但对于宇宙来说它小如芥豆。因此,认清自己很重要。

每天,当太阳升起来的时候,非洲大草原上的动物们就开始奔跑了。狮子妈妈在教育自己的孩子:"孩子,你必须跑得快一点,再快一点,你要是跑不过最慢的羚羊,你就会活活地饿死。"在另外一个场地上,羚羊妈妈也在教育自己的孩子:"孩

子,你必须跑得快一点,再快一点,如果你不能比跑得最快的狮子还要快,那你就肯定会被他们吃掉。"

羚羊妈妈为什么老是教导自己的孩子要跑得快些,因为它知道,虽然自己跑得已经很快了,但还有一种叫狮子的动物跑得更快。

还有这样一个故事:

有一次,阳子居去徐州,在路上恰巧碰到老子。郊外相逢,阳子居自以为有学问,态度傲慢,老子便为阳子居深感惋惜,当面批评他说:"以前我还认为你是个可以成大器的人,现在看来不可教诲啦。"

篆书"道德经"书法

听了老子的话,阳子居心里很不舒服,后悔自己为什么当时那样。

阳子居回到旅店,思前想后,觉得自己应当做得自然一些,起码要敬重长者,敬重有道德学问的老子。

于是,阳子居便主动给老子拿梳洗的工具,脱下鞋子放在门外,然后膝行到老子面前,谦虚地说:"学生刚才想请教老师,老师要行路没有空闲,因此不便说话。现在老师有空了,请您指教我的过失。"

老子说:"想想看,你态度那么傲慢,表情那样庄严,一举一动又如此矜持造作,眼睛里什么都没有,这样,将来谁和你相处呢?人,没有他人围绕着你,行吗?应该懂得:最洁白的东西好像总有些污秽的感觉,德行最高尚的人总认为自己远不十全十美。知道自己不行,你才知道自己真正行的地方。实际上,你哪个地方都不明白。"

阳子居先是吃惊,渐渐地脸上浮现惭愧的神色,谦虚地说:"老师的教导使我明白了做人的真正道理。"

以前阳子居去徐州的路上,旅舍客人恭敬地迎送他。他住店时,男老板为他摆座位,女老板为他送手巾,大家也给他让座。虽然恭敬,彼此都不舒服。接受老子教诲后,阳子居态度随和,为人谦逊。归途住店,客人都随意地和他交谈,他也感到和大家相处得很亲切。

人性丛林，芸芸众生。你可能以为自己很是成功，颇为了不起。但走出去一看，才发现外面的世界更大，外面的天空更加高远，周围的人群中更有奇人高手。面对这些高人与强手，有些人不知如何应对。怎么办呢？

其实，老子早已为我们指出了方向："知不知，上；不知知，病。"所以，不要把自己看得十分了不起，对人要谦虚。

知可为而为之

【原文】

夫代大匠斫者，希有不伤手矣。

——《道德经·第七十四章》

【译文】

代替木匠而又不懂木匠之艺而乱砍斫，很少有不砍伤自己手的。

老子认为，一个人只有自己有了足够的能力，才可以考虑帮助别人，否则就是稻草人救火，自身都难保。也就是说，要知可为而为，做任何事情都要量力而行，不要做超出自己能力的事情。

《中庸》里面曾经提到"三达德"，即所谓的"知、仁、勇"。它们排列的顺序是很有意义的，"知"应该是最重要的，没有"知"的仁或许是愚人之仁，没有"知"的勇就只能是匹夫之勇。

所以，一个人了解自己很重要。也许你会说，自己难道还不了解自己吗？然而，据调查显示，大多数人并不真正地了解自己，不清楚自己的特长和实力。

有自知之明的人非常了解自己的优劣，因为他们时时都在仔细检视自己。能够时时审视自己的人，一般来讲，他的过错都非常少，因为他会时时考虑：我到底有多少力量？我能干多少事？我该干什么？我的缺点在哪里？为什么失败了或成功了。这样做就能轻而易举地找出自己的优点和缺点，为以后的行动打下基础。

知可为而不为，犹豫；知不可为而为之，糊涂；知可为而为之，睿智；不知可为不可为，愚蠢。智慧之人都善于将自己的行动建立在切实可行的客观条件上，自己的能力还不够就勉强去做某些事，通常的结果是失败，折损了自己的壮志，也惹来一些嘲笑。

有人问:"你认为完全没有打过篮球的人,可以当很好的篮球教练吗?"回答:"当然不可能,外行不可能领导内行。"

可是,有许多人,对某个行业完全不了解,只听到那个行业好赚钱,就马上开起业来了。有些对穿着没有任何品位或根本不在乎穿着的人,梦想却是开间服装店;不知道电脑怎么开机的人,却想在网上淘宝。结果什么都没做成,却不反省自己是否专业能力不足,只抱怨时不我与。

可见,知可为而为是一个人最基本的素质。一个人如果不自量力,难免会自取其辱,碰得满鼻子灰,酸溜溜的难以在人前抬起头来。人开创事业的时候,要清楚自己的底线,知道自己能吃几碗干饭,什么事自己能做,什么事自己做不来,不要勉强自己。

不自量力的人做事往往不知深浅,因为他不清楚自己的实力,出发点没有站在稳固的基点上,而是从不切实际的空中楼阁做出判断。当别人替他拆穿西洋镜的时候,他才不得不认识到自己的无知。

知可为而为的前提是有自知之明。

龟兔赛跑以后,乌龟总是洋洋得意,兔子却一直沉默不语。乌龟却不管兔子的感受,做着自己长远的规划。

过了几天,重塑形象的乌龟给鹰王递上呈文,要求委以重任。

鹰王问乌龟:"你想高攀什么职位?"

乌龟说:"请教我飞翔吧!只上一堂课我就能冲上云霄,穿过大气层,翻飞在太空。在那里,我看太阳、月亮,还有成千上万的星星。我还可神速地降落,逍遥自在地掠过一个又一个城市,在短短的几天中饱览所有风光!"

鹰王嘲笑乌龟的荒唐,奉劝他知命守分,用适合自己的方式生存。可乌龟却固执己见,坚持要鹰王把飞行的本领教他。

鹰王无奈,只好抓起乌龟直飞云端,并对乌龟说:"看你怎样飞翔!"说着鹰王爪子一松,乌龟掉了下来,摔得粉身碎骨。

"乌龟"的致命弱点就是不知道自己是什么,更不知道自己适合怎么样的生活。乌龟因为在龟兔赛跑以后获得了大家的赞誉,便飘忽忽不知所以了,结果,代价是惨重的。

心动，更要行动

【原文】

合抱之木，生于毫末；九层之台，起于累土；千里之行，始于足下。

——《道德经·第六十四章》

【译文】

合抱的大树，生于细小的萌芽；九层的高台，产生于每一捧泥土；千里远行，是从脚下的第一步走出来的。

智慧的老子用这几句话对质量互变做了形象化表述，尤其强调了积累量的重要性。量变是质变的前提，质变是量变的结果。这话勉励人们干什么都要循序渐进，持之以恒，要把远大理想和实干精神结合起来，既要志存高远，又要脚踏实地，艰苦努力。只有量的积累突破度时，才能出现质的飞跃，才能升级递进。

荀子说："道虽迩，不行不至；事虽小，不为不成。"也就是说，坐而论"道"，不如起而行。"目标"这个"道"必不可少，但不能为了"道"而去论"道"，关键是行动。

老子论道图

有了想法，就赶快行动。不要等到一切条件都具备了才动手，到那个时候，可能为时已晚了。成功者和失败者的差别就在于，成功者愿意采取有目标的行动，不会只是空想。

人生的种种遗憾，常常是缺乏行动造成的。若不把握时机，即时行动，就无法拥有更多的机会和成功。

有个中年男子，20年前，他进入了银行工作，因薪水不错，所以很满意。工作两三年后，因为银行工作缺乏弹性，他有了换工作岗位的念头。偏巧这时，他结婚了，开始有生活压力。于是他便想："换工作后，未必能拿这么好的薪水，还是忍一忍吧，过几年再走也不迟！"

过了两年后，他有了孩子，家庭花销更大了。他又告诉自己："再熬几年吧，等孩子长大了，我再离开。"

10年后,孩子是长大了,但供孩子上学的压力也越来越大。这时,他只好宽慰自己:"没关系,生活就是这样,等我退休了,一切都会转好的。""为了这个家,我所有的梦想都快摧毁了。退休后,我至少不为工作烦心了,到那时,可以陪太太到处走走……"

退休之前的一天,他去逛商场,看到一套喜欢的西装,想买下它,但一看价钱,大吃一惊,居然要1600元。心想:"算了吧,反正家里还有西装,退休后何必穿得那么好呢?"于是,他继续逛街,又看到一件喜欢的纯羊毛背心,但售价是4300元。他随即转变念头:"冬天马上就要过去了,何必再浪费呢?"

有人说,天下最悲哀的一句话就是:我早就想到了,可惜我没做。比如:"如果我几年前就开始那笔生意,早就发财了!""如果我早一点向她求婚,她就不会变成别人的新娘。"有机会迟迟不见行动,时过境迁再来后悔,正是小人物的通病。

近百年来,清华大学可谓人才辈出,硕果累累。"清华精神"的核心是"务实",清华人奉行的准则就是"行成于思,行胜于言"。当我们在评估自己的愿望时,务必要懂得活在当下,去做现在就能做的事。如果你只是个胸怀大志却无法立即行动的人,那么,你的理想充其量只是海市蜃楼。

任何希望,任何计划最终必然要落实到行动上。只有行动才能缩短自己与目标之间的距离,只有行动才能把理想变为现实。做好每件事,既要心动,更要行动。只会感动羡慕,不去流汗行动,成功就是一句空话。

修养在言行举止间

【原文】

善行,无辙迹;善言,无瑕谪。

——《道德经·第二十七章》

【译文】

善于行走就不会留下痕迹;善于讲话就不会留下过错。

善于行走的人是不会留下痕迹的,善于讲话的人,你找不到他的破绽。这是说一个人的修养达到一定程度做事就很完美。修养支配言行,一个人应该努力提高自身的修养。

当你的修养很深时，就是至善的人了，你心里没有虚伪的做作。你做事的时候，你说话的时候，纯粹是自然本性的流露，也就没有缺点让人责备。

常言道：真人不露相。这句话可以用来解释"善行，无辙痕"。真人在外表上是很难看出来的。真人不论自己有多高，他的心始终那么平和普通，从来不卖弄自己，这就是真人的修养。

20世纪初，有一次伦敦举行中国名画展，组委会派人去南京和上海监督选取博物院的名画，蔡元培先生与林语堂先生都参与了此事。法国汉学家伯希和自认是中国通，在巡行观览时滔滔不绝，不能自已。为了表示自己是内行，伯希和向蔡元培说"这张宋画绢色不错"，"那张徽宗鹅无疑是真品"，以及墨色、印章如何等等。

林语堂注意观察蔡元培的表情，他并不表示赞同或反对，只是客气地低声说："是的，是的。"一脸平淡冷静的样子。后来伯希和若有所悟，闭口不言，面有惧色。大概从蔡元培的表情和举止上，他担心自己说错了什么，出了丑自己还不知道呢。

含蓄是一种修养，代表了一个人的文化程度、文化素质，是一个人内在气质的表现。一个人即使已经智慧圆融，更应含蓄谦虚，像稻穗一样，米粒愈饱满垂得愈低。我们应该学会谦虚、低调、含蓄，这更会赢得人们的钦佩和敬重。

《水浒传》里有林冲与洪教头比武的故事。林冲躬身施礼，但是洪教头却摆出一副唯我独尊的面孔，对林冲的施礼并不理睬。比武时"洪教头见他退让，以为他真的不会枪棒，便越发要跟他交手"。他哪里知道林冲这叫真人不露相。人家是含蓄，是藏而不露，他却以为人家没本事。不知道天外有天，人外有人，而自己高傲自大又自不量力。

一个人的修养，还可以从他的言语上体现出来。善于言语的人，必定是谨言慎语，不会造成任何的瑕疵与错误。我们在说话时，一定要谨慎，一句失言可以让人反目成仇。

人生最重要的一件事就是管住自己的嘴巴。一是管住自己的吃喝；再一个是管住自己别乱说话。说话前你是话的主人，说话后你是话的仆人。话未出口由你控制，话已出口不由你控制。话不在多，少说为佳。有时无声胜有声，多说话不如少说话。

人常常犯一个毛病，说了许多，但不知道自己要说什么。或者话一到，就从嘴巴出来，让所有的话语都消失在大气层里。有的话说了制造自己的烦恼，有的话说

了让别人烦恼。

中国有很多熟语,比如"沉默是金""少说为佳""乌龟有肉在肚里""半罐水响叮当"等,这些熟语中潜藏着十分高深的处世哲学。"沉默是金"强调了不说话的重要性,说明不说话的人招人喜欢。"少说为佳"强调了少说话对自己的好处,起码不至于招惹麻烦。"乌龟有肉在肚里"是对不爱说话的人的学识和本事的肯定,喜欢说话的人则被当成了只会说不会做的没有涵养的人。"半罐水响叮当"更是对那些爱说话的人的严厉批判,你若多嘴,就多半是个本事不大的人了。

中国还有一些熟语则对那些多嘴者进行了告诫,比如"言多必失"。这是实在话,一个不说话的人恐怕不

人生最重要的事情是管住自己的嘴巴

会在说话中惹麻烦上身,也不容易暴露自己的不足。而那些喜欢说话的人,既容易得罪人,惹祸上身,又容易引起别人注意而暴露自己的缺点。

俗话说:"祸自口出。"过多的言辞必然会在不经意间触及某些人的痛处,而对自己带来意料不到的麻烦。三国时期的杨修,可谓是一个典型的例子。用"才高八斗、学富五车"这个词来形容杨修的才学是绝不为过的。但恃才傲物的结局是讲出了曹操心中的秘密而死于非命。杨修的"祸"根便在其口。面对他的遭遇,我们是一种什么样的心情呢?杨修所表现的究竟是一种智慧还是一种顽痴呢?

所以,老子告诉我们,善于行走就不会留下痕迹;善于讲话就不会留下过错。言行举止反映一个人的修养和素质,很多时候,一些细节和小事上的表现往往决定了一个人的成败。平时我们要在言行方面完善提升自己,让良好的修养伴随自己一生,从而拥有美好的人生。

何必太在乎别人呢

【原文】

吾言甚易知，甚易行。天下莫能知，莫能行。言有宗，事有君。夫唯无知，是以不我知。知我者希，则我者贵。

——《道德经·第七十章》

【译文】

我的话很容易理解，很容易施行。但是，天下人却没有人能够理解，没有人愿意实行。言论要有主旨，行事要有主见。正由于人们所知太少，所以不了解我。了解我的人少，仿效我的人贵。

老子认为，一个人，只有对别人的评价和各种流言蜚语都无动于衷的时候，才算修炼到家了，这样的人才能真正地享受生活，从生活中得到更多的快乐。

而现实中，我们却常常因别人的评论左右自己，因别人的闲言碎语自己苦恼。按老子的观点来说，这大可不必。老子说："正由于人们所知太少，所以不了解我。了解我的人少，仿效我的人贵。"每个人都有自己的生活方式，我们不必为没有得到理解而遗憾叹惜。

高明的人不会把自己的感情生活过多地与人交流，也不会太在意别人的生活，一般都是跟自己要好的朋友倾诉心声。如果听到某人的闲言碎语，不会到处去讲，也无须诚惶诚恐。

不要迎合别人，不要失去自己

人的生活其实就是一种心情，一种感受。心情好了，生活一定美满、成功。如果整天要按别人的意志去生活，要看人家的喜恶行事，成了别人的精神奴隶，还能有什么好心情，生活更没有什么幸福可言。

记得日本哲学家西田几多郎有一首诗："人是人，我是我，然而我有我要走的道路。"是啊，我们有我们自己的生活目标和生活方式，如果我们自己不能选择自己喜爱的生活方式，走自己想走的路，而是处处要看别人的脸色行事，这无疑是在为别人而活，这样活法又有什么意义呢？为人处世，凡事总想讨到别人的欢心，实际上是一种心理乞丐。

改变这种状况的条件，不仅包括了头脑聪明，亦须具有"不在乎别人"的那种定力。这种定力，并非人人都能够做得到。

白云守端禅师有一次和他的师父杨岐方会禅师对坐，杨岐问："听说你从前的师父茶陵郁和尚大悟时说了一首偈，你还记得吗？"

"记得，记得。"白云答道，"那首偈是：'我有明珠一颗，久被尘劳关锁，一朝尘尽光生，照破山河星朵。'"语气中免不了有几分得意。

杨岐一听，大笑数声，一言不发地走了。白云怔在那里，不知道师父为什么笑，心里很愁烦，整天都在思索师父的笑，怎么也找不出原因。那天晚上，他辗转反侧，怎么也睡不着，第二天实在忍不住了，大清早去问师父为什么笑。杨岐禅师笑得更开心了，对着因失眠而眼眶发黑的弟子说："原来你还比不上一个小丑，小丑不怕人笑，你却怕人笑。"

白云听了，豁然开朗。是啊，只要自己没有错误，笑又何妨呢？

也许你还有这样的感受，做人做事，哪怕是穿一件新衣服，说一句什么话，都会不自觉地考虑到别人会怎样看，会不会不高兴，总想办法，尽量按照别人的期望去做，担心顺了姑心失了嫂意，怕别人失望，被别人笑话，甚至责骂。如果偶尔未能尽如人意，或听到背后有人非议自己，

人最要紧的不是在意别人怎么看你，而是考虑自己的路怎样才能走得更好

就耿耿于怀而不可终日。

如果你曾注意过别人的批评是多么的随意,你便不会太在意。说过的话,他人早忘了,最在意的只有自己,所以何必强加烦恼在自己身上,你就把它当作是一个过客不是乐得轻松吗?

其实,一个人将生活的焦点和生命的重心放在看别人的眼光、脸色和喜恶上,千方百计去克忍自己,迎合别人,是非常愚蠢的,且不说千人千性,众口难调,你不可能满足所有人的要求,即使能,也只能扭曲自己,最终失去自己,失去自己的生活乐趣和生命价值。

说实在的,无端被人责难、被人误解、被人诬陷,有时比遭到明火执仗地刀砍斧剁还要难受,特别是当内心的委屈、愤懑、悲伤无人诉说,有口难辩时,更是苦不堪言。有的人就是这样因为"人言可畏"像阮玲玉一样走上了自我毁灭、一了百了的不归之路。

话又说回来:"坐下来说人,站起来被人说。"评价人和被人评价都是一种正常的生活现象,哪个背后没人说,哪个人后不说人?"谣言止于智者。"不管别人怎么看你,如何说你,你大可不必太在意、太认真,更不要去理睬,舌头长在别人嘴里,说什么是他们的自由,该怎样做是你的权利。即使让他们骂个口水连天又能奈何得了你什么?

所以,人最要紧的不是在争取别人怎么看你,而是要考虑自己的路该怎么走,怎么才能走得更好。千万不要按别人的思维来对待自己,对待社会。什么鸣冤叫屈、怨天尤人、仇视社会等做法,只能上了别人的当,中了别人的圈套。那些存心搬弄是非的人,其目的就是要让你没有好日子过。

无贪欲就不会迷失

【原文】

不欲以静,天地将自正。

——《道德经·第三十七章》

【译文】

无贪欲则入静,入静则天下自然安定。

老子认为，一个人无论贵贱高低，都应该认清自己，不要为了自己达不到的境界，徒增烦恼。应该在现实中"无贪"，从而"入静"。专注下来，一心一意地去做事，这样，你就会变得快乐而又有成效，也不会被那么多的目标所淹没。

"入静"，就不会再有什么负担和压力，你是清醒的。清醒的你，是在你自己的轨道上运行，就不会受到外界的摆布。

现代人之所以活得很累，心里很容易产生挫折感和种种焦虑，是因为迷失和淹没在各种目标中了。现代人常把自己的思绪搞得一团乱，却很少有人进行必要的自我调节。在这种混乱的生活状态中，人的内心渐渐了失去了平衡，变得没有条理，生活的目的也跟着盲目起来。他们不知道自己所为何来，也不知道自己终将怎样。他们的想法很多，却不知从何着手。他们的思维混乱，长久下去便会产生心理疾病，从而又影响到了健康。人如果总是这样，就没有幸福可言，并会失去最主要的东西，或丢掉眼前的一些机会，变成"为明天而明天"的生活痛苦者。

人没有贪欲，就不会迷失

有两个学生拜奕秋为师学习下棋。其中一个学生每次听课，都全神贯注，一心一意地听奕秋讲解棋道；而另一个学生虽然很聪明，但上课时总是心不在焉，而且他今天想学下棋，明天又想学画画，不时有新想法冒出来。

一次上课时，有一群天鹅从他们头上飞过，那个专心的学生连头都没有抬一下，浑然不觉。而心不在焉的学生虽然看着也像是在那里听，但心里却想着拿了箭去射天鹅，而且想着有一天要做一名出色的弓箭手。

若干年后，那位专心致志的学生成了一名出色的棋手，而另一位呢，却一事无成。

一般情况下，人对生活的迷失都是所要或所想的太多，而又一时达不到目标造成的。这种想法使很多人不能将精力专注于一项事业。他们总是目标多多，反而错过许多近在眼前的景色，丢掉了一些可以马上把握的机会。

老子主张不能贪图达到别人所达到的目标，而要安于自己所应达到的目标。这对我们的爱情婚恋也要重要的启发意义。爱情不是赶集，可以走一路挑一路，不行还可以回过头来买。爱情不是，婚姻也不是，遇到一个好的，却想还有更好地在后边，结果，回过头来看，那个自己最心仪的已经远去了。

有一天，柏拉图问他的老师什么是爱情，他的老师就叫他先到麦田里，摘一棵全麦田里最大最金黄的麦穗。其间只能摘一次，并且只可以向前走，不能回头。柏拉图于是照着老师的话做。结果，他两手空空地走出麦田。

老师问他为什么摘不到，他说："因为只能摘一次，又不能走回头路，其间即使见到一棵又大又金黄的，也总会猜想前面可能有更好的，所以没有摘。走到前面时，又发觉总不及之前见到的好，原来麦田里最大最金黄的麦穗，早就错过了。于是，我便什么也摘不到。"

老师说："这就是爱情。"

又有一天，柏拉图问他的老师什么是婚姻，他的老师就叫他先到树林里，砍下一棵全树林最大最茂盛、最适合放在家做圣诞树的树。其间同样只能砍一次，以及同样只可以向前走，不能回头。柏拉图于是照着老师说的话做。这次，他带了一棵普普通通，不是很茂盛，亦不算太差的树回来：

老师问他怎么带这棵普普通通的树回来，他说："有了上一次经验，当我走到大半路程还两手空空时，看到这棵树也不太差，便砍下来，免得错过了后，最后又什么也带不回来。"

老师说："这就是婚姻。"

如果一个人因得到而激起他对更大利益的占有欲，他就会在贪欲中迷失本真。无贪欲，人类迷失的灵魂就可以少很多。过分贪欲必然会有大的耗费，过分的敛聚必然会有过多的丧失。切记，我们不要让自己迷失在无尽的贪欲中。

轻易许诺少有信用

【原文】

夫轻诺必寡信，多易必多难。

——《道德经·第六十三章》

【译文】

轻易允诺的人往往没有信用，把事情看得太容易一定会遇到很多困难。

一个人在自己毫无把握的前提下对他人之求轻易许诺，必定很少坚守信用。事先把所有问题都看得很容易，在实际运作时必然会遇到许多意想不到的困难。当你遇到困难时才发现并不像当初想象的那么容易，于是你无力践诺，这是造成"寡信"的原因。

因果是互相影响的，一旦失信于人，就很难再得到众人的帮助，得不到众人的帮助，困难就越积越多。所以，"多难"者必是自己"寡信"的结果。

周公以桐叶封弟，尾生以守信而淹死，季布一诺千金，这些已成为千古美谈。示信于人，所以能得人；示信于国，所以能得国；示信于天下，所以能得天

安徽名人馆内的老子蜡像

下。所以老子重视戒除"轻诺"，孔子重视"纳言"。

信用说起来容易，做到则难。小信守于言，大信守于心，君子守言，圣人守心。那些随随便便向人开"空头支票"而事到临头又不能兑现的人，无论在哪一方面都做不出成绩来。言而无信，害人害己。

马来西亚文人朵拉写过一篇文章，题目叫《答应不是做》。作者在总结人们的应酬交际活动时，提出了一个值得人们深思和重视的现象，文章写道：

许多时候,我们要求别人办事,他们的反应是:"好的,好的。"

然而过不多久,便发现自己的心放得太早了。当人们点着头说"好的,好的"时,他只是在口头上说好,至于是否真的去实行,如果十个里有一个,就是你的运气不坏了。承诺时态度看起来非常诚恳,日子一过,把说过的话当成风中的黄叶,霎时便无影无踪。

自以为纯纯的我,究其实,是蠢蠢的我。在这个大家都忙忙碌碌的年代,居然妄想朋友听见你的要求,就抛下自己手头的事务不去处理而特别为不在他眼前的你去奔波。时常,用自己的心去度朋友之腹,结果得到的是自己的误解。也用不着去埋怨被谁欺骗,欺骗自己的其实正是自己。大家都说:"答应并不表示做到。"大家可以答应你任何事,但是没有一次替你做。就连我自己,在社会上混了几十年,也已经学会了这种滑头的应对策略,已经世故圆滑得叫 10 年前的自己无法相认。

然而,终于有一天,我认识到自己是陷入了做人的泥淖之中。那是一个很少见面,很少交往,也从没说过什么知心话语的朋友,他在 4 个月前说过要帮忙。而他居然真的去做了!

这件事让我汗颜,使我惭愧。

读完朵拉的这篇文章,我们也蓦地感受到了一种同样的指责。反省自身,我们无法不对自己对号入座。难道日常的生活中,对朋友,对同事,对父母妻女,这种"好的,好的"答应,过后就全然没有这回事了的次数还少吗?我们哪一次的承诺不像天上的云,折射着太阳的光芒,而当一阵风吹过,便飘逝得踪影皆无了?朋友一次次失望,为了面子,他们不曾指责过我们,也许他们习以为常了。我们也有过脸红的时刻,那是天真不可欺的孩子一次次地责问我们:"今天答应带我去公园,明天答应带我去书店,怎么老说话不算数?"

有的人认为说过的话无需全部兑现。有些话只是说说而已,谁让你那么认真呢?但是,要知道,一个追求成功的人一定要说到哪里,做到哪里,只有这样,你才能有信誉,你在朋友中才能有威信。如果一个人老是世故圆滑,对任何人,任何事情都采取敷衍的态度,那么谁还愿意同这样的人打交道呢?

信守承诺,兑现承诺是人的美德。一个人信用越好,在工作和生活上就愈能成功地打开局面,做好工作。所以你必须重视你自己说过的每一句话。生活总是照顾那些说话算数的人,食言则是最不好的习惯。

别被甜言蜜语毒倒

【原文】

信言不美，美言不信。

——《道德经·第八十一章》

【译文】

真实的话并不华美，漂亮的语言未必真实。

老子的这句话也可以理解为：诚实的话不漂亮，漂亮的话不诚实。这包含了内容和形式的辩证法。也就是说，如果人们被事物的现象所迷惑，而不深入探究，往往要犯错误。

有这样一种人，当着人的面总是说好听的，可是一转身，他的嘴就不是那张嘴了，多没谱的话，多难听的话，多伤人的话，他都能说得出口。这种人，正应了老子的这句话："真实的话并不华美，漂亮的语言未必真实。"

中国人大多不喜欢听真话直话不顺耳话的，即使圣贤如孔子也要到 60 岁才耳顺，何况我们一般人呢？

《吕氏春秋》里有一篇《九石弓》，生动地描述了一个阿谀逢迎的故事：

齐宣王爱好射箭，他喜欢听人家称赞自己能使用强弓。其实，他常拿给左右侍从看的，只不过是一张强度仅三石的弓。侍从们也凑趣，拿来试试，人人拉到满弓的一半便停住了。大家说："这张弓，至少是九石弓，除了王能使用，还有谁能拉得开，用得上？"宣王所用的确是三石弓，然而，他到死都自以为使用的是一张九石弓。

本来是侍从们的阿谀奉承，但齐宣王不自警，遂为侍从们所迷惑，以至终生受骗而不觉。齐宣王平日亲信和重用一班阿谀奉承的奸臣，对忠臣良将却猜忌和排斥，使齐国面临着重大的政治、经济危机。鲁迅先生曾经说过：人，往往容易被捧杀。齐宣王的事例，至今读之，仍有一定的现实教育意义。

生活中，一些看似很好的朋友，每天在身边说一些奉承、恭维的言语，一旦你没利用的价值了，那些奉承、恭维的话也就不见了踪影。最好的朋友往往说一些平凡的、朴实的话，却是最本质的言语，当你需要帮助的时候，他会真诚地关心你、支持你。

生活中奉承和恭维的话很华丽，很动听，而且会让我们迷失方向。有些人往往在你面前说得优美动听，使你飘飘然。当面说的都是一些忠贞不贰的话，表现出的是忠诚老实相，但背后说不定有更险恶的用心。这种人善于搬弄是非，在你面前说他的坏话，在他面前说你的坏话，不闹出矛盾，绝不罢休。

唐代有一个人叫李林甫，对人总是恭维话不绝于口，其实暗地里尽做些害人的勾当，因此被视为"口蜜腹剑"。在生活中，

江苏省常州市茅山上的"道法自然"老子塑像

像李林甫这样的当面说好话、背后踹你一脚的人，不多，但也有。如果遇上了，也不要害怕，而要认真识别，严加防范。

如何识别这类不怀好意的恭维呢？其实并不难，因为砒霜要抹上蜜糖才能迷惑人们，越假的恭维话越会令人感到肉麻。所以，越是说得动听、柔媚的恭维话，越不难发现其伪诈之处和真正的用意。只要细心识别，妥善处之，定能防患于未然。

如果一个人无原则地讨好和巴结别人，这样的人就值得警惕。人都有自己的尊严、思想、利益，无原则地迁就、服从别人，不是有私心者谁能如此？所以，只要看到一个人具有拍马讨好的特点就足以断定他的人格人品了。

甜言蜜语是化了妆的毒药，要想不掉入甜言蜜语的陷阱里，就要管住自己的心。一位哲人说过："阿谀是一种伪币，它只有通过虚荣心才能流通。"虚荣会使人犯糊涂，对周围不怀好意的人的甜言蜜语失去警惕，从而掉进他早就设计好的陷阱之中。

在现实生活中，大部分人都有一个致命的弱点：爱听好话，不愿意听逆耳忠言。这是人的本性，但是我们可以做到对好话进行分辨，保持理智和清醒，不要被花言巧语迷惑了，以免受骗受害。

"信言不美，美言不信。"老子把这句话放在《道德经》收尾之章，有其深意，值

得我们细细地读,反复品味。

第六节　以柔克刚的智慧

守柔可以得长久

【原文】

人之生也柔弱,其死也坚强。草木之生也柔脆,其死也枯槁。故坚强者死之徒,柔弱者生之徒。是以兵强则灭,木强则折,强大居下,柔弱居上。

——《道德经·第七十六章》

【译文】

人活着的时候身体是柔软的,死亡后就变得僵硬了。草木生长的时候形质是柔脆的,死亡后就变得干枯了。所以坚强的东西属于死亡的一类;柔弱的东西属于生存的一类。因此,用兵逞强就会遭受败灭,树木强大就会遭受砍伐。凡是强大的,反而居于下位,凡是柔弱的,才欣欣向荣。

老子通过对周围自然物象的冷静观察,提出了这个命题。人生时很柔软,死后僵尸硬邦邦;草木初生很柔弱,死后枯槁坚硬。坚强的东西属于死亡的一类,柔弱的属于生存的一类。军队强大了就会被消灭,树木强大了就会被摧折。坚强处于劣势,柔弱处于优势,天下最柔弱的东西,能摧毁天下最坚强的东西,最低下最柔弱的水,能攻克最坚强的东西。所以,道以柔弱发挥作用,柔弱胜刚强,柔弱之物富有弹性、韧性和生机,而坚强的东西已丧失了较多的生命力。

老子认为,任何强大的事物都要走向反面,一味追求强是违背道的精神的,是不合乎客观规律的。因此,是不会有好的结局的,即所谓"强梁不得其死"。因此,老子的意思是不要逞胜好强,尤其不要以强对强;而应守弱用柔,谦下不争,如此才能进退适度,游刃有余,克敌制胜。

老子还说:"圣人之道,为而不争";"天下柔弱,莫过于水,而攻坚强者莫知能胜,其无以易之";"天下之至柔,驰骋天下之至坚"。正因为"柔弱"可无坚不摧,所以老子提出"守柔曰强"。

然而,"弱之胜强,柔之胜刚,天下莫不知,莫能行"。以弱胜强,以柔克刚的道理谁都明了,但在以强权、暴力为主导的社会中,真正去实践的人微乎其微。所以,老子告诫领导者要身体力行,"知其雄,守其雌",才能众望所归,具有强大的生命力;"知其荣,守其辱",才能奋发向上,成就事业。

一天,有一个人问苏格拉底:天有多高?他回答说:只有三尺高。这个人当时百思不得其解。后来,他回家后认真思索,明白了苏格拉底是在告诉他一个重要的处事哲理。这就是:人要低头,要谦和,要示弱。

要善于把自己置于一个弱者的位置上,这样就可以提高自身的忧患意识,同时也可以避开竞争对手的注意,以利于自己积聚力量,等待有利的时机,实现自己的战略目标。

但是在竞争激烈的今天,我们还要不要示弱呢?

大多数时候,我们都习惯于在别人面前展示坚强美好的一面,自然地想掩饰自己脆弱不堪的一面,可是有研究社会心理学的专家指出,适当地在别人面前表现你比较脆弱的一面是一种坦诚与接纳的态度,会让别人产生想接近的感觉,心理距离可以很快拉近。

在自己明显占有优势的情况下,淡化自己的光芒,充分尊重别人。这种示弱并非真正的弱小,而是一种主动把握生活的自信和从容。

你是否有足够大的生存空间?如果没有,请先示弱。如果我们不能征服环境,那就先适应环境,再试图找出征服环境的方法。你是否已经准备充分?如果没有,请示弱。经历过就是经验,为有经验请多经历。你是否已经有必胜的把握?如果没有,请示弱。不要觉得丢脸,其实,你是为了成功而暂时示弱,并非永久示弱。

示弱是最高的智慧。有时是谦虚,有时是宽容,有时是忍让。向人示威,人人都会;向人示弱却只有少数人才做得到。示威者能得一时之利却往往难以取得最终的成功;示弱者一时忍让,不逞能,不占先,肯退让,却能最终获得长久的成功。

以"柔道"功夫处世

【原文】

天下莫柔弱于水,而攻坚强者莫之能胜,以其无以易之。弱之胜强,柔之胜刚,天下莫不知,莫能行。

——《道德经·第七十八章》

【译文】

世间没有比水更柔弱的,但攻克坚强却没有东西能胜过它,水凭借流动无形的力量改变着它们。弱者能胜于强者,柔者能胜于刚者,这道理天下无人不知,却没有人实行罢了。

古希腊有一则寓言:

北风与太阳各自为自己的本领高强争论起来。结果,它们约定能够让行人脱掉衣服的,就算胜利。首先北风上场,为了让行人脱衣服,它使劲地刮强风,可是行人却赶紧将衣服裹住。轮到太阳了,它首先以柔和的光线照射,行人于是脱外套。接着,太阳再照射,行人受不了啦,赶快脱掉衣服跳进河里面去了。

中国与希腊是相距遥远的国度,却有同样的以柔克刚的思想和方法。

尧帝的时候,大洪水不断侵袭中国,灾难期间长达二十二年之久。尧帝命令鲧从事治水工程,鲧费了九年的岁月,致力解决洪水的问题,可是他采取的办法是筑堤的方法,结果失败了。而大禹治水则是用疏导的方法,替水筑道,以柔胜刚,取得了成功。

以柔胜刚,是智慧的人处世的理想境界。柔能克刚,是智慧的人处世的坚定信念。柔中含刚,刚中存柔,刚柔相济,不偏不倚,才是中国人处世的正宗。这一理想化的处世方式,太极图表现得最为形象。

太极图,在一个圆圈中有一个白色的阳鱼和一个黑色的阴鱼,阳鱼头抱阴鱼尾,阴鱼头抱阳鱼尾,互相纠结,浑融婉转,恰成一圆形,无始无终,无头无尾,无前无后,无高无下。最妙的是阴鱼当中有阳眼,阳鱼当中有阴眼,相互包容,相互蕴含,相互激发,相互转化而又相互促生。我们曾经对这一处世方式进行过轰轰烈烈的批判,但当我们今天凝神谛视这个小小的太极图时,却不能不承认它包含了宇宙中的哲理,同时也是我们处理人与事的最高准则。

　　不论在历史中还是现实中,刚者居多,柔者居少,若能以柔为主,寓刚于柔,其表现方式往往就是"柔道"。"柔道"是治国治民,为人处世的最佳方法。

　　中国历史上的许多以"柔道"处世,以"柔道"治国的成功事例,早已证明"柔道"比"刚道"更加行之有效,其事半功倍、为利久远之特点,更是"刚道"所远为不及的。

太极图

　　读过《三国演义》的人,都熟知诸葛亮"七擒孟获"的故事。诸葛亮以"怀柔"的手段,以柔制刚,克敌制胜,降伏了强悍的南人,达到了安定蜀国边境的目的,排除了北伐曹魏的后顾之忧。

　　古往今来,有多少功臣名将由于过"刚"而遭遇不幸。关龙逄、比干由于刚直不阿,直言进谏,而惨遭夏桀和商纣的杀戮;海瑞由于秉性耿直乏柔而一生坎坷不受重用。

　　过刚则易折,易折则无以达到自强之目的。人不能只具备"骨架",还要具备"血肉",只有如此才能成为一个充满活力的人,才会具有光彩照人的生命旅程。"柔",就是一个人的"血肉",是最富生命力且使人挺立长久的东西。

　　柔并不是卑弱和不刚,而是一种魅力,一种处世的方法,一种成熟的标志。愿我们每一个人都学会以柔克刚的生存之道,开心生活。

不敢为天下先

【原文】

不敢为天下先,故能成器长。

——《道德经·第六十七章》

【译文】

不敢居于天下人的前面,才能成为人们的尊长。

老子说,他掌握并保存着三件法宝,其中之一就是"不敢为天下先",不敢走在天下人的前面。

"不敢为天下先"并非不为,而是为而不争,谦让处后。老子认为,柔弱能够战胜刚强,不敢为天下先,反而能够达到成为天下先的目的。

春秋时期,齐景公手下有三位勇士:公孙接、田开疆和古冶子。然而。这三位勇士都居功自傲,越来越飞扬跋扈,甚至连齐景公都不放在眼里。相国晏婴担心他们闹事,于是向齐景公建议除掉他们。齐景公为难地说:"他们三人武艺高强,要除掉他们很难。"晏婴说他自有办法。

一天,晏婴叫人为三位勇士送去两个桃子,并告诉他们:"主公赏赐给最勇敢的人,谁的功劳最大,谁就有资格吃一个。"

公孙接说:"我曾陪主公外出打猎,制服过野猪与猛虎,我理当吃一个。"田开疆说:"我曾为齐国南征北战,立下赫赫战功,也理应有我的一个。"古冶子见两只桃子已经被他们二人分了,十分气恼,愤愤不平地说:"我曾救过主公的命,可如今却吃不上一个桃子,我怎能受如此羞辱?"说完,拔剑自刎。

公孙接、田开疆大惊,羞愧万分,说:"我们的功劳不如你,却先给自己分了桃子,实在太贪婪了。今天我们不死,是无勇的表现。"说罢,二人也拔剑自刎。

晏婴用两个桃子轻而易举地除掉了三个勇士。

争强好胜之心容易挑起争端,卷起巨澜,招来祸端。这三位勇士如果懂得"不敢为天下先"的道理,哪里会不明不白地命丧黄泉呢?

越是争强越不可能强,真正的强者反而不争。做人要在低调中修炼自己,低调做人无论在官场、商场还是政治军事斗争中都是一种进可攻、退可守,看似平淡,实则高深的处世谋略。

低调做人就是不要把自己的心理能量浪费在无谓的人际斗争中。即使你认为自己满腹才华,即使你认为自己的能力比别人要强,也要学会藏拙,这是一种能量的内敛,也是保护自己的有效手段。不卷入是非、不招人嫌、不招人忌、沉默地不动声色地把自己要做的事情做好,这才是最重要的。

当攻破太平军的天京城以后,曾国藩兄弟的威望达到极盛。曾国藩不但头衔一大堆,而且还指挥着三十多万人的湘军,节制着李鸿章麾下的淮军和左宗棠麾下的楚军,除直接统治两江的辖地,即江苏、安徽、江西三省外,还节制浙江、河南、湖北、福建,以至广东、广西、四川等省。湘军水师游弋于长江上下,掌握着整个长江水面。满清王朝的半壁江山已落入他的手中。

曾国藩还控制着赣、皖等省的厘金和几省的协饷。当时湘军将领已有十人位至督抚，凡是曾国藩所举荐的人，朝廷无不如奏除授。此时的曾国藩真可谓位贵三公，权倾朝野，一举手一投足都山摇地动。

清政府为控制曾国藩采取了两方面的措施：一方面迅速提拔和积极扶植曾国藩部下的湘军将领，使之与曾国藩地位相当，感情疏远，渐渐打破其从属关系；另一方面对曾国藩的部下将领和幕僚都实行拉拢和扶植政策，

曾国藩

使他们渐渐与曾国藩分庭抗礼，甚至互相不和，以便于控制和利用。

在此情形下曾国藩采取了积极的应对策略。他主动向朝廷请旨裁减湘军，以此来向皇帝和朝廷表示忠心。他还奏请停解广东、江西、湖南等省的部分厘金至金陵大营，减少自己的权利。曾国藩的主动请求，正合统治者心意，于是朝廷顺水推舟同意遣散大部分湘军。又由于这个问题是曾国藩主动提出来的，因此仍然委任他为握有实权的两江总督。而这，其实也正是曾国藩自己要达到的目的。

让权减职之举，的确在相当程度上解除了朝廷对他的猜忌，而曾国藩最终也可保住官位。曾国藩与清廷之间在政治上的这种交易与默契，当时朝野上下，没有几个人能够深刻地领会。

低调做人，并不是什么事情都退在后面，不是自己的利益被别人剥夺强占也不发任何声音，自己的人格被别人侮辱也不反抗，这不是低调，这是懦弱。低调做人，是不要太招摇，不要有点小本事就拿出来显摆，不要有事没事就往领导跟前凑，然后做出一副领导面前红人的模样，什么事情自己心中都要有数，要清楚，自己有本事慢慢拿出来用，在别人最需要的时候拿出来用，乐于帮助别人，为别人服务。

为天下先，必然要显露才干，争胜好强，这样往往会给自己带来祸害。枪打出头鸟，一旦突出和超越了，就要被铲平、被消灭。所以，为人处世宜守拙韬晦，莫作先行者。在现实生活中，只有灵活地运用这一谋略，才能永远立于不败之地。

人生在世会遇到各种各样的险境,骄傲自大可能是最可怕的一种。处境卑微自然不幸,但却没有太大的危险,趴在地上的人是不会被摔死的。最可怕的情境是身处险峰而高视阔步,只谓天风爽,不见峡谷深。这正是人们骄傲时的典型情境。人一骄傲起来,纵有天大的本领,也不会有好下场。

　　《三国演义》里关羽勇猛威武,温酒斩华雄,匹马斩颜良,偏师擒于禁,擂鼓三通斩蔡阳,百万军中取上将首级如探囊取物耳。清人毛宗岗称:"历稽载籍,名将如云,而绝伦超群者,莫如云长。"毛宗岗说关羽是古往今来名将中第一奇人。然而,这位叱咤风云、威震三军的一世之雄,下场却很悲惨,居然被东吴大将吕蒙一个奇袭仓皇中兵败失地,被人割下脑袋。

　　罗贯中说关羽是"龙游沟壑遭虾戏,凤入牢笼被鸟欺"。其实,追根溯源,是骄傲自大导致了他的失败。当诸葛亮抬举马超时,他老大不满意,说马超算什么玩意儿,怎能与我老关并列。孙权向他攀亲家,他出口骂道:"犬子怎配虎女。"骄傲的关羽,一是结怨,二是轻敌,这是致命的缺点,可惜他直到被俘杀头时仍不醒悟。

　　一般说来,骄傲的人或多或少都拥有某方面的特长,总觉得自己有值得骄傲的资本。然而,每个人都有优点与缺点,倘若各以所长相轻所短,那长处就可能变成短处,成为羁绊自己脚步的绳索。

　　一个人的能力再大,终究还是有限的,缺乏众人的支持与协助,任何英雄人物都将一事无成。有一回,拿破仑过阿尔卑斯山时说:"我比阿尔卑斯山还要高!"这是何等英伟。然而不要忘记,他后边跟着许多士兵。倘若没有这些士兵,他只有被山那面的敌人捉住或赶回。那么他的举动、言语也就都离开了英雄的界限,归于疯子一类了。

　　骄傲的危害是显而易见的。因此,小至个人,大至军队、国家,都千万骄傲不得。大凡在历史上有所作为的人,无一例外都是谦虚的。他们不以自己有所作为而忘乎所以,而是把自己摆在一个较低的位置,谦虚地请教他人,吸收他人的长处来弥补自己的不足。

　　真正有才华的人是值得骄傲的,但他们大都很谦虚。而那些看上去不可一世的人,却只懂得做表面文章,就内在而言,不过是徒有其表。

　　谦虚是一种美德。为了赢得谦虚的名声而"谦虚",就是虚伪;为了讨好他人而谦虚,就是卑下。我们不需要卑下的谦虚,也不需要虚伪的谦虚,只需要真实的谦虚。

勇于不敢乃大勇

【原文】

勇于敢,则杀,勇于不敢,则活。

——《道德经·第七十三章》

【译文】

勇于强悍就会死,勇于柔弱则可活。

在我们的人生旅途上,有许多的勇气,也有许多的不敢,"勇于不敢"并不是怯懦,而是知道柔弱胜刚强、宁静胜躁动、细谨胜粗野,创造了一种持盈保泰、大直若屈的人生态度。

我们经常讲,人应该有三种重大的德行,一个是智,一个叫仁,一个叫勇。勇敢不管在西方还是在中国都被称为是美德,但是在老子看来,那是一个愚者才会具有的德行。当我们都认为勇敢是一种美德的时候,从老子的眼睛里流露出的却是冷笑和嘲讽的目光。对于勇敢,老子有一句话叫"勇于不敢",敢需要勇气,不敢需要更大的勇气。

苏轼《留侯论》里说:"古之所谓豪杰之士者,必有过人之节。人情有所不能忍者,匹夫见辱,拔剑而起,挺身而斗,此不足为勇也;天下有大勇者,卒然临之而不惊,无故加之而不怒,此其所挟持者甚大,而其志甚远也。"前者为匹夫之勇,血气之勇,力勇也。后者为道义之勇,心中怀有远大目标,故能忍拾履之辱或胯下之辱。道义是他们的精神支柱,泰山崩于前而不惊,没有什么能击垮他们,仁者无敌于天下,自有浩然正气于胸中,故能视死如归,敢于为道义而献身。老子认为,"匹夫之勇","血气之勇",都不是真正的勇。能够"不敢",也就是能忍得住一口气,才是真正的勇。

中国哲学界有个名人,叫冯友兰,活到 90 多岁。他为什么能长寿?因为他能保护自己。20 世纪 50 年代,北大哲学系内定冯友兰为右派。当时领导找冯先生,说冯先生你对我们有什么意见吗?冯先生说没意见,问了三次都说没意见。冯先生经过了多少人世间的沧桑,他知道如果他提意见的话,会有一个什么样的结果。所以,这时候他并不想当所谓的钢铁战士,不想当挡车的螳螂。这时候生存下来才是最重要的。这是大的智慧，所以他就选择不说话。

有人问：嘴巴是做什么用？答：不知道。高！这是最高明的答案。我们说嘴功能第一吃饭，第二说话，但是嘴巴最重要的功能是关和开，尤其是关。关就是闭嘴。我们很多人经常憋不住，遇到事情非要显摆，非要说我知道这个东西，我知道这个东西，你自以为知道，结果你变成最笨的人。你这个人就很可能成为第一个牺牲品。所以，有时候沉默比说话要显得更有智慧。此时无声胜有声。

但我们当中有几人能做到像冯先生这样呢？大多数人，受到伤害时，因生气而冲动是正常的反应，很想给攻击你的人当头棒喝。

道教中奉为教祖的"太上老君"画像

譬如自己向来尊敬的人，如果做出令你伤心的事情，你很可能立即给对方以回击；受了陌生人的气，恨不得用原子弹炸他。其中办公室是最容易滋生怒火的场所，当你看到能力平平的同事晋升，而自己却备受冷落时，便会心有不平；天天为公司卖命，偶尔早点下班，听到主管就语带讥讽地说："今天才上半天班就自动下班了呀！"便一怒之下跑到老板面前拍桌子，把辞呈往他面前重重一摔，然后自以为很帅地说："我不干了！"

跟上司拍桌子，向配偶丢花瓶，对好友咆哮等等，这些情绪失控的行为，可能使平时理智的你付出惨痛的代价。

有一天孔子与子路聊天，孔子一会儿夸奖颜回，一会儿又表扬子张。自恃勇力过人的子路心里很不服气，便直言不讳地问孔子："如果发生战争，你让谁当统帅？"孔子答道："当然是我了。"子路自傲地说："我不是很勇敢吗？"孔子说："没错，你是很勇敢，可是我不仅勇敢，而且还勇于不敢。"

孔子的话一针见血地让子路认识到了自己的不足。"勇敢"与"勇于不敢"，蕴涵着深刻的哲理，它们看似相互矛盾，其实相辅相成，辩证统一。"勇敢"不是不察情势，莽撞蛮干；"勇于不敢"也不是唯唯诺诺，患得患失。勇敢需要勇气和魄力，勇于不敢也需要胆识。不勇敢的人不可能做到勇于不敢，做不到勇于不敢同样也

（左侧栏）

国学经典文库

道德经

图文珍藏版

是卑怯的表现。勇敢与勇于不敢结合起来，才是全面的。

人生的思维亦如是，勇是油门，不敢是刹车，善于驰骋的人，油门与刹车是同样重要的！

不可自居为大

【原文】

是以圣人终不自为大，故能成其大。

——《道德经·第三十四章》

【译文】

正由于得"道"的人不自居为大，所以它才是真正的至大。

老子认为，做人不能"自居为大"，正是由于其"不自居为大，所以它才是真正的至大"。而要避免"自居为大"，就必须正确对待自己，正确对待他人，多看自己的不足，多看他人长处，也就是要谦虚做人。

中国旧时的店铺里，在店面是不陈列贵重的货物的，店主总是把它们收藏起来。只有遇到有钱又识货的人，才告诉他们好东西在里面。倘若随便将上等商品摆放在明面上，岂有贼不惦记之理？不仅是商品，人的才能也是如此。俗话说"满招损，谦受益"，才华出众而又喜欢自我炫耀的人，必然会招致别人的反感，吃大亏而不自知。所以，无论才能有多高，都要善于隐匿，即表面上看似没有，实则充满的境界。

这也正符合了道家提出的"意怠"哲学。"意怠"是一种很会鼓动翅膀的鸟，别的方面毫无出众之处。别的鸟飞，它也跟着飞；傍晚归巢，它也跟着归巢。队伍前进时它从不争先，后退时也从不脱队。吃东西

自谦则人愈服，自夸则人必疑

时不抢食、不落后，因此很少受到威胁。表面看来，这种生存方式显得有些保守，但

是仔细想想,这样做也许是最可取的。凡事预先留条退路,不过分炫耀自己的才能,这种人才不会犯大错。这是现代高度竞争社会里,看似平庸,但是却能很好地生存的一种方式。

如果你很谦虚,认为"三人行必有我师",那你就会快乐许多。而当你尊敬他们的时候,他们会乐意将自己的学识、经验传授给你,同时又对你友善,使你不仅获得知识,又得到了温暖。人都不是十全十美的,就像尺与寸一样,各有所长各有所短,所以当你与人相处时,应该学会谦虚,而这样,你会从中得到意想不到的收获与效果。渐渐地,你的良好的口碑也就树立起来了。

谦虚做人必须凡事都做到心中有数,自己有本事要在最恰当的时候拿出来,即使成功也不骄傲。因为你不被重视,你不显山露水,那么你做什么事情都会很顺利,经过一段时期的积累,也就很容易走向成功之路。

从做事的角度来看,一个人只有具备谦虚的心态,才能谨慎处理各种问题,这样就能避免因为疏忽大意产生的严重后果。

正所谓"自谦则人愈服,自夸则人必疑"。在现代社会里,人们有了更多实现自我价值的通道,也取得了许多骄人的成绩,然而维持谦虚的姿态不仅没有过时,反而显得更有必要。

把自己放在下位

【原文】

江海所以能为百谷王者,以其善下之,故能为百谷王。

——《道德经·第六十六章》

【译文】

江海所以能成为百川归往之地,因为它处于低下的地位,所以才能成为百谷之王。

这里,老子按照他的一贯论述方式,先从物理世界的现象开始进入主题,他说:"江海所以能为百谷王者,以其善下之,故能为百谷王。"

所以,老子始终赞美能够为万物而贡献出自己的力量而自己却默默地处于卑下地位的道路以及水。老子通过对江海吸收和融汇了千川百谷的事实,说明了地位卑下才能获得万物的拥戴,能够成为百谷之王。

根据老子的说法,在人际活动,尤其是领导活动中,领导者必须将自身摆在比交往对象或领导对象更低的位置上,才可能建立起和谐的人际关系,而和谐的人际关系是领导者取得良好工作绩效的必备条件。

日本某矿业公司的一位董事长在他年轻时,因为自己工作上急于求成,遇事常急躁冲动,把事情办得很糟,结果被贬到基层矿山去担任一个矿的矿长。到职时,在欢迎酒会上,由于他不善喝酒又不善辞令,以致被老职员们认为是一个不讲人情的上司,年轻的职员和矿工们对他更是敬而远之。他在矿里一度很被动,工作开展不起来。

这样闷闷过了大半年后,在过年前夕,公司举办同乐会,大家要即兴表演节目。他在同乐会上唱了几句家乡戏,赢得了热烈的掌声。连他自己也没想到,那些一向对他敬而远之的部下们,会因此而对他表示如此的亲近和友好。

此后,他在矿上成立了一个业余家乡戏团。从此,他的部下非常愿意和他接近,有事都喜欢跟他谈。他也更加与部下贴心了,由过去令人望而生畏的人变成了可亲可敬的人。在矿上无论一件多难办的事,只要经他出面,困难就会迎刃而解,事情定能办成。由此这个矿的生产突飞猛进。因为他工作有能力,而且如此得人心,后来他荣升为这个公司的董事长。

他升为董事长后,有一次在工厂开现场会,全公司的头面人物都出席了。会上大家都为本年度的好成绩而高兴,于是公司总裁的秘书小姐提议使大家在高度欢乐中散会。她想出一个办法,把一个分公司的副经理抛到喷泉的池子中去,以此使大家的欢乐达到高潮,总裁同意这位小姐的提议,就和这位董事长打招呼。董事长表示这样做不妥,决定由他自己——公司最高领导者,在水池中来一个旱鸭子游水。

董事长转向大家说:"我宣布大会最后一个项目就是秘书小姐的建议:她叫我在泉水池中来一个旱鸭子戏水,我同意了,请各位先生注意了,我就此作表演。"于是他跳入池中,游起泳来,引得参加会议的几百人哄堂大笑……

事后总裁问他:"那天你为什么亲自跳下水池,而不叫副经理下去呢?"

董事长回答说:"一般说来,让那些职位低的人出洋相,以博得众人的取笑,而职位高的人却高高在上,端着一副架子,使人敬畏,那是最不得人心的了。"

董事长这些话唤醒了总裁,使他和董事长一样平时注意贴近部下,学到了办好企业的招数。

现代心理学认为:和谐的人际关系会使组织气氛融洽,成员士气高涨,凝聚力增强。在这样的情境下,领导者就能"善用人之力",激发起下属的主动性和积极性,使每个下属都能尽心竭力,从而取得最佳的领导效果。

处世不亢不卑

【原文】

大国不过欲兼畜人,小国不过欲入事人。夫两者各得所欲,大者宜为下。

——《道德经·第六十一章》

【译文】

大国不要过分想兼并众小国,"小国"不要过分想顺从大国,大国小国都可以达到愿望,强大者更应该谦下!

老子认为,尊、卑、贵、贱是很自然的,就像春、夏、秋、冬四季花开一样,作为人不要有什么负担。尊贵的人不要觉得高人一等,卑贱的人不要觉得低人一等。

此外,老子还说:"大邦以下小邦,则取小邦;小邦以下大邦,则取大邦。"可见,居下流这一策略的运用,会导致"取"得对方的结果。在国际交往中,不论国家大小,只要以平等、谦逊的态度对待对方,就可达到驾驭对方或寻得对方庇护的目的。当然,这里的"居下流"不是无止境无原则地退让,而是有原则有限度的,即是"适度"的。

老子的这种智慧思想,到现在仍不为很多人所了解。可怜的追逐"名"的人,对地位高名声大的人毕恭毕敬,在他们面前可以把自己打扮成哈巴狗,在地位名誉不如自己的人面前,又把自己打扮成奴隶主,吆三喝四,好不威风。"没有价值"的人,在"有价值的人"面前抬不起头来,宁愿做他们的奴仆,"有价值的人"在"没有价值的人"面前趾高气扬,颐指气使。

老子出关图

还有的人在与自己同等级、同层次的人讲话时，表现比较正常，行为举止都会比较自然、大方。但是，在与比自己地位高的人交往时，就可能感到紧张，表现比较拘谨，并且自卑感强；相反，在与社会地位低于自己的人讲话时，就会表现得比较自如、自信，甚至比较放肆。

比如，有的人在自己的上级面前从不敢"妄言"，在同一科室的也不多说话，可是在自己的下级面前讲话时，则落落大方，侃侃而谈。有的则在一般人面前总是摆出一副能者的架势，可是一见到权威就显得十分驯服和虔诚。

这都是不合理的做法。按老子的意思，推而广之，上下级之间的讲话，上级要力求避免采取自鸣得意、命令、训斥、使役下级的口吻说话，而是要放下架子，以平易近人的方式对待下级。这样，下级才会向你敞开心扉。谈话是双边活动，只有感情上的贯通，才谈得上信息的交流。

平等的态度，除说话本身的内容外，还通过语气、语调、表情、动作等体现出来。所以，不要以为是小节，纯属个人的习惯，不会影响上下级的谈话。实际上，这往往关系到下级是否敢向你接近。此外，上级同下级谈话时，要重视开场白的作用。不妨与下级先扯几句家常，以便使感情接近，打破拘束感。

上级同下级说话时，不宜做否定的表态："你们这是怎么搞的？""有你们这样做工作的吗？"在必须发表评论时，应当善于掌握分寸。点个头，摇个头都会被人看作是上级的"指示"而贯彻下去，所以，轻易地表态或过于绝对的评价都容易失误。

下级汇报某改革试验的情况，作为领导，只宜提一些问题，或做一些一般性的鼓励："这种试验很好，可以多请一些人发表意见。""你们将来有了结果，希望及时告诉我们。"这种评论不涉及具体问题，留有余地。如上级认为下级的汇报中有什么不妥，表达更要谨慎，尽可能采用劝告或建议性的措辞："这个问题能不能有别的看法，例如……""不过，这是我个人的意见，你们可以参考。"这些话，起了一种启发作用，主动权仍在下级手中，对方容易接受。

下级对上级说话，则要避免采用过分胆小、拘谨、谦恭、服从，甚至唯唯诺诺的态度讲话，改变诚惶诚恐的心理状态，而要活泼、大胆和自信。

总之，最好的待人处世之道，应该是不亢不卑。不亢不卑也是中庸之道，是做人、为官、处事的原则，不与人争斗，也不屈服于强力，既不受人压制也不去压制别人；为人处事既不盛气凌人，也不低三下四，做一位清白正直的君子。

柔弱胜刚强

【原文】

天下之至柔，驰骋天下之至坚。

——《道德经·第四十三章》

【译文】

只有天下最柔软的东西，才能出入于世上最坚硬的东西之间而游刃有余。

柔弱是"道"的基本表现和作用。老子认为，柔弱是万物具有生命力的表现，也是真正有力量的象征。最柔弱的东西里面，往往蓄积着人们看不见的巨大力量，使最坚强的东西无法阻挡。

道家提倡要像风、水一样柔弱、谦下、宽容，看起来谁都能战胜它，一个指头就能戳透它，但最终以柔克刚，风能刮断大树，吹垮房屋，水能冲决大堤，淹没山陵。

老子有一位知识渊博，对许多问题都有奇特而独到的见解的老师，名叫常枞。一天常枞病了，老子去看望他。他俩便有一段著名的对话。

常枞张开口问："你看，我还有牙齿吗？"老子看看说："没有了！"常枞吐着舌头问："那么，还有舌头吗？"老子说："有，有，舌头还在！"常枞问："你懂得我的意思吗？"老子说："懂了，就是说，坚硬的已经掉了，柔软的还在。"常枞高兴地说："好！好！是这个意思。"

于是，老子在老师的启发下，悟出了"天下之至柔，驰骋天下之至坚"的思想。很多人不同意"柔弱胜刚强"，老子便举例说，水最柔弱，但可冲决一切坚强之物。

拔山扛鼎、恨地无环的楚霸王项羽骄横不可一世，最终不也自刎而死了吗？

女人柔弱似水，走起路来像能被风吹倒似的，但自古英雄难过美人关，有多少豪杰死在女人的柔情中，有多少好汉倒在了情海里。一个柔弱的女人或许是世界上最勇敢而无所畏惧的人。

暴君殷纣王骄奢淫逸，无恶不作。这样一个刚强勇猛的男人，却被一个弱女子摆弄得唯命是从。史书记载殷纣王"爱妲己，唯妲己之言是从"。

有一次妲己和纣王站在楼上，远远看见祖孙二人挽着裤腿过河，爷爷步履稳健，而孙子在冷水中战栗摇晃。纣王问是什么原因，妲己说："爷爷老成，骨髓充盈；

孙子稚嫩，骨髓不满。不信你叫人敲断他们的腿看看。"

纣王果然令手下去喊来那祖孙，将二人当场敲骨验髓，虽说妲己说对了，两条生命也没了。又有一次，他们碰到一个孕妇，妲己说："这个妇人怀的是男孩，不信你叫人验证。"这位昏君果然又叫人把那个孕妇肚子割开，残害了两条生命。

经过这两次之后，纣王对妲己唯命是从，她便开始挑拨君臣关系，残害忠良股肱。纣王把三公重臣的九侯剁成了肉酱，把鄂侯晒了肉干，拘囚西伯于羑里。哥哥微子数谏不听，气得投降了周朝，叔叔箕子吓得佯狂为奴，只剩下最忠诚的叔叔比干在朝了。

商纣王画像

比干与妲己忠奸不同朝，是势不两立的死对头，妲己便说："比干心有七窍，不信你让人割开看看。"这一次纣王又让人把他叔叔的心扒出来了。人心只有四窍，何来七窍？纣王说："妲己你这次说错了。"妲己笑而不言，她笑傻瓜纣王中了她的计而犹不知。朝中没有栋梁臣，全国人民怨声载道，纣王的死期不远了。周武王发兵伐纣于牧野，殷兵阵前倒戈，纣王跳火而死。

太极拳的动作软绵绵的，但是一推手，就可以把一个大汉掀翻在地。什么原理？这合了老子的那句话，"柔弱胜刚强"。老子一向贵柔，以柔克刚，以弱胜强。

人活着的时候筋骨是柔软的，死后则变得僵硬。万物草木生长的时候是柔脆的，死了则变得干枯坚硬了。所以坚强的东西是属于死亡的一类，柔弱的东西属于具有生命力的一类。因此打仗逞强就不能获胜，树木坚强就会遭受砍伐。老子的观点辩证地揭示了柔弱胜刚强的人生道理。

老子的"柔弱胜刚强"的哲学思想启示我们，在处理人与人的关系上，要柔弱谦让，而不能恃强凌弱，为了顾全大局，委曲求全也值得赞誉，而有时暂时的忍让和退却也能收到意想不到的效果。

承担越大越有作为

【原文】

受国之垢，是谓社稷主；受国不祥，是为天下王。

——《道德经·第七十八章》

【译文】

要能承受起国家耻辱的人，才配作国家的君主；要能承担国家祸难的人，才配做天下人的领袖。

一个人承受痛苦的能力直接决定他的成败，你的承受能力越强，那么痛苦对你施加的力量也就越弱。身体柔弱的人，如果心灵平静柔韧，那就没有什么可以摧毁。成功需承担之重，承担得越大，作为也就越大。

从前，古希腊有个国王叫狄奥尼西奥斯，他统治着西西里最富庶的城市西拉库斯。他住在一座美丽的宫殿里，里面有无数价值连城的宝贝，一大群侍从恭候两旁，随时等候吩咐。

狄奥尼西奥斯有如此多的财富，如此大的权力，自然很多人都羡慕他的好运。达摩克利斯就是其中之一，他是狄奥尼西奥斯最好的朋友。达摩克利斯常对狄奥尼西奥斯说："你多幸运呀，你拥有人们想要的一切，你一定是世界上最幸福的人。"

有一天，狄奥尼西奥斯听厌了这样的话语，问达摩克利斯："你真的认为我比别人幸福吗？"

"当然是的，"达摩克利斯回答，"看你拥有的巨大财富，握有的巨大权力。你根本一点烦恼都没有。生活还有什么比这更美满的呢？"

"或许你愿意跟我换换位置。"狄奥尼西奥斯说。

"噢，我从没想过，"达摩克利斯说，"但是只要有一天让我拥有你的财富和幸福，我就别无他求了。"

"好吧，跟我换一天，你就知道了。"

就这样，达摩克利斯被领到王宫，所有的仆人都被引见到达摩克利斯跟前，听他使唤。他们给他穿上皇袍，戴上金制的王冠。他坐在宴会厅的桌边，桌上摆满了美味佳肴。鲜花，美酒，稀有的香水，动人的乐曲，应有尽有。他坐在松软的垫子上,感到自己成了世上最幸福的人。

"噢,这才是生活。"他对坐在桌子那边的狄奥尼西奥斯感叹道,"我从来没有这么尽兴过。"

他举起酒杯的时候,抬眼望了一下天花板,头上悬挂的是什么? 尖端要触到自己的头了!

达摩克利斯身体僵住了,笑容从唇边消逝,脸色煞白,双手颤抖。他不想吃,不想喝,也不想听音乐了。他只想逃出王宫,越远越好,哪儿都行。原来,他头顶正悬着一把利剑,仅用一根

孟子画像

马鬃系着,锋利的剑尖正对准他双眉之间。他想跳起来跑掉,可还是忍住了,怕突然一动会扯断细线,使剑掉落下来。他僵硬地坐在椅子上,一动不动。

"怎么啦? 朋友?"狄奥尼西奥斯问,"你好像没胃口了。"

"那把剑! 剑!"达摩克利斯小声说,"你没看见吗?"

"当然看见了,"狄奥尼西奥斯说,"我天天都看见,它一直悬在我头上,说不定什么时候什么人或物就会斩断那根细线。或许哪个大臣垂涎我的权力欲杀死我,或许有人散布谣言让百姓反对我,或许邻国的国王会派兵以夺取王位。如果你想做统治者,你就必须冒各种风险,风险与权力同在,这你知道。"

"是的,我知道了。"达摩克利斯说,"我现在明白我错了。除了财富、荣誉外,你还有很多忧虑。请回到你的宝座上去吧,让我回到我自己的家。"

达摩克利斯再也不想与国王换位了,哪怕是短暂的一刻。

这是一个极为古老的故事,它提醒我们:如果我们渴望享受成功,就必须愿意承担随之而来的压力和责任。从责任上讲,任何一项事业的背后,必然存在着一种无形的精神力量,这种力量使得我们敢于承担责任。

成功是从承担开始的。重要的是,必须要承担的第一个人是自己。当一个人体悟到开始对自己负责了,开始把自己一生当中有关自己的一切承担下来的时候,

就是他开始让自己得以改善的时候。这时,他才能有机会让一切变得更好。

老子说:要能承受起国家耻辱的人,才配作国家的君主;要能承担国家祸难的人,才配做天下的领袖。这让人想起越王勾践卧薪尝胆的事,也让人想起了孟子的一句名言:"天将降大任于斯人也,必先苦其心志,劳其筋骨,饿其体肤,空乏其身,行拂乱其所为,所以动心忍性,曾益斯所不能。"成功不会一帆风顺,大多数人都需要历经太多的挫折和磨难,最后才能以一种异于常人的"姿势"站立在社会舞台中央。

人生越磨砺越光芒。我们所能承受的一切都是对自己的一种积累和磨砺。任何一把宝剑都需要千锤百炼,才能削铁如泥。如果人生中的一些磨难我们无法承受,我们也许就永远是一把劣剑。我们要常常反问自己:我能成功多少? 我又能承受多少?

持之以恒最可贵

【原文】

强行者有志。

——《道德经·第三十三章》

【译文】

坚持往前走的人最有志向。

老子一直强调"柔",对"强"很回避。但这里,老子还是对"强行者"给予了认同。老子认为,强行者们是有志向的人。这里说的"强行者"是指不但拥有坚强的、不懈的、持之以恒的奋斗志向,而且能切实地付诸行动的人。

说白了,就是要具有在艰难困苦中能够坚持往前走的人。走过风雨,才能见到彩虹;走过今天的黑暗,才会迎来明天的朝阳。

比如,世界上每天都有许多新的公司诞生,也有许多公司消亡。在市场经济的浪潮中有许许多多的公司因善于经营而蓬勃发展,也有许许多多的公司因经营不善而在困境中挣扎。是不是我们可以说,这些在困境中挣扎的公司就没有希望呢?

我们已经习惯于为蓬勃发展的公司喝彩,其实,世界上很多优秀的公司都是从痛苦挣扎中一步步走过来的。

联想刚刚成立的时候,柳传志、李勤等 11 个"完全不懂得市场、不懂经营管理"的科技人员,面对激烈的市场竞争,一时不知所措。计算所只给了他们 20 万元的贷款,这对于开发高技术产品的公司只是杯水车薪,要想继续发展下去,就必须要有足够的资金积累。

1985 年,公司组织全体职工,包括科技人员和总经理在内,全部投入低档次的技术劳务——为社会上其他公司验收、维修计算机、培训人员。技术劳务,实际上就是出卖技术劳动力。这样苦干了一年,他们用汗水积累了 70 万元,为以后开发拳头产品积累了必要的资金。

他们决定投资开发倪光南的联想式汉卡。经过不断的改进、翻新版本,联想汉卡很快占领了市场。后来,他们又代理 AST 微机,以其汉卡的优势建立了销售微机的渠道,有了自己稳定的客户。因此,公司销售额迅速增长,到 1988 年,公司销售额首次突破 1 亿元,达到 1.2 亿元。

"今天很残酷,明天更残酷,后天很美好,但大多数会死在明天晚上。"所以,不要被现实的困难击倒,更不要被未来的困难吓倒。相信,走过今天的风雨,跨过明天的险滩,后天一定可以见到彩虹。一个人做一点事并不难,难的是持之以恒地做下去,直到最后成功。

志向是人生的一种美好愿景,能够指引人生的方向,也能在遭遇坎坷时帮助我们坚持到底。坚持就是信念志向的支撑。一个人有了持之以恒的精神,即使再困难的事,都可以变为可能。

很多巨大的成功就是重复,重复的练习。就像奥运冠军,当人们都在赞扬他高超的技术,强大的能力时,又有多少人知道在练习中洒下多少汗水,重复了多少次这样的练习? 没有先前的坚持不懈,哪有现在的成功,每一次成功都有它的原因,都是付出了汗水的。

世界上最长的距离就在想与做之间。很多人都有过这样的经历:想做的事不能一直做下去,不能坚持到底。生活中渴望成功的人很多,真正成功的人却很少。成功最需要坚持。很多人就是因为缺少持之以恒的精神,输掉了人生,输掉了世界。

第七节　知足常乐的智慧

清静心无敌

【原文】

躁胜寒,静胜热,清静为天下正。

——《道德经·第四十五章》

【译文】

运动能承受寒冷,入静能承受炎热,清静无为才可以作为治天下的准则。

道家很注重"清"与"虚"两个字。"清"是形容那个境界,而"虚"则是象征那个境界的空灵,二者其实是一回事。

老子说:"夫物芸芸,各复归其根。归根曰静,静曰复命。复命曰常,知常曰明。"就是说,那万物尽管繁杂,但最后还是各自复归本性,顺应其赖以生存的"道"。复归本性,复归、顺应其赖以生存的"道",便可以平和虚静。能够平和虚静,便可以说是依从了天道客观法则的命令,回复了天赋的本然。而这种顺应客观自然,是事物发展变化的普遍常规。能够认识到这种万变不离其宗是事物演化的常规,可谓是明智。

《大学》中说"定而后能静,静而后能安,安而后能虑,虑而后能得",这里的定、静、安、虑、得就是训练和要求一个人遇事宜心平,做事宜气和。一个平心静气的人由于思考得周详,做事当然不会盲目乱撞,避免不知所做何为的现象出现。一个心浮气躁的人由于不能深思熟虑,往往会使所进行的事功败垂成,所以必须磨炼"智欲圆而行欲方,胆欲大而心欲细"的修养功夫。

在战争中,清净沉静的一方就能战胜轻浮狂躁的一方;在气候中,寒冷清凉能够战胜闷热火燥;生活中,"清""虚"心静的一方可以战胜火气攻心的对手。

一位气质极好的青年女子报名参加一次电影女主角的海选。报考当时,慧眼

清静为天下正，时常保持一种宁静如水的心态

识珠的导演挑来挑去，最后只剩下她和另外一位候选人。论外形和气质，非她莫属，然而她脸上几颗隐瞒不了的青春痘造成了导演的犹豫。导演虽然有些犹豫，但还是偏向于她的。不巧这时外界又传出了她与导演有染的流言。一贯无瑕的她一赌气便退出竞争。

10年来，她远离可以尽展才华的演艺界，成了一名普通的白领。偏离了自己真正的轨道，从事着不真心喜欢的职业，其中郁积的遗憾和委屈又岂是一口气能赌掉的？

显然，这位女子还没有达到老子所说的"清静为天下正"的境界。想一下，只要自己立得正，外来的评价和蜚语又怎能伤害到自己呢？正所谓"身正不怕影子歪"，只要心静，就能保持自己的本色，得出正确的判断。

一个人的心处于绝对安静时，便可以从容思考各种疑难，从容应对多方杂务。我们如果遇到很棘手很困难的事情不妨试试：脑子不能有太多的杂念，而且要有意识地去排斥各种诱惑、干扰，心思尽可能单纯专一，时常保持一种宁静如水的心态。

以静识物、以静观心，是人们认识真理和自我修养的基本方法。所以古人很早就倡导要在宁静中思考问题，从而透过表象把握事物的本质和规律。在日常生活中,培养平和的心态,拒绝急躁,才能使我们避免误事;而遇到挫折和困难的时候,依靠平和的心态才能找到解决问题的方法,避免灰心失望、消极被动、丧失信心。

许多人脾气暴躁、性子急,所以做事的时候不能准确拿捏力度、不能很好地掌握分寸。比如说话的时候爱发火,甚至出语伤人;做事的时候不能和别人搞好团结,结果容易把事情搞砸。历史经验告诉我们,拥有一颗平静的心是为人通达、妥善处理各种事务的基本要求。

生活有目标有追求。为了实现自己制订的人生目标,坚定不移而义无反顾,尽弃这山望着那山高的浮躁之心,不追求缥缈无定不切实际的幻想。无杂念邪念,在声色犬马的诱惑下,不因自己的一念之差而饮恨终身。这是性静。

遭事业不顺,恋爱受挫,家庭纠葛等等这些令人头疼的失败失意之事,能以一个良好的心态去面对,不焦躁,不烦躁。保持内心的平静,情绪稳定,设法寻找解决问题、化解矛盾的方法。这是意静。

即使在极为愤怒的情况下,发作之时,能有理有节,及时让自己平静下来。行事不急躁、不毛躁、不鲁莽,不急于求成,压住阵脚,稳扎稳打,努力思考并实施最佳策略而制胜。这是行静。

静,不是对令人深恶痛绝的事视而不见,充耳不闻。当拍案时则拍案,但拍案前要冷静思考一下,是为他人还是为自己,为正义还是为面子,为指责恶行还是为自己辩解。

此时之静,当为不冲动,设法寻找能够取胜的最佳策略。不是那种"喜怒不形于色"的矜持,也不是那种深藏不露的城府。

内心安详,俯仰无愧

【原文】

致虚极,守静笃。

——《道德经·第十六章》

【译文】

进入虚无之境,安守于深静厚重。

道家认为,体道的过程是心灵净化的过程。首先是"心斋":"惟道集虚。虚者,心斋也。"然后是"坐忘":"堕肢体,黜聪明,离形去知同于大通,此谓坐忘。"也就是忘却天地万物的存在和自我的存在,从而与天道混同为一,做到"朝彻",达到"见独"的境界,最终"得道"。

这种体道求真的心路历程是老子思想的核心,与佛教的"禅定"有相似之处,在排除杂念的基础上进入精神上的虚寂境界。中国"禅"的思想实际上是道家思想与佛教思想的结合。

不过,老子所追寻的精神境界,绝不是宗教所标立的彼岸世界。宗教把人世与天国、此岸与彼岸截然对立起来,以为人类的终极关怀就在于如何超越这短暂的、污浊的人世,到达那永恒的、绝对的天国或极乐世界。老子所预设的理想境界,虽然也具有超越性,但他所追求的并非人死后所进入的"天国"或"净土",而是人的现实存在,是以超越之境在人世间的落实为标的,最后达致体用不二,圆融无碍的至境。

"致虚极,守静笃"就是这样一种境界。

老子认为,守静致虚,排除一切杂念,就可以达到大通,大通乃可大化。通过持守内修,使认识主体上升到一个新的境界。

道家这种"守静致虚"的认识境界的原动力来自哪里呢?哲人说,生活是一种心态。佛语中有一句话:"境由心造,烦恼皆由心生。"这些话是颇有道理的。由于心态的不同,即使是相同的境遇,在不同的人心中也会造成不同的心境,并产生不同的影响,导致不同的结果。

所以,良好心境的本原是内心。有内心的安详才会有良好的心境,有良好的心境才会有良好的状态,有良好的状态才会有好的人生。

在现实生活中,这样的心境有三种:

(1)不计较的心境

宁静致虚,内心安详

在日常生活中,我们对一些非原则性的不中听的话或看不惯的事,可以装作没听见、没看见或是随听、随看、随忘,做到"三缄其口"。这种"小事糊涂"的心境,不仅是处世的一种态度,亦是健康长寿的秘诀之一。如果一个人遇事总是过分计较,一味地追究到底,硬要讨个"说法",那么烦恼和忧愁便会先于"说法"而来,反而不利于身心健康。

(2)心理上平衡的心境

现代科学研究表明,经常处于烦恼和忧愁状态中,不仅会加速人的衰老,而且高血压、精神病、心脏病等疾病也会不期而至。而良好的心境既可使矛盾冰消雪融,又可使紧张的气氛变得轻松、活泼,从而保持心理上的平衡,避免许多疾病的发生。

著名相声表演艺术家马季就是"保持宁静、淡泊心境"的倡导者和受益者。

马季在继承民族曲艺的同时,也吸收传统医学精髓,并作为他的保健良方,潇洒地生活着。

当年中央电视台春节联欢晚会上,马季忙于传帮带,推出年轻相声演员,有人劝他:"干吗不露露脸,大家都快把你忘了。"他满不在乎地说:"我已经完成了自己的历史使命,干吗老让大家惦记着。要那名干什么?谁不知你身上有几两肉?"

无论遇到什么情况,马季都能保持一种宁静、淡泊的心态,而这正是养生的最高境界。

"宁静、淡泊的心境"使他有清醒的头脑,轻松的精神状态。

(3)随遇而安的心境

随遇而安的人眼光远大、胸怀宽阔,把世间的一切变化都看得很平常、很坦然。这样的人心理必然平衡,平时笑口常开,自然健康长寿,生活愉快幸福。

(4)潇洒地对待一切身外之物的心境

在现实生活中,名誉、地位和物质利益吸引着人们拼搏进取,被看作个人成功的重要标志。但是,生活中的真正的烦恼,并不在于我们可能得到(比如疾病)或不能得到(比如钱财)什么,而在于我们根本没有清醒地意识到自己究竟想要什么!也许什么都要,但凡得到的,却又往往成为我们在人生道路上行进的包袱,成为生命河流中的淤泥。

为此,我们必须潇洒地对待一切身外之物,潇洒地看待金钱在我们生命中的地位。

心无物欲，何忧何畏

【原文】

塞其兑，闭其门，终身不勤。开其兑，济其事，终身不救。

——《道德经·第五十二章》

【译文】

塞住欲念的孔窍，闭起欲念的门径，终身都不会有烦扰之事。如果打开欲念的孔窍，就会增添纷杂的事件，终身都不可救治。

老子告诉人们，要除去私欲与妄见的蔽障。人常常受到外界的诱引，逐渐生出私欲妄见。因此应"塞其兑，闭其门"，归于真朴。

古语云："爱喜生忧，爱喜生畏，无所爱喜，何忧何畏？好乐生陇，好乐生畏，无所好乐，何忧何畏？贪欲生忧，贪欲生畏，解无贪欲，何忧何畏？"世人为物所牵，为情所困，为形所役，烦恼缠身，已非自由快乐人。

一位商人，最近赔了一百万元。这天，他下班回到家里，此时正是用餐时间，餐厅中的家具十分华丽，但他根本没去注意它们。他在餐桌前坐下来，心情十分烦躁不安，于是又站了起来，在房间里走来走去。他心不在焉地敲敲桌面，差点被椅子绊倒。

这时候商人的妻子走进来在餐桌前坐下。他打声招呼，同时用手敲桌面，直到一名保姆把晚餐端上来为止。商人很快地把东西一一吞下，他的两只手就像两把铲子，不断把眼前的晚餐一一铲进嘴中。

吃完晚餐后，商人立刻起身走进起居室去。起居室装饰得十分美丽，有一张漂亮的长沙发，华丽的真皮椅子，地板铺着高级地毯，墙上挂着名画。他把自己投进一张椅子中，几乎在同一时刻拿起了一份报纸。他匆忙地翻了几页，急急瞄了一瞄大字标题，然后把报纸丢到地上，拿起一根雪茄，引燃后吸了两口便把它放到烟灰缸中。

商人不知道自己该怎么办了。他突然跳了起来，走到电视机前扭开电视机，等到影像出现时又很不耐烦地把它关掉。他大步走到客厅的衣架前，抓起他的帽子和外衣，走到屋外散步去了。

一个人物欲很重,很容易生出得失之患,成为一种负担,一种痛苦,失去乐趣。痛苦的根源是贪欲,贪爱一百件事物,就有一百个苦恼。人,总是为了追求名、利、权势而劳碌终生;对于情爱,贪求不厌,每于私情欲爱缠绵不休中,万般痛苦不能解脱! 大厦千间,夜眠几尺? 积资巨万,日食几何?

　　人生,最重要的是生命,最希求的是幸福,最不希望得到的是痛苦,但必须品尝的也是痛苦。在生命的长河里,痛苦原本不是我们应该去回避的东西,我们要做的是去认识为什么痛苦,为什么有烦恼。有了痛苦就承受着,根本不弄清楚痛苦源于什么,这是多数人的悲哀。

　　贪欲驱使人为填满欲壑而营谋算计、用尽机关,为贪钱财名利而劳心费神、伤身矜命。古往今来,在难填的欲壑中被葬送的贪婪者,多得不可计数。世间上丧身害命的,往往都是由于贪欲的缘故。飞蛾投火,鱼儿上钩,不就是贪欲所促使的吗? 那些因盗窃罪、奸淫罪而被囚禁在监狱的犯人,不都是贪欲所陷害的吗?

　　从前,有张、王二人相约出游,他们在路上捡到一块金元宝,二人大喜,商量结果,公平均分。路上,姓张对姓王的说道:"这一块金元宝,让我们二人遇到,是当地城隍老爷有眼,给我们发财的机会,我们应该买些酒菜到城隍老爷的面前拜拜,感激他的恩惠。"

　　"这样很好,你去买菜,我在城隍庙前等你。"姓王的也很欢喜这么做。但此刻二人心中各怀了鬼胎。姓张的心中想:这块金元宝,两个人分,一人只有一半,这一半能用多久? 姓王的心中也想:这块金元宝,两个人分,不如一人独得。

　　贪欲心中起,恶向胆边生。姓张的想在酒菜里放些毒药,害死姓王的,他好一个人独得那一块金元宝! 姓王的见到城隍庙中无人,准备了一把斧头,想害死姓张的,

建于盛唐的邢台《道德经》碑

他也好一个人独得那一块金元宝! 张、王二人自以为想得妙计。对方决不会知道这一点。

当姓张的把酒菜买来,正在向城隍爷求拜的时候,想不到姓王的一斧头从脑后砍来!姓张的死后,姓王的欢喜非凡,正想拿着金元宝逃之夭夭的时候,忽然觉得饥肠辘辘,他想何不将供在城隍爷前的酒肉拿下来充饥?他一人自斟自酌,忽觉天旋地转,药性发作,不久就一命呜呼了!

贪欲使人萌发害人之意,结果却害了自己!一切罪恶都是从贪欲生起的。贪爱注定罪恶,松不开手亦得不到解脱。生与死、钱与命之间,有时很远,有时就在身边。看看今天的一些人,抢劫银行的,贩毒的,绑架勒索的,杀人越货的……他们的最后结局也是横尸刑场。他们指望侥幸不死,但法网恢恢,谁能躲得过去?

人为满足个人的欲望,不止贪爱自己的名誉、地位与财富,还贪求物质的占有,贪图美色的享受,以及贪婪满足口腹之欲。物欲没有止境,一不小心会断送人的性命;轻一些的,会让你一生得不到快乐。

生死疲劳,从贪欲起,少欲无为,身心自在。心无物欲,方寸之间皆海阔天空。"虽富贵,不以养伤身;虽贫贱,不以利累形。"这是老庄之道的人生原则,欲望少一些,自由多一些。

人,应该有一颗平常心,不贪婪一切外物,你会生活得坦然,没有干扰,没有麻烦,也没有外来的祸害,在自在宁静的生活中尽享天年。

别让浮躁赶走好运

【原文】

轻则失根,躁则失君。

——《道德经·第二十六章》

【译文】

轻率会丧失根基,暴躁则会丧失主宰。

老子认为,处理任何事情,都应冷静观察,谨慎从事,而不应抢先、从众、蛮干妄动。老子曰:"不欲以静,天下将自定",即只要我们自身守静无为,天下就会相安无事。所以,老子才说"重为轻根,静为躁君","轻则失根,躁则失君"。

守静是防止轻率的根基,冷静是遏制躁动的主宰。轻举妄动就会给我们的工作带来危害,从而失去根本;不能把持住自己,鲁莽行事,就会导致事业的失败。

老子主张"静",但并不是绝对地反对"动",而是要适时而动。老子曰"孰能浊以止？静之徐清。孰能安以久？动之徐生。保此道者不欲盈。"只有以达观的心态去顺应事物自身的发展规律，才能以静制动，以不变应万变；只有看准走势，不盲目从众，适时出手，才能动而稳妥，制而有效。

一位老僧坐在路旁，双目紧闭，盘着双腿，两手握在衣襟之下，陷入沉思。

突然，他的冥思被打断。打断他的是将军嘶哑而恳求的声音："老头，告诉我什么是天堂，什么是地狱！"

老僧毫无反应，好像什么也没听到，但他渐渐地睁开双眼，嘴角露出一丝微笑。将军站在旁边，迫不及待，有如热锅上的蚂蚁。

"你想知道天堂和地狱的秘密？"老僧说道，"你这等粗野之人，手脚沾满污泥，头发蓬乱，胡须肮脏，剑上铁锈斑斑，一看就知道没有好好保管，你这等丑陋的家伙，打扮得像个小丑，还来问我天堂和地狱的秘密？"

世事沧桑，而我心定

将军"刷"地拔出剑来，举到老僧头上。他满脸血红，脖子上青筋暴露，就要砍下老僧的人头。

利剑将要落下，老僧忽然轻轻地说道："这就是地狱。"

霎时，将军惊愕不已，肃然起敬，对眼前这个敢以生命来教导他的老僧充满敬意。他的剑停在半空，眼里噙满了感激的泪水。

"这就是天堂。"老僧说道。

老僧的确能够沉得住气，在自己生命遇到危险时，依然能够平心静气地面对，所以，他制服了那个不可一世的将军。试想一下，如果老僧沉不住气，与将军争执起来，或者对其不屑一顾，其结果会是怎样呢？

"喜怒通四时，与物有宜而莫知其极。"因为只有看透别人的内心，才能最有针对性地攻其心,而被人看透内心则比被人抓住命根子还要可怕,还要恐怖,犹如被抓住牛鼻子一样陷入被动,只能听命于人,受制于人了。

"世事沧桑心事定,胸中还岳梦中飞。"世界上虽沧桑变化,但我心事已定,无论你怎么变化,我心里有数。的确如此,古今中外,凡是伟人,定有遇事不慌,沉着冷静的特点,也只有这样,他们才能正确地判断局势,应变局势,取得成就。

1962年,古巴导弹危机将整个世界拖到了爆发核战争的边缘。苏联在赫鲁晓夫的领导下,开始在古巴装备核导弹,那儿距离美国本土只有90英里。美国总统肯尼迪随即宣布要对古巴实施海上封锁。假如当时苏联接受这一挑战,此次危机很有可能升级为超级大国之间的一场倾巢而出的核战争。肯尼迪估计,发生这种情况的概率"介于13~50%之间"。不过,经过几天的公开表态和秘密谈判,赫鲁晓夫最后还是决定避免正面冲突。

为了挽回赫鲁晓夫的面子,美国做了一些妥协,包括最终从土耳其撤走美国导弹。作为回报,赫鲁晓夫则下令拆除苏联在古巴装备的导弹,并且装运回国。

在这场剑拔弩张、令全世界人的心悬到嗓子眼里的较量中,肯尼迪以其果断、坚韧,以及强大的心力,赢得了胜利。

沉住气的心态往往是成功的必要因素。一般来说,人们只要不是处在激怒、疯狂的状况下,都能保持自制并做出正确的决定。健康、正常的情绪,不仅平时给生活带来幸福、稳定、畅快,而且能在大难临头时,帮助你逢凶化吉,转危为安。

不生气谁能奈何我

【原文】

善为士者,不武;善战者,不怒;善胜敌者,不与。

——《道德经·第六十八章》

【译文】

善于领兵打仗的人,不逞勇武;善于作战的人,不轻易被对方激怒;善于战胜敌人的人,不会动辄就跟敌人争斗。

老子认为,人达到一定的境界,是不会被外界牵扰的,也是不会被他人打败的。武与怒都是不善而又好胜的坏性情,人一定要管住自己的性情,才能胜人而不败。

法国名将拿破仑曾统兵数百万,所到之处战无不胜,攻无不克,但是他说:"我就战胜不过我的脾气!"

是的,人往往"战胜不过自己的脾气"。在遇到感情挫折、情绪困扰时,就是想不开,钻牛角尖,以致怒火中烧,逼自己走上极端。可是,要知道 EQ 中最重要的就是"情绪忍受力",也要知道"脾气来了,福气就没了"!我们不能让自己处于气愤不已的状态,要懂得"让情绪换跑道",绝不能使"情绪的癌细胞扩散"!

一个脾气暴躁的人闯入了惠灵顿公爵的书房。

愤怒是片刻的疯狂,要学会制怒

他说:"我叫亚玻伦,有人派我来刺杀你。"

公爵说:"刺杀我? 真奇怪。"

刺客把话重复了一遍:"我是亚玻伦,我一定要杀了你。"

"一定要在今天吗?"

"他们倒没有告诉我在哪一天或者什么时候,但是我必须完成任务。"

公爵说:"那现在可不方便。我很忙——我有很多信要写。你下次再来吧,我等着你。"说完,他就继续写他的信。

公爵的从容、大度和镇静使刺客大为吃惊,他走出去之后,再也没有回来。

生活中的"EQ 高手",必须要知道,遇到冲突、生气时,一定要"先处理心情,再处理事情","凡事多思考,切勿轻易发怒",而且,"不要急着说,不要抢着说,而是要想着说!"

毕竟,人活着,不是要"斗气",而是要"斗志"! 人活着,不是要比"气盛",而是要比"气长"! 人活着,不是要"争一时",而是要"争千秋"啊!

想一想,"我"这个字是哪两个字的组合? 是"手"和"戈"对不对? 老祖先造字真有创意,"手拿着干戈",竟然是变成"我"这个字。所以,人常常是很自私、很防卫的,谁冒犯我,惹我、欺负我,我就拿"武器"和他拼命。

可是,这样值得吗? 前些时,有些失学的青少年无所事事搞帮派,为了抢地盘,

14岁就把昔日同学砍死。而一名女研究生，为了博士班的男友，也把同班好友（情敌）用化学药剂害死！也有一父亲在暴怒时一时失控，一巴掌把小女儿打得耳膜破裂，造成终身耳聋！这些惨痛的事例提醒我们："愤怒，是片刻的疯狂！"

生命的长度是上帝所给予的，但生命的宽度却掌握在我们自己的手中。

有形垃圾容易处理，无形的垃圾最难处理；什么是真正的垃圾呢？怨、恨、恼、怒、烦，这才是真正的垃圾，假若今天你请垃圾车把这些垃圾全部带走，你今天就可以享受到生活和工作的乐趣。

我们不能让自己的情绪只有"幼儿园的程度"，必须学习"转念"，"少点怨，多点宽容""多洒香水，少吐苦水"，让负面的思绪远离，用乐观的正面思绪来迎接崭新的一天！

私心越重所失越大

【原文】

是以圣人，后其身而身先，外其身而身存。

——《道德经·第七章》

【译文】

有"道"的人把自身利益摆在最后，反而先得到利益；把自己的生命置之度外，反而得以保全自身性命。

老子认为，一个人没有私心，反而能成就大私。这里，老子用天道排演人道，他认为，天地之所以能长久存在，是因为它们并非为了自己的私利而存在。圣人也一样，以公为先，反而成就了大私。

北宋范仲淹的"先天下之忧而忧，后天下之乐而乐"，可谓得老子"后而先、外而存"的真实体现，他本人的经历也是由大公达至大私的范例。他推己及人、先人后己，深得部下拥戴，坐镇北部边陲十数年，令匈奴不敢越雷池一步；他一心公事，不念私利，以至朝中上下无不钦服，最后官居宰相。他这么无私，最后功名利禄样样不缺。

有人会说：谁没有私心？难道大人物一心为公、一点私心杂念也没有吗？应该注意到，老子提倡的先人后己、先公后私，绝非只顾他人不顾自己，更不是只办公事不讲私利。连自己该得的那一份也不要，那不成了一个傻瓜吗？无论是耶稣、范仲淹，他们都没有拒绝当得之利。毕竟每个人都要吃饭、要生活嘛，而且要吃饱吃好，营养充足才有精力去办公事。完全轻视私利怎么能行呢？

无论私心或公心，每个人都会有，但有层次之分。同样是读书，小学生怎么能跟大学生相提并论呢？同样的道理，人人有私心，境界却大不一样。有些人故意混淆概念，好像大家都自私，谁也不比谁高尚。但是，虽然大家都自私，也有公心，摆到一起比较一下，差得就太多了，有的是"国际名牌"，有的是"假冒伪劣"。

范仲淹画像

有的人在私利与公利明显发生冲突时，优先满足私利，这是人之常情。但有的人却为了私利损害公利，这就不是君子所为了。

按照老子后而先的逻辑反面推断，私心越重的人，所失越大。事实也是如此，那些自私自利，"拔一毛以利天下而不为"的人，他们的人际关系必然很糟糕。朋友厌弃他，同事冷落他，甚至亲人也背离他。不管他在利益方面的收获是大是小，生活在一个冷冰冰的人际环境中，必然感到孤独、压抑，这已经是一大损失。至于那些为了私利违法乱纪的人，时时受到法律的威胁，甚至因此丧失自由和生命，损失就更大了。

养心莫善于寡欲

【原文】

祸莫大于不知足，咎莫大于欲得。故，知足之足，常足矣。

——《道德经·第四十六章》

【译文】

最大的灾祸就是不知足，最大的灾难就是贪得无厌。所以知道到什么地方该满足的人才能得到满足。

老子认为，人不应该总处于奔波劳碌之中，应适可
而止。知足者常乐，知足便不做非分之想，知足便不好
高骛远，知足便安若止水、气静心平。知足便不贪婪、
不奢求、不豪夺巧取。知足者温饱不虑便是幸事；知足
者无病无灾便是福泽。

《庄子·齐物论》中说："终身役役而不见其成功，
然疲役而不知其所归，可不哀邪！"这其中的玄机，就靠
自己去参悟了。过分的贪取、无理的要求，只是徒然带
给自己烦恼而已，在日日夜夜的焦虑企盼中，还没有尝
到快乐之前，已饱受痛苦煎熬了。

因此古人说："养心莫善于寡欲"。我们如果能够
把握住自己的心，驾驭好自己的欲望，不贪得、不觊觎，
做到寡欲无求，役物而不为物役，生活上自然能够知足
常乐，随遇而安了。

知足之足

知足常乐，可以说为每个中国人所熟知，但在现实中又有几人能做到这一点
呢？许多人聪明，但却不知足，贪心过重，为外物所役使，终日奔波于名利场中，抑
郁沉闷，难以享受人生之乐。

有个青年人常为自己的贫穷而牢骚满腹。

"你具有如此丰富的财富，为什么还发牢骚？"一位智者问他。

"财富它到底在哪里？"青年人急切地问。

"你的一双眼睛，只要能给我你的一双眼睛，我就可以把你想得到的东西都
给你。"

"不，我不能失去眼睛！"青年人回答。

"好，那么，让我要你的一双手吧！对此，我用一袋黄金作为补偿。"智者又说。

"不，我也不能失去双手。"青年人焦急地说。

"既然有一双眼睛，你就可以学习，有一双手，你就可以劳动。现在，你自己看
到了吧，你有多么丰富的财富啊！"智者微笑着说道。

我们来到这世上时，本来就是赤条条的，一无所有，是上苍赋予了我们生命、亲
友以及思想和财物等等，上苍待我们何厚？使我们拥有了这么多，又占据了这么

多。可是我们却从来也没有满足过，依然在祈求着上苍为我们降下更多的甘霖。

如果你想获得什么不妨看看自己拥有什么，生活中如能降低一些标准，退一步想一想，就能知足常乐。人应该体会到自己本来就是无所欠缺的，这就是最大的富有了。然而，生活不可能也不会按照我们的需求来十足地供应我们，于是，我们便失望了，我们便不满了。

老子说："知足不辱，知止不殆。"就是告诫人们要知足，知道满足就不会受辱，知道适可而止，就不会遭遇不幸。

不知足是最大的祸患，贪得无厌是最大的罪过。把钱财、家世、容貌视为荣辱标准的人，一般都不知足，越有越想有，越有欲望越盛。

知止不殆，知之不辱

欲望太盛，就会生出邪念，为拥有更多的财权欲而不择手段，由敬财、爱财而贪财、聚财、敛财，发展到见钱眼开、巧取豪夺、唯利是图、谋财害命。市场上大量的假冒伪劣商品屡禁不绝，正是这方面的原因所致，真乃是欲壑难填！

真正的满足，是内心的满足，而非物质的满足

同为道家的庄子也说："富有的人，劳累身形勤勉操作，积攒了许许多多财富却

不能全部享用，那样对待身体也就太不看重了。高贵的人，夜以继日地苦苦思索怎样才会保全权位和厚禄，那样对待身体也就忽略了。人们生活于世间，忧愁也就跟着一道产生，整日里糊糊涂涂，长久地处于忧患之中，多么痛苦啊！"

所以，真正的满足是内心的满足，而非物质的满足，物质是永远无法让人满足的。真正快乐的人知道什么是满足，因为只有在满足中才能体味什么是快乐。

知足是一种境界，知足的人总是微笑着面对生活。在知足人的眼里，世界上没有解决不了的问题，没有趟不过去的河。他们会为自己寻找合适的台阶，而绝不会庸人自扰。知足是一种大度，大"肚"能容天下事。在知足的人眼里，一切过分的纷争和索取都显得多余。在他们的天平上，没有比知足更容易求得心理平衡了。知足是一种宽容，对他人宽容，对社会宽容，对自己宽容，这样才会得到一个相对宽松的生存环境，这难道不值得庆贺吗？知足常乐，此之谓也。

贪多则会迷惑

【原文】

少则得，多则惑。

——《道德经·第二十二章》

【译文】

少取反而多得，贪多则会迷惑。

多一物，多一心，少一物，少一念，不要为外物所拘

人生一世，谁总是一帆风顺？对于外物的追求和执着，是人生一切痛苦的根源，超越外物，超越自我，自己的心境也就不会随着外物的变化迁移而波动。

老子认为，一个人要想有自己自由的栖居，就不要受拘于外物。外物总是短暂而易腐朽的，而生命灵魂才是永恒。不要做财富的奴隶，只能做财富的主人，这样人才能真正地逍遥。否则，就可能迷失在追求财富的汪洋大海里，失去自我，失去人生对于逍遥的享受。

如果有一个地方,能让我们心安,能让我们抛却浮躁,"不要为外物所拘,心安理得处",那不是理想的栖居吗?何必刻意地去寻?一片生机盎然的花圃,一座巍巍的大山,一本泛着墨香的书卷,都可以成为我们自由的栖居,都可以容纳我们放逐的心灵和漂泊的意志。

少则得,多则惑,不要对生命苛求太多

自由的栖居,须放得下繁华,耐得住寂寞,达到"物而不物"的境界。若是心恋浮华,不舍喧嚣,终不得心灵的安顿。就好比一个人,汲汲于富贵,切切于名禄,桎梏于外物,怎可能出离尘世而追寻幽独?又好比一匹马,被拴上了枷锁车套,只有一味地卖力奔驰,哪有机会停下来思索自己的生命?

老子所讲的"少则得,多则惑"是一门哲学,需要有大智慧,需要有大舍弃。智慧会让我们生活得快乐充实,舍弃会让我们生活得轻松无羁。不要顾忌舍弃而拒绝简单的生活,那样的话,你将不堪重负,顾虑重重,心力交瘁,六神无主……

"少则得,多则惑"的内涵在于抛却杂念,直指目标。生活没必要有太多的弯子,弯子太多会加重你的心事,影响你的情绪,导致恶劣的结果。其实,只要你把握住人生最最本质的东西,你会觉得前景一片广阔。

有的人对生命有太多的苛求,弄得自己生活在筋疲力尽之中,从没体味过幸福和欣慰的滋味,生命也因此局促匆忙,忧虑和恐惧时常伴随,一辈子实在是糟糕至极。需知月圆月亏皆有定数,岂是人力所能改变的? 不如放下,给生命一份从容,给自己一片坦然。

放下就是快乐

【原文】

五色令人目盲;五音令人耳聋;五味令人口爽;驰骋畋猎,令人心发狂;难得之货,令人行妨。是以圣人为腹不为目,故去彼取此。

——《道德经·第十二章》

【译文】

色彩缤纷令人眼花缭乱,声音喧嚣令人听觉失灵,五味错乱令人败口。奔驰游猎令人心狂,稀有宝货诱人盗窃。所以,圣者只求饱腹不求悦目,有所放弃从而才有所获取。

清朝的金兰生在《格言联璧·处事》中说:挺得起,放得下。算得到,做得完。看得破,撇得开。"快乐总在放下后",这是我们获得幸福的最好方法。

孔子一心求仁义、传礼仪,让天下百姓都讲求仁义、懂礼仪。然至五十一岁,仍未实现自己的想法。为此,孔子心里仿佛有个结,并对此一直耿耿于怀。

一日,他听闻老子回归宋阂沛地隐居,特携弟子拜访。老子见孔丘来访,让于正房之中,问道:"一别十数载,闻说你已成北方大贤才。此次光临,有何指教?"

孔丘拜道:"弟子不才,虽精思勤习,然空游十数载,未入大道之门。故特来求教。"

老子曰:"欲观大道,须先游心于物之初。天地之内,寰宇之外。天地人物,日月山河,形性不同。所同者,皆顺自然而生灭也,皆随自然而行止也。知其不同,是见其表也;知其皆同,是知其本也。舍不同而观其同,则可游心于物之初也。物之初,混而为一,无形无性,无异也。"

孔丘问:"观其同,有何乐哉?"

老子道:"观其同,则齐万物也。齐物我也,齐是非也。故可视生死为昼夜,祸与福同,吉与凶等,无贵无贱,无荣无辱,心枯古井,我行我素,自得其乐,何处而不乐哉？"

话说到这里，孔子的心终于放下了。他观己形体似无用之物，察己荣名类同粪土。想己来世之前，有何形体？有何荣名？思己去世之后，有何肌肤？有何贵贱？于是乎求仁义、传礼仪之心顿消，如释重负，无忧无虑，悠闲自在。

有一句话叫："夫哀莫大于心死，而人死亦次之。"大意是最可悲哀的事，莫过于思想顽钝，麻木不仁，而人死了倒是其次呢。说明一个人很悲伤，心如死灰了，那还有什么生气可言。但我们仔细想想，为什么会心如死灰？一定是心灵受到莫大的刺激，而自己又想不开，对这件事情总是耿耿于怀，放不下。

老子认为，一个人如果总是对一些事情耿耿于怀，放不下，就会心灵闭塞好像被绳索牢牢捆住，心之将死，没法使他们恢复生气。

是啊，放下就是快乐，可是又有多少人能真正做到呢？

我们每日在尘世穿梭忙碌，每天忙着经营自己的世界，有人可能

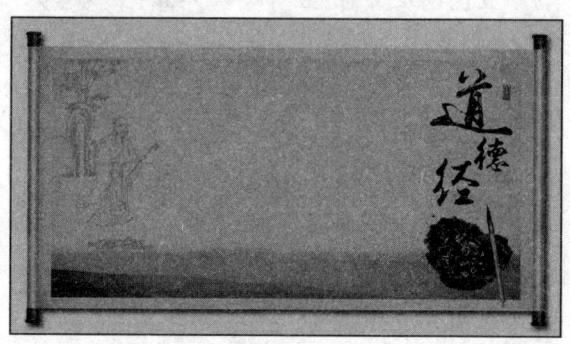

老子《道德经》画卷

会为一点得失计较争执，甚至拼得头破血流。更有人沉迷于纸醉金迷的生活，沦陷于物欲横流的世界。人像一只蚕，用厚重的丝把自己给捆缚了起来！

放下很难，可能会带来一时的损失或心痛，可是真正放手后，会发觉所有的纠结与烦心反而可以转换为海阔天空。

放下你该放手的东西，你便会拥有快乐的人生！何不每天自然轻松地过日子，洗练一份仁厚清静的心境，无憾无悔地走到生命尽头。抛弃一些尘世的烦扰，留一份开阔的天空给心灵安个家。心灵上的轻松，才是真正快乐的源泉！快乐与金钱、权势、名声、地位都无关，真正能给人带来快乐的是你的心境！

放下是一种感悟、一种心境、一种进退取舍、轻重缓急、远近厚薄的把握。面对日益繁华的物质世界，对名利、物质、情爱能看破放下的人，不能说没有，只是少得可怜。

"放下就是快乐"是一味开心果，是一味解烦丹，是一道欢喜禅。只要你心无挂碍，什么都看得开、放得下，何愁没有快乐的春莺在啼鸣，何愁没有快乐的泉溪在歌唱，何愁没有快乐的鲜花在绽放！

放下是一种幸福,放下更是一种境界。风起的时候,笑看落花,一个华丽的转身,留下的是绵长的回味。

人们总是希望有所得,以为拥有的东西越多,自己就会越快乐。人们沿着追寻获得的路走下去,可是有一天,人们忽然惊觉:我们的忧郁、无聊、困惑、无奈以及一切的不快乐,都和我们的要求有关。我们之所以不快乐,是因为我们渴望拥有的东西太多了。有时太执着了,不知不觉,我们已经执迷于某个事物上了。

其实,人生的悲哀之处莫过于太拘泥于一点。而为了这一点,我们又错失了很多风景。其实,成功并不是赢取了某一次胜利,而是任何时候都不放弃追求下去的信念。

享受要适可而止

【原文】

金玉满堂,莫之能守。富贵而骄,自遗其咎。

——《道德经·第九章》

【译文】

金玉满屋,谁能万世守住;富贵而骄,必然自招祸灾。

老子告诫我们:立身行世,不贪恋于已得,不在意于未失,才能免于患得患失之恐惧。圣人不以名、位、势、禄之得为得,不以金、宝、财、货之失为失。欲望无满,富贵而骄,贪图享受的人,自招其损。

老子这里的意思主要有两点。

(1)正确对待财富的态度

钱乃身外之物也。一个人钱再多,他也只能跟其他人一样消受一点,而大部分都积攒在那里,永远只是财富的象征而已,并不都能给人带来幸福。人生在世,活得潇洒快乐才是最重要的。商人们为自己的"钱途"奔波,不也是为了这个目的吗?人一辈子,只需要那么一部分钱,多出的其实并不能给自己带来多少幸福,那么这么多钱怎么处置呢?藏在金库里,成色再好的金子也不会发光!金钱不用它就是金属!把这些钱用到它该用的地方去,发挥它的效用,才对得起其价值。

(2)人不能贪图享乐

1644年,李自成率领起义大军攻下北京,便恣肆享乐起来,而忽略了对中原虎视眈眈的东北满洲人。更有甚者,他还抢了镇守山海关的辽东总兵吴三桂的爱妾陈圆圆,并杀了他全家。"恸哭三军皆缟素,冲冠一怒为红颜。"为了报不共戴天的杀父之仇、夺妻之恨,吴三桂倒戈为逆,引兵入关,两路大军很快攻下了北京城,不久便一路南下。李自成部队由于进京后骄奢淫逸、贪享富贵而失去了战斗力,根本不是清兵的对手,李自成战死九宫山,大顺政权昙花一现!

一个人的精神快乐并不需要荣华富贵和金钱女人,这些东西都不属于生命本身的,真正的快乐是从生命的本性流露出来的,它来源于自己的精神内部。享乐则来源于生命的外部,它是身外之物刺激的结果。因而,享乐常与放荡、荒淫、堕落连在一起,享乐与堕落只有一墙之隔,甚至许多享乐本身就是堕落,而堕落是与危险连在一起的。

快乐的心境是自在安宁的,享乐则狂热放纵,有时还失去了理智。得意了就彻底狂欢,失意了便垂头丧气,受了创伤更是失魂落魄。享乐者的心里总得不到安宁,受到的刺激不同他们的心情就不同:时而狂喜,时而愤怒;时而大笑,时而悲伤;时而放纵,时而怯懦;时而浮躁,时而叹息……

陈圆圆画像

其实,每一个人都有自己认为正确的生活方式,每一个人都有自己的快乐。三毛说,她想有一间自己的书房,不要有窗,也不必太宽敞,只要容得下一桌一椅一台灯即可。桌上放一叠书,灯下是一个真实的人,听得见自己的心跳。

有一个作家,为了躲避城市的喧嚣,隐居在山村。那里山多,一座连一座,望不到尽头。山上有高耸的崖壁,还有茂密的森林。一到天黑便有"哗哗"的响动,那是野外的鹰飞倦了,回归巢穴。

快乐可以不受外物的影响,不为穷困而苦恼,不为富贵而得意,这是由于快乐,不是来于外物的刺激而来自心灵。它是一个人具有生活目的、人生信念和创造乐趣后的一种情感状态。这样,快乐又是与对人生的憧憬、对未来的希望联系在一起的。

追求快乐,但不贪图享乐,这才是正确的人生态度。

止于所当止

国学经典文库

《道德经》智慧解读

图文珍藏版

【原文】

持而盈之，不如其已；揣而锐之，不可长保。

——《道德经·第九章》

【译文】

执持盈满，不如适时停止；显露锋芒，锐势难以保持长久。

老子的这句话，与《周易·乾》中的"亢龙有悔"是相通。乾卦上九爻说："亢龙有悔。"龙飞到天上，到了极高处，反有悔悟。《易经》的象传说："亢龙有悔，盈不可久也。"龙高飞过了头终将有所悔恨，刚劲过甚不久必衰，穷极会带来灾难。

有些人只知道争取而不知及时引退，只知道生长而不知终将衰亡，只知道获利而不知所得必失。人如果能深知进取、引退、生长、灭亡的道理，行为就不会偏失正确途径。

事物达到了强盛的极点，就会逐渐衰弱，很快灭亡。月盈则亏，水盈则溢。水与月都是自然界最有道的两种事物，连它们都不能太满，更何况人

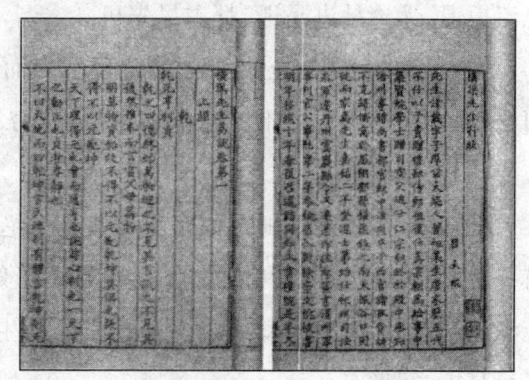

《横渠易说》书影，张载著

呢。任何事物都有一个发展极限，到了这个极限，就会穷极必反，走向它的对立面。人生事业也是这个道理。当达到人生事业的顶峰的时候，更要加倍小心才行。

《周易·大壮》上说："羝羊触藩，羸其角。不能退，不能遂。"公羊的角缠在篱笆上。进退不得。过于强盛也不是好事，如老子所言"物壮则老"。北宋哲学家，理学创始人张载在其著作《横渠易说》里注解大壮卦说："以阳居阳，正也，然乘下之刚，故危。小人用此而进，如羝羊触藩以为壮，故多见困，君子知几则否。""君子则知止也。"可见，做人谋事，当深通在什么情况下应该停下来的学问。止于所当止，是我们应该追求的境界。

有些人在事业上有所成就，往往容易被胜利冲昏头脑，以至种下祸根，到头来

后悔已经晚了。所以,人不仅要知进,更要知止。

2004 年 6 月 28 日,汕头大学报告厅,李嘉诚与长江商学院 EMBA 的学员对话时,有这样一段话:

学员:听人讲,您的办公室有两个字"知止",外界传得很神,能给大家分享这两个字的含义吗?

李先生:这两个字是出自春秋时期的老子之口。经营企业。"知止"两个字是最重要的。我从 12 岁就开始打工了,到 22 岁过了 10 年非常刻苦的生活,到今天我已工作 60 多年了,"知止"两个字没有写在办公室,但一直写在脑子里。在香港我看到人家成功得容易,但是掉下去也非常快,是什么原因呢? 就是因为不知道"止"。全世界失败的企业中,至少一半都是贪婪的。

"盛极必衰,月盈必亏。"李嘉诚将道家的朴素辩证法运用到商界,审时度势,急流勇退,无论是进是退,都占尽先机。

古人云:"大智知止,小智惟谋,智有穷而道无尽哉。"有大智慧的人知道适可而止,小聪明的人只知不停地谋划,智计有穷尽的时候而天道却没有尽头。所以,人要知足,更要知止。

不知止,痛苦往往随之而至。那些走上绝路,自我了断的人;那些身居高位,显赫一时,最终断送前程和性命的人,就是不了解"知止"或知之而不为。知止,功夫应做到细微处,做到不动如山。知止实乃人生的大境界,能够读懂这两个字的人,必是高人、智者。

第八节　大智若愚的智慧

藏起你的锋芒

【原文】

上德若谷,广德若不足,建德若偷,质真若渝。大白若辱,大方无隅。

——《道德经·第四十一章》

崇高的德好似空谷,广大的德好像不足,刚健的德,好似怠惰,质朴而纯真好像混沌未开。最洁白的东西好像是污浊的,最方正的形象一般看不出棱角。

据《史记》记载,孔子曾经拜访过老子,向他请教"礼"。老子也告诫孔子说:"一个聪明而富于洞察力的人身上经常隐藏着危险,那是因为他喜欢批评别人。雄辩而学识渊博的人也会遭遇相同的命运,那是因为他暴露了别人的缺点。因此,一个人还是节制为好,即不可处处占上风,而应采取谨慎的处世态度。"

老子还对孔子说:"君子盛德,容貌若愚。"这里的盛德是指"卓越的才能"。整句话的意思是,那些才华横溢的人,外表上看与愚鲁笨拙的普通人毫无差别。

老子还告诫世人:"不自见,故明;不自是,故彰;不自伐,故有功;不自矜,故长。"这句话的大意是,一个人不自我表现,反而显得与众不同;一个不自以为是的人,会超出众人;一个不自夸的人会赢得成功;一个不自负的人会不断进步。

比如,身在职场,往往都急于显露一下自己的才能和实力,盼望尽快得到他人的认可和刮目相看。因而表现得锋芒毕露、急于求成,凡事都要争个"先手",有时动不动还要来个"抢跑"。但是,过早地掀起和卷入竞争,也会造成某些潜在的被动。

(1)无形中将自己放在一个较高的起点和定位上。因为你处处显露自己的才干和见识,人们就会产生一种心理定式,认为你总能比别人强。一旦你有错漏和失误,别人轻则说你还欠火候,重则落井下石,幸灾乐祸地说这是自高自大的最好报应。

我们在日常工作中,会遇到以下问题:有一些事,人人已想到、认识到了,却无一人当众说出来。这些人并非傻子,而是都学精了。人所共欲而不言,言者乃大傻也。有很多话你若争着说,必定犯忌,或说中别人之痛处,这样你就会倒霉了。

(2)会过早地卷入升迁之争。升迁之争存在的一个普遍规律便是通过不断地淘汰来实现金字塔式的职位升迁。过早地进入这个程序,就意味着有可能过早地遭到淘汰。有时的淘汰有可能是一种机遇和运气,有时会是人际关系失衡后一种权宜的矫正,甚至是一种不公平、不光彩的人为私欲的暗箱操作和利益交换。过早地卷入,可能会成为无辜的牺牲品。

(3)根基不稳,虽长势很旺,但经不住风撼霜摧。没有厚积薄发的底牌,就一股脑儿地将十八般武艺悉数亮将出来，便是应了中国那句忌语："好话不可说尽、力气不可用尽、才华不可露尽。"一旦成强弩之末，连薄绢都穿不过，那肯定会被逐出场外，到那时岂不心血白费？

所以，一个人要善于去掉自己锋芒毕露的角，这样才能长久，才能厚积薄发。

道家另一位代表人物庄子也有一句类似的话叫"直木先伐，甘井先竭"。一般来说，挺直的树木多先被砍伐；水井也是涌出甘甜井水者先干涸。嫉贤妒能，几乎是人的本性，所以有才华的人会遭受更多的不幸和磨难。

由此观之，人才的选用也是如此。有一些人才华横溢，锋芒太露，虽然容易受到重用提拔，可是也容易遭人暗算，甚至引来杀身之祸。历史上和现实生活中的这种例子比比皆是。

三国时，杨修是曹营的主簿，他思维敏捷，也敢于冒犯曹操。

植木先伐，甘井先竭，露才遭嫉

曹操曾造花园一所。造成，曹操去观看时，不置褒贬，只取笔在门上写一"活"字。杨修说："门内添活字，乃阔字也。丞相嫌园门阔耳。"于是翻修。曹操再看后很高兴，但当知道是杨修析其义后，内心已忌杨修了。又有一日，塞北送来酥饼一盒。曹操写"一盒酥"三字于盒上，放在台上。杨修入内看见，竟取来与众人分食。曹操问为何这样？杨修答说，你明明写"一人一口酥"嘛，我们岂敢违背你的命令？曹操虽然笑了，内心却十分厌恶。

还一次，刘备亲自打汉中，惊动了许昌，曹操也率领四十万大军迎战。曹刘两军在汉水一带对峙。曹操屯兵日久，进退两难，适逢厨师端来鸡汤。曹操见碗底有鸡肋，有感于怀，正沉吟间，夏侯入账禀请夜间号令。曹操随口说："鸡肋！鸡肋！"

便把这样号令传了出去。行军主簿杨修即叫随行军士收拾行装,准备归程。夏侯大惊,请杨修至帐中细问。杨修解释说:"鸡肋者,食之无肉,弃之有味。今进不能胜,退恐人笑,在此无益,来日魏王必班师矣。"夏侯 也很信服,营中诸将纷纷打点行李。曹操知道后,怒斥杨修造谣惑众,扰乱军心,便把杨修斩了。

凡此种种,皆是杨修的聪明犯着了曹操的忌讳;杨修之死,是由于他的聪明才智。后人有诗叹杨修,其中有两句是:"身死因才误,非关欲退兵"。这是很切中杨修之要害的。

杨修之死给我们留下了重要的启示:

才不可露尽。杨修是绝顶聪明的人,也算爽快,且才华横溢,其才盖主。这就犯了曹操的大忌。有些将帅帝王是不喜欢别人胜过自己的。

杨修犯的正是这禁忌,你处处出尽风头,那魏王还能英明得了吗? 这不是叫人赞扬你而冷落了主人吗? 这是他必死的原因之一。

事不要点破。譬如鸡肋,曹操正苦思于此,不知如何解脱,你捅穿这层薄纸,就是羞辱了他。

大巧若拙的妙处

【原文】

大直若屈,大巧若拙,大辩若讷。

——《道德经·第四十五章》

【译文】

直线的极端似曲线,巧妙的极致似笨拙,最善辩者却似笨嘴。

老子这句话的意思是,最聪明的人,真正有本事的人,虽然有才华学识,但平时像个呆子,不自作聪明;虽然能言善辩,但好像不会讲话一样。做人须带一份憨,一份痴;不憨不能犯大难,不痴无以处浊世。凡患得患失之人,正是太聪明耳。

所以,无论是初涉世事,还是位居高官,无论是做大事,还是一般人际关系,都须带一份憨,一份痴。

我们在说一个人迂腐的时候,往往讲这个人不开窍。不开窍固然不好,但开窍过多就好吗?

老子告诫我们，做人要"大巧若拙"。为什么呢？因为懂得越多，看得越透彻，要求得到回报的欲望就越高，对社会就越不满，人生也越痛苦。知道得越多就越要盘算，把生活变成了生意，计较得失。所以，做人还是"屈"一点好，"拙"一点好，"讷"一点好。

曾经有人将世间各色人等，按其精明与否的程度分为四个等级、四种类型。

第一个等级是外相敦厚，对人处世绝不以精明自居，甚而让人感觉有些傻乎乎的，但骨子里却有一种智慧。这种人，往往让人产生一种高度的信任感。这种精明，是最高层次的精明，所谓"精明不外露"，以及"大巧若拙，大辩若讷"，就是这个意思。

第二个等级是让人一眼看去就感觉浑身透着精明，而内底也确实相当精明的人。但"精明外露"已非上品，不免让人处处防范，其"精明"的效果也就有限，充其量只能算是二等货。

第三个等级是本身既无多大能耐，看上去也十分愚钝，正因其内外都"傻"，本人既无"自作聪明"之举，他人对其也

大巧若拙，大辩若讷

全不设防，进而有不忍欺之者，故尚可安居三等。

第四个等级是看上去一脸"精乖"相，亦往往自认为精明过人，骨子里却愚不可及。此等角色人见人厌，成事不足败事有余，是为末等。

以上四色人等，又并非一成不变，如第二等者，一旦"精明"过头，聪明反被聪明误，往往会沦入末等而不复；而原为第三等者，如能在世事磨炼中逐渐悟出人生真谛，则摇身一变而跻身头等行列者亦不乏其人。

再聪明的人都无法完全认清世间万象，运转再快的头脑也跟不上世界万物的变化。所以老子要求我们做人要"屈"一点，"拙"一点，"讷"一点，这样才能掌握世间万物，掌握我们自己。

很多人还对金庸笔下郭靖的"傻里傻气"记忆犹新。结果呢？他成了受人尊

敬的武林高手。

　　某种角度看《天下无贼》，也许我们看到的傻根更像是对金庸笔下郭靖的翻版。傻根说他们家乡，在山里见到牛粪，用小石子绕着画个圈，隔个三五天没人会去动它，因为他们都知道这已是别人的了。就像剧中人物说的那样，我们走了那么远的路，就遇到傻根一个对别人没有设防没有戒心的人。

　　在浩荡的列车上，老谋深算的黎叔，保护傻根的王薄、王丽，想篡位的老二，争风吃醋的小叶，每个人都在钩心斗角，暗中窥探。长夜漫漫，所有的聪明人都无法安然入睡，却只有心无旁骛的傻根睡得香甜。

　　傻人的福气主要体现在：

　　（1）傻人对许多事是不过心的。傻人缺乏精明人的一些算计和设想。算计和设想虽是好事情，可好事情的另一面常常就是陷阱，会造成人的过失。而傻人缺乏那样的算计，也就避免了那样的过失，无所谓陷阱可言。

　　（2）傻人往往也不会过分注意身边的潜在危险和可能要失去的东西，所以他往往对事物并不主动地出击，这样反而不会使危险扩大，做到了顺其自然。傻人的天性里含有一种自然的忍让、宽容和视而不见，他做到了一种精明人很难做到的事情，傻人是不计较所谓得失的。

　　（3）傻人由于自身的特点，目光往往是不够尖锐的，这样他也就没有那么多的挑剔。一个不去挑剔生活和别人的人，是幸福的。

　　（4）傻人对许多事情都是不在乎的态度。这正是精明人以为的天下最高明的境界，当然也就最难忍受。而傻人却不管这一套。因此，在生活里，只有傻人活得最痛快、最轻松，似乎也就最完备。精明人是看不起傻人的，他们防止自己做傻事，每一步都希望迈得很精确。可其结果却总是让他们不满意。甚至不但干了错事傻事，还招来许多危险，落入怪圈或陷阱。世上如果真有什么巨大损失的话，那一定是发生在精明人身上的。

　　傻人是有福气的，傻一点似乎更可靠。尤其是在这个日渐复杂的社会里，装傻，做傻人，说傻话，已经成为许多精明人的处事方式。

　　聪明不外露，才是真正的智者。巧中有拙，拙中有巧，用大智若愚的一种心态存活于当今的社会，也就是做人要带一份憨，一份痴。不害人也不被人害。保住了自己，也成全了他人，何乐而不为呢？

揣着明白装糊涂

【原文】

知者不言，言者不知。

——《道德经·第五十六章》

【译文】

智慧的人不多言，多言的人必愚笨。

"知者不言，言者不知。"老子的这句话，告诉人们要学会糊涂处世。后世人对这句话的理解是仁者见仁，智者见智，动用之妙，存乎一心。言语是很浅薄的东西，很多时候，我们无需要太多的语言去演绎我们的才华，更无须掩盖我们的浅薄。

说话是一门学问，说得不多不少是一门很考究的功夫。有时，明明知道的事情而故意装着不知道，看得分明的东西装作看不见。通俗一点讲，就是虽然

老子庙会老子画像

明白一切，但却故意装糊涂。明明知道，明明看见了却装作不知道，没看见。

为了保全自己，为了达到目的，你都必须这样做。比如你偶然知道了你不该知道的事情，为了保护自己的生命安全，你必须要缄口不言。人人都有身处险境、尴尬难堪的时候，"知者不言"常常是明哲保身或达到目的的重要手段。

在一个特定的形势、场合、背景下，尽管你都知道，但是不该说的就不说，说了反而不如不说的好，甚至还会带来祸害，那你就来个"知者不言"，那真是"智者不言"了。历史与现实生活中很多人就是不能把握这一点，不看对象，不看场合，有啥说啥，给自己带来很多的麻烦，甚至一生的后悔。这种"言者不知"，又真是"言者不智"了。这样的例子难道还少见吗？

春秋时，齐国有位智者叫隰斯弥。当时当权的大夫是田成子，颇有窃国之志。一次，田成子邀他谈话，两人一起登临高台浏览景色，东西北三面平野广阔，风光尽

收眼底,唯南面却有一片隰斯弥家的树林蓊蓊郁郁,挡住了他们的视线。隰斯弥在谈话结束后回到家里,立即叫家仆带上斧锯去砍树林。可是刚砍了几棵,他又叫仆人停手,赶快回家。家人望着他感到莫名其妙,问他为什么颠三倒四的?隰斯弥说:"我家一片树林突兀而列,从田成子的表情看,他是不会高兴的,所以我回家来急急忙忙地想要砍掉。可是后来又转念,当时田成子并没有说过任何表示不满的话,相反倒十分的笼络我。田成子是一个非常有心计的人,他正野心勃勃要谋取国位,很怕有比他高明的人看穿他的心思。在这种情况下,我如果把树砍了,就表明了我有知微察著的能力,那就会使他对我产生戒心。所以,不砍树,表明不知道他的心思,尚算不上有罪而可避害;而砍了树,表明我能知人所不言,这个祸,闯得可就太大啦!"

古人以为做一个真正明智的人,要察,又要有度,"好察非明,能察能不察之谓明。"什么叫"能不察"呢? 就是在一群人中,唯有自己洞察了这件事的本质,而又偏偏有人不愿你把事实的真相说出来,于是只好装作不知,以免遭不测。

中国人自古懂得一个古训:看破而不说破。大凡立身处世,是最需要聪明和智慧的。糊涂不是无知,是人类隐藏着的智慧。糊涂不是无能,是人类一种未曾被启动的潜能。做人要学会糊涂。郑板桥曾道:"难得糊涂。"但难得糊涂的郑板桥,其实是个明白人。看破官场腐败的他,辞官回乡,写诗作画为生,潇洒人生,以怪闻名。能看破,但就是不说出来或做出来,这是一种揣着明白装糊涂的智慧。

与人相处,有时需要学会装糊涂。"心照不宣"就是一种比较高级的装糊涂法,只要你管住了自己的嘴,抑制住你想表现的欲望就行了。这种"糊涂"实际上就是"明者远见于未萌,智者避危于无形",是一种少有的谨慎。

愚昧者看不懂,聪明人看得破。看破不说破的是大聪明,真高明,看破又说破的则是大愚蠢,假精明。宋江久怀招安之志,吴用看得最清楚,但从不说破,宋头领格外倚重他;李逵动不动就大叫"招甚鸟安!"结果老是受宋江的怒斥。这便是智者与愚者的区别之所在。

有许多事情可以看破不可以说破,难得糊涂才能保全自己。在纷繁变幻的世道中,能看透事物,看破人性,能知人间风云变幻,而又能"难得糊涂",这样不是很好吗?

大成若缺其妙无穷

【原文】

大成若缺，其用不弊。大盈若冲，其用不穷。

——《道德经·第四十五章》

【译文】

最完美的事物，看起来仿佛有缺陷，但是他的功用却永不衰竭。最充实的东西，看起来仿佛是空的，但他的功用却无穷无尽。

老子教导我们一种境界，叫大成若缺，大盈若冲。最完美的东西，要留有一点空缺，非常充盈的东西，要留一点空档，这样才有一种生命的张力，有一个后劲。看上去大成而带一点缺失，看上去充盈而带有一点空隙，这个作用将永远不弊败，永远用不完。

老子讲"大成若缺"，其实不过是讲境界，讲人生目的。我们来举一个大家比较熟悉的例子来解读。

西汉的萧何，在辅佐汉高祖刘邦争夺天下的过程中功劳最大，被刘邦封为酂侯，赐予的食邑也最多。

公元前196年，陈豨反叛，高祖亲自率军到邯郸镇压。平叛尚未结束，淮阴侯韩信又在关中谋反，吕后采用萧何的计策，杀了淮阴侯，为高祖除去了心腹大患，于是汉高祖立即派遣使者拜丞相萧何为相国，加封五千户，并令五百名士卒、一名都尉做萧何的卫队。

为此许多大臣都来祝贺，唯独谋士陈平深表担忧，对相国萧何说："祸患从此开始了。皇上风吹日晒地统军在外，而您留守朝中，未遭战事之险，反而增加您的封邑并设置卫队，这是因为目前淮阴侯刚刚在京城谋反，对您的内心有所怀疑。设置卫队保护您，并非以此宠信您，希望您辞让封赏不受，把家产、资财全都捐助军队，那么皇上心里就会高兴。"萧何深以为然，立刻听从了他的计谋。高祖果然非常欢喜。

公元前195的秋天，黥布起兵反叛，高祖又亲自率军征讨，征战期间屡次派人来询问萧相国在做什么。萧何因为皇上在军中，就在后方竭力安抚勉励百姓，把自己的家财全都捐助军队，和讨伐陈豨时一样。此时，又有一个门客劝告萧何说："您灭族的日子不远了。您位居相国，功劳数第一，还能够再加功吗？您当初进入关中就深得民心，至今十多年了，民众都亲附您，您还是那么勤勉地做事，深受百姓的爱戴。皇上之所以屡次询问您的情况，是害怕您民望太高，有可能震撼关中，对他不利。如今您何不多买田地，采取低价、赊借等手段来败坏自己在民间的声誉？这样，皇上的心才会安定，才不会对您不利。"于是萧何又听从了他的计谋，高祖果然放下心来，从此不再派人查问。

高祖征罢黥布叛军归来，民众纷纷拦路告状，控告相国低价强买百姓田地房屋数量极多。高祖于是召见萧何，笑着说："你这个相国竟是这样'利民'！"并把百姓的上书都交给萧何，说："你自己向百姓们谢罪吧。"

萧何购置田地住宅必定处在贫苦偏僻的地方，建造家园不修筑有矮墙的房舍。他说："我的后代贤能，就学习我的俭朴；后代不贤能，家产也不会被有权势的人家所夺取。"萧何的后代因为犯罪而失去侯爵封号的共有四世，但每次断绝了继承人时，天子总是再寻求萧何的后代，续封为酂侯，功臣中没有谁能够跟萧何这种情况相比。

太史公评价萧何说：相国萧何在秦朝时仅是个文职小官吏，平平常常，没有什么惊人的作为。等到汉室兴盛，仰仗帝王的余光，萧何谨守自己的职责，根据民众痛恨秦朝苛法这一情况，顺应历史潮流，给他们除旧更新。韩信、黥布等都已被诛灭，而萧何的功勋更显得灿烂。他的地位为群臣之冠，声望延及后世，能够跟闳夭、散宜生等人争辉比美了。

正是因为萧何成功运用了"大成若缺"的方式，不但在险恶复杂的政治环境下保全了自己的性命，还使得他亲自制定的"无为而治"的政治纲领得以继续延续下去，为开创"文景之治"的太平盛世打下了良好的政治基础，正所谓"其用不弊"。

获得了极大成就的人要表现得有所欠缺。这不是人为地让其欠缺，而是他自身要保持欠缺，这是他自身的需要，因为这样他才能保持自己的作用永不衰退。这里的"有所欠缺"，指做事留有余地，这样不但能够使自己进退自如，也能使自己开创的事业得以源源不断地发展下去。

"大成若缺，其用不弊。大盈若冲，其用不穷。"这是一个大境界，就是说，你最大的容纳是虚无的，只有虚无才能容纳无穷的未来。正如一个杯子它需是虚空的才可能装进水，一个塞满物体的容器，是不可能装进它应该容纳的东西的。做人处

假糊涂,真聪明

【原文】

俗人昭昭,我独昏昏。俗人察察,我独闷闷。

——《道德经·第二十章》

【译文】

世俗之人都聪明自炫,只有我愚钝笨拙。世俗之人都严苛明察,唯独我这样敦厚纯朴。

郑板桥有句名言:聪明难,糊涂难,由聪明至糊涂难上加难。其真意与老子的意思类同,即人能达到聪明机智难得,而天生本性的淳朴不受沾染的所谓糊涂者也难得,而原本聪明却要装作糊涂,更是难上加难。

众所周知,人有聪明人和糊涂人之分;同是聪明人,又有大聪明和小聪明之分;同是糊涂人,又有真糊涂和假糊涂之分。老子应该归为假糊涂,真聪明之类。

这正如喝酒,真醉和装醉是完全不同的两种情况,愚者和装愚者是截然相异的两种人。玩"醉拳"的,是"形醉而神不醉","醉"是"醉"在"虚"处,是迷惑对手,而"拳"却击在"实"处,招招致命。装愚的,是"外愚而内不愚","愚"是"愚"在皮毛小事,不涉宏旨,无关大局,而"精"却"精"在节骨眼上,事关一生命运。

所以,老子认为,绝顶聪明的人不喜欢摆弄自己的聪明,"俗人昭昭,我独昏昏",以免让别人窥到自己的真实意图;相反,他们更多的时候是揣着明白装糊涂,"俗人察察,我独闷闷",不要让别人看透内心。

《三国演义》中有一段"曹操煮酒论英雄"的故事。

当时刘备落难投靠曹操,曹操很真诚地接待了他。刘备住在许都,在衣带诏签名后,为防曹操谋害,就在后园种菜,亲自浇灌,以此迷惑曹操,放松对自己的监视。

一日,曹操约刘备入府饮酒,议论谁为世之英雄。刘备点遍袁术、袁绍、刘表、孙策、刘璋、张绣、张鲁、韩遂,均被曹操一一贬低。曹操指出英雄的标准——"胸怀大志,腹有良谋,有包藏宇宙之机,吞吐天地之志"。

刘备问:"谁人当之?"

曹操说:"惟使君与操耳。"

刘备本以韬晦之计栖身许都,被曹操点破是英雄后,竟吓得把匙箸也丢落在地下,恰好当时大雨将到,雷声大作。刘备从容俯拾匙箸,并说"一震之威,乃至于此",巧妙地将自己的惶乱掩饰过去,从而也避免了一场劫数。

刘备藏而不露,人前不夸张、显炫,装聋作哑,不把自己算进"英雄"之列,这办法是很聪明的。

现实生活中,"糊涂"的用法很简单,难的是对世态人情的理解。因此,对于那些对人性人情没有深刻认识的人来说,一般都不敢使用这个方法,即使用了,也会心存疑虑,畏畏缩缩的,总担心送出去了就收不回来,结果,当然达不到自己的目的。

有智慧的人肯"糊涂",主动"当傻子"是善于抓心理弱点的智慧。当你自愿显得有点"傻"时,别人既喜欢和你在一起衬托出自己的聪明,又不用担心你有深藏的企图。在所有商人都在力求更精明的时候,反其道而行之,不能不说是一种智慧。

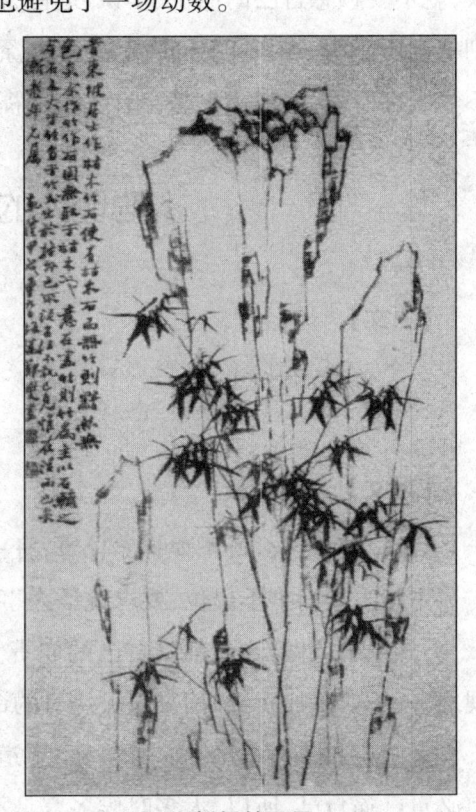

郑板桥竹石图

只有目光远大者才敢"糊涂"。很多商人在交易过程中看到了眼前的蝇头小利,"不拿白不拿","不吃白不吃"。有小便宜就占,有小亏就躲,这样的人只看到了一时之利,而别人也看出了这种人的贪婪和精明。在商场上,没有人愿意和太精明的人合作,因为那样会显得自己很傻,总占别人小便宜毕竟是一件让人觉得不舒服的事。反倒是甘愿吃点小亏的人能够吸引更多的合作者。能保持相对长久的合作关系,如此这般自然能获得丰厚的长远利益。

人人都愿意做一个聪明的人,不愿意成为一个糊涂的人。但是有时候还需要一些"难得糊涂"的精神。因为这种"糊涂"才是顶级的聪明。其实,有的时候,一点点的"糊涂"和人情味十足的"精明"更容易得到回报。表面上你"憨",其实最大的赢家还是你！

大智若愚，从一个角度来说，也可理解为小事愚，大事明。对于个人来说是一种很高的修养。所谓愚，并非自我欺骗，或自我麻醉，而是有意糊涂。该糊涂的时候，就不要顾忌自己的面子、学识、地位、权势，一定要糊涂；而该聪明、清醒的时候，则一定要聪明。由聪明而转糊涂，由糊涂而转聪明，则必左右逢源，不为烦恼所扰，不为人事所累，这样你也必会有一个幸福、快乐、成功的人生。

聪明人的嘴在心里

【原文】

多言数穷，不如守中。

——《道德经·第五章》

【译文】

言多反而易失，还不如抱守中道，将一切深藏于内心。

中国人崇尚事不出位，要求说话办事不要超越自己的名分和地位，该说该做什么，不该说不该做什么，都以自己的职责为限，谨慎稳重。这是处世精明老练的表现之一，不要多加卖弄，招来引火烧身的命运。

老子说："多言数穷。"一个"穷"字道出了话多之人的窘迫。话越多，越窘迫。何必自己逼自己，所以，大多时候多言是不必要的。多言必多心，多言必多事。

老子向来主张少说话，话不在多而在精。这里，老子更进一步，认为多言不如多知，话能不说就不说，只要心里明白就可以了，不该说的话多说无益，不该问的多问也没有什么好处。正所谓：傻瓜的心在嘴里，聪明人的嘴在心里。

孔子曰："君子讷于言而敏于行。"有道德学问之人，说话谨慎，工作勤勉，这句话强调了实际行动的重要，为人处世，应少说话多做事。

古希腊有一句民谚："聪明的人，借助经验说话；而更聪明的人，根据经验不说话。"少说话没坏处。无数的经验教训告诉我们，不该说的不说，以不说的方法来表现想说的内容，是一种非常高明的技术手段。

东汉名将马援在讨伐交趾（今越南）的前线上，听说自己的侄子马严、马敦爱议论别人，还爱管闲事，就从前线专门差人给二位侄子送信，信中说：

我最讨厌议论别人长短、评议国家事务是非的人了！儿孙中有人有这种行为，让我难受。宁愿死，我也不想再看到这种现象。我盼你们听到别人的过失就像听到父母的名字，耳朵可以听，但嘴却不能说。我给你举两个人的例子，让你们为学为戒。要学龙述，别学杜保。龙述敦厚谨慎，不说一句不当的话，谦恭节俭，有威严，我很尊敬他。你们学龙述，学不成也只是长进不大，但总不致害了自己。也就是说：成不了大雁充其量是只鸭子。杜保很仗义，把别人的忧愁当成自己的忧愁，

君子讷于言而敏于行

把别人的快乐当成自己的快乐，结交了不少人。他父丧之时，远近数郡的朋友全来了。我也敬重他，但希望你们不要跟他学。学他不成，就会堕落为轻浮子弟，就像画虎不成反像狗一样！

马援真是慧眼如矩。不久，杜保果然犯事了。当他被光武帝刘秀当面训斥并拿马援戒侄信让他看时，吓得叩头流血，方才得免。而马援告诫子侄不论人长短、不非议国事的事自此深入人心，成为日后保全其家族的一道有力武器。

隋代人王通说："罪莫大于好进，祸莫大于多言。"西谚说："多言吃苦，缄默少祸。"古人讲慎言，就是要管住自己的嘴巴，说话分场合、有分寸，不多言，不乱言。曾国藩说过："人生坏事的两个因素，一是自傲，二是多言。多言生厌，多言招祸，多言致败，多言无益。"说话不可不慎。

苏轼才华绝世却一生坎坷、屡遭打击，与他直言朝政、讽时讥世有很大关系。比如他针对王安石变法中推行的青苗法，写了一首名为《山村》的诗说："杖藜裹饭去匆匆，过眼青钱转手空。赢得儿童语音好，一年强半在城中"。大意说：百姓得了青苗钱，立即在城中过度消费。又如《秋日牡丹》中说："化工只欲呈新巧，不放闲花得少休。"这首诗虽属闲暇之吟，但也被牵强会意。苏轼被从湖州任上逮捕回京，无可奈何之下承认：化工比执政，闲花比小民，讽刺执政者虐民云云。

苏轼被捕后,羁押在御史台,御史台古有乌台之称,故此案称"乌台诗案"。乌台诗案牵涉到一批反对宋神宗与王安石改革的主要人物,共计二十二人,其中包括苏辙、司马光、刘挚。这些人之所以身陷囹圄,皆犯了一个相同的毛病:多嘴。

一般的"多言",有造成过失的可能,恶劣程度也许没有如此之甚。但从小我世俗的角度来说的,多言之弊也不可不察。

有些话,说出来是伤感情的,坚决不能说。这些话,说出之后,不仅害人,而且害己,双方当事人都深受折磨,何苦呢?

有些话,说出来是影响团结的。在一个集体里,有些话是不能说的,是忌讳。集体里的每个成员都应互助互爱,有些话一旦说出了,会让集体的凝聚力大大降低,让成员对集体的信赖度大大减退。

有些话,说出来是影响情绪的。在消极情绪苗头出现的时候,不可雪上加霜,让同志们斗志全无,这样如何能胜利完成任务?

有些话,说出来是不妥的。欠成熟的人可能会大放厥词,欠理智的人可能会口若悬河,欠考虑的人可能会"慷慨激昂",但成熟稳重理智的君子是适量有度的,是能够把情绪控制在缩放自如的范围之内的。

有些话,说出来是不对的。在事情还没弄清楚之前,在结果还没有最终确定之前,在是非还没有澄清之前,"没有调查就没有发言权",调查未果也没有发言权。完全行为能力人都要为自己说的话负责任。

有些话说出去了,可能一时嘴巴痛快了,率性了,满足了,但岂不知多言其实等于失态,或许离制造灾难只有一步之遥。所以要管住自己的嘴巴,把好这道关口,让要说的话经过大脑的过滤才行。

缄默的嘴,真诚的心,是世界上最令人赞美的东西。这个世界,有时候不张嘴。都能引来祸患,多嘴就更不用说了。对于说话,要保持审慎的态度。

像水一样适应环境

【原文】

上善若水。水善利万物而不争,居众人之所恶,故几于道。

——《道德经·第八章》

"最高的善就像水那样。水具有滋润万物的本性,而与万物毫无利害冲突;水具有宽广的胸怀,甘居于人们所厌恶的卑下、垢浊的地方。所以,水之善就接近于"道"了。

老子说:天下莫柔弱如水。水没有一种固定的形状,因而能因物赋形。无论多小的缝隙,水都能钻过去;无论遇到多么不规则的石头。水都能绕过去;无论多么混浊或清澈,水都照样可以生存。

作为人类,我们更应该懂得适者生存的道理。那些深通权谋的人,他们之所以能够成为俊杰,是因为像水一样,能够适应不同的环境,采用不同的生存方式,能曲则曲,能伸则伸,就像《鬼谷子》中所说的:"或阴或阳,或柔或刚,或开或闭,或弛或张。"

"明白应变,屈伸自如",是在时机不到时伺机待时,不贸然行动,等到自己有足够的力量时,才把握时机猛然出击,一战而胜。能屈能伸是判断形势和力量,以便能找到弃弱取强的关键。

"明白应变,屈伸自如",是在狭小的空间里,能最大限度地曲下身来保护自己,在发展的机会来临,前景广阔的时候,又能最大限度地挥洒自己的智能与才干。

楚汉相争时,刘邦和项羽争夺天下。刘邦是布衣出身,项羽却是楚国贵族,两个人争到旗鼓相当的时候,都想把韩信争取到自己的阵营。韩信是个军事奇才,谁要是能把他拉过来,势均力敌的形势就会发生变化,优势将倒向韩信所在的一方。

最后刘邦派人成功地说服了韩信,在韩信的帮助下,刘邦在垓下困住项羽,项羽四面楚歌,走投无路,刎颈自杀。刘邦借助韩信一统天下,韩信也因此封王封侯。

然而这个封王封侯的韩信却曾忍受胯下之辱。在韩信还在老家务农的时候,遇到了一个"下三烂"的挑衅——要么从他胯下钻过,否则就把他杀了。听了这话,韩信很生气,也很无奈。然而,他遏制了怒火,一头从那人的胯下钻过。这样,轻则避免几年的牢狱之灾,重则免得赔上自己的一条命。

历史中的智慧值得我们思索。大丈夫能屈能伸,能刚能柔,就是源于韩信的典故。在常人看来,胯下之辱绝对让人不堪忍受,然而韩信爬过去了,而且爬过去以后拍拍身上的尘土扬长而去,这是何等的胸襟和气魄!

与之相比,"水浒"中的"青面兽"杨志,就没有韩信大度了。他一时冲动,受不下牛二的纠缠,一刀把他杀了。杨志当时是很痛快也很解恨,可是不久,官府就找他的麻烦了,他不得不为此去坐牢。

这样说来,一时遇到了失利,在小事上要忍让,尽量大度些。就像水一样,遇到了小石头,就先绕过去。这样,可以避免那些不必要的麻烦或纠缠,甚至可以避免掉不必要的牺牲,才能在曲折中继续前行。留得青山在,还怕没柴烧?

韩信画像

像水一样,遇到了小石头,就先绕过去,并不是我们怕,而是要看到人生的两种境界。

一是逆境,在逆境中,困难和压力逼迫身心,这时应懂得一个"屈"字,委曲求全,保存实力,以等待转机的降临;二是顺境,在顺境中,幸运和环境皆有利于我,这时当懂得一个"伸"字,乘风万里,扶摇直上,以顺势更上一层楼。

许多时候,我们应该改变自己来适应环境。

Ａ先生和Ｂ先生都是初出茅庐,涉世尚浅,刚刚走上工作岗位,便遇到了一系列不适:待遇差,受排挤……

Ａ先生在一次次挫折和不公面前怨气冲天,抑郁成疾,最终于事无补,无甚成就,一晃青春不再,悔之晚矣;

Ｂ先生则大度为怀,含蓄忍让,见怪不怪,努力适应环境,加强自身,积累经验,等待时机。逆境反而使他变得更坚强、更成熟,他扬长避短,屡出成就,积小胜为大胜,终于功成名就。

刚强对一个人来讲很重要,是人身上最可贵的品质,但刚强也有限度。有了困难和挫折宁折不弯是对的,却不可一味地刚强到底。刚强的人都是心劲足血性大的,遇到困难耗尽心血,硬撑死撑,直到心力耗尽,无可再撑,一旦折服很难再有重新站起的机会。

柔弱却可得长久,柔者有包容力,海纳百川,就是靠兼柔并蓄的力量吞吐含纳。但是如果一味柔弱,就会遭到欺凌。俗话讲,一个人要是没刚没火,便不知其可。

就是说一个人要是只会软弱,不懂刚强,那么什么事情也做不成。

现实生活中,我们常常感到周围环境不尽如人意:自然条件的恶劣,人与人之间的相互倾轧,工作压力太大,报酬太低……面对这种种烦恼,不少人整天抱怨生活待自己太薄,牢骚满腹,怨天尤人。其实,静下心来想一想,就会明白,即使是皇帝,也没有能力让周围的一切如他所愿。对周围的环境,我们可以想办法来改变它,将现实中不令人满意的成分降低到最低限度。但改变环境是很困难的,这时候,我们应该通过改变自己来适应环境。

学会低头与转弯

【原文】

曲则全,枉则直,洼则盈,敝则新。

——《道德经·第二十二章》

【译文】

委曲便会保全,屈枉便会直伸,低洼便会充盈,陈旧便会更新。

老子认为很多人之所以最后无所收获,是因为只知追逐而不知归真。如果你遇到了阻力,要静下心来转个弯,寻求解决的方法是最好的选择。死脑子一根筋,那样不仅于事无补,而且自己也会活得焦头烂额。

生活中我们会遇到很多困难,要承受着来自各方面的压力。我们需要弯下身来释下重负,才能够重新挺立。弯曲是一种弹性的生存方式,是一种生活的艺术。

苗家人的房屋有个特点,屋子不大,里面却可以有几十个房檐和门槛。平日里,苗寨里的乡亲们背着沉甸甸的大背篓从外面穿过这些房檐和门槛走进来,可从来没看见他们当中有人撞到房檐或者是被门槛绊倒。

一位外乡人感到很奇怪,就问当地的一位老人:"有这么多的障碍,为什么不见你们当中有人碰头、摔跟头或者被门槛绊倒?"

老人回答:"在这样的屋子里行走,要记住一句话:要能低头,但不能弯腰。低头是为了避开上面的障碍,看清楚脚下的门槛,不弯腰则是为了有足够的力气承担起身上的背篓。"

外乡人听完老人家的话,陷入了沉思。

要能低头,但不能弯腰。我们对生活的态度,不也正应该如此吗?苗家的房舍不正像我们的生活吗,一路上充满了房檐和门槛,一个不大的空间里到处都是磕磕绊绊。而我们肩膀上那个大背篓里装满了我们做人的尊严。背负着尊严走在高低不同、起伏不定的道路上,我们必须时刻提防四周的危险。为了不磕头,不摔跟头,我们开始学会了低头。低头做人,低头处世,把自己的锋芒收敛起来,小心翼翼地低头走路。

人要学会低头,还要学会转弯。遇到挫折能转弯,转过这个弯,人生又是另一番风景。路在脚下,更在心中,心随路转,心路常宽。学会转弯也是人生的大智慧,挫折往往是转折,危机同时也是转机。

现在人也常说"委曲求全",意思是办事不要直来直去,直通通的往往办不成事,要绕个弯子才能办成事情并保全自己。

我们思考问题、说话、办事都要懂得曲则全的道理。虽然两点之间直线最短最省事,但两点之间如果有一道沟坎,就不得不绕个圈子到达。做人,要善于运用巧妙的曲线,只此一转,便事事大吉了。换言之,做人要讲艺术,便要讲究曲线的美。

平时说话,要学会委婉,委婉就是曲。不要一见面就直截了当说明自己的意图,那样往往会把事情办砸。有时扯半天闲话,营造了合适的气氛时再点明主题,会更容易达到自己的目的。

在外交场合更得注意辞令,古人说"一言可以兴邦,一言可以丧邦"就是这个道理。谈判桌上一句不中听的话,很可能引发一场战争,会说话的,折冲于樽俎之间,在饭桌上就把问题摆平了。

在人与人的关系以及做事情的过程中,我们很难直截了当就把事情做好。我们有时需要等待,有时需要合作,有时需要技巧。我们做事情会碰到很多困难和障碍,有时候我们并不一定要硬挺、硬冲。我们可以选择有困难绕过去,有障碍绕过去,也许这样做事情会更加顺利。

任何事情,发生以后,当事者如果一味愚昧地往牛角尖里钻,最后一定会活活地憋死在那个暗暗的、尖尖的、全无退路的牛角里。然而,只要轻轻地转个弯儿,灿烂阳光、康庄大道,都在那儿等着。

退一步海阔天空

【原文】

明道若昧,进道若退,夷道若颣。天法道,道法自然。

——《道德经·第四十一章》

【译文】

光明之道恰似黑暗,进取之道恰似退守,直达之径反而似曲折。

老子认为,世俗人都希望别人跟自己一样,而对跟自己不一样的却很厌烦。他们总是把出人头地当作自己的追求。那些一心只想出人头地的人,实际上没有脱离世俗! 随波逐流当然能够得到安宁,可是个人的知识总不如众人的多啊。

老子认为光有超群的心理,却没有超出众人的实力,不如先学会退一步向他人学习,然后超出众人才水到渠成。纵观历史,也有借鉴的镜子。三国刘备再三低头让步:从三顾茅庐到孙刘联合,每一次低头,都会踱到"柳暗花明又一村",终于做成"三足鼎立"的辉煌。这是古人的典范。退一步需要有艺术,换句话说,不可以白退步,要退得有价值。

有一道脑筋急转弯题:飞机在高空中盘旋,目标紧紧咬住装载紧急救援物资的卡车,就在这危急时刻,前面出现一个桥洞,且洞口低于车高几厘米,问卡车如何巧妙穿过桥洞。

问题早就有了答案——把车轮胎放掉一部分气即可。问题的答案简单却教给我们一个做人的道理,遇事不如像轮胎放气一样低一低头,你会发现再抬头会比原来看得更远。

三顾茅庐

开始时不是一筹莫展,搞得焦头烂额,就是硬往前撞,哪管它三七二十一,死了也悲壮。这固然表明一个人有勇气和自信,但这往往会适得其反,事情会扯不清理更乱。毫无价值地牺牲,最终受害的是自己。

所以,在强势面前,先退让一步,暂避其锋芒,待它的猛烈势头稍减后,再寻求解决之道,这样往往更有可能反败为胜。

社会生活中,那些机智灵活的人,必然懂得"能屈能伸""能进能退"的道理。"屈",不是懦弱,而是为了保存实力;"退",不是认输,而是为了突破困境。

有一人在广告公司谋事,年轻易冲动,得罪了经理。在以后的日子里,每次开会都自然而然成为会议的第一个主题——挨批。在被批得面目全非后,他真想一走了之。但是他转念一想,如果真的走了,一些罪名不光洗不清,而且会被蒙上厚厚的污垢;再者,这是一家很有名气的广告公司,自己完全可以从中源源不断地得以"充电"。于是他坚持留了下来,整理好乱七八糟的心情,低头实干,以兢兢业业来为自己疗伤,以实实在在的业绩回击谎言。一笔又一笔的业务,增添了他的信心,也使他积攒下了许多经验。然而,最重要的是,此人学会了退一步路会更宽的做人道理。

不光做人,经商也是一样。市场趋势,个人力量难以改变。因此,在有利时,要抓住难得的时机,以求快速发展;然而,更重要的是,当遇到难处时,要冷静分析,审时度势,宜退则退。

20世纪60年代初,威尔逊·哈勒创办了一家小公司,公司主要生产"配方409"清洁液。到1967年,"配方409"已占有美国清洁液市场的50%。正当哈勒的事业蒸蒸日上时,宝洁公司也生产出一种清洁液,名叫"新奇",想与哈勒争夺清洁液市场。

宝洁公司历史悠久,实力雄厚,其"象牙"肥皂更是闻名全美。为了抢占清洁液市场,宝洁公司大造声势,到处做广告。宝洁公司认为,自己一定有能力打败哈勒的小公司。

哈勒冷静分析后认为,由于对方实力雄厚,自己应该停止促销活动,主动放弃部分市场。宝洁公司看到,哈勒主动让出市场份额,认为对方已被挤垮,便不再把哈勒的小公司放在眼里。然而,哈勒是"明修栈道,暗度陈仓"。他通过改进产品的包装和色调来迷惑对方,同时又密切注视对方的一举一动。

当"新奇"快要投放市场时,哈勒突然削价,以优惠价抛售"配方409"。那些爱便宜的消费者,一次就购买了足足可用一年的清洁液。后来,宝洁公司"新奇"清洁液上市了,但因为消费者已购足了哈勒的"配方409","新奇"清洁液便滞销了。

哈勒在困境中当退则退,该进则进,不但保住了自己的市场,还扩大了品牌的知名度。

学会后退，先使自己摆脱困境，确保自己能够活着，能够留在游戏规则中，然后再图发展，这应该是我们必须具有的心态。

常打高尔夫的人知道，沙坑球难打。球在一个沙坑中，可能连续打了几次都不能成功。如果不再盲目往前击球，而是先把球往后打，球就很容易出了沙坑。出了沙坑后，在球道上就很容易往前走了。

后退，是为了更好地前进。这是平常我们都可以理解的一句话，但是在现实中真遇到这种情况时，能够做到的人却少之又少。勇于后退的人比勇于前进的人具有更高的智慧和更大的勇气。

花要半开，人要半醉

【原文】

物壮则老，是谓不道，不道早已。道法自然。

——《道德经·第三十章》

【译文】

凡事物发展到了强盛的极点就会衰老，因为这违背了自然规律，违背自然规律则接近于灭亡！

大自然的规律是物极必反，日中则昃，月盈则亏，太阳过了正午就偏斜，月亮过了十六就开始缺损。所以，老子认为，"凡事物发展到了强盛的极点就会衰老"。因为一直强盛下去就"违背了自然规律"。

俗话说："人无千日好，花无百日红。"人的一生不可能总是春风得意。人生最风光、最美妙的际遇总是最短暂的，锦上添花固然精彩，适可而止却最明智。

老子有言："强梁者不得其死。"事物阳刚的一面太过突出，就会阴阳严重失衡，其本质属性必然发生本质变化，这种变化的外在表现就是原事物的死亡。人生在世，要想有一个好的结局，就应该守柔处弱，避用刚强。

宋朝名将狄青任枢密使的时候，自恃有功，十分骄横傲慢，得罪了一些人。当时文彦博执掌国事，建议皇上调狄青出京作两镇节度使。

狄青不服，向皇上陈述自己的想法说："我没功，怎么能接受节度使的任命？我没有犯罪，为什么要把我调离京城呢？"皇上宋仁宗觉得他说的有些道理，就没有再

怎么样,而且称赞狄青是个忠臣。文彦博对仁宗说:"太祖不也是周世宗的忠臣吗?太祖得了军心,就有了陈桥兵变。"

仁宗听了这番话,嘴上什么也没说,但同意了文彦博的意见。狄青对此毫无所知,就又到中书省去为自己辩解,仗着自己的军功还是不想去当节度使。

可文彦博则对他说:"让你出去当节度使没有别的原因,是朝廷怀疑你了。"

狄青一听此话后退数步,惊恐不安,只好出京。

朝廷每月两次派使者去慰问他,只要一听说朝廷派人来了,狄青就恐惧不已,不到半年,就发病身亡了。

狄青这个人,过于刚强,结果是积压损其身。这就是老子说的"物壮则老",违背自然规律就接近灭亡。做人要谦虚,要知道骄兵必败。能够做到谦虚待人,得意而不忘形,这样就能够事业顺达,一生吉祥。相反,如果骄傲狂妄,就会造成人生的大起大落。

常言道:"花要半开,酒要半醉。"风头出尽的人容易遭人妒,做人要懂得收敛。当今社会,你不露锋芒,可能永远得不到重任;你锋芒太露却又易招人陷害。虽容易取得暂时成功,却为自己掘下了坟墓。当你施展自己的才华时,也就埋下了危机的种子。

老子雕塑

所以,无论你有怎样出众的才智,但一定要谨记:不要把自己看得太了不起,不要把自己看得太重要。收敛起你的锋芒,才华显露要适可而止。

古人说:"盛极而衰,盈满则亏。"这些至理名言无不向我们传递这样一个信息:强大有时也就意味着已在走向死亡,特别是自己认为自己够强大时。

人最重要的是心不能满。即使你是很成功的人,你也只是98℃、99℃的热水,离沸腾的100℃永远有差距。保持这样的心境至关重要。否则,心满了,就如同水达到100℃,沸腾之后就成了蒸气,亏缺也就随之而来。

总之,一种事物到了鼎盛时期,也就意味着到了衰弱的开始。有些事物因为发展太过顺利,一旦出现问题反而来不及补救而使全盘受损。我们做事,一定要把握好"度",依照事物发展的规律办事。

懂得适可而止

【原文】

知足不辱，知止不殆，可以长久。

——《道德经·第四十四章》

【译文】

知道知足就不会受到羞辱，知道适可而止则少失败，这才是长久之道。

老子认为，人的祸患多源于自身永不知足的贪婪本性，因此，人不仅要有良好的道德修养、完美的人格魅力，还要筑牢自律的思想防线。

知足是对于已经得到满足后的精神反刍；知止却是获取过程中的主动放弃。知足是不贪，知止是不随。知足常乐，能忍恒安；知足常足，终身不辱；知止常止，终身不耻。《大学》云："知止而后有定，定而后能静，静而后能安，安而后能虑，虑而后能得。"可见知止然后才能知足。

人的贪欲是个无底洞，"得陇望蜀"是普通人的心理常态，能够"得陇"而拒绝"望蜀"，没有大胸怀绝对做不到。人们之所以既不容易"知足"，更难得"知止"，其缘由概因一个"利"字的诱惑。

有一句说："身后有路忘缩手，眼前无路想回头。"这是对那些既不"知足"更不"知止"者耽于窘境的极好描述。这两句话最为绝妙的地方独在一个"忘"字上。忘了人生的要义，忘了"既得"的后果，忘了"足"的现状，忘了"止"的理智。贪婪的眼睛如果永远不满足，经久会被黄土封住。古往今来，葬送在欲壑中的贪婪者多得不可计数。

南朝梁代人鱼弘，追随萧衍南征北战，功不可没。后来，萧衍当了皇帝（梁武帝），赐给鱼弘 15 顷田，一座山林，8 万棵林木，但鱼弘却郁郁寡欢，终日不露笑脸。鱼弘的妻子深感不安，于是直言相问："官人，你是不是因为皇帝给你封赏少而不高兴？"

鱼弘沉吟半晌说："一个君主，论功要平，惩罚要当，这是常理。我随君主转战各地，出生入死，吃他的俸禄应该不止于此。"

他的妻子说："我知道你的功劳不小，但你不应该是那种贪得财富、追求显达的人,因为这不应该是你的为人之道呀!"这些道理,鱼弘自然听不进去。

鱼弘担任郡守仍嫌官小,他财产不菲仍感不足,仗着自己受到梁武帝的信任,竟公开勒索钱财,并且大言不惭地对人说:"我做郡守,郡中有四尽:水中鱼鳖尽,山中獐鹿尽,田中米谷尽,村里人口尽。人生在世,就是要快活享乐,做郡守不享乐,什么时候富贵享乐?"

他让下官到民间敲诈勒索,并让民工到深山里砍来高贵的树木,运来高级的花岗石,在一块风水宝地上建造豪华的郡守府。他的车马服饰,不用一般布匹,而用丝绸锦缎,生活十分奢侈,又荒淫无耻,有侍妾百余人。

因为生活糜烂、纵欲过度,没几年,他便一命呜呼了。

有些人总会有无止境的奢求,得到部分满足的时候还不愿意收手,还

"知止为福"书法

希望拥有更多。忘记了适可而止,到最后只能是连自己原来得到的那一份也给丢掉了。贪婪是欲望无止境的一种表现,它让人永不知足。永不知足是一种病态,其病因多是对权力、地位、金钱之类的贪婪而引发的。这种病态如果继续发展下去,就是贪得无厌,其结局是自我爆炸,自我毁灭。

物欲太强,会让人的灵魂变态,变得永不知足,以致精神上永无宁静,永无快乐。欲望越小,人生就越幸福。欲望越大人越贪婪,人生越易致祸。做人不可让贪欲堵塞自己的心智,蒙蔽住自己的眼睛。

老子说:"知足不辱,知止不始,可以长久。"这句话提醒人们,千万不要有贪心和贪欲,这会影响你自在宁静的生活。只有摒弃贪心和贪欲的人,才会生活得坦然,没有干扰,没有麻烦,也没有外来的祸害;只有"知足"和"知止"的人,才能立身长久,而且可以免去生活中的许多忧愁和悲伤,让快乐的心情永远占据自己思维的空间,从而尽享天年的乐趣。

一个人能够真心的感觉"知足",已然不易;但若是能够做到"知止",则非具备大胸怀不可。弘一法师是一代高僧,身具大智慧,出家前曾为一位朋友写过一幅字,他认为自己的这幅字说出了人世间的"一个大道理",所谓"大道理",其实就是"知止"两个字。可见"知止"是人生的大境界,能够读懂这两个字的人,必是高人、

智者。

任何事物都有个极限，做人不知收敛，得寸进尺，一味争名逐利，凶险和灾祸也会随之降临。对待事业和人生要始终抱着适可而止的态度，在生活上保持低调，就会"知止而静"。

二百多年前，康熙秀才、雍正举人、乾隆进士郑板桥手书"室雅何须大，花香不在多"。当今国学大师黄永玉有一谐联"房屋三间，站也由我，坐也由我；老婆一个，左看是她，右看是她。"两副对联写得都极传神，黄永玉传达的是一种"知足"的幽默惬意，而郑板桥表达的却是一种"知止"的哲思感悟。

"知足"是一种心态，而"知止"则是一种德行和智慧。知足不易，知止更难，这个道德命题需要每个人认真思考和实践。

唐代高僧赵州禅师说："你不缺少的东西，正是你没有的东西；你没有的东西，恰恰就是你本来不缺的东西。"人生是一场无休无情的战斗，做人要时时刻刻向无形的敌人作战。本能中那些致人死命的力量，乱人心意的欲望，暧昧的念头，使你堕落使你自行毁灭的念头，都是这一类的顽敌。在人生追求的过程当中，我们应该保持知足的心态和知止的清醒，让心灵安定，这是最大在幸福。

多交友少结怨

【原文】

有德司契，无德司彻。天道无亲，常与善人。

——《道德经·第七十九章》。

【译文】

有德的人就像持有借据的人那样从容大度，无德的人就像主管租税的人那样追索计较。自然规律对任何人都没有偏爱，永远帮助有德的善人。

无论古今，人与人之间疏远、结怨的事，比比皆是。一旦结怨，就很难真正从心里和好如初，往往彼此长期疏远，甚至有可能"老死不相往来"，使双方心理受创伤，灵性大受亏损。如果再发生仇恨报复的事情，就更是雪上加霜了。

所以，人生活在世上，不要与人结怨，而要与人结缘。老子认为，避免结怨的方法就是为善修德。人最贵于有德，厚德在身，就不会与人结怨，就像拿着借债的契据却并不向人索取偿还，而人却来合我。这就是"司契"的真义。

一个人在社会上生存，要多交朋友。真诚的朋友和良好的友谊是人生的重要组成部分。善于交友是成就事业的需要，是合作共事的需要，也是个人成长进步的需要。

交友之难不在广交朋友，而在于不要树敌太多，即使不成朋友也要少树敌。人与人之间交往的质量，不取决于外在的表面的东西，而在于人的内心。人之相交交于情，人之相敬敬于德，人之相信信于诚，人之相随随于义，人之相拥拥于礼。平等是交友的天平，真诚是交友的真谛，奉献是交友的秘诀。为此，必须心灵沟通，以心换心。品德修养状况是人际交往中被考虑的基础条件。

张士钊书法，对联佳作

一个人最重要的是德性，无论一个人的天赋如何优异，外表或内心如何美好，也必须在他的德性的光辉照耀到他人身上发生了热力，再由感受他的热力的人把那热力反射到自己身上的时候，才能体会到他本身的价值。

大学者章士钊是辛亥革命时期著名的宣传家，他主编的《苏报》是辛亥革命时期最有影响的革命刊物之一。民国时期他曾任北京大学校长、教育总长、司法总长。鲁迅送给他"落水狗"的恶名，他也能坦然面对，实属不容易。

章士钊是反对白话文的代表人物之一，他同提倡白话文的胡适针锋相对。1925年2月，章士钊约胡适同照一相，随后章士钊提白话诗一首赠胡适，诗云："你姓胡来我姓章，你讲什么新文学，我开口还是我的老腔。你不攻来我不驳，双双并坐，各有各的心肠。将来三十五年后，这个相片好作文学纪念看。哈，哈，我写白话歪诗送给你，总算是老章投了降。"胡适很感动，写了一首文言诗相和："但开风气不为师，龚生此言吾最喜。同是曾开风气人，愿长相亲不为鄙。"

鲁迅对章士钊就没那么客气了，他写文章愤怒地斥责章士钊，并把章士钊比做"落水狗"，号召人们不要宽容，而要痛打"落水狗"。而且这两篇文章都选入了新中国成立后的中学课本，这让章士钊"臭名昭著"，并给他和家人带来了很大的压力。

对于鲁迅，章士钊没有机会当面与他和解，但在谈到鲁迅与他的恩怨是非时，他很风趣很大度地说:"哪里有这么多文章好做哟! 鲁迅要是活到解放,我和他很可能是朋友呢!"

他还经常说:"我和鲁迅硬是有缘!"原来,章士钊和鲁迅的夫人许广平都是全国政协代表、大会主席团成员和政协常委。"章"和"许"(繁体字)的姓氏笔画相同,在主席台上,章士钊和许广平座位相邻,很有点"不是冤家不聚头"的巧合。对此,章士钊愉快地说:"我们都很客气嘛,谁都不提几十年前的事了。我和鲁迅的夫人都和解了,坐在一起开会。鲁迅如果活着,当然也无事了。"由此可见章士钊的大人大量。

老子说:"和大怨,必有余怨,安可以为善? 是以圣人执左契而不责于人。"和解大的怨恨,必然还有残余的怨恨,怎么能算是

老子隐居图

妥善呢? 因此,圣人执借据却不逼索于人。一个人即使有理,也应该收敛,不去把别人往绝路上逼,这样才能做好自己,广结他人。

俗话说:"有理走遍天下。"其实,有理与无理仅有一步之遥。得理不饶人,不仅没有人情味,有理也会变得无理。用这种方式处世的人,当然不可能有好人缘。何况,你得理时不饶人,以后有机会别人也不会轻易放过你。得理不饶人,让对方走投无路,有可能激起对方"求生"的意志,从而不择手段,这对你自己将造成伤害。

由此可见,得理不饶人既害人最终也害己。冤家宜解不宜结,一个懂得宽容别人过错而不记仇的人,"仇人"就会良心发现反过来以诚相报。这样,就能团结一切能够团结的力量,就会少有羁绊,无负重而轻松前行。

人生,就是着眼于人与人之间的沟通、交往、宽容,并使人们享受事业成功和生活中的快乐。善于结怨的人其实是在囚禁自己的心,仇恨只能永远让我们的心灵生活在黑暗之中。当我们选择了宽恕的时候,我们的心灵便获得了应有的自由。我们会生活得更轻松愉快,会拥有更多的朋友。

附录：林语堂讲《道德经》

序　文

主要的思想潮流

若想了解中国的思想，多少知道一些老庄时代、中国学术发展的背景和杂学的兴起是非常有益的。但是，由于很少人将中国的思想介绍给西方，因此我认为"详释老子"这桩有意义的工作，借庄子的说明，比经由近代作家之手，更易受到人们的重视。

庄子以才华横溢的手笔、简洁深刻的思想，写《天下》一文，为当时思想潮流的主要学派勾画出一个有价值的轮廓。

庄子画像

为这篇摘要加附注是件很有趣的工作，因为孔子的弟子和杨朱学派皆跃然纸上，而以神奇姿态出现的例子，却未以道家身份出现在本文。我将此文分成几个段落，为便于读者阅读起见，并加添了标题。

尤其在第三段，读者将可看到许多出于老、庄的道家思想，如天道、弃智、顺其自然等，为集于齐地的"稷下派"所适用。

以庄子的列名及其自我评价看来，若读者深知庄子的个性，当不致怀疑这篇文章是不是他亲笔所写。

简单地说，本文一、二、六段描写的是墨家，其中一、六两段并提到别墨，三、四、五段叙述的则是道家的思想。

天下研究方术的人非常多，都认为自己的学说是最好的。那么古代所称的道术，究竟在什么地方呢？答案是："无所不在。"既然是无所不在，那么神圣是从何而降？明王又是从何出现的呢？答："圣有其降生的缘由，王有其成功的因素，来源都是出于纯一的道体。"

早期哲学的范围

不离开道之根本的叫天人；不脱离道之精微的叫神人；不背弃道之真理的叫至人；以自然为主，以纯德为本，以道体为门，超脱穷通死生变化的叫圣人；用仁来施行恩惠，用义来建立条理，用礼来规范行为，用乐来调和性情，用温和、慈蔼、仁爱的态度来感化世人的，便叫作君子。

用法度来分别，用名号来表明，用比较来考验，用稽考来决断，知一、二、三、四等清楚的条例来分析事理，乃是百官掌理政事的顺序。而把耕作视为日常的事，致力生计衣食。使物产丰富，财源充足，并关心老、弱、孤、寡，使他们都能得到抚养，便是治理人民，为人民谋生计。

古代的圣人，对于这些道术都已全备，所以他们能够配合神明，取法天地，化育万物，调和天下，恩泽普及百姓，并以仁义为治国的根本，这样才不会和法度相离。同时，他们能通达阴、阳、风、雨、晦、明等六气，畅行于东西南北四方，甚至支配一切小、大、精、粗等事物的运行。

古时易见的道术有三项：关于仁义法度，历史上已有许多的记载；关于诗书礼乐，邹、鲁两地的读书人，和政界官僚们，也大多知道：《诗》为通达心志，《书》为记明事理，《礼》为节制行为，《乐》为调和性情，《易》为研究阴阳，《春秋》则为正定名分；这些分散在天下，施行在中国的典章，常为诸子百家所引用或称道。

以后天下大乱，圣贤之士大都隐居起来，于是百家各倡道德的学说，使得人们对道德的观念已不像从前那么执着。天下的人多半各执己见而自以为是；譬如耳朵、眼睛、鼻子和嘴各有功能。却不能相互替用，就好像派别不同的学问，和不同的技能一样，各有所专，各有所用，但是却不能包括全部，不能普遍周全。

这些各执己见的人，剖解天地的纯美，分析万物的道理。古时全德的人尚且很

图文珍藏版

少具备天地之众点。和适合神明的容貌,何况这些心存偏见的人呢?所以圣人明王的大道,幽暗而不能彰明,闭塞而不能光大,天下的人都自认为自己所偏好的见解就是大道。

可叹啊!诸子百家各走极端,执迷不悟,必然是不能和古时的大道相合了。后世的学者何其不幸,不但见不到天地纯一的真相,更无法得窥古人思想的全貌。道术就这样被天下人分裂了。

一、苦行者:墨翟的门人

古代的道术有这样一派:不使后世风俗奢华,不浪万物,不炫耀典章制度,而以法度来勉励自己,帮助世人。墨翟和禽滑厘听到这种风尚极为欢喜,但是他们做得太过分,太坚持自己的意见了。

墨子的《非乐篇》主张"节俭"和"人生下来时不必唱歌,死后也不必悲泣"。他还广传博爱之教,竭力为他人谋福利,一心反对战争。所以他的学说是教人温和不愠。此外,他不但自己好学,更希望其他的人和自己一样,也能努力求知。他和古代的圣王大不相同,他觉得他们太过奢侈,所以主张毁弃古代的礼节和音乐。

墨翟画像

关于古代的音乐,黄帝有《咸池》,尧有《大章》,舜有《大韶》,禹有《大夏》,汤有《大濩》,文王有《辟雍》,武王、周公作《武乐》。至于古代的丧礼。贵贱有一定的礼仪,上下有一定等级,像天子的棺木有七层,诸侯的五层,大夫的三层,读书人的则为两层,便是一例。

如今独有墨子主张生时不唱歌,死后不悲泣,只用三寸的桐棺,定为通行的仪式制度。但是,以这个道去教人,恐怕不是爱人的道理吧!即使自己实行,实在也不是爱自己的道理。

我并不是要攻击墨子的学说,只是,在应该唱歌的时候,他反对唱歌;应该哭泣的时候,他反对哭泣;应该快乐的时候,他反对快乐,难道这样就和人情相合了吗?

人生而劳苦一世,死后又不能厚葬,墨子的道未免太枯寂了!这样的道只令人忧愁悲伤,若要付诸实行,实非易事。它违反了人性。天下只有极少的人能够忍受得了的道,又怎能算作圣人的大道?尽管墨子本人能够实践这种学说,天下人不能做到,又有何用?一旦离开了人性,距离王道也就愈遥远了。

墨子曾说:"从前大禹治水,开决江河,使水流通于全国各地的时候,大川有三百,支流有三千,小河不计其数;而禹亲自拿着盛土的器具和掘土的锄头,将小川的水聚合顺利流到大川里,以致腿肚和小腿上的汗毛都被磨光了。他冒着大雨,迎向暴风,不停地奋斗,终于得建大国。禹是大圣人,尚且为天下人如此劳苦,何况你我?"

因而,后来的墨者把穿粗服、草鞋,日夜不休的工作当作最高的理想。还说道:"无法做到这样,就不是禹的道,就不配做墨子的学生。"

以后相里勤的弟子,和南方的墨者苦获、己齿、邓陵子等人,都是研究墨子学说的。但其怪异之处又和原来的墨子学说不同,他们互称对方为墨子的别派。这些人用坚、白、同、异的辩论来互相攻击,以奇异的理论相互应和,推举本派中的巨子为圣人,并拥护他做领袖,一心希望继墨学的传统,所以直到现在,墨子之教仍是纷争不绝。

墨翟、禽滑厘的用心是对的,但是实行的方法却有些偏差。因为那样,将会使后世的墨者只以磨光腿肚和小腿的汗毛为奋斗的目标,彼此互相竞争标榜。结果反而变成扰乱天下的罪多,治理天下的功少。

不论如何,墨子确实是极爱天下的人,想在世上找到像他这样的人实在也不容易。以他刻苦到面目枯槁也不放弃自己的主张来看,他确可称得上是"才士"了。

二、慈悲之师:宋钘和尹文

古代的道术有这么一派:不被世俗所系累,不以外物矫自己,待人不苛刻,对人不嫉妒,希望天下太平,人民安居乐业,至于自己的生活,是只求温饱,不求有余。宋、尹文听到这种风尚,非常羡慕,就做了一项上下均平的"华山冠"戴起来,以表明自己的心志。

他们主张应接万物以分别善恶,宽容为先,接着便以包容万物的"心"——称为"心理的运行"——去亲近万物,调和天下。即使受到人们的欺侮,也不以为耻,并以此行为来阻止人们的争斗,继之则以禁止攻伐,提倡裁军,来阻止世间的战争。

他们以这种学说周游天下,上劝国君,下教人民,尽管人们都赞成,他们还是强说不止。所以有人说：无论人们多讨厌，他们还是要表现。

不过，这些人为别人设想得多，为自己设想得少，常说："请你只给我五斤的饭就够了。虽然我很饿，但却唯恐你吃不饱啊！我饿一点算什么呢？只要天下人都能得到温饱，我也就心满意足了。"

他们日夜不休地说："我一定会活下去的，想世人必不会对救世的人心存傲慢吧！"并且一致认为：君子应不苛求事物，不被外物所支配；凡是无益于天下的事，去阐明它，不如不去研究它。

所谓"禁止攻伐，提倡息兵以救世，淡薄情欲以修清"，他们的学说不过如此而已。

三、齐地"稷下派"之道家：彭蒙、田骈、慎到

古来的道术有这么一派：公正而不分党派，平易而没有私心，决断行事毫无偏见，亦无人、我的分别；不起思虑，不用智谋；对于事物没有好恶的选择，只随着它的法则行事。彭蒙、田骈、慎到听到这种风尚，很是欢喜，便以"万物齐"为其学说的根本要义。

他们曾说："天能覆盖万物，却不能托载万物；地能托载万物，却不能覆盖万物；而大道虽能包容万物，却不能分析它们。"他们知道万物都有可行和不可行之处，所以说："若加选择，就不能普遍；若加教化，就不能普及；只有一任大道包容万物，不弃分毫，万物自会齐一而无所遗漏。"

因此慎到主张摒弃智慧，忘掉自己，顺着事物必然的法则去做；清淡自己的热情消除自己的浊气。并说："知，就是不知，如果勉强去求知，结果反而毁伤了道的整体性。"他随顺物情，不任职事，反耻笑天下推重贤人的人；放纵不拘，没有作为。以此非议天下的大圣人。

他以为：推击拍打，可使事物圆通；随事物之变化，抛弃是非的观念，可避免物累；不学智巧谋虑，不问事情先后，就可蠢立不动；被推动才前进，被拖拉才行走，像风一样没有一定的方向，像羽毛在空中飞舞般没有一定的着落，或像磨石的回转，便可处于既安全又无过错的地位。能如此，就可以保全自己，不受人指责，更不会得罪他人了。这个思想到底因何而来呢？

就像那些无知的东西，因为没有建立自己的标准，所以没有忧患；没有运用智

巧,所以终身没有毁誉。因此他说:"但求像那无知之物,何须苦学圣贤?土块也有其大道啊!"一般才杰之士都讥笑他说:"慎到的道,不是活人所行的,反而适合于死人,他的学说只是令人觉得怪异罢了。"

田骈和慎到的理论相同。他曾向彭蒙求教,学到不言以教的道理。而彭蒙的老师也常说:"古来有道的人,只做到无是无非,无知觉而已。他教化人时,像疾风迅速地吹过,瞬间寂静无形,何必还要用言语传授呢?"

他们的学说常与别人的意见相反,也不受人赏识,但是仍不免随顺物而行。所以他们口中的道并不是真道,他们认为对的,也不见得都对。这三个人实在是不知道大道啊!他们只是略闻道术的概要罢了!

四、老子与关尹

古代的道术有这么一派:以天地之本为精微,以外物为粗略,以有储为不足;心灵恬淡清静而无为。关尹和老聃听到这种风尚,非常喜欢,于是创立学派;以柔和荏弱、谦虚卑下的态度为外表,以常无、常有为内在的实体。

关尹说:"假如没有自己的主见,仅随物的本性而表露自己,那么其动时就会流水般地自然,静止时便像明镜一样地晶莹,感应时又会像回声般迅速;恍惚时像虚无,寂静时若清水;和外物相同时便又趋于和谐;但是一旦存着妄有之心,反将有所错失;它从不超出众人之前,而常跟随在众人之后。"

老聃也说:"自己虽有才能,却处于没有才能的地位,这样才能像天下的壑谷一样可包容万物。知道光荣,却不和人争光荣,甘心居于耻辱的地位,这样才能像万物归附的大谷。""众人都争光,自己独居后。""宁受天下人的诟辱。""众人都求实际,我独守虚无","因为知足不储藏,可以常有余,这才是真的富足啊!"

他立身行身,徐缓而不多事;深信无为,讥笑智巧;人们都力求多福,唯有他委曲求全,他说:"只要能免于祸害就好了。"他以精深为道德的根本,以节俭为行为的纲领,并说:"坚强就遭到毁坏。锋锐就会受到挫折。待人宽厚就不会有所损伤。"真可说已达众智之极的境界。关尹和老聃不愧为古时的大真人啊!

五、庄周

　　古代道术有这样一派:恍惚寂静,没有形体,变化无定;没有生死的观念,与天地同体,与自然合一;恍惚间返回太虚,不知走向何方,也不知何处安适? 包罗万象,却又无所依归。庄周听到这种风尚,大为欢喜。便以无稽的论说,虚无的言语,狂放的文辞,和恣意的谈论来显明自己的意向。

　　他认为:天下的人已沉迷不悟,不适于用庄正的言论和他们交谈,所以,便用变化无定的话,去推衍事物的情理;以引证的言辞,使人相信所说为实;再用虚构的寓言,来阐明他的学说。

　　他和天地的精神会合为一,不鄙视万物,不问是非,融洽地与世俗之人生活在一起。他著的书新奇特别,连接处婉转流畅,不害文理;文辞有虚实,造句滑稽奇幻。他的道德观不但充实,且无止境。在上与造物者同体,在下和看破生死、不分始终的有道者为友。

　　他说的道,广博通达,精深宽阔,已达道之极体。在顺应自然的变化和解释万物的情理,道理不够透彻,言辞太暧昧,是美中不足的地方。

六、惠施和辩者

　　惠施的方术极多,他的著作可以装满五车,但他讲的道理驳杂不纯,言辞也不合大道。在分析万物的大概情况时,他说:"大到极点没有外围的,叫作大一;小到极点没有内核的,叫作小一;没有厚度的东西,其大却可推展至千里;天地是一样的卑下,山泽是一样的齐平;太阳刚到正午,它就开始偏斜下落;生物刚生下来,就开始走向死亡,生生死死哪有一定的准则!

　　"大同和小同间的差异,叫作小同异;万物完全相同,也完全相异,便叫作大同异。南方是无穷尽的;既称南方,就有了界限,也有了穷尽。

　　"有人今天到越国,其实他昨天已经到了,因为当他知道有越国时,他的心意已先到了越境。连环由互相穿过,本不曾粘牢,但是它可自由转动,这便是解开了,所以说连环是可以解开的。无人知道天的尽处,我却知道天下的中央无所不在,它可以在燕国的北方,也可以在越国的南方。因为一切空间和时间,以及是非的分别都不是绝对的。"他爱护万物，认为天地本为一体。

惠施以为这些道理是最高明的，便拿去教一般学辩论的人，那些辩者都喜欢他这种学者。他常说："雀鸟的蛋里若没有毛，孵出来的鸟身上怎会有呢？所以说卵有毛。鸡除了两脚外还须有精力方可行动，所以说鸡有三只脚。世人所称的天下，不过是天子所在地。楚国的京师，只有千里的面积，若楚国的国君自称为天子，那么楚国的京师也可称作天下了。

"犬和羊都是人起的名称，若当初称狗为羊，称羊为狗，那么狗就可以为羊了。马不生蛋，胎和蛋本无不同，所以说马生蛋。

"蛤蟆没有尾巴，但是蛤蟆初生时，本为蝌蚪，原是有尾巴的，所以说蛤蟆有尾巴。人都吃火烧熟的食物，所以火并不热，不然的话，人怎能吃烟火呢？

"对着深山发音，山谷会同音，故说山有嘴。车轮落地不实，所以才能转动不停。眼睛看不见东西，因为它看不出自己的错处。手指不能直接摸到物体，因为有时它还须借用媒介来取物；但是虽能间接摸到物体，也必得有手指的存在方可，若没有手指，恐怕连间接取物都不可能了。龟的形体比蛇短，而寿命却比蛇长，故说龟比蛇大。人先有了方形的概念，然后才制作了矩（画方形的器具），并不是因为有了矩才有方形。

"同样地，人先有了圆形的概念，才制造出规（画圆形的器具），并不是因为有了规才有圆形。木塞所以会在孔洞里。不是由于孔洞围住了木塞，而是由于木塞自己嵌进了孔洞。飞鸟的影子在动，事实上，动的是鸟，不是影子。箭射出后仿佛飞得极快，但是箭的动静都是人为的，就箭本身来说，便有不前进也不停止的时刻。

"狗和犬都是人起的名字，狗本是狗，犬也是狗，但因名称不同，所以狗就不是犬了。马和牛本是两个个体，若称他们做黄马、骊牛，那么以其色加上马牛的形体，自然就变成三体。白和黑本是人起的颜色名称，如果当初称白为黑，称黑为白，当然白狗就可算作黑狗了。

"小马出生时虽有母马，但母马死后，它就没有了母亲，因此若称它为母亲的小马也未尝不可。一尺长的木杖，一天割去一半，一万世也无法割完。"

许多辩论家用以上的理论和惠施争辩，终生不曾停止。像桓团和公孙龙这般辩论家，善用诡辩来迷惑人的心理，改变人的看法，这只能叫人口服，却不能叫人心服，这是辩论家自己局限自己。

惠施时常以自己的辩才为傲，曾说："只有天地是最伟大的。"但是他虽有胜过别人的心念，却没有真正的学术。曾有一位南方的异人，名叫黄缭的，来问他天不坠、地不陷，及风、雨、雷、电发生的原因。惠施听后不假思索就回答了。他偏说万物的根由，仿佛黄河决堤般，一直说个不停，最后仍觉得意犹未尽，便又加了一些怪诞的言辞作为结束。

他把违反人情世故当作是真理，又妄想取胜别人以求得名声，所以与众人不和；人们无法接受他的观念。又因他的道德修养极为薄弱，只一心追求外物，他的学说褊狭，算不得大道。

由天地的大道来看惠施的才能，不过像蚊虫一样徒自劳苦而已，对万物并没有什么好处。圣王的大道本源纯一，只需加以扩充就可以了，何必苦求外物？只要珍视自己的言辞，不逞口舌之利，离道不远矣。

老子观道图

惠施不用纯一的大道来安定自己，反被万物扰乱了心神，终究不过得到善辞的名声罢了！可惜啊！惠施有这么好的才能，结果却是一无所获；他一意追逐万物，便无法返回大道，就像用声音去压倒回声，用形体和影子赛跑一般，永远达不到大道，实在是可悲可叹啊！

第一节　论常道

道可道，非常道；名可名，非常名。无，名天地之始；有，名万物之母。故常无，欲以观其妙；常有，欲以观其徼。此两者，同出而异名，同谓之玄。玄之又玄，众妙之门。

【语译】

可以说出来的道，便不是经常不变的道；可以叫得出来的名，也不是经常不变的名。无，是天地形成的本始；有，是创生万物的根源。所以常处于无，以明白无的道理，为的是观察宇宙间变化莫测的境界；常处于有，以明白有的起源，为了是观察天地间事物纷纭的迹象。它们的名字，一个叫作无，一个叫作有，出处虽同，其名却异，若是追寻上去，都可以说是幽微深远。再往上推，幽微深远到极点，就正是所有的道理及一切变化的根本了。

一、道不可名，不可言，不可谈

泰清问无穷说："你懂得道吗?"

无穷说："不知道。"

又问无为，无为说："我知道。"

泰清说："你所知的道，有具体的说明吗?"

无为回答说："有。"

泰清又问："是什么?"

无为说："我所知的道，贵可以为帝王，贱可以为仆役，可以聚合为生，可以分散为死。"

泰清把这番话告诉无始说："无穷说他不知道，无为却说他知道，那么到底谁对谁不对呢?"

无始说："不知道才是深邃的，知道的就粗浅了。前者是属于内涵的，后者只是表面的。"

于是泰清抬头叹息道："不知就是知，知反为不知，那么究竟谁才懂得不知的知呢?"

无始回答说："道是不用耳朵听来的，听来的道便不是道。道也不是用眼睛看来的，看来的道不足以称为道。道更不是可以说得出来的，说得出来的道，又怎么称得上是其道? 你可知道主宰形体的本身并不是形体吗? 道是不应当有名称的。"

继而无始又说："有人问道，立刻回答的，是不知道的人，甚至连那问道的人，也是没有听过道的。因为道是不能问的，即使问了，也无法回答。不能问而一定要问，这种问是空洞乏味的，无法回答又一定要回答，这个答案岂会有内容? 用没有内容的话去回答空洞的问题，这种人外不能观察宇宙万物，内不知'道'的起源，当然也就不能攀登昆仑，遨游太虚的境地。"

（《庄子》外篇第二十二章《知北游》）

有关道不可名的观念，请参看二十五章。

二、区别

古人的智慧已达到登峰造极的程度了,是怎样的登峰造极呢? 他们原以为宇宙开始是无物存在的,便认为那是最好的情况,增加一分就破坏它的完美。慢慢地,他们知道有物的存在,却认为它们彼此没什么异处。后来,他们晓得万物有了区别,却又不知道有是非的存在。

但是,等到他们懂得"是非"的争论后,道就开始亏损,这一亏损,私爱就随之大兴起来。

(《庄子》内篇第二章《齐物论》)

三、万物皆一:意识和精神之眼

鲁国有一个被砍断脚的人,名字叫作王骀,跟从他学习的弟子和孔子的弟子一样多。

于是常季问孔子说:"王骀是一个被砍去脚的人,跟他学习的弟子,和跟先生学习的弟子,在鲁国各占一半。他对弟子不加教诲,不发议论,但他的弟子去的时候本是空虚无物,而回来却大为充实。莫非世上真有这样不用言语,没有形式,仅用心灵来教化弟子的人吗? 他究竟是怎么样的人呢?"

孔子说:"他是圣人。我一直想去见他,却为事所绊,不曾见着。如果看到了他,我一定要拜他为师。试想,我尚且如此,何况那些不如我的人? 而且不仅是鲁国,我还要率领天下的人去做他的弟子呢!"

常季说:"他断去一只脚,还能做人们的老师,一定是高人一等,所以才会如此。那么他是如何训练自己的心灵达到这种境界呢?"

孔子说:"生死是一件大事,他却能够控制自己的心意,不随生死而变……他能主宰万物的变化,并守着真正的根本大道。"

常季又问:"这怎么说?"

孔子回答道:"若从宇宙万物不同的观点来看,就是自己的肝胆也会像楚国和越国那般的不同;但是若由相同的一面去看,万物都属一体,当然也就没有区分可谈。能够看到这一层,他可以不用耳目去辨别是非善恶,而把心寄托在道德之上,以达到最高的和谐境界。

"他把万物看作一体，所以不会觉得自己的形体上有什么得失，那断了的一只脚便与失落的泥土一般。对他而言，毫不重要。"

（《庄子》内篇第五章《德充符》）

他所好的是天人合一，他不喜好的也是天人合一。把天人看作合一也是一，不把天人看作合一也是一。把天人看作合一，便是和天作伴，不把天人看作合一，就是和普通人做伴，明白天人不是对立的人，就叫作真人。

生死是命，就好像白天和黑夜的变化一样，乃是自然的道理，人既不能干预，又无法改变。然而，人们以为天给自己生命，便爱之若父，对天如此，对那独立超绝的道又将如何？人们以为国君的地位比自己高，就肯替他尽忠效死，那么遇到真君又该怎么表现呢？

泉水干了，水里的鱼都困在陆地上，互相吐着涎沫湿润对方，如果这样，倒不如大家在江湖里互不相顾的好。因此，与其称赞尧毁谤桀，倒不如不加批评，把善恶之念抛开而归向大道。

大地给我形体，使我生时劳苦，老时清闲，死后安息，因此，若是以为生是好的，当然认为死也是好的啊！

（《庄子》内篇第六章《大宗师》）

四、众妙之门

大道的降生与毁灭均无原因，它有具体的事实而没有可见的出处；有久长的渊源而没有开始的根本；有出生的处所又看不见窍孔，但却有具体的事实、不确的所在，这样就构成了空间（宇）；有久长的渊源而无开始的根本，就形成了时间（宙）。

众妙之门

有生，有死，有显，有灭，但都无法看见显灭的途径，这就叫作"天门"。天门便是"无有"，而万物就是从"无有"产生出来的。

（《庄子》杂篇第二十三章《庚桑楚》）

第二节 相对论

天下皆知美之为美,斯恶已。皆知善之为善,斯不善已。故有无相生,难易相成,长短相形,高下相倾,音声相和,前后相随。是以圣人处无为之事,行不言之教。万物作焉而不辞,生而弗有,为而弗恃,功成而弗居。夫唯弗居,是以不去。

【语译】

天下人都知道美之所以为美,丑的观念就跟着产生;都知道善之所以为善,不善的观念也就产生了。没有"有"就没有"无","有无"是相待而生的;没有"难"就没有"易","难易"是相待而成的;没有"长"就没有"短","长短"是相待而显的;没有"高"就没有"下","高下"是相待而倾倚的;没有"音"就没有"声","音声"是相待而产生和谐的;没有"前"就没有"后","前后"是相待而形成顺序的。因此圣人做事,能体合天道,顺应自然,崇高无为,实行不言的教诲。任万物自然生长,而因应无为,不加干预;生长万物,并不据为己有,作育万事,并不自恃其能;成就万物,亦不自居其功。就因为不自居其功,所以他的功绩反而永远不会泯没。

至于相对论,循环论及宇宙变化的原则,请参看四十章老庄哲学的基本思想与实际的学说,老子所有的反面论都起源于此。

一、相对论:万物均归为一

言语和起风时发出的声音不同;风吹是自然无心的声音,而说话,必定先有了意念才能发言。言语有了偏见,听者也就无法断定孰是孰非。无法断定是非,说了等于没说,那么那些言论究竟是"话"呢? 还是"不是句话"? 就好像初生小鸟的叫声一样,到底它们是有分别呢? 还是没有分别?

道,因为有所蒙蔽,才有真假的区别;言语,因为有所蒙蔽,所以才有是非的争辩。道本没有真假,所以无所不在;言语本没有是非的分别,所以能无所不言。道之所以蒙蔽,是因为有了偏见;言之所以蒙蔽,是因为好慕浮辩之词,不知"至理之所以儒墨争辩,不外在使对方为难;对方以为"非",我就以为"是";对方以为"是",我就以为"非"。如果要纠正二家的是非之辩,只有使他们明白大道,大道既无分别,他们也自无是非的争论了。

世间一切的事物都是相对的,所以彼此才有分别。看别人都觉得"非",看自己便认为"是",因为只去考察对方的是非,反而忽略了自己的缺点;如果能常反省自身,一切也就明白了。

只看到别人的"非",没有看见自己的"非",所以总以为自己"是",别人"非",这种自己是、别人非的观念乃是对立的。所以是非之论随生随灭,变化无定。

有人说"某事可",随即有人说"某事不可",有人说"这个非",就有人说"那个是"。只有圣人能超脱是非之论,而明了自然的大道,并且深知"是非"是相应相生,"彼此"是相对却又没有分别的。

"此"就是"彼","彼"就是"此"。彼此都以对方为"非",自己为"是",所以彼此各有一"是",各有一"非"。那么"彼""此"的区别究竟存不存在呢?如果能体会"彼此"是相应又虚幻的,便已得到道的关键。

明白大道,就可以了解一切是非的言论,皆属虚幻,这就好像环子中间的空洞一般,是非由此循环不已,变化无穷。因此,要停止是非之争,人我之见,莫若明白大道。

用我的指头去比别人的指头,对我来说别人的指头似乎有什么不对;若用别人的指头来比我的指头,对别人来说我的指头又有些不对了。用这匹马做标准去比那匹马,自然这匹马为"是",那匹马为"非";若用那匹马做标准来比这匹马,那匹马又为"是",这匹马又为"非"。像这样以己为是,以彼为非的观念,其实并无多大差异。

明白天下没有一定的是非,指头和指头,马和马又有何是非之分? 指头乃是天地中的一体,马乃是万物中的一物。以此类推:用天地比做一个指头,把万物比做一匹马,那么天地万物又有何是非?

自以为可就说可,自以为不可,就说不可;因为有了人行走,才有了道路;因为有人的称呼,所以才有名字,而所谓对与不对的观念,还不都是人为的?

万物开始时,固然有对有不对,有可有不可,但在万物形成后,人为的"是非"观念,便构成了许多不正的名称,而其名称的变更,本无一定,所以说是"无物不然,无物不可"。

譬如细小的草茎和巨大的屋柱,丑陋的女人和美丽的西施,以及各式各样诡幻怪异的现象,从道的观点看起来,都是通而为一,没有分别。分开一物,始可成就数物,创造一物,必须毁坏数物。所谓成就是毁,毁就是成。万物本就无成也无毁,而是通达为一的。

只有达道的人才能了解这通而为一的道理,因此他们不用辩论,仅把智慧寄托在平凡的道理上。事实上,平凡无用之理却有莫大的用处,其用就在通,通就是得。这种无心追求而得到的道理,和大道已相差无几。

虽然近于道,却又不知所以然而然。因此未曾有心于道,一任自然的发展,方才是道的本体。

(《庄子》内篇第二章《齐物论》)

二、本体论:依赖主观

河伯说:"如何区别物体外部和内部的贵贱和大小呢?"

北海若说:"从道的立场来看,万物没有贵贱之分;从物的立场来看,物类都是贵己而贱人;从世俗的立场来看,贵贱起自外物而不由自己;从差别的眼光看,万物自以为大的,便是大,自以为小的,就是小,那么万物便无所谓大小之别。如果知道天地像一粒稊米,毫末像一座山丘,万物的差别也就不难区分了。

"从功用方面来看,依照万物自认其有无存在为标准,大凡和他们相对的万物,其功用也是相对的,譬如箭因为有用处,盾牌也就有了用处。再者,我们知道东、西方向是相反的,但是如果没有东方,就不能定出西方在那里。由此可知其区分乃是相对,而非绝对。

"由众人的趣向来看,如果依随别人所说的对错为标准,别人说对就是对,别人说错就是错,也就是没有对错的区分。以尧和桀自以为是而视对方为非这点看来,人心的倾向便已明显地表露出来……

"所以有人说:'为什么不取法对的,摒弃错的,取法德治,摒弃纷乱呢?'这乃是不明白天地万物之情的话啊!就像只取法天,不效法地,只取法阴不效法阳一般,显而易见,这是行不通的。可是大家仍不停地说着这句话,如果不是愚蠢没有知识,就是故意瞎说了。"

河伯："那么，我以天地为大，以毫末为小，可以吗？"

北海若回答道："不可以。因为万物没有穷尽，时间没有止期，得失没有一定，终始也无处可寻。所以有大智慧的人观察事物由远及近，不会只偏看一处的。

他们知道万物没有穷尽，所以不以小为少，不以大为多，知道时间没有止境，所以不因未看到遥远的事物而烦闷，不因与现代接近而强求分外的事；知道得失没有一定，所以虽有得并不欢喜，虽有失也不忧愁；知道终始无处可寻，所以不把生当作快乐，也不以死为祸患，因为他们明白生死是人所共行的平坦大道。"

（《庄子》外篇第十七章《秋水》）

三、言之无益：论不言以教

假定有一些言论，和我所说的言论比较，是一类也罢！不是一类也罢！不管是不是同类，既然都是言论，也就是同类了。那么这些言论和我所说的言论便没什么区别。

大道本难用言语形容，但是，如今于无可说中，姑且还是说说吧！

凡物各有开端；有的尚未开始，有的虽开始却未曾显露，有的连"导致开始"的事理都不曾具有；有的说言语是实有的，有的说它是虚无的，有的不曾说出"言语有无，"的争论，有的连"言语是实有或虚无"的念头都不曾起过。但是，突然间产生了"言语是实有或虚无"的观念，这有言和无言二者，究竟是孰有孰无呢？

我既反对言语，现在又不免言语，实在是我所说的话，全无成见和机心，所以虽然有言，又何尝不是无言？

以形体而论，物有大小之分，若以性质而论，便所谓大小之别，那么秋天兽毛的尖端都要比泰山大了。再以彭祖为例，由形体来说，命有长短的区别，但若以精神而言，便没有长短的区别了，那么早夭的幼子都会比彭祖长寿。

若以泰山为小，天下便没有了大，若以秋天的兽毛为大，天下便没有小了，若以短命为长寿，天下便无所谓短命，那么若视彭祖为短命，天下又何来长寿之人？

既然没有形体大小、寿命的长短，天地之寿再长，也不过和我同生罢！万物种类虽多，我也能和他们和平共处，且合为一体。万物既能通为一体，又何须言论为助？但是既然我说它"合而为一"，不是又有了言论？

道是浑然一体，没有名称，倘使称它"浑然一体"就等于给了它一个名称，这个

名称和道的本体加起来,便形成了两个数目,有了一个名称,又产生了相对的名称,这两个名称和道的本体加起来,就形成了三个数目。由此类推下去,即使精于数学的人都无法分清这些数目,何况是普通的人?

言语本无心机,一旦有了心机,便已生出三个是非的名称,至此想再加详辩就不容易了。所以不如除去心机和是非的念头,顺随自然以定行止,要知大道是无处不有的。

道本无界限,言论本无是非。但是一有了"是非"之见后,言语就被划分出界限,那是因为是非没有一定的准则,言论才会有这么多不同的种类。到底分为那几类呢?有赞成左方的,有赞成右方的,有直述的,有批评的,有解释的,有辩驳的,有二人争辩的,有多人争论的。都因为各持己见,所以才有这八类的分别。

圣人就不是这样,超出天地以外的理,非言语所能形容,便搁下不谈;至于天地以内的事理,也只是随机陈说,不加评判;有关记载先王事迹的史书,他也仅给以评议而不争辩。所谓以"不分"来分清事物,以"不辩"来辩明事物,就是这个道理。

圣人认清了事物,只是存在心里,众人却固执己见,和别人争辩以显耀自己。所以说:"辩论的发生,乃是不曾见到大道的缘故。"

大道是不可以名称的;雄辩者不会用是非之论去屈服人,"至人之人"的仁爱是无心而发的;"清廉之士"的"廉洁"毫无形迹可寻,所以其外表反而没有谦让的表示,"大勇之人"不尚血气之勇,也无伤人之心。

因为道可以称述就不是真道,辩可以言论就不是大辩,仁要是固守一处就不成其为仁,廉要是有了形迹就不是真廉,勇要是用于争斗就不成其为勇。这五者本是浑然圆通的,若一被形迹所拘,就背离了大道。

所以人如果能止于自己所知的范围内,固守本分,便是达到知的极点。但是有谁知道这不用言语的辩论,和不可称述的大道呢?若是能够知道,就已进入了天府。

(《庄子》内篇第二章《齐物论》)

庄子所说"言之无益"和"实知理论"等思想,关系极为密切。"夫知者不言,言者不知,故圣人行不言之教。"(《庄子》外篇第二十二章《知北游》)请参看五十六章。

下文谈论的是庄子时代的名家,特别指"别墨"的代表人物惠施和公孙龙。

四、辩之无益

譬如我和你辩论,如果你胜了我,并不表示你所说的就对,我所说的就不对;要是我胜了你,也并不表示我一定对,你一定错。那么你我到底谁对谁不对呢? 是两方面都对? 还是两方面都错? 如果你我各执己见,互不相让,旁人都给闹糊涂了。还有谁能为我们评判?

若请和你见解相同的人来评判,他必偏向你,我自然不会心服;若请和我见解相同的人来评判,他定偏向我,当然你也不会心服;如果请和两方见解都不相同的人来评判,两方全不信服;若请和两方见解都相同的人,必无一定的言论为主;你、我、和第三者既然都不能互相了解,那么该请谁来评判呢?

辩论的言辞是相对的,既然无法解决是非的争论,倒不如彼此丢下"相对"的观念,安守自然的本分,以享天赋的寿命。

什么叫作安守自然的本分呢? 要知是、非、然、否,全是虚妄的,所谓"是"未必是"是",所谓"然",也未必是"然"。假若"是"果真是"是",是非就有了区别;同样的,若"然"果真是"然",然否也有了区别。既然有不同,又何须争辩?

看破生死,所以能忘去年岁的长短;看透是非,所以能忘掉是非的名义,由此方能遨游于无穷的空间,寄托心灵于无穷的境界。

(《庄子》内篇第二章《齐物论》)

有关无为之说的学说,请参看第三章。

讨论无名、无私、无誉等观念,请参看五十一章。至于"无为"的思想,在第十、三十四、五十一、七十七章内,均有说明。此教乃是来自对"道"之大、静、无及复归为一的了解。

第三节 无为而治

不尚贤,使民不争;不责难得之货,使民不为盗;不见可欲,使民心不乱。是以圣人之治,虚其心,实其腹,弱其志,强其骨。常使民无知无欲。使夫智者不敢为也。为无为,则无不治。

【语译】

不标榜贤名,使人民不起争心;不珍贵难得的财货,不使人民起盗心;不显现名利的可贪,能使人民的心思不被惑乱。

因此,圣人为政,要净化人民的心思,没有什么自作聪明的主张;满足人民的安饱,就不会有更大的贪求;减损人民的心志,便没有刚愎自用的行为;增强人民的体魄,就可日出而作,日入而息;哪里还会与人相争呢?

若使人民常保有这样无知无欲的天真状态,没有伪诈的心智,没有争盗的欲望,纵然有诡计多端的阴谋家,也不敢妄施伎俩。在这样的情况下,以"无为"的态度来治世,哪里还有治理不好的事务?

一、不尚贤:无善的世界

门无鬼问:"有虞氏是在天下平定后去治理的呢?还是天下大乱时去治理的?"

赤张满稽回答说:"假如天下是太平的,百姓可以按照自己的愿望去治理国家,何必还要有虞氏去做呢?有虞氏之治国,就好像医生对待病人一样,头秃了给假发,生病了才求医;又好像孝子拿药医治父亲一样。而这些行为正是圣人以为耻辱而不愿为的。

"至德的时代,不标榜尚贤人,不任用才能,而天下治。那时的君主像高处的树枝一样,默然而无为;那时的百姓和林中的野鹿一般,悠然自得。他们行为端正,却不认为合乎义;彼此相爱,却不认为那是仁;待人诚实,并不以为就是忠;言行合宜,亦不觉得那是信;互相帮助,更不以为是赐予。所以他们的行为无迹可寻,他们的行事也没有被记载下来或广传世间。"

(《庄子》外篇第十二章《天地》)

二、"智"是争辩的器具

孔子对颜回说:"你晓得德为什么放荡,智为什么外露吗?德所以放荡,是因为好名;智所以外露,是因为争势。好名是攻击的主因,用智是争胜的器具,这两个都是有害的凶器,不能用作处世的准则。"

三、求智、学道毁损了本性

若是等到钩子、绳子、规矩来矫正,绳子来捆绑,胶漆来粘牢,便已损害了物的本性;若以奉行礼乐,假仁假义来安抚天下人心,便是损害了人的本性。

天下万物均有其本性,所谓:不以钩弯曲,不借绳拉直,不用规画圆,不以矩成方,不靠胶粘附,不用绳捆绑。因此,天下万物自然而生,自然而得,却又不知从何所生,因何而得。这是古今不二的道理,人力又何能毁损其分毫?

既然如此,那么仁义又为什么要像胶漆绳索一样地掺杂在道德的领域里呢?这不是在使天下人迷惑吗? 小的迷惑,只是使人迷失方向的迷惑,大的迷惑,却会让人迷失本性,怎么知道会有这种情况呢?

自从舜以仁义号召天下,扰乱天下后,世人莫不争相行仁行义,这不就是因仁义而改变了本性的铁证?

所以,视力明亮的,就会迷乱五色,过分修饰外表,像那青黄相错的彩绣一般,炫耀了人眼,这正是离朱造成的迷惑。听觉聪敏的,便混杂五声,扰乱六律,那金、石、丝、竹、黄钟、大吕的声音不就是如此杂乱吗? 这又是师旷迷惑了众人。

标举仁义,显耀己德,损害本性以求名声,使天下百姓交相追求仁义之法的人,除曾参、史鳅外,还会有谁? 而杨朱、墨翟等人更善言诡辩,广集一些无用的言语,断章取义,专务"坚、白、同、异"之说,劳精伤神,以求那没有实用价值的理论。他们追求的不过是旁门左道,而非天下的正道! 所谓正道,乃是不失本性的自然之理啊!

若能保有本性,就是足趾相连,手有六指,也不会觉得有什么不对劲,自然更不会认为长是多余,短是不足了。

小鸭的腿虽短,若硬要把它接长,它倒反要忧愁起来,鹤鸟的脚虽长,若强把它砍断一节,它反要悲哀了。因此,本性是长的,不要缩短它,本性是短的,也不必接长它,一任它自然发展,就没有什么可忧愁的了。

至于仁义,不也是本性吗?那些仁人为什么还处心积虑地去追求仁义呢?……

当今世上的仁人,无时无刻不在愁思天下百姓的忧患,而不仁的人,却又拼命

追求富贵,如此看来,仁义岂非也是出于本性?但自三代以后,天下又何以为此喧嚷不清,奔走不停呢?

(《庄子》外篇第八章《骈拇》)

四、论无为(放任主义或不干涉主义)

只听说以无为宽厚待天下,没听说过以有为治理天下的。行无为,是恐怕天下人忘了他的本性;为宽厚,是怕天下人丧失了本德。假如世人能不忘本性,不失本德,还用得着去治理吗?

从前尧治理天下时,使天下人过着幸福快乐的生活,却没有给他们平静,桀治理天下时,使世人过着忧愁痛苦的生活,毫无欢乐可言。平静、欢乐是世人的本性,如果不能使天下人得到平静与欢乐,便是损害了百姓的本性,以此行为治理天下,国家岂能长久存在?

人过于喜悦,就会伤阳气,过于愤怒,又会伤害阴气;阴阳二气不调,四时也就不顺,寒暑的气节亦随之不和,这样恐怕会有伤人体。它会使人喜怒失常,居处无定,思虑不安,以致行为失去准则,矫情诈伪从中而生,因而有了曾参、史鳅和盗跖的善恶之行。

善恶既显著,赏罚自是避免不了,这样的话,就是用尽天下的宝藏也不足以赏善,用尽天下的斧钺也不足以罚恶,即使天下再大,又怎能供应这无穷尽的赏罚啊!自三代以后,统治天下的,争相以赏罚为治理天下的手段,百姓哪还有机会使自己的性情达到宁静的境界?……

所以君子如果不得已而统治天下,不如无为,无为而后天下百姓的性情才可以达到宁静。因此,那些视自身的安宁较治理天下重要的人,就可以把天下托付给他;爱自身较治理天下为先的人,也就可以治理天下了。

君子如果能"不伤害身体,不显耀聪明;静待无为而自然有威仪,沉默不言而后道德临至,精神有所归向以使动作自然合乎天理,从容无为而使万物能自在游动"的话,那又何必去治理天下呢?

(《庄子》外篇第十一章《在宥》)

关于无为之教和为道的学说,在六章之一和三十七章之一中有详细的说明。

第四节　道之德

道冲,而用之或不盈。渊兮,似万物之宗;挫其锐,解其纷,和其光,同其尘;湛兮,似或存。吾不知谁之子,象帝之先。

【语译】

道体是虚空的,然而作用却不穷竭。其深厚博大的情况,好似万物的宗主。它不露锋芒,它以简驭繁,在光明的地方,它就和其光,在尘垢的地方,它就同其尘。不要以为它是幽隐不明的,在幽隐中,却俨然存在。像这样的道体,我不知它是从何而来? 似乎在有天帝以前就有了它。

下文为"道之德"——寂静、神奇——最初的描写形态,借《想象的孔老会谈》详述之,其中还提到老、庄思想的基础——周而复始学说。

道似海

孔子问老聃:"今日有暇,特来请教什么是至道?"

老子回答:"你先将心灵洗净,知识摒除吧! 因为道是深幽不表达的。虽如此,我还是把大略的情况说给你听。

"显明的东西来自看不见的东西,有形来自无形,精神来自大道,万物起自形体,所以九窍的动物胎生,八窍的动物卵生。他们生下来的时候没有形迹,死后也无局限;没有出来的门户,也没有静息的归宿。他们站立的地方正是天地的中央,四面通达,广博而自在。"

孔丘问道图

顺应"大道"的人,四肢强壮,思虑通达,耳聪目明,不以忧愁苦其心,一味顺应万物。若没有至道,天就不能高大,地就不能广博,日月也不能运行,万物更无法壮大。

此外,学问渊博的人不必有真知,辩论的人也不必有智慧,因为这些都是被圣人摒弃的东西,只有那增加了的并不见得增加,减损了的也不见得减损的大道,才是圣人所珍贵的。

道之深,像大海一样,反复推送永无止境,运转万物永不疲乏。与此相比,君子之道只不过是一些皮毛啊!像这样被万物所依而不觉疲乏的,就是至道。

(《庄子》外篇第二十二章《知北游》)

"挫其锐,解其纷"的思想,重复出现在五十二、五十六章内,请参看五十六章。

第五节　天　地

天地不仁,以万物为刍狗;圣人不仁,以百姓为刍狗。天地之间,其犹橐籥乎!虚而不屈,动而愈出。多言数穷,不如守中。

【语译】

天地无所偏爱,纯任万物自然生长,既不有所作为,也不经意创造,因此它对于万物的生生死死,好比祭祀时所用的草扎成的狗一样,用完以后,随便拆除,随便抛弃,并不去爱惜它。

同样的道理,圣人效法天地之道,把百姓看作刍狗一样,让百姓随其性发展,使他们自相为治。天地之间,实在像一具风箱一样啊!没有人拉它,它便虚静无为,但是它生风的本性还是不变的,若是一旦鼓动起来,那风就汩汩涌出了。天地的或静或动也是这个道理。

我们常以自己的小聪明,妄作主张,固执己见不肯相让,实在说来,言论愈多,离道愈远,反而招致败亡,倒不如守着虚静无为的道体呢!

"天地不仁""圣人不仁"这些令人困惑的言辞,庄子解释得极为清楚,其义为:

1.老子一贯的道观:道为万物之上,其运行时,无私又公正,与基督教所谓的上帝迥然而异。站在中立的立场来说,道似科学之铁面无私,毫无人情可谈。

2.老庄认为:道对万物皆有仁。在庄子的作品中,孔子的"仁义之教"常在有意无意间遭到他的假攻击。因为,在无善的世界里,不知那是"仁",却要人们行"仁",亦不知那是"义",却要人们行"义"。

3.庄子强调人类的真爱,优于孔子所说"局部的人伦之爱"。

一、天地不仁,圣人不仁

许由描述道为他的老师说:"我的老师,我的老师啊！他像秋天的严霜,使万物凋零,并不以为所行是'义';恩泽及于万世,也不以为'仁';他比上古先存而不自以为老;覆载天地,雕刻伞形,而不以为那是技巧。在道中你必会找到他的。"

所以圣人用兵,虽灭了敌国,却未失人心;恩泽施于后代,非为爱人。……有私亲,就不是仁人。

(《庄子》内篇第六章《大宗师》)

大道是不能称述的,大辩是没有言论的,大仁的仁爱是无心的。因为,道要是称说了就不是真道,辩要是有了言论就不是大辩,仁要是固守一方就不是真仁。

(《庄子》内篇第二章《齐物论》)

商朝太宰荡向庄子问仁的道理。

庄子说:"虎狼也有仁道。"

"这话怎么说?"

庄子回道:"虎狼父子相亲,不就是有仁吗?"

太宰荡说:"虎狼相亲的仁太浅了,请问至仁是怎样的呢?"

庄子说:"至仁没有'亲'的关系。"

太宰又问:"我曾经听说,不亲就是子不爱父,子不爱父便是不孝;至仁会是不孝吗?"

庄子答道:"不是的。你所说的孝不足以说明它的含义。事实上,这并不是孝不孝的问题,而是比孝还要高的境界。"

如果只给天生丽质的人一面镜子,而不告诉他,那么他仍然不知道自己美。但是,说他不知,他似乎又有所知;说他不曾听别人谈过,似乎又有所耳闻。因此,他的美没有减损,人们对他的喜爱也永无止境,这乃是本性使然。

圣人爱人,是别人为他形容的;要是不告诉他,他就不知道自己的行为是爱人。但是,说他不知,他似乎又有所知;说他不曾听别人谈过,似乎又有所耳闻。因此,他的爱没有减损,人们安于其爱也永无止境,这同样也是本性使然。

(《庄子》杂篇第二十五章《则阳》)

林语堂讲《道德经》

图文珍藏版

二、道往下

庄子说："道是寂静不动,澄清不杂的。……一出一动,万物都紧随其后。……没有形状可看,没有声音可听,但在无形中,似乎又有实体存在,在无声中,似乎又有声相和。"

(《庄子》外篇第一十二章《天地》)

灌水进去不见满,取水出来不见干,而且不知其源流何处,这就叫作葆光。

(《庄子》内篇第二章《齐物论》)

第六节　谷　神

谷神不死,是谓玄牝;玄牝之门,是谓天地根。绵绵若存,用之不勤。

【语译】

虚无而神妙的道,变化是永不穷竭的。它能产生天地万物,所以称作"玄牝"。这幽深的生殖之门,是天地的根源。它的体至幽至微,连绵不绝地永存着,而它的作用,愈动愈出,无穷无尽,自天地开辟以来,迄今如此。

天地有大美:万物之源

天地有大美,然而却不言语;四时有明显的季节,然而却不议论;万物有生成的道理,然而却不说话。圣人推原天地的大美,通达万物的道理,因此至人、圣人均无为,只是效法天地的自然法则而已。

道的神明是极其精妙的,它能与万物合为一体,而万物的生死、形态,却随自然而变化,所以并不知道它的根源在哪里? 只知它从古以来就自然地生存着。

但,天地四方虽浩大无比,却从未离开大道而独存,秋天兽类刚生的毫毛,虽微小至极,却能依靠大道而自成形体。由此可知天下万物浮沉变化,不会永远都是那样的。

同样地，阴阳四时按照自然的规律顺序运行，像是存在，又像是不存在，没有形迹，却又有其妙用，万物受它化育，却不自知的，就是道的本根。懂得这个道理，便可观察自然的天道了。

（《庄子》外篇第二十二章《知北游》）

至此，"道之德"大都显现出来：道是万物之母，不能名，更不能言；它出之有形，入于无形；既不行，又不言，是深不可测的众生之源；它公正无私（请参阅第七章），它无所不在（请参看三十四章之二）。

其周而复始运行的原则（请看四十章），产生了相对论，也涌出了成败、强弱、生死等反论思想。

唐 吴道子老子画像

第七节 无 私

天长地久。天地所以能长且久者，以其不自生，故能长生。是以圣人后其身而身先，外其身而身存。非以其无私邪？故能成其私。

【语译】

自古至今，天还是这个天，地还是这个地。天地所以能长且久的缘故，乃因它不自营其生，所以才能长生。圣人明白这个道理，所以常把自身的事放在脑后，但是他的收获却远超出他的本意。这还不是因为他遇事无私，故而才能成就他的伟大吗？

一、道无私：无为的另一个成因

少知问太公调说："什么叫作丘里的言论？"

太公调说："丘里，是集合十姓百人，自成一个风俗的单位。它聚合了许多不同的成为相同，又把相同的分散为许多不同。就好像以马的各部分来认马一样，分散的马只是个体的一部分，不能称为马。所谓的马，是聚集了身体各部形成的躯体而言。

"所以山丘是聚积小的才变成高大，江河是汇集了许多小溪才成为大川，天下的形成，乃是伟人并合了四面八方所致。了解这个道理，外便不会坚持成见，内更不会摒弃有道的本性。

"四时有不同的季节，天不偏私去改变它，所以才能完成一个周年；百官有不同的才能，国君不偏爱哪一人，所以国家才能太平；文武才俊之士的名衔，不是百官所赐，所以德性才能具备；万物有不同的条理，因为无私，所以大道才没有称谓；没有称谓，所以能无为，能无为也就无所不为了。

"时序有终始，世情有变化，祸福有循环，它们都各自追寻自己的目标。如果勉强改变它们的本性，只会导致双方迷失正道，对万物并没有什么好处可言。

"道就好像大泽一样，各种木材由此而长，再以大山为例，木、石不同却聚集一处，合于一堂。这就叫作丘里的言论。"

（《庄子》杂篇第二十五章《则阳》）

二、天无私覆

天地包容，承载万物，没有丝毫的私心。

（《庄子》内篇第五章《大宗师》）

三、圣人无私

庄子说："覆载万物的道何其伟大啊！君子不抛弃主见是体会不出的。抱无为的态度去做，便称为'天'；以无为的言辞来表达，称作'德'；爱人无私，施恩万物，叫作'仁';视不同的万物为同体,称为'大';行为没有形迹,叫作'宽';具备所有事物的不同点,便称为'富'。

"因此,持守的大小事物有顺序便是有'条理';纲纪既行便有'力';顺应大道,则有'备';不因外物而动心挫志,就是'完人'了。

"君子一旦明白了这十种道理,其心便能包容万物而无所遗漏,到时,他宁愿把金子藏在深山,珠宝藏在大海里,也不会借重它去求利的。

"此外,他不会再苦心求取富贵,更不喜欢长寿,不哀伤夭折,不以显达为荣,不以穷困为忧,不把世俗的财利占为己有,不认为君临天下是自己的荣耀。因为,当他忘掉物我的分别,与万物同归于一时,生死荣辱对他而言便没什么不同了。"

(《庄子》外篇第一十二章《天地》)

关于"有己"的思想,请看第十三章的说明。

第八节　水

上善若水。水善利万物而不争,处众人之所恶,故几于道。居善地,心善渊,与善仁,言善信,政善治,事善能,动善时。夫惟不争,故无尤。

【语译】

合于道体的人,好比水,水是善利万物却又最不会与物相争的。他们乐于停留在大家所厌恶的卑下地方,所以最接近"道"。

他乐与卑下的人相处,心境十分沉静,交友真诚相爱,言语信实可靠,为政国泰民安,行事必能尽其所长,举动必能适其会,这是因为他不争,所以才无错失。

若对照研究老庄的著作,不难发现他二人最大的不同点就是"不争"的观念。正如序文所指,老子最有代表性的学说是不争、谦恭、涵养及就低位(如水),他曾利用不少篇幅来谈论。

然而,要在庄子的作品中找到和这个相同的观点,不但不容易,甚至可说是不可能。所以人们常误以为庄子比名家更强调雌性的精神。其实,庄子以"水"作为柔弱,就低位等智慧之征象,也正是庄子口中的"精神宁静"。请参考序文。

一、水乃天德之象

　　形体劳苦不休息就会疲惫，精力耗用不停止就会疲劳，疲劳导致精力的枯竭。如同水一样，水不混杂就清澈，不扰动就平静，但是如果闭塞它而不让它流动的话，就不能清澈了。这种平静随着自然运行的现象，便是天德之象。

（《庄子》外篇第十五章《刻意》）

　　没有一样东西能比水还要平坦，必定要用水做法则。静止的水，外无水波，内里透明。人心也是如此，如果内心能保持平静，便不会被外物所动摇。

（《庄子》内篇第五章《德充符》）

　　庄子认为精神和物质是不同的。尽管他赞同人类的精神在无形的世界中徘徊，但对生活上的问题却并未忽视。这些问题是："某些事是不能被帮助的。不助的态度就是圣人的态度。"这种态度也正是忍耐、谦虚的美德。

二、天道和人道

　　万物虽贱，却又不得不任其自然去发展；百姓虽卑，却又不能不顺从；世事虽不明显，却又不能不参与；言教虽不适当，却又必须去陈述；义理离道虽远，但却不能被抛弃。

　　仁爱虽有偏私，却又不得不推广；礼章虽繁杂，却又不能不加强；德行虽与世相和，却又不能不自立；大道虽是一体，却又不得不变化；天道虽神秘不可知，但却又不得不行。

　　所以圣人观察天地的妙理，并不以人力去助长自然，也不故意去行德，他的行为符合大道而不是出自预先的计谋，应合于仁不自以为有恩，接近义理不自以为受到重视。

　　他应接礼文而不拘泥，接触世事而不辞让，以自然的法则齐一万物而不致纷乱，依恃百姓而不轻用其力，因任万物而不离其本源。

　　世间的事物有不值得去做的，也有非做不可的，这本是自然的道理。那些不明白大道的人，是因为他的德性还没有达到纯一的境界，因此他所做的事也常常遭到阻挠。那不明大道的人啊，实在可悲！

什么是大道？所谓的大道有天道和人道之分。无为而受尊崇的是天道，有为而致纷乱的是人道；主宰万物的是天道，饱受役使的是人道。天道和人道，差别极大，不可不详加体察。

（《庄子》外篇第十二章《在宥》）

调和而顺应它，便是德；无心而顺应它，就是道了。

（《庄子》外篇第二十二章《知北游》）

第九节　自满的危险

持而盈之，不如其已；揣而锐之，不可长保；金玉满堂，莫之能守；富贵而骄，自遗其咎。功成身退，天之道。

【语译】

若是自满自夸，不如适时而止，因为水满自溢，过于自满的人，必会跌倒。若常显露锋芒，这种锐势总不能长久保住；因为过于刚强则易折，惯于逼人，必易遭打击。

金玉满堂的人虽然富有，但却不能永久保住他的财富；而那持富而骄的人，最后必自取其祸。只有功成身退，含藏收敛不自满、不自骄的人，才合乎自然之道。

一、自鸣得意，偷安和驼背

世上有自以为是的人，有偷安自喜的人，有身体伛偻的人。

所谓自以为是的人，便是只学习了一位老师的学说，就洋洋得意地说自己已经很充实了，却不知道宇宙开始时是什么都不存在的。

偷安自喜的人，在猪毛稀少的地方为居，便以为是广大的宫室，宽阔的庭院了。他们藏身在猪的两股、乳腋、脚肘和胸怀间，自以为找到了安全的处所，却不知一旦屠夫举起手臂，放火烧猪的时候，自己便和猪一起葬身火海。这是和环境同进，又和环境同亡的一类。

至于驼背的人,就是舜了。羊肉不喜欢蚂蚁,蚂蚁却非常爱慕羊肉,这是因为羊肉有膻味的缘故。舜就像羊有膻味一样,因此百姓爱慕他就好像蚂蚁喜爱羊肉一般,所以他三次迁都,百姓都跟随其后。他所治理的邓,现在已经有十万多户人家了。

　　尧听到舜的贤能,便把他派到没有开发的地方,希望他替百姓带来恩泽。舜被派到那个地方的时候,年纪已经老大,耳目也已衰退,但是他却不能退休归养。所以说,舜就是身躯伛偻的人。

(《庄子》杂篇第二十四章《徐无鬼》)

二、积财之险

　　满苟得说:"无耻的人大多富有,言过其实的人大多显达。"

(《庄子》杂篇第二十九章《盗跖》)

三、儒教不足学

　　儒者为了研究诗书礼乐而去掘古墓。

　　大儒传话下来说:"天快亮啦! 事情办得如何?"

　　小儒说:"还没有把死者的裙子短袄脱下来。不过我们在他嘴里看到一颗珠子。古诗上面记载说:'青翠的麦子,生在土坡上面。'这个人活着不周济别人,死后含颗珠干什么?"

　　于是,捏着死尸的鬓发,按着尸体的胡鬓,用铁锤敲着他的下颚,慢慢分开两腮。他们的动作非常谨慎,唯恐损坏尸体口中的珠子。

(《庄子》杂篇第二十六章《外物》)

四、谦卑

　　正考父(孔子十代祖)一任士职,就曲着背;再升大夫,就弯着腰;最后担任卿职时,就俯着身顺着墙走路了。他这么样的谦卑,哪里还有人敢侮辱他?

　　如果是一般的凡夫俗子,一上任士职,就开始自命不凡;再任大夫,便在车上轻狂起来；一旦担任卿职，便自称长者了。

（《庄子》杂篇第三十二章《列御寇》）

五、屠羊说的故事

楚昭王弃国逃亡，屠羊说也跟着昭王出走。昭王返国，要奖赏跟从他的人。但是等到找到屠羊说的时候，屠羊说却说："大王失国的时候，我放弃了屠宰的工作。现在大王回国，我的工作已经恢复，又何必说什么奖赏呢？"昭王坚持要他接受。

屠羊说又说："大王失国，不是我的罪过，所以我不该接受诛罚；大王返国，也不是我的功劳，所以我也不敢接受奖赏。"昭王便宣召他进宫相见。

但是，屠羊说拒绝了，并且说道："楚国的法律是必定要有特殊功劳的人才得晋见大王的，现在我的才智不足以保卫国家，勇力又不足以消灭敌人，怎敢妄自晋见大王呢？而且，当吴国军队入侵郢都的时候，我因为害怕而逃避他乡，并不是有意追随大王的。如今大王要废置法律召见我，实在是很不合理的啊！"

（《庄子》杂篇第二十八章《让王》）

这篇文章是选自《让王》二十八章，一般人都认为这是杜撰的。

第十节　抱　一

载营魄抱一，能无离乎？专气致柔，能如婴儿乎？涤除玄览，能无疵乎？爱民治国，能无为乎？天门开阖，能为雌乎？明白四达，能无知乎？生之畜之。生而不有，为而不恃，长而不宰。是谓玄德。

【语译】

你能摄持躯体，专一心志，使精神和形体合一，永不分离吗？你能保全本性，持守天真，集气到最柔和的心境，像婴儿一样的纯真吗？你能洗净尘垢、邪恶，使心灵回复光明澄澈而毫无瑕疵吗？你爱民治国，能自然无为吗？你运用感官动静语默之间，能致虚守静吗？你能大彻大悟，智无不照，不用心机吗？

这些事如果都能做到的话,便能任万物之性而化生,因万物之性而长养。生长万物而不据为己有,兴作万物而不自恃已能,长养万物而不视己为主宰。这就是最深的"德"了。

庄子写了一篇老子的对话,其中提到了许多思想,和本章大义大为相符。

专气致柔

一、保全本性的常道

南荣趎带着粮食,走了七天七夜,到达老子的住所。

老子问他说:"你从楚国来的吗?"

南荣趎回答说:"是的。"

老子又问:"你怎么和这么多人一起来?"

南荣趎吃惊地回过头看了看。

老子笑了笑说:"你不知道我所说的意思吗?"

南荣趎羞愧地低下头,然后叹息一声说道:"我不知道该怎么样来回答你的问题,而且也忘记了自己此来是要问什么?"老子怀疑地问:"这话是什么意思呢?"南荣趎回答道:"有件事很叫我烦恼。如果我不求知,人家说我愚蠢,如果我得到了知识,反而使自己伤脑筋;如果我不学仁,会害人,行了仁,又担心违背大道;若说我不行义,会伤人,行了义又忧愁自己会违背本性。我该怎么做才能避免这些困扰啊?这就是我老远赶来向你请教的原因。"

老子说:"刚才我看你眉目间的神态,就已经了解大半,现在听你这么一说,就知道我所想的没有错了。你的样子看起来既像失去双亲的孤儿,又像拿着小竹竿去探测大海的人。唉!你已经失去了自我。虽然你想恢复自己的本性,但是又不知道从何做起,所以你的心才会这么混乱,我实在为你感到难过。"

南荣趎回到家中,抛弃那些扰他的俗事,专心致力于道德方面的修养。十天后,他仍然觉得心里郁闷,于是又来见老子。

老子说道:"你已经洗净了本心,所以体内已充满了精气,但是你的内心还存有一些系累,这就是导致你烦恼的因素。请记住,当你的耳目受声色引诱时,不可去控制它,应该不用心智来平息耳目的纷扰。

"当你的心智被物欲所系时,千万不要控制它,一定要尽力断绝心神的活动。耳目心智被外物所扰,即使有道德的人也不能自持,何况那仿效大道而行的人?"

南荣趎说:"有个人病了,他的邻居去看他,病人把自己的病情告诉了邻居,但是来探望他的人并没有因为听到了病情就使得自己也生病。而我听了你的大道,倒像是吃药反而加重了病势。你还是告诉我一些保全本性的常道吧!"

老子说:"要知道保全本性的常道,先得问自己有否离本性?能使本性自得吗?能不必卜筮就知道吉凶吗?能安守本分吗?能不追求外物吗?能不仿效别人而求于自己吗?能无拘无束吗?能随顺物性吗?能像赤子之心吗?

"赤子整天号哭,声音却不嘶哑,这是心气和顺的极致;整天握拳而不拿东西,这是德性自然的结果;整天看而眼珠不动,是看不偏向的结果;走路没有目的,停下来也不知道要做什么?只是随顺外物,与之同浮同沉罢了。而这就是保全本性的常道。"

(《庄子》杂篇第二十三章《庚桑楚》)

老子把人性非恶比做"婴儿"和"璞"。

二、天徒与人徒

心里诚直的和天理同类(天徒),既和天理同类就知道:人君和我无分贵贱,全属天生。……人们将称我做"童子",它的意思就是"和天同类"。

外貌恭敬的和人同类(人徒)。有人手执朝笏,跪拜鞠躬,行人臣之礼,一般人就说:别人都这么做了,我敢不做吗?做别人所做的事,别人自不会嫉恨,这就叫作"和人同类"。

(《庄子》内篇第四章《人间世》)

"生之、育之"等思想,请参阅五十一章。

第十一节 "无"的用处

三十辐,共一毂,当其无,有车之用。埏埴以为器,当其无,有器之用。凿户牖以为室,当其无,有室之用。故有之以为利,无之以为用。

【语译】

三十根车辐汇集到一个毂当中,有了车毂中空的地方,才有车的作用;否则车轴便无处安插,车也不能转动了。糅合陶土成为器具,有了器皿中空的地方,才有器皿的作用;否则器具便失去了用处,连一点东西也不能包容。开凿门窗建造房屋,有了门窗四壁中空的地方,才有房屋的作用;否则也就毫无用处可言了。如果明白这种道理,就知道"有"给人便利,"无"发挥了它的作用;真正有用的所在,还是在于虚空的"无"。

一、"无"的用处

眼睛光亮便看得清楚;耳朵灵敏便听得明白;鼻子通畅可以闻气息;嘴巴通彻可以尝美味;心里通达,思路便畅行无阻;智慧透彻,便已到达德的境界。

道是不可以壅滞的,壅滞了就要梗塞,梗塞不止,结果行为必定狂妄,终致互相践踏,互相攻击,祸害从此生起。凡物有知觉的,都靠气息周转不停;假使气流不畅,并不是天的过失,因为天生万物,都以孔窍通气息,又怎会阻塞气流?是人的声色嗜欲,阻塞了那条通道啊!

人肚里是空虚的,所以能容纳胎儿;心地必须空虚,方可安容天机。比如房屋没有空余的地方,婆媳难免有所争吵。人也是一样,心地若不空虚,六情自会互相争夺。至于看见深山丛林就觉得清爽可喜,则是由于平日心胸狭窄,心神不适所致。

(《庄子》杂篇第二十六章《外物》)

二、"无用"的用处

惠子对庄子说:"你所说的话毫无用处可言。"

庄子回答说:"知道无用就可以和他谈有用的道理。广大无边的地,人所使用的,不过一块立足之地而已,其余没有用到的地方还多着呢!若将立足以外之地尽掘到黄泉,那么对于那块有用的地而言,还有用吗?"

惠子道:"没有用了。"

庄子说道:"那么没有用处的用处不是就很明显了!"

(《庄子》杂篇第二十六章《外物》)

脚所踩的地方虽然只是像鞋那么大的一块地,但他还必须靠他没有踩着的地方继续远行。

(《庄子》杂篇第二十四章《徐无鬼》)

三、不知的安慰

精于手艺的人,不用规矩就可以画圆或直,那是因为他的手指和使用的工具已化合为一,可以专心致志而不受拘束。因此,忘记了有脚的存在,鞋子穿起来就舒适了;忘记了腰的存在,皮带束上也舒适了;忘记了是非的存在,心情自然也随之舒畅起来。

心志不变,便不会受外物的影响,所在之处则无不安适。一旦觉得安适,就再也不会觉得不安适了,那是因为"它"——道,是忘记了安适的"安适"。

(《庄子》外篇第十九章《达生》)

讨论"无用的树之有用"的思想,请参阅二十二章之三的说明。

第十二节　感　官

五色令人目盲;五音令人耳聋;五味令人口爽;驰骋畋猎,令人心发狂;难得之货,令人行妨。是以圣人为腹不为目,故去彼取此。

【语译】

过分追求色彩的享受,终致视觉迟钝,视而不见;过分追求声音的享受,终致听觉不灵,听而不闻;过分追求味道的享受,终致味觉丧失,食而不知其味;过分纵情于骑马打猎,追逐鸟兽,终致心神不宁,放荡不安;过分追求金银珍宝,终致行伤德坏,身败名裂。

所以圣人的生活,只求饱腹,不求享受,宁取质朴宁静,而不取奢侈浮华。主张摒弃一切外物的引诱,以确保固有的天真。

一、感官减损了人性

丧失天性的五种要素是:一为五色,它迷乱了众人的眼睛,使他们所见不明;二为五音,它迷乱了众人的耳朵,使他们的耳朵不聪;三为五臭,它熏迷了众人的鼻子,使他们鼻塞不通而伤到额头;四为五味,它污浊了众人的口舌,使他们食不知味;五为欲望,它混乱了众人的心扉,使得他们心情浮动而急躁。这五种因素扰乱了我们的生活,而杨朱和墨翟还认为这是有得的表现。

但是他们口中的得,并非我所说的"得",因为有得就困,这样的得可以称为"得"吗?如果是的话,那被人养在笼中的斑鸠和鸮鸟,也可以说是"得"了。

如果一个人的内心为声色欲望所塞,形体为皮帽、鹬冠、插笏、大带、长裙所束,还自以为得,那么被反绑臂指的罪人,和困于笼中的虎豹,也可以说是自得了。

(《庄子》外篇第十二章《天地》)

二、河风的行为

风吹过河,河水就有损失;太阳晒河,河水也有损失。假如让风和太阳与河水相守,若河水自以为没有损失,那是因为有水不断流过来的缘故。

所以水固守在泥土,影固守着形体,物物也彼此相系。因此,眼睛想要过分求明,耳朵想要过分求聪,心意过分追逐外物,便会导致伤害。危害一形成就来不及改变,反而会逐渐滋长丛生。

(《庄子》杂篇第二十四章《徐无鬼》)

三、外物改变了本性

　　三代以来,人莫不因外物而改变了自己的本性;小人为利牺牲,读书人为名牺牲,官吏为家牺牲,圣人则为天下而牺牲。这些人的事业不同,名声各异,但他们损害本性,牺牲自身的精神却是一致的。

　　譬如说:有臧和谷两个人去牧羊,他们都失掉了羊群。问臧怎么丢了羊的? 他说是在读书。问谷怎么丢掉羊的? 他答说因为赌博的缘故。两个人失去羊的原因虽不同,而其结果(都失掉了羊)却是相同的。

(《庄子》外篇第八章《骈拇》)

第十三节　荣　辱

　　宠辱若惊,贵大患若身。何谓宠辱若惊? 宠为上,辱为下,得之若惊,失之若惊,是谓宠辱若惊。何谓贵大患若身? 吾所以有大患者,为吾有身,及吾无身,吾有何患? 故贵以身为天下,若可寄天下;爱以身为天下,若可托天下。

【语译】

　　世人重视外来的宠辱,没有本心的修养,所以得宠受辱,都免不了因而身惊,又因不能把生死置之度外,畏惧大的祸患也因而身惊。

　　为什么得宠和受辱都要身惊呢? 因为在世人的心目中,一般都是宠上辱下,宠尊辱卑。得到光荣就觉得尊显,受到耻辱就觉得丢人,因此得之也惊,失之也惊。为什么畏惧大的祸患也身惊呢? 因为我们常想到自己,假使我们忘了自己,哪还有什么祸患呢? 所以说,能够以贵身的态度去为天下,才可把天下托付他;以爱身的态度去为天下,才可把天下交给他。

　　人失去本性,乃因五官分心于物质世界所致。一般宗教家认为,要使人类的精神得到解脱，唯有采取无我之教，这也是他们共同的理想。

至于道家的解脱，乃是透过了解自身之无及天地之有而来。明白了这个道理，万事的幸与不幸，荣或辱都将化成肤浅和无义。

“故贵以身为天下，若可寄天下；爱以身为天下，若可托天下。”也出现在三章之四，若能对照阅读，将会有更深一层的领悟。

一、荣、辱的定义

大道本不能琐碎地去施行，道德原不能心存偏见地去了解。只了解一方，便伤害了德性；只施行一方，也妨害了大道。所以说：“使自己的行为正当就好了。”

快乐又保有天性的叫作“得志”。古代所谓的得志，并不是高官厚禄的意思，乃是指没有比现在再欢乐的愉快而言。如今所谓的得志，指的却是高官厚禄了。

官爵对人来说，并不是天生就有，而是外物暂时的寄放。凡是暂寄的东西，来了不能拒绝，去了也不能阻止。

所以有道的人不因为自己的官爵显贵，就放纵自己的心志；不因为自己的地位穷困，就抑低自己的身份，以讨世人的欢心，而把高官和穷困的快乐视为一体。这样他才能身居显贵而无所忧虑，身处困境也无所愁烦。

如果暂寄的富贵离开了就不快乐，那么在他快乐的时候，其本性的丧失也就可想而知了。所以说：因外物而丧失自己，因世俗而丧失天性的人，便是不分轻重，本末倒置的人。

（《庄子》外篇第十六章《缮性》）

二、主权（所有权）

有一天，舜问丞说：“道可以占有吗？”

丞说道：“你的身体都不是自己的，怎能占有道？”

舜奇怪地说：“我的身体不是我的，是谁的？”

丞答道：“是天地借给你的。不但如此，你的生命也不是你的，是天地借给你的冲和之气；本性也不是你的，是天地借给你的自然法则；子孙更不是你的，是天地借给你的蜕变（若蛇或蝉）。所以动则不知去向，止则不知何为，食也不知其味。这一切的一切,乃是天地运行的阳气所形成,你怎么能占有它啊?"

(《庄子》外篇第二十二章《知北游》)

从以上的观点,道家产生了"至人无我"的学说:人应"藏天下于天下",不应在家庭的某个角落里寻找安全和舒适。所以,人该在道中忘记自己,就好像鱼在水中忘记自己一样。(鱼相忘乎江湖,人相忘乎道术——《大宗师》)。

三、至人无我

在小水泽中的鷃雀讥笑大鹏说:"它想飞到哪里去啊? 我飞腾起来,不过几十丈高就落下,然后在蓬蒿之间翱翔,这样不是也飞得很自在吗? 它到底要飞到哪儿去呢?"这就是小和大的区别吧!

试看那些智能可以担任一官之职,行为能够号召一乡群众,德性可以合乎国君要求的人,不是和小泽中的鷃雀一样的见识吗? 宋荣子对这些人只有耻笑,又岂会赞同?

然而,宋荣子是怎样的一个人呢? 假如社会上所有的人都称赞他,他不会特别得意;世上的人都耻笑诽谤他,他也不会沮丧。因为他能认定内外的分际,辨别荣辱的境界。这种人在世上已经很少见了,可惜的是他还不能达到至德的地步。

那列子乘风而行,真是轻妙极了,过了十五天他才回来,得此风仙之福的人,世上少有。但是,他虽乘风而去,免于步行,却还要乘风才能飞行,毕竟还得依靠某物。

至于那掌握天地枢纽、适应六气变化,遨游于无穷的宇宙、不受时间空间限制的人,还须倚恃什么呢? 所以说:"至德的人,忘去自己,无心用世;神明的人,忘去立功,无心作为;圣哲的人,忘去求名,无心胜人。"

(《庄子》内篇第一章《逍遥游》)

圣人的教化,就像形和影、声和响那样密切。有问的时候,他必尽自己所知道的去答复。他休息时,寂寥无声;行动时,又随物变化无迹可寻;他提挈万物复归于自然的本性;遨游于没有涯际的境界;往来于无边无际的地方,与时俱化,无终无始。

以他的形体而论,他和万物化合玄同,既与万物同体,就已达到无己的境界。已经无己,哪里还会有物的存在? 认为有物存在的,是古代的君子;认为无物存在的,才是自然的朋友。

(《庄子》外篇第十一章《在宥》)

四、藏天下于天下

把船藏在山谷,把山藏在深泽,应该算是很可靠了。可是半夜里,有个大力士把山谷和深泽都背走了,那藏的人竟还不知道呢!无论收藏大的物件,或小的物件,虽然都可以找到合适的地方,但却不能使它们没有变化。如果一味地把小东西藏在大东西里面,结果还是会丢掉的。

天下的理不是一人可以私定的,若将天下的理付给天下,把属于天下的藏之于天下,所藏的也就不会丢失了。因为这本是万物的法则。

如果只具有人形,就高兴得不得了,那么世界上像人一样具有形体,又能千变万化的,其欢乐可就无法名之了。所以圣人将心寄托在没有变化而永远存在的大道中,无啥欢喜,也无啥悲哀。

能顺着寿命的长短、生死的变化而为的人,尽管他还不能忘去生死的观念,但也足够为人的典范;何况那混合万物,齐一变化,主宰万物的道呢?

(《庄子》内篇第六章《大宗师》)

第十四节 太初之道

视之不见,名曰夷,听之不闻,名曰希,博之不得,名曰微。此三者,不可致诘,故混而为一。其上不皦,其下不昧,绳绳不可名,复归于无物。是谓无状之状,无物之象,是谓惚恍。迎之不见其首,随之不见其后。执古之道,以御今之有。能知古始,是谓道纪。

【语译】

看不见的叫作"夷",听不见的叫作"希",摸不着的叫作"微"。道既然看不见、听不到、摸不着,又何从去穷究它的形象呢?所以它是混沌一体的。

这个混沌一体的道,按高处说,它并不显得光亮;按低处说,它也不显得昏暗。

只不过是那样的幽微深处而又不可名状，到最后还是归于无物。这叫没有形状的"形状"，没有物体的"形象"，也可称它为恍惚不定的状态。

你想迎着它，却看不到它；想随着它，也望不见它。秉执着这亘古就已存在的道，就可以驾驭万事万物。能够了解这亘古就存在的道，就知道"道"的规律了。

本篇所谈更玄了。相信道不能名、不能解、不能述、不可知的人，对天地之美，及其变化之莫测，怀着敬畏、虔诚的态度。然而，对道绝望的人，却深信道是虚幻不定的。它企图逃避我们所有的探究和努力，恰似生命最深远、最基本的问题一样，也以同样的方式避开了生物学家。

在明白生命是如何进入"有"之后，正是我们即将发现它的秘密时，然而我们面对的却是空白。神秘主义者往往以神秘的术语谈到天地之道及其幻象。但是要知道，这种探索的责任不应单由神秘主义者来担当，而是所有的科学家都应负起这种使命才对。

我相信这种对不知的虔敬态度，将是导致科学家走向接受宗教道路的主因。

而今，敬道的一方把自己投入有形无形的问题，及看不见的因果关系中；绝望的一方只有强迫自己想象一个从未被证实、看见、感觉、听到的"根"——一个原始的原则，一种力量的泉源，及一个决定性始因。

道家口中的道，是不言不行，又无时不运行的寂静行列；是外在活动及寂静的循环，也是万物复归为始与出之有形、入之无形的循环。

如此寂静、透彻的道之"象"，形成了道家（希望保持本性又不违反道性）的典范。因此，谦卑、寂静、忘私、无誉等学说，被散播在多变的宇宙中。

一、看不见、听不到、摸不着

光耀问无有说："你是有呢？还是没有？"

光耀得不到回音，便仔细地看了看无有的容貌，但是他所看到的只是黑暗和空虚。于是他利用整天的工夫来审视无有，其结果仍然是看不见，听不到，也摸不着。

最后光耀只好叹息道："这就是最高的境界了。还有谁能达到这个地步啊？我能够做到无，却没有办法达到完全没有，等到要做到完全没有的时候，反而变成了有。他到底是如何达到这种境界的呢？"

（《庄子》外篇第二十二章《知北游》）

我们看见万物的生长,却没有看见赋予它生命的本根;看见它出现,却不知它从何出现。人们重视的只是他所知的事物,而事实上他却是一无所知;唯有那依靠他所不知而得知的人,才是真知。这不是个大疑惑吗?算了吧!人是不能避免这种情形发生的。这也就是人们(哲学家)常说的:"想是这样吧!可是真的这样吗?"

(《庄子》杂篇第二十五章《则阳》)

道是看不见形体,听不到声音的,一般人说它深不可测。但是像这样被议论的道,并不是真的道。

(《庄子》外篇第二十二章《知北游》)

庄子在下面这段寓言中,以一连串相对的形式,来说明"无形是最有力"的真理。

二、动物、风和心的寓言

独脚的兽羡慕多脚的虫,多脚的虫又羡慕没有脚的蛇,没有脚的蛇又羡慕风,风又羡慕眼睛,眼睛又羡慕心。

独脚兽向多脚虫说:"我用一只脚跳着走,说多方便就有多方便。现在你却有一万只脚可以使用,真不知道你是怎么安排它们的?"

多脚虫回答说:"你这话就不对了。你没有看过吐唾沫的人吗?唾沫喷出来的时候,大点像珠子,小点像细雾,掺杂而出,简直数都数不清,这都是出于天然的缘故。现在我顺着天机而动,自己也不晓得是什么原因。"

后来多脚虫又向蛇说:"我用这么多脚走路,还不如你没有用走得快,这是怎么回事?"

蛇回答:"我顺着天机而动,要脚做什么?"

然后蛇又向风说:"我用脊背和两肋走路,还像有脚的样子,而你刮起风来从北吹到南,完全没有形体,这是什么缘故?"

老子讲道

风回答说:"不错,我刮起风来可以从北海吹到南海,但是却仍比不过人。人若用指头指我,我吹不断他的手指,人若用脚踢我,我也吹不断他的脚。我只能吹折大树,吹毁房屋而已。所以我是用小的失败来成就大胜利,这种大胜利只有圣人才能做到。"

(《庄子》外篇第十七章《秋水》)

庄子并没有把这篇寓言的后半部写出来。但是,我们仍不难看出他暗指风(也就是空气)在羡慕眼睛,因为视力和光线(接近电子和非电子的范围)跑得比风还快。然而,心在刹那间越过时间,穿过空间,速度甚至比光更快,而其本身却是无形的。

第十五节　古之善为士者

古之善为道者,微妙玄通,深不可识。夫唯不可识,故强为之容。豫兮若冬涉川,犹兮若畏四邻,俨兮其若客,涣兮若冰之将释,敦兮其若朴,旷兮其若谷,浑兮其若浊:孰能浊以静之徐清,孰能安以动之徐生。保此道者不欲盈。夫唯不盈,故能蔽而新成。

【语译】

古时有道之士是不可思议的,他胸中的智慧,深邃不易解。因为他不易解,所以要描述他的话,也只能勉强形容而已。

他小心谨慎的样子好像冬天涉足于河川;警觉戒惕的精神好像提防四邻窥伺;拘谨严肃,好像身为宾客;融和可亲,好像春风中冰的解冻;淳厚朴质,好像未经雕琢的素材;心胸开阔,好像空旷的山谷;浑朴纯和,好像混浊的大水。

试问谁能在动荡中安静下来而慢慢地澄清?谁能在安定中生动起来而慢慢地活泼?唯独得道的人,才有这种能力了。因为得道的人不自满,所以才能与万物同运行,永远收到去故更新的效果。

因为生命是不朽的,所以道虽不为,而四时行焉,又因它不炫智,不多言,所以成为道家的"心象"。

一、真人的举止

古时候的真人,睡时不做梦,醒时无忧虑,饮食不求精美,气息深沉有力。真人的呼吸是从脚后跟开始用力,普通人只用喉咙呼吸,当他在议论时,一被人屈服,说起话来不是吞吞吐吐像喉头噎住似的,便是一股要吐不吐的样子。人的嗜欲越深,天机就越浅了。这就是一明证。

古时候的真人,不知道喜欢生存,也不知道憎恨死亡,不因降生人世而喜,也不会拒绝死亡的来临;他们把生死看作极为平常的事,却能牢记不忘生的来源,不求死的场所;当死亡来临的时候,他们怀着欣然接受的态度,以期重返自然。因为他们知道死亡本就是生存的开始。这种不用心机违反大道,不用人为胜过天理的人,就叫作真人。

他们的内心无忧无虑,容貌安详而平静,额头更是宽大无比,严肃的时候有如肃杀的秋天,温顺又如春临,喜怒时更好似四时的运转。他们能顺应事物的变化随遇而安,所以没有人知道他们的胸怀究竟有无极限……

古时候的真人身形高大不动摇,卑躬自谦不谄媚,个性坚强不固执,志高远大不夸饰。他们的神情欢愉,行为也合乎自然之理。他们待人处事有威严但不骄傲,高远而不受牵制。那沉默的表情,好似封闭的感觉,那无心的模样,又好似忘记了说词,即使有什么言语,也完全没有心机。

(《庄子》内篇第六章《大宗师》)

庄子在八章之一中,把水比做"平"——"平者,水停之盛也",及静动交替的"道体"——"形劳而不休则弊,精用而不已则劳。劳则竭。水之性,不杂则清,莫动则平。……天德之象也。"

二、孔子论水

孔子:"人不到流动的水面上照自己的影子,而到静止的水面去照。这个意思就是说,唯有静止的东西才能吸引那渴求静止的人。"

(《庄子》内篇第五章《德充符》)

第十六节　知常道

致虚极,守静笃。万物并作,吾以观复。夫物芸芸,各复归其根。归根曰静,是谓复命。复命曰常。知常曰明。不知常,妄作凶。知常容,容乃公,公乃全,全乃天,天乃道,道乃久。没身不殆。

【语译】

若是致虚、宁静的功夫达到极致,以去知去欲。那么万物的生长、活动,我们都不难看出他们由无到有,再由有到无,往复循环的规则。虽然万物复杂众多,到头来还是要各返根源。回返根源叫作"静",也叫"复命"。这是万物变化的常规,所以"复命"叫作"常"。了解这个常道可称为明智。不了解这个常道而轻举妄为,那就要产生祸害了。了解常道的人无事不通,无所不包;无事不通,无所不包就能坦然大公,坦然大公才能做到无不周遍,无不周遍才能符合自然,符合自然才能符合于"道",体道而行才能永垂不朽。如此,终身也就可免于危殆。

虚静的学说是由往复循环的理论而来。当"静"为道回返原始的形体时,动则为道暂时的表现。动静循环说,乃是道家的基本学理。在二十五、三十七、四十章内,对此均有详细的说明。

一、至人的用心像明镜

不要做任何荣誉的承受人,不要做主谋策划的智囊,不要承担事情的责任,也不要做运用智慧的主宰。了解大道的无穷,便可遨游无边无际的所在;克尽自己天赋的本性,不要自以为有所得而喜。因为世上的一切,不过是虚无罢了!

至人的用心像镜子一般,物去了不送,来了也不迎,自然而然反射出"它"的影像,没有丝毫的隐藏或偏见。所以它能够消除物我的对立,应接万物而不被物所损伤。

（《庄子》内篇第七章《应帝王》）

二、心情宁静可以治疗紧张

静默可以补养疾病,按摩眼角可以防止衰老,心情平静可以治疗紧张。这不过是教劳动的人安静休息的方法。若自身能求平静的人,就用不着做这些了。

因此,圣人改革天下人的习俗和见解,神人从来不过问;贤人改革当世人的习俗和见解,圣人从来不过问;君子改革一国人的习俗和见解,贤人从来不过问;小人趋时求利,君子也从不去过问。

(《庄子》杂篇第二十六章《外物》)

三、复根(云将和鸿蒙的谈话)

云将到东方游玩,经过一棵神木旁,鸿蒙正在高兴地拍着腿跳来跳去的嬉戏。云将看到了,惊异地停下问他:"老丈是什么人? 在这里做什么?"

鸿蒙边拍腿跳跃边回答说:"遨游呀!"

云将恭敬地说道:"我有事想请教你。"

鸿蒙抬头看了看云将,然后应了一声:"嗯!"

于是云将问道:"天气不和,地气郁结,六气不调,四时也已不明。如今我想集合六气的精灵,来养育万物,该怎么做才好?"

鸿蒙拍腿跳跃摇头喊道:"我不知道! 我不知道!"

云将不敢再问,只得辞别而去。过了三年,云将又到东方游玩,路过宋境,又碰到鸿蒙。云将高兴极了,上前跪下说:"你忘记我了吗? 你忘记我了吗?"然后再三叩拜,希望听鸿蒙的教示。但是鸿蒙却一味地摇头说:"我顺兴而游,既没什么企求,也没有一定的去所,只是观察万物的形形色色而已,能知道什么呢?"

老子纪念馆

云将说:"我也自以为无心而做,可是百姓却都跟着我这么做,现在我已是他们模仿的对象了。我该如何摆脱他们呢? 请告诉我一些方法吧!"

鸿蒙说道:"混乱自然的常道;悖逆万物的真性;未达自然的教化;群兽惊恐而

奔散,夜鸟恐惧而飞鸣,草木昆虫均遭祸,这都是在位者造成的过失啊!"

云将惊恐地问:"那么,我该怎么办呢?"

鸿蒙叫着说:"回家吧! 不要再问了!"

云将仍不死心地要求道:"要碰到你实在不容易,还是请你告诉我一些意见吧!"

鸿蒙无奈,只得告诉他说:"要自养己心。你只要无为,万物各会自生自化。如果再能忘掉形体,抛弃聪慧,那就可与自然混合为一了。把你有为的心解开吧! 把你有知的灵释放吧! 做一个无知无魂的人才是对的。

"万物纷纭,都不离生死的变化,最后还是复归本根而又不知其所以然的,才能终身不离本根,若是知道的话,便又离开本根了。不必问'它'的名称是什么,也不必追究'它'的实情,万物本来就是自然生长的。"

听完这番话,云将兴奋地说道:"你不但告诉我德的力量,又昭示我沉默不言的道理,我寻求了好长的一段时间,今天总算得到了。"于是深深叩头,拜辞而去。

(《庄子》外篇第十一章《在宥》)

四、天地开始与回返大道(大顺)

天地开始,有段时间是什么都不存在的,然后一些没有名字的东西渐渐出现。因而产生了"一",但是没有形体。万物由此而生的称作"德"。这些东西虽然没有形体,却有阴阳之分,阴阳流通,称为"命"。阴阳动则物生,物之理一生成,就称作"形"。形体保护精神,使他们各有行动的自然法则便是"性"。

修养万物的本性回复到道德的范围,再将道德修养到极致,就和天地刚开始的时候一样了;和泰初相同就进入虚空的境界,那虚空的境界便是至大无涯的大道。……万物混合而无形,又无知无觉,就叫作"玄德",和"大顺"的意思完全一致。

(《庄子》外篇第十二章《天地》)

第十七节　太　上

太上,不知有之;其次,亲而誉之;其次,畏之;其次,侮之。信不足焉,有不信焉。悠兮其贵言。功成事遂,百姓皆谓:"我自然。"

【语译】

最上等的国君治理天下,居无为之事,行不言之教,使人民各顺其性,各安其生,所以人民不知有国君的存在;次一等的国君,以德教化民,以仁义治民,施恩于民,人民更亲近他,称颂他;再次一等的国君,以政教治民,以刑法威民,所以人民畏惧他;最末一等的国君,以权术愚弄人民,以诡诈欺骗人民,法令不行,人民轻侮他。这是什么缘故呢?因为这种国君本身诚信不足,人民当然不相信他。最上等的国君是悠闲无为的,他不轻易发号施令,然而人民都能各安其生,得到最大的益处。等到事情办好,大功告成,人民却不晓得这是国君的功劳,反而都说:"我们原来就是这样的。"

老子在十七、十八、十九等章内,慨叹大道剖析以后的不良现象。尤其十七、十八两章,特别谈到天下所以大乱的原因,是由于教化的结果。这个思想给庄子制造了反对圣人之教的机会,尤其针对孔子"仁义礼乐"这方面,他毫不放松任何可以讽刺的良机。

这个思想的基本观点是:在人的本性尚未腐败时,他可以依道而行,且完全服从自己的本能。这时的善是无意识的善,一旦圣人的善恶,智慧之教,和政府的奖惩法则蔚成时,大道就开始废坠。以至于使人的本性由真善而伪善,由伪善而天下乱。

一、尧的老师

啮缺碰到许由(啮缺的弟子,尧的老师),问他说:"你要到什么地方去?"

许由答道:"我要逃避尧。"

啮缺好奇地问:"为什么?"

许由回答说:"尧一天到晚行仁行义,看来没有多久他就要被天下所耻笑了,不但如此,后世的人大概也要互相残杀了呢! 其实,百姓是很容易召集的,你只要爱他,他就亲近你;有利给他就归顺你;称赞他就努力得不得了,要是强迫他做他不愿做的事,可就要离散了。

能够忘记仁义的人少,以仁义求利的人多。因此一旦有了仁义,虚伪也就随之而起。这种行为不但不诚实,反而供给贪求的人作为伪善的工具。一个人治理天下想整齐划一的话,首先受到伤害的就是百姓。尧只知道贤人有利天下,却不知道贤人有害天下啊!"

(《庄子》杂篇第二十四章《徐无鬼》)

因为有了教化才产生大道颓废的理论,所以人们对尧的批评比他的继承人舜要好,对舜的批评又比禹要好。因此在庄子的作品中,尧被叙述为道废的开端(另有一说:在尧之前道就开始衰颓了)。

二、尧的天下

尧治理天下,伯成子高立为诸侯。以后尧让天下给舜,舜又让给禹,而伯成子高便辞去了诸侯之职,回乡耕种。有一天,禹去看他,他正忙着田里的事。于是禹身居下手,站着问他说:"从前尧治理天下,你贵为诸侯,后来尧让天下给舜,舜又让天下给我,而你却辞去诸侯回乡耕种。请问,这是什么原因?"

子高回答说:"从前尧治理天下的时候,没有奖赏,百姓自然向善,不施刑罚,百姓自然避恶。现在你大行奖赏和刑罚,百姓不但不向善,反而愈来愈失本性。这是道德衰废,刑罚实施的先兆。看来天下要乱了。你还是走吧!不要耽误了我的农事。"说完再也不看禹,就自顾自地耕作起来。

尧帝

(《庄子》外篇第十二章《天地》)

三、道德的衰废

古代的人在天地初分之际,大家都能生活在一起,恬淡寂寞,没有作为。那个时候,阴阳之气和顺安静,鬼神都不会来干扰人类;四时的运行也合于节度,所以万物都不曾受到伤害,生物也没有死于非命。尽管人有智慧,他们却不知道如何使用;那真是"至一"的时代。人们按照自己的本性生活,没有受到一点外来的干扰。

后来道德渐衰。等到燧人、伏羲治理天下时,也只能做到顺人民的心意,而无

法与万物混合为一。道德更衰了。等到神农、黄帝治天下时，只能安定天下，而不能顺从天下人的心意。

等到尧、舜君临天下时，便开始治理天下，教化万民，使淳厚的民风趋于淡薄，朴实的本性，日渐消灭，人们离开了道去求善，隐没了德去行事，然后再舍弃天性而顺从人心，道德就愈加衰微了。

人心彼此窥探，使得巧诈丛生，更无法来平定天下，于是他们再用世俗的礼仪来修饰，以世俗的学善去求见识广博。但是礼义掩盖了实质，世俗的学问也淹溺了人们的心灵。

从那时起，百姓坠入迷惑昏乱的地步，再也无法使性情回返真。

（《庄子》外篇第十六章《缮性》）

四、老子和阳子论明王

阳子居对老子说："如果有个人做事敏捷，勇于决断，通达事理，勤于学道，那么他可以和明王相比了吧？"

老子说；"那怎么能和明王比呢？这个人和会技艺的人被技能所累一样，只苦了自己的形体，乱了自己的心神。俗语说，虎豹因为身上有纹彩，以致指引了人来打猎；猴子因为身体活泼，狗因为会捕狐狸，所以被人拴起来以供玩赏使役。像这样的人怎么能和明王相比呢？"

阳子居皱了皱眉说："那么请问明王是怎样治天下的？"

老子答道："明王治理天下：功业普及，不以为是自己的功劳，教化施及万物，使百姓产生不曾依靠他的感觉。虽然人们无法说出他的影响，但是每个人都喜欢和他在一起，万物都能各得其所，而他本人却处于神妙不可测的地位，游于虚无的境界中。"

（《庄子》内篇第七章《应帝王》）

第十八节 道 废

大道废,有仁义;智慧出,有大伪;六亲不和,有孝慈;国家昏乱,有忠臣。

【语译】

大道废弃以后,才有仁义;随着智巧的出现以后,才产生诈伪;家庭不睦以后,才显出孝慈;国家昏乱以后,才产生忠臣。

一、大道废,仁义兴

圣人一用心设仁爱的教化,创义理的法度,天下就开始大乱起来;一发明纵恣无度的音乐、繁杂的礼仪,天下就开始分裂。换句话说:完整的树木不去雕琢,怎么可能做出祭祀用的器皿? 白玉不去凿毁,又怎能做出圭璋的玉器来? 道德如果不曾废弃,何必要仁义的教化?

像曾参、史鳅性情若没有离开正道,要礼乐的制度做什么? 五色要是不混乱,谁会去做文采? 五音要是不混离,谁会来应和六律? 由此可知,雕琢木材,损毁物的本性制作器皿,是工匠的罪过;而毁坏纯朴的道德以行仁义,就是圣人的罪过了。

(《庄子》外篇第三章《马蹄》并请参阅二十八章之一全文)

二、虚伪的起源

本性的活动叫作"为"。若一个人的行为走错了方向,就丧失了大道。

(《庄子》杂篇第二十三章《庚桑楚》)

处世若有了戒心,就容易作伪;若是无心而任其自然,就难作伪了。

(《庄子》内篇第四章《人间世》)

宋国的演门,有一个居民死了双亲,由于哀伤过度而面容憔悴,形销骨立。宋君为表扬他的孝行,乃封他做官师。当地人听到这个消息,逢着他们的父母死了,都拼命地伤害自己的形体,结果大半都因此而死。

(《庄子》杂篇第二十六章《外物》)

第十九节　知所属

绝圣弃智,民利百倍;绝仁弃义,民复孝慈;绝巧弃利,盗贼无有。此三者以为文,不足。故令有所属。见素抱朴。少私寡欲。

【语译】

聪明和智巧伤害自然,所以弃绝它人民反而得到百倍的益处;仁和义束缚天性,所以弃绝它人民反而能恢复孝慈的天性;机巧和货利,能使人产生盗心,所以弃绝了它盗贼自然就绝迹。这三者都是巧饰的,不足以治理天下。所以要弃绝它们,而使人有所专属。这便是外在的表现纯真,内在保持质朴,减少私心,降低欲望。

以下两篇精选包含了庄子怒斥教化的言辞,他特别引用了老子的两句话:"绝学,弃智"。在第二篇精选中,虽然他的驳斥稍嫌夸张,但确实也包含了深邃的哲理。当这些哲理被文明生活的物质条件取代时,人类心灵平静的本质就已丧失。

本章第一篇精选是《庄子》外篇《胠箧》的精华,谈论的主题是"圣人生,大盗起"。第二精选则取自《在宥》。

一、《胠箧》(开箱)

为防备牙箱、探囊、倒柜的小偷偷窃,必定要等东西用绳子捆好,用锁锁好的人,便是世上所谓的聪明人。但是大盗来了,背着柜,提起箱,挑着行囊而逃,还唯恐你绳子捆得不紧,钥匙锁得不牢呢!这样看起来,所谓的聪明人不就替大盗做了预备工作吗?

姑且针对此事谈论一下:试看世上的聪明人有哪个不替大盗做铺路工作?有哪个圣人不替大盗看守的?何以见得呢?举个例子说吧!

从前齐国人口众多,城市相接,邻里相连,鸡和狗的叫声各地都可听到;捕鱼的范围和耕种的地区合起来不下两千余里；全国境内，凡是建立宗庙社稷，实施地方行政等事，无不以圣人的法则为主。

老子圣像

但是自从田成子杀了齐君夺得齐国后，竟连齐国取法于圣人治理国家的法度也一并"偷窃"了。所以田成子虽名为盗贼，却能身居尧、舜的地位。当时小国不敢向他抗议，大国不敢对他讨伐，竟使他的子孙传到十二代，这不是以圣人之法，来保护盗贼的安全吗？

再进一步说吧！试看世上有哪个最聪明的人不替大盗积蓄货财？有哪个大圣人不为大盗防守赃物的？何以见得呢？

今且以龙逢被杀，比干被挖心，苌弘被破肠，子胥的尸体被投在江里，任其腐烂等事来看，这四人是那么贤能，还不免被杀被弃，圣人法度的祸害也就可想见一斑了。

所以盗跖的徒弟问他说："强盗也有道吗？"

盗跖说："怎么会没有道？譬如：起意偷人家屋里的东西，先要推测里面的虚实，如果能算得准确，就是圣德；先进去就是勇；后出来就是义；知道见机行事就是智；分赃公平就是仁。没有这五种德性而能成为大盗的，可说是天下绝无仅有的事。"

这样看来，行善的人若未获圣人的道，就不能立身；盗贼没有圣人的道也无法行盗。但是由于天下的好人少，坏人多，所以也使得圣人之道为天下谋利的少，祸害天下的反而多了。因此有人说："把嘴唇掀起来，牙齿就觉得寒冷；鲁国的酒薄了，赵国的京城就被围。"圣人和大盗原是彼此相连的。世人只要有圣人，便少不了大盗。

就因为这个缘故，所以要天下大治，必得打倒圣人，释放盗贼才行。这跟泉水干了，山谷才空虚，高山平了，深泽才能填平是一样的道理。只要圣人一死，大盗平息，天下方能太平无事。

如果圣人不死，大盗不能肃清，即使借重圣人治理天下，也不过是替盗贼增加利益罢了。这就好像有了斗斛来量米谷，就有利用斗斛来做诈伪的事；有了秤杆来称东西，就有利用秤杆来做欺骗的事；有了官印作为信物，就有假造官印图利的事；

有了仁义来纠正人的行为,就有假借仁义来做虚伪的事。怎么会这样呢?

且看:那偷窃别人腰带钩子的小贼,捉到了就被杀死,而那偷窃君国的人反倒做了诸侯。并且在诸侯的府第内,歌功颂德之声不绝于耳,仁义之教频传,这不是假仁义来为非作歹吗?

这种放任大盗强夺诸侯的地位,和利用仁义、斗斛、秤锤、官印求取私利的事,虽有官方的重赏与酷刑,却都无法禁绝,这实在是圣人的过失啊!

因此有人说:"鱼不可以离开深渊,国家的名器不可明告人。"圣人的法利,就是治理天下的利器,是绝不可公开让天下人知道的。

所以只有摒去圣智,大盗方可肃清;摔毁珠玉,小盗才不会产生;烧毁印信,人民自会诚实;击破升斗,折断秤杆,百姓自不争执;毁尽天下圣人的法度,人民才有资格和在上的议论……废除六律,消绝竽瑟,塞住师旷的耳朵,而后天下人方能恢复真正的听觉。

若能毁去文章,舍弃五色,粘合离朱的眼睛,天下人才能恢复真正的视觉;毁坏钩子、绳索、弃去规矩,折断工倕的手指,而后天下人才有真正的巧艺,俗语说:"大巧的人反似笨拙",就是这个道理。除去曾参、史鳅的忠信行为,封锁杨朱、墨翟的言论,抛弃仁义之说,而后天下人的道德才能和玄妙的大道混合。

如果人人不自显他的视觉,天下就不会被"光芒的气焰"烧坏;人人不显露自己的听觉,天下就没有忧患;人人不显露自己的智慧,天下就不会惑乱;人人不显露自己的德行,天下就没有淫邪的行为。

师旷、工倕、离朱等人,都是标榜自己的德性以扰乱天下,于法来说,这是毫无用处可言的。

(《庄子》外篇第十章《胠箧》)

二、小心不要伤害到人的本心

崔瞿问老聃说:"如果天下不必治理,如何使人心向善呢?"

老子回答说:"小心,不要伤害到人的本心就可以了。人心是很容易动摇的,不得志则居下,得志就在上位了,上下不已,因此自暴自弃,得不到丝毫的安适。

"温和的时候,柔弱的心可以制服刚强;顺心时,人心热如焦火;失志时则又寒如冰雪。心情的变化快速无比,一眨眼的工夫。它可以越过四海之外。平稳的时候,像是寂静的深渊;心念突起,又像悬于天上一样。有如脱缰的野马无法控制的,恐怕就是人心了。"

从前,黄帝首先以仁义鼓舞人心,尧、舜争相模仿,以至于瘦骨嶙峋,腿上无毛来求天下人形体的安适。他们苦心施行仁义和经营法度,却仍不能改变天下人的心志,作乱的人相继而起。由尧驱逐欢兜至崇山,放逐三苗于三峗,流放共工到幽都这些事看来就可明白了。

到了三代,这种情形更为严重:一方面有夏桀的残暴,一方面有曾参、史鰌的德性,因而儒墨的学说纷纷而起。于是乎喜怒是非互相猜疑;愚者智者,互相欺侮;善恶互相攻讦;虚伪诚实,自相讥讽;天下的风气自此大坏。

由于道德的分裂,使得人们的生活散乱不堪;又由于好求无涯的知识,使得天下百姓智穷才尽,随之而来产生了斧钺刀锯的刑具,天下岂有不乱之理? 这都是鼓动人心造成的祸患啊!

所以贤能的人隐居在高山深岩中,万乘的国君却坐在朝廷上恐惧忧虑。而今,儒墨之流看到死刑的尸体狼藉遍地;服刑役的相拥互挤;受刑劳的到处皆是,才开始奋力挽救当世的敝政。唉! 他们也太不知耻了。

就因为我知道圣者是刑罚产生的根源,仁义是桎梏的凭借,相对也就知道曾参、史鰌的行为是夏桀依恃的准则了。所以:"只有断绝圣贤,抛弃智慧,天下才可以得到太平。"

(《庄子》外篇第十一章《在宥》)

第二十节　天与我

绝学无忧。唯之与阿,相去几何? 善之与恶,相去若何? 人之所畏,不可不畏。荒兮其未央哉! 众人熙熙,如享太牢,如登春台,我独泊兮其未兆,如婴儿之未孩。儽儽兮,若无所归。众人皆有余,而我独若遗。我愚人之心也哉! 沌沌兮! 俗人昭昭,我独昏昏。俗人察察,我独闷闷。澹兮其若海,飚兮若无止。众人皆有以,而我独顽且鄙。我独异于人,而贵食母。

【语译】

知识是一切忧愁烦恼的根源,弃绝一切知识,就不会再有忧愁烦恼。恭敬的应声"是",和愤怒的应声"哼",相差究竟有多少?世人所说的"善",和大家公认的"恶",究竟相差在哪里?这没有一定的准则,不过我也不能独断独行,显露锋芒,遭人嫉妒。应该存着别人害怕、我也害怕的心理。因为宇宙的道理本是广大无边的,很难完全显示给别人知道,最好的方法就是与人和光同尘,以减少自己的过错。

我的存心和世人大不相同。比方说:世人快快乐乐的样子,好像参加丰盛的筵席,又像在春天登台远眺。唯独我淡泊恬养,心中没有一点情欲,就像不知嬉笑的婴孩;又是那样的懒散,好像无家可归的游子似的。

自人自得自满,似乎有用不尽的才智和能力;唯有我好像匮乏不足的样子。我真是愚人的心肠啊!是那样的混沌。世人都光耀自炫,唯独我昏昏昧昧的样子,世人都清楚精明,唯独我无所识别的样子。我恬淡宁静,好像大海一样的寂寥广阔,我无系无絷,好像大风一样,没有目的,没有归宿。世人好像皆有所用,皆有所为,唯独我愚钝而且鄙陋。世人都竞逐浮华,崇尚文饰,唯有我与众不同,见素抱朴。为什么我会这样呢?实在是因为我太看重内心的生活,抱住人生的本源,一心以得道为贵啊!

一、德人的举止

德人是静居没有思念,行动没有忧虑,心中没有是非善恶观念的人。四海之内的人生活快乐,他就觉得高兴;人人富足,他才心安。悲伤的时候,他的样子看起来好似婴儿失掉了母亲;茫然的时候,又像是迷了路的羔羊。他的财富虽多,却不知从何而来;饮食丰足,也不知它们究竟来自何处。德人的行为就是如此。

(《庄子》外篇第十二章《天地》)

二、世俗的人

世俗认为对就以为是对,认为善就以为是善的人,便是谄媚的人。如果你说他有道,他就流露出自满的神情;说他奉承人,就勃然大怒。不管他终身有道也好,终身奉迎也好,他们都会以夸饰的言辞彼此攻击,但是自始至终,他们都不知道自己所做的到底是何事。

他们穿着美服,整饰仪容以取悦世人,却不认为自己是谄媚;和世人混在一起,同声附和大众的言辞,却又不认为自己是俗人,真可说愚笨极了。

知道这是愚昧的,便非大愚;知道这是迷惑的,也并非大惑。真正的大惑,是终身不悟的人;真正的大愚,就是终身不智的人。如果有三个人一块走,其中只有一个人迷惑,还可达到目的的;两个人迷惑的话,是无论如何不能到达了,因为迷惑的人占了大多数啊! 我虽有向道的诚心,无奈天下人迷惑的太多,这不是可悲的事吗?

伟大的乐章,无法进入世俗的耳朵,要是奏出《折杨》《皇荂》这类的音乐,他们就会开心大笑起来。由此可知:清高的言论,打动不了世人的心扉;智慧的言辞,钻不进他们的脑海。实在是受了世俗浮词的影响,如今全天下的人都已迷惑,我再有向道之心,恐怕也难以达到目的。知道达不到而勉强去求,是另一种迷惑,所以我也只好放弃求道的心愿。

但是我放弃了这个心愿,还有谁能与我同忧呢? 一个有恶疾的人夜半生了儿子,赶快拿着火去看,唯恐儿子会像自己一样。我的心情也正是如此啊!

(《庄子》外篇第十二章《天地》)

第二十一节　道的显现

孔德之容,唯道是从。道之为物,惟恍惟惚。惚兮恍兮,其中有象;恍兮惚兮,其中有物。窈兮冥兮,其中有精。其精甚真,其中有信。自古及今,其名不去,以阅众甫。吾何以知众甫之状哉? 以此。

【语译】

大德之人,他一切言语举动的样态,都是随着道而转移。道是什么样子呢? 道这样东西,是恍恍惚惚的,说无又有,说实又虚,既看不清又摸不到。可是,在这恍惚之中,它又具备了宇宙的形象;在这恍惚之中,它又涵盖了天地万物。它是那么

深远而幽昧,可是其中却具有一切生命物质的原理与原质。这原理与原质是非常的真实可信的。从古迄今,道一直存在,它的名字永远不能消去,依据它才能认识万物的本始,因它一直在从事创造万物的活动。我怎样知道万物本始的情形呢?就是从"道"认识的!

一、天无为才能够清澈

天因为没有作为,所以清澈;地也因为没有作为,所以安宁;天地无为的相合,才变化生成了万物。这些万物,恍惚中不知从何而来,也没有造形可求,只知它们是"无为"所生。所以说:"天地无心作,却又没有一样东西不是它们所作。"那么人应如何仿效此例而"无为"呢?

(《庄子》外篇第十八章《至乐》)

二、至道的精气

至道的精气,幽远而不可穷究;至道的极境,细微而无法看见。

(《庄子》外篇第十一章《在宥》)

三、道之德

道,是真实而存在的;是清静而无为的。它可以传授,却不一定被领受;可以体会,却不能看见;它是一切事物的根本,在未有天地以前,就已存在;它生出了鬼神和上帝,生出了大地和上天。

道,在阴阳未分之前便已存在,可是并不算高远;超出天地四方的空间,也不会很深邃;比天地先生,却不算长久;比上古的年岁大,可也并不算年老。

(《庄子》外篇第十二章《天地》)

第二十二节　争之无益

曲则全，枉则直，洼则盈，敝则新，少则得，多则惑。是以圣人抱一为天下式。不自见，故明；不自是，故彰；不自伐，故有功；不自矜，故长。夫唯不争，故天下莫能与之争。古之所谓曲则全者，岂虚言哉！诚全而归之。

【语译】

委屈反而可以保全，弯曲反而能够伸直，低下反而可以充盈得益，破旧反而可以生新，少取反而可以多得，若是贪多反而弄得迷惑。所以圣人紧守着"道"作为天下事理的范式。不自我表扬，反而能够显明；不自以为是，反而能够彰显；不自己夸耀，反而能够见功；不自我矜持，反而能够长久。这都是不和人争反而能显现自己的结果。正因为不与人争，所以全天下没有人能和他争，这样反而成全了他的伟大。古人所说的"曲就是全"等语，难道还会虚假？能够做到这些，道亦会归向他了。

读者将在二十二和二十四章内，看到老子的反面论。有关复归为始的循环说，也将迅速展现在各位的眼前，老子把这个思想分散在二十五和四十章内叙述。

老子提到的反论有无用之有用、曲全、不争等，他最终的目的还是在保全人的生命及德性。庄子序文并将"曲则全"列为最有代表性的老子思想。

一、"无用"之有用

山木做成斧柄反倒转来砍伐自己；油膏引燃了火，结果反将自己烧干；桂树可以吃，所以遭人砍伐；漆树的汁液可以用，所以被人割取。世人只晓得有用的用处，却不知道无用的用处。

（《庄子》内篇第四章《人间世》）

庄子利用整章来研究残缺的用处。他以浪漫主义者的手法，举出身体的残缺和内在精神之完美彼此的关系。

二、形体不全的疏

有一个形体不全的人,名叫疏。他的头缩在肚脐底下,双肩高出头顶,颈项后的发髻朝天,五脏的脉管突出背脊,两股和两肋几乎是平行的。

他替人缝洗衣服,便可养活自己;替人家卜卦算命,就可以养活十口人。政府征兵时,他可大摇大摆在征兵场闲逛;政府募人做工时,他也不受征召;政府救济病人时,他可以领到三钟米和十捆柴。像他这样的人,尚且能够保养自己的身体,享尽天赋的寿命,何况那德性朴实,不合世用的人呢!

(《庄子》内篇第四章《人间世》)

有个拐脚、驼背、无唇的人,去游说卫灵公,卫灵公很喜欢他,看看形体完全的人,反而觉得他们的背部太平。有一个颈上生大瘤的人,去游说齐桓公。齐桓公因为喜欢他,反觉得那些身体完整的人颈子太细了。

所以一个人只是有过人的德性,身体上的残缺很快就会被人遗忘。如果人们不忘记所应当忘记的形体,反把不应当忘记的德性忘记,那才叫作真正的"忘"呢!

因此游于道中的圣人,晓得机智是思虑的萌芽,礼义是束缚人的缪漆;道德是交接的工具,技巧是通商谋利的手段。他既无心图谋,何用机智?不求雕琢,何用约束?没有丧失,何用道德?不求货利,何用通商?

这四者,就是天养。所谓"天养"乃是"禀受天然之理"的意思。既然受天然之理,又哪里用得着人为?圣人有人的形体,而没有人的感情。有人的形体,所以能和人相处;没有人的感情,所以没有是非观念。和人同类的是渺小,和天相合的才是伟大啊!

(《庄子》内篇第五章《德充符》)

三、无用的树

有一个名叫石的木匠到齐国,经过曲辕,看见一株祭土地神的栎树。这棵树大极了!树荫下可以卧牛千只,树干的圆径有百围,干身像山那么高,直到八丈以上才有树枝;可以用为造船的材料,就有几枝。看的人多极了,而木匠却看都不看,就走了过去。他的徒弟饱看一番后,追上木匠问道:

"自从我拿斧头跟随先生学艺以来，从未见过这么好的木材。可是先生却看都不看一眼就走了，这是什么道理？"

老子雕塑

木匠说："算了吧！别提了，它只是株没有用的散木而已。拿来做船，就要沉；用作棺材，腐败得快；用作器具，又不结实；用作门窗，会流汁液；用作屋柱又会生蛀虫，简直是毫无用处可言。就因为它没有用处，所以才这么长寿。"

木匠回家后，夜里梦到栎树对他说："你打算把我比做什么？有用的大树吗？你且看那桃、梨、橘、柚、瓜果之类的树，果实一成熟，不是被敲就是被打，弄得大枝折，小枝扭，以致半途枯萎，这就是为何它们不能长寿的原因。说来说去，还是它们自己招来的祸患。

"一切有用的东西都是如此。我曾利用不少时间找寻一条对人没有用处的路，好几次差点死于非命，现在总算找到了。对我来说这条路就是最有用的路。假如我对人有用，怎能活到这么大的岁数？再说，你我都是物，为什么彼此要互相利用？你这快死的无用人啊！哪里知道无用树木的本意？"

木匠醒来，把梦中的经过告诉了他的徒弟。徒弟昕后，说道："它既然渴求无用，为什么又要充当社树呢？"

木匠回答说："别作声！它是特地托身在神社，任人讥评的，这样才能显出它的无用。它如果不做社树，不是还会被人砍了作柴烧吗？它保全自己的方法与众不同，不是一般常理可以解释的。"

南伯子綦到商丘这地方游玩，看见一棵大树，与众不同。假使有一千辆的四马大车在此乘凉的话，都可停在它的树荫里。

子綦惊奇地说道："这是什么树啊？它一定比普通的树要好。"于是抬头看看细枝，大都弯弯曲曲不能做栋梁；低头看看树干，又盘结松散不能做棺木，舐舐它的叶子，唇舌立刻受伤腐烂；嗅嗅它的气味，居然能让人昏睡三天不醒。

于是子綦恍然说道："这真是无用的树木啊！难怪它能长得这般大了。神人不也是应用这个方法来保全它的天真吗？"

宋国有一个地方叫作荆氏的，最适宜种楸、柏和桑这种树木，长到一握粗的，就被砍去做猴子的笼子;二三围粗的,就被砍去造屋梁;七八围粗的,就被富人取去做棺木了。所以还没等到寿命终了,就半途丧命在斧头的刀口下。这就是木材有用的害处。

自古以来,凡是白额头的牛,高鼻子的猪,生痔疮的人,都不会去祭祀河神。掌祭祀的认为它们是不吉祥的东西,所以不曾取用过。但是所谓的不祥,正是神人以为最吉祥的。

（《庄子》内篇第四章《人间世》）

四、随俗

尊重古代,鄙视现代,是一般世俗学者的行为。如果以豨韦氏的眼光来看当今之世,有哪一个不是随波逐流的?唯有至德的人能够和世俗混合,而不流于邪途;依顺世人,而不失去自我。

（《庄子》杂篇第二十六章《外物》）

第二十三节 同于道

希言自然。故飘风不终朝,骤雨不终日。孰为此者?天地。天地尚不能久,而况于人乎?故从事于道者,同于道;德者,同于德;失者,同于失。同于道者,道亦乐得之;同于德者,德亦乐得之;同于失者,失亦乐得之。信不足焉,有不信焉。

【语译】

无言才能合于自然的道体。所以狂风刮不了一清晨,暴雨下不了一整天,兴起风雨的天地,尚且不能持久,何况渺小的人类呢?

凡人立身处世,应以自然的道体为法,是的应该还他一个是,非的应该还他一个非。所以从事于道的就同于道;从事于德的就同于德;表现于不道不德的,行为就是暴戾恣肆。

因此,得到道的,道也乐于得到他;得到德的,德也乐于得到他;同于失道失德的,就会得到失败失德的结果。为政者的诚信不足,人民自然不会信任他。

暴风是大地的音乐

　　子綦说:"大地吐出一种气息,它的名字叫作风。这风不吹则罢,只要它一发作,大地所有的洞穴都会怒吼起来。你没有听过刮风的声音吗?

　　那高低不平的山陵,森林大树的孔穴,有的像鼻子,有的像嘴巴;有的像耳朵,有的像鼻孔;有的像瓶罍,有的像杯盂;有的像舂臼,有的像深池和浅穴。

　　当风吹起的时候,它们就发出各式各样的声音:有的像水浪冲激,有的像箭离弓弦,有的像怒叱,有的像吸气,有的像呐喊,有的像号哭,有的像欢笑,有的像哀叹。有的重,有的轻,轻重相合,莫不和谐;起小风则小和,起大风则大和。等到大风一停,所有的声音也就化为无形。你不曾见过大风过后,只有树枝飘动摇摆的情形吗?"

　　　　　　　　　　　　　　　　　　　　(《庄子》内篇第二章《齐物论》)

　　二十二、二十三、二十四等章,乃针对自傲、自夸提出了一连串的警告。

第二十四节　余食赘形

　　企者不立,跨者不行,自见者不明,自是者不彰,自伐者无功,自矜者不长。其于道也,曰:余食赘形。物或恶之,故有道者不处。

【语译】

　　凡翘起脚尖想要出人头地的,反站立不稳;凡跨着大步想要走得快的,反走不了多远;自己好表现的,反不能显达;自以为是的,反不能昭著;自我炫耀的,反而不能见功;自我矜持的,反不能长久。

　　从道的观点来看,这些急躁的行为,简直是剩饭赘瘤,连物类都讨厌,何况万物之灵? 所以有道的人,决不如此炫夸争胜。

一、对自夸的忠告

志在财货的,是商人的行为,人们看他大步而行,就称他为领袖,但都不愿与他为伍,而他反以为这是殊荣。

(《庄子》杂篇第二十三章《庚桑楚》)

恶行有五种,其中尤以心恶最坏,什么叫心恶呢? 心恶就是自满。

(《庄子》外篇第二十章《山木》)

二、双妾

阳子到宋国,住在旅馆里。旅馆主人有两个妻妾:一个美丽,一个丑陋。但是丑陋的受人尊敬,美丽的反而受人鄙视。阳子问是什么缘故? 旅馆小童回答说:"那美丽的自以为美丽,因此大家就不以她为美;那丑陋的自谦丑陋,大家反而不认为她丑陋了。"

(《庄子》外篇第二十章《山木》)

三、自显不是显:"好"的定义

如果一个人改变本性去顺从仁义,即使能修养到曾参、史鰌那般有行,也不能算做好;改变本性去品尝五味,即使识味能像俞儿那样高明,也不能算做好;改变本性去辨别五音,即使辨音能像师旷那样清晰,也不能算做好;改变本性去区别五色,即使视觉能像离朱那样锐利,也并不能算做好。

我所说的"好":不是外在的仁义,而是内在的自得;不是一般人所讲的口味,而是本性的达成;不是能听到什么,而是出于自然的听觉;不是能看到什么,而是出于自然的视觉。

假如不是出于自然的视觉,而是想看到什么,不是求自得而是想得到什么;这是舍己救人,使别人得,而不能找到自己的得,使他人安逸而自己无法安逸。

要是只使别人安逸,而自己得不到安逸,那盗跖和伯夷的行为同样是过于乖僻了。我自愧没有这种道德的修养,所以既不敢营求仁义的德操,也不敢做过分乖僻的行为。

（《庄子》外篇第八章《骈拇》）

四、自夸的不会成功

孔子被围困于陈、蔡之间,连着七天没有起火烧饭。太公任去安慰他说:"你几乎丧失了性命。"

孔子说:"是啊!"

太公任又问:"你憎恨死亡吗?"

孔子回答:"是的。"

太公任说道:"我告诉你'避死'的方法。东海有只鸟,名叫意怠。这个鸟飞行得极慢,一副毫无本事的样子。飞行的时候一定要别的鸟引导,栖息时又必定要栖在群鸟的中间。它前进时不领先;退却时不居后;吃东西的时候从来不先尝,只吃别的鸟吃剩的东西。所以在鸟群中不会被排斥,外人也伤不了它,因此能够避免祸害。

"大凡直的树木,会先被砍伐;甘甜的井水,会先被用尽。现在到处卖弄聪明来惊吓世俗的愚人,修养自己的行为来显明别人的污浊;你这样自炫才能,就好像挑着太阳和月亮在游行一般,怎能避祸呢?

"我曾听老子说过:'自夸才能的不会成功,功成不退的就会失败,名声显赫的就会受侮辱。'有谁能除去求功求名的心,而回复和常人一样呢?

"大道流行天下,而不自居有道;大德流行天下,也不自居有德。如果你能纯朴无华,与物混同,像是愚昧无知;削除圣迹,捐弃权势,不求功名,做到我不求人,人不求我的地步,又怎会招致这样的祸患? 要知道,至德之人是从不求声名的。"

（《庄子》外篇二十章《山木》）

有关孔子"卖弄"的趣闻,在二十九章之二另有说明。

第二十五节　四大法

有物混成,先天地生。寂兮寥兮,独立而不改,周行而不殆,可以为天下母。吾不知其名,强字之曰道,强为之名曰大。大曰逝,逝曰远,远曰反。故道大,天大,地大,王亦大。域中有四大,而人居其一焉。人法地,地法天,天法道,道法自然。

【语译】

在天地存在以前,就有一个东西浑然而成。它无形、无体、无声;既看不见,又听不到,摸不着。它不生不灭,独立长存,而永不改变;周行天下,不觉倦怠,而无所不在。世上一切的事物,莫不靠它才能生生不息,它可说是万物的母亲了。

这样玄妙的东西,我实在不知道它的名字是什么,不得已,只好叫它作"道"。如果要勉强给它起个名字的话,也只能称它为"大"。大到没有极限,便不会消逝;没有消逝,才称得起远;虽然远,却仍能自远而返。

所以说,道是最大的;其次是天;再则为地;次则为王。宇宙中的四大,王也是其中之一。但这四大显然是各有范围,各有差等。人为地所承载,所以人当效法"地";地为天所覆盖,所以地当效法"天";天为道所包涵,所以天当效法"道";道以自然为归,所以道当效法"自然"。

本章把道及天体的运行看作是一种值得为人模仿的典范,并重申道是不能名的,如果勉强给它安个名字,也纯粹是应急的措施。同时,本章更强调以同样的程序、不同的方式来创造万物、毁灭万物的"复归为始"说。

一、宇宙的神秘

天是自然运转的吗?地是自然静止的吗?日月是争逐循环的吗?是谁主宰它们的?是谁掌握那法则的?又是谁来日夜推动的呢?是由于机关的操纵?还是真有自然的运行?布云是为了下雨,下雨是为了布云,那么又是谁降施云雨?是谁无事竟以此寻乐呢?

风起自北方,它的行止忽东忽西,忽上忽下,是谁没事煽动它这么做的?

(《庄子》外篇第十四章《天运》)

庄子并没有直接回答这个问题。但是在后面几段,他以"天乐"的描述法,谈到自然的运行,"听之不闻其声,视之不见其形,充满天地,包裹六极。汝欲听之,而无接焉。"请再看一看六章之一:"天地有大美而不言"。

"如果没有至道,天就不能高大,地就不能广博,日月也不能运行,万物更无法壮大。"

"道比天地先生,却不算长久;比上古的年岁大,可也并不算年老。"

二、道名为"大":不朽的循环

少知说:"那么称它为道,可以吗?"

太公调回答道:"不行。我们所说的'万物',并不是只限于一万种的物类,而是因为它'多',所以才这么称呼它。称呼天地的原因,是由于它们乃形体中最大的。称呼阴阳,是因为它们乃气体中最大的。总括天地阴阳就称为道。称它道的原因,就是因为它大。如果拿这个有了名字的道和无名的理来区别,那就好像狗马一样,完全是两回事了。"

少知又问:"万物是如何从四方的里面、大地的中间产生出来的呢?"

太公调回答说:"阴阳之气,互相感应,相消相长;四时的循环,相生相杀;于是产生了欲、恶、去、就。然后雌雄相交,便产生万物。万物的安危是互易的;祸福是相生的;生聚死散,也都是息息相关的。它们不但有名字,有实体,而且还可记载下来。

"至于那四时的变化,五行的运转,物极必反,终则复始等现象,都是万物具有的本质。而那些能用言语和智慧表达出来的,只不过是万物的表面现象而已。

"观察大道运行的人,既不追求物的终止,也不推究物的起源,这就是言论所以

紫气东来图

国学经典文库

林语堂讲《道德经》

图文珍藏版

止息的原因。"

(《庄子》杂篇第二十五章《则阳》)

三、周、遍、咸

周、遍、咸三个字,名称不同,实质却一样,它们曾游于什么都没有的地方。但是,他们可曾无休无止地争论?可曾清静无为以致心灵调和安适?可曾和平相处度过沉闷的岁月?

调和安适是我的心志。它来时不知停留何方,去时又不知何往。我的心意往来其间,也丝毫不知它终始的情形,仿佛处于广大虚无的境地,而这个境界即使圣人走入,也不会知道它的穷尽。

主宰物的和物没有界限,但是物与物的本身却有界限,这就是所谓的"物的界限"。如果把没有界限的道,寄托在有界限的物中,道仍旧是没有限制的。譬如充盈和空虚、衰退和腐败:道虽寄托在充盈和空虚中,但它并不充盈和空虚;虽寄托在衰退腐败中,也并不会衰退和腐败。

道可说是开始和终结,但却不是开始和终结的本身;它也是物的聚积和消散,可又不是积聚和消散的本身。

(《庄子》外篇第二十二章《知北游》)

第二十六节　轻与重

重为轻根,静为躁君。是以圣人终日行不离辎重。虽有荣观,燕处超然。奈何万乘之主,而以身轻天下?轻则失根,躁则失君。

【语译】

稳重为轻浮的根本,清静为躁动的主帅。所以圣人的行动,总是持重守静;虽有荣誉,也是处之泰然,超脱于物外。一个万乘之国的君主,怎么可以轻浮躁动来治理天下呢?因为他们不能以重御轻,以静制动的缘故啊!要知道,轻浮便失去根本,躁动就失去主帅的地位。

一、不从事俗务

瞿鹊子问长梧子说:"我曾经听孔夫子说过:圣人不为俗事,不贪避祸,不妄求拘泥,言谈若有若无,所以能游于尘世之外……这些都是漫无边际的狂话。不过,我却认为这里面含有妙理。"

（《庄子》内篇第二章《齐物论》）

二、放纵形体的本性

重为轻根

有智谋的人,要是没有碰到思虑的机会,就不高兴;好辩论的人,要是没有碰到辩说的机会,就不快乐;有能力的人,要是没有碰到困难的事,心情就不会爽快。这都是受了外物影响的缘故。

爱国的人想要振兴朝廷,知识分子渴求荣耀,有巧艺的人欲望显示自己的妙技,勇敢的人渴望献身患难,拿兵器的人喜欢战争,退休的学者爱慕虚名,通晓法律的人研究政治,守礼教的人修饰仪容,行仁义的人广谈社交,农夫没有耕耘的事就不快乐,商人没有买卖的事就不高兴。

百姓早晚工作就会勤奋,工匠拿着工具操作就气盛,贪心的人不能积财就忧愁,自夸的人得不到权势便悲伤。这些惹是生非的人大都喜欢变乱,因为只有在乱世,他们才有被用的可能。他们终身固守一事而不知变易,放纵本性而沉迷于物,实在可悲啊!

（《庄子》杂篇第二十四章《徐无鬼》）

请参考八章之一:"平者,水停之盛也"。

第二十七节 袭 明

善行无辙迹,善言无瑕谪,善数不用筹策,善闭无关楗而不可开,善结无绳约而不可解。是以圣人常善救人,故无弃人;常善救物,故无弃物。是谓袭明。故善人者,不善人之师;不善人者,善人之资。不贵其师,不爱其资;不爱其资,虽智大迷。是谓要妙。

【语译】

善于处事的人,顺自然而行而不留一点痕迹。善于说话的人,能够沉默寡言而一点不会过火。善于计算的人,应世接物,"无心""无智",所以不用筹策。善于笼络群众的人,推诚相与,纵使不用门户拘限,群众也不会背离。善于结纳人心的人,谦冲自牧,纵使不用绳索来捆缚,别人也不会离去。

因此,体道的圣人,善于使人尽其才,没有废弃的人;善于使物尽其用,没有废弃的物。这就叫作"袭明"。因此,善人可以做不善人的老师,不善人可以做善人的借镜。不尊重他的老师,不珍视他的借镜,虽然自以为聪明,其实是大糊涂。这个道理,真是精微玄奥之至,只有懂得"袭明"的人,才能知道。

老子和庄子一样,虽然神秘,却不滥用形而上学的术语,仅以"善行无辙迹"等言辞,提到不用外力解决问题的方法,和达到和谐的途径。

庄子在谈论守"和"之无用(十九章之一),和怀疑弥漫的裁军会议之无用(三十一章之一)时,特别将"以外力解决问题的方法"之无益表明得极为清楚。

和平、秩序、幸福是看不见的东西,自然不能以可见的方法去得到它。

圣人不弃人

鲁国有个断了脚的人,名叫叔山无趾(因为没有脚趾,所以号无趾),用脚后跟走路去见孔子。孔子却说:"你不知道谨慎,所以才犯了罪,现在既已残废,找我又有何用?"

无趾回答:"我只因不明事理,触犯刑罚,才丧失了脚。到你这儿来的缘故,是我想保全比脚还要贵重的东西。天地对于万物,是无所不包的,我原以为你是天地,哪晓得你也不过如此而已。"

孔子急忙说道:"请原谅我见识浅薄,先生何不进来? 我定将我所知地告诉你。"无趾毫不理会,转身就走。

无趾走后,孔子便对他的弟子说:"你们应以此为镜,相互勉励。一个断了脚趾的人,还想用求学来弥补以前的过失,何况没有恶行的全德君子呢?"

后来,无趾对老聃说:"孔子还不算是至人吧! 不然他为什么还要向你求教呢? 而且,他还以'奇异怪诞'之名传闻天下,殊不知这正是至人眼中的'束缚'。"

老聃答道:"你何不以'死生贯通,是非为一'的理论,解其缚呢?"

无趾不以为然说:"这是天地给他的刑罚,怎么解得了?"

(《庄子》内篇第五章《德充符》)

申徒嘉是一个被断去脚的人,和郑国子产同是伯昏无人的弟子。子产觉得和申徒嘉一同出入是很可耻的事,所以便对申徒嘉说:"我如果先出去,你就停一会儿再出来,要是你先出去,我就停一会儿再出去。"

子产画像

第二天,申徒嘉又和子产同席而坐。临去时,子产对申徒嘉说:"昨天说过,要是我先出去,你就待会儿出去;你若出去,我就停会儿出去。现在我要走了,你可以稍停一会儿吗? 看你一副不尊不敬的样子,敢情是想和我这个大臣一决高下?"

申徒嘉说道:"在先生这里,早有了最高的爵位,那就是先生本人。你以为你的官职高,别人就该听你的? 事实上你的德就不如人了。我曾听说过:镜子明亮,上面就没有灰尘;有了灰尘,就不尽光亮了。常和贤人在一起的便没有过失。而你在此求学求识,不但不尊崇先生,反说出这样的话来,不嫌过分了吗?"

子产反击道:"你已成了残废,还想和尧一般有德的人争辩,未免太不自量力了。也不想想平日的言行,要不是有了过错,怎会残废,难道这还不够你自己反省的?"

申徒嘉说道:"自己承认过错,以为不当砍腿的人很多,自己默认过失,以为应

当砍腿的人却很少。只有有德的人才能了解世事不可勉强,因而安心顺命,不轻举妄动。譬如:走进后羿的目标,被射中是必然的,没有射中,那就是天意了。

"曾有许多四肢健全的人讥笑我,为此我不知道生过多少气。自从进入先生的门下,所有的怒气便完全化消了,这实在是先生引导的结果。

"我和先生相处十九年,先生从来不知我是断了一只脚的人。现在我和你以德交友,而你却以形体上的缺陷对我苛求,未免太过分了吧!"

子产听后,心里很是不安,立刻除去骄慢的态度,惭愧地说:"请别再说了,我已知错。"

（《庄子》内篇第五章《德充符》）

第二十八节　守其雌

知其雄,守其雌,为天下溪。为天下溪,常德不离,复归于婴儿。知其白,守其黑,为天下式。为天下式,常德不忒,复归于无极。知其荣,守其辱,为天下谷。为天下谷,常德乃足,复归于朴。朴散则为器,圣人用之,则为官长。故大制不割。

【语译】

知道雄的道理,却不与人争雄,反甘心守雌的一方,犹如天下的溪壑,必然众流归注,得到天下人的归服。既能得天下人的归服,他所禀受的道,自然也不会离散。不但如此,他更能回返原有的赤子之心,以达纯真的境界。

知道光明的一面,却不与人争光明,而甘居黑暗,才能为天下作法则。既能为天下人的典范,德性自无错失。不但如此,他更可归于无极,而回返道体。

知道光荣的一面,却不与人争光荣,而甘居耻辱,才可得天下人的归服。能使天下人归服,德性才算充足。不但如此,他更可返归为朴,与道体合而为一。

但是,万物变化不息,这种状态并不能长保,终有朴散为器的时候,而体道的圣人,仍能以浑朴的原则,来设官分制,做到"无为而治"。所以说:善治国家的人,不割裂事理,仅使万物各遂其性而已。

谈完整章,便知第四篇讨论的重点是在"人类天性的起源"。特别在本章和三

十二、三十七章内,有极为详尽的描述。

庄子在《马蹄》篇中,借儒家对自然的伤害,与驯马师对马的伤害为例,慨谈保持人类原始天性的重要性。而老子也以"复归""朴"及"不割"等言辞,有力地表达了这个思想。

庄子序文中提到的:"知其雄,守其雌,为天下溪",是老子的基本学说。

一、驯马师伯乐

马的蹄可以践踏霜雪,毛可以抵御风寒,饿了就吃草,渴了就喝水,高兴时便举足而跳,这才是马的本性,什么高台大屋对它来说,简直一无是处。

但是,自从伯乐(驯马师)出现,大放"我精于养马"的狂言后,马的命运便改变了。他剪它的毛,削它的蹄,用铁烧红,在它身上烙印,用头勒和脚绊约束它,用马槽马枥安置它,就这样而死的马,十有二三。

再加上饮食不足,奔驰过度,前有嘴勒为累,后有鞭策威胁,马便死了大半。

陶工说:"我会捏粘土,能使它圆的像规画出来的,方的像矩画出来的。"木匠说:"我会削木材,能使它像钩一样弯,像拉紧的绳一样直。"这么说来,粘土木材的本性就是要合乎规、矩、钩、绳吗?后代的人不断夸说:伯乐精于养马,陶工、木匠精于粘土和树木。这并不表示他们深知物性,相反的,他们在损伤物性啊!反观治理天下的人,他们又何尝不是犯了同样的过失?

我以为,真会治理天下的人,他的行为绝不如此。百姓各具其性,譬如,织布而衣,耕田而食,这是他们的通性。这些本性浑然一体,毫无偏私,所以又称做顺应自然,放任无为的"天放"。真能治理天下的人,也就是让百姓自由发展本性的人。

因此,在盛德的时代,人民的行动稳重,举止端庄。那个时候,人们安居家中,不嗜外求,所以山上不辟小路,河里没有船只和桥梁,万物齐生,各不相犯,只和自己的邻居交往;禽兽众多,草木茂盛,而人不但没有害兽心,反而可以牵着禽兽到处游玩,也可爬到树上观看鸟鹊的巢穴。

当盛德的时代,人类和禽兽同住在一起,和万物共集聚于一堂,不知道什么君子和小人的分别。由于他们全部无知,所以保有了自己的本性;全部无欲,所以纯真无伪而朴实。能够朴实,人们才不会丧失本性。

但是,当圣人用心设仁爱的教化,用力创义理的法度时,天下就开始大乱起来,

当他们发明放纵无度的音乐,制造烦琐的礼仪时,天下也就紧跟着分裂。

所以,完整的树木如不凋残,怎么能做出酒杯,白玉如不凿毁,怎么会有玉器?道德若不曾废弃,要仁义的教化有什么用?性情若不曾离开正道,要礼乐的制度又有何用?五色要是不混乱,谁去做文采?五声若是不混杂,谁来和六律?因此,损伤物的本性,制作器皿,是工匠的罪过;至于毁损道德,制作仁义,可就是圣人的罪过了。

(《庄子》外篇第九章《马蹄》)

知道就是离道——十六章之三。

二、返璞归真

河伯问道:"什么叫作天然?什么又叫人为呢?"

北海若回答:"牛马生来有四只脚,就叫天然;若用缰绳络马头,环子穿牛鼻,就叫人为。所以说,如果能谨守:不用人为毁灭人性,不因事故摧残性命,不为声名毁坏德性这些道理的话,也就可以返璞归真了。"

(《庄子》外篇第十七章《秋水》)

第二十九节　戒干涉

将欲取天下而为之,吾见其不得已。天下神器,不可为也,不可执也。为者败之,执者失之。夫物或行或随,或嘘或吹,或强或羸,或载或隳。是以圣人去甚,去奢,去泰。

【语译】

治天下应该本乎无为。治理天下的人,我看是办不到的。天下本是一种神圣的东西,不能出于强力,不能加以把持。出于强力的,必会失败;想要加以把持的,最后也终必失去。

世人秉性不一,有前行(积极)的,有后随(消极)的;有的嘘寒,有的吹暖;有的刚强,有的羸弱;有的安宁,有的危殆。人如何能有所作为?

因此,体道的圣人有见于此,凡事都循人情,依物势,以自然无为而治,除去一切极端过分的措施。

老子在二十九、三十、三十一章内,把目标指向"人们忘记不争,因此导致战争的发生"这个问题。同时,他还进一步发表了一些至理名言。

一、有土地就有大物

拥有土地的,就可称为有"大物"了。有大物的人,应该使物自得,却不可为物所用,能不为物所用;便可统治万物。了解统治万物不是为物所用的人,岂只能统治天下百姓? 他还可出入天地四方,遨游九州之外,与造化混合,行止无拘无束,这叫作"独有",这种人乃是世间最有修养的人。

(《庄子》外篇第十一章《在宥》)

关于孔子改正自己的欲望来显耀自己见识的趣闻,在二十四章之三已谈过两则。下面为另一则。

二、孔子的趣闻

老莱子的学生外出砍柴,遇见了孔子,回来告诉老莱子说:"我遇到一个人,上身长下身短,背有点驼,耳朵紧靠颈部,眼光高远,一副想掌管天下的模样,不知道他是什么人?"

老莱子说:"这一定是孔丘,你去叫他来。"

孔子一到,老莱子就对他说:"丘啊! 只要改变你的骄傲外貌,抛弃你的智慧,就可成为君子了。"

(《庄子》杂篇第二十六章《外物》)

第三十节　戒用兵

以道佐人主者,不以兵强天下。其事好还。师之所处,荆棘生焉。大军之后,必有凶年。善者果而已,不敢以取强。果而勿矜,果而勿伐,果而勿骄;果而不得已,果而勿强。物壮则老,是谓不道,不道早已。

【语译】

用道辅佐国君的人,是不会用兵力逞强于天下的,因为以力服人,人必不服,待有机可乘,还是会遭到报复的。试看军队所到之处,耕稼废弛,荆棘丛生遍地。每次大战后,不是因尸体蒸发,传染疾病,就是缺乏粮食,造成荒年。

因此,善于用兵的,只求达到救济危难的目的就算了,绝不敢用来逞强黩武,只求达到目的,就不会矜持,不会夸耀,不会骄傲。只求达到目的,就知道用兵是出于不得已,就不会逞强。

持强是不能长久的。凡是万事万物,一到强大壮盛的时候,就开始趋于衰败。所以黩武逞强,是不合于道的。不合于道,如飘风骤雨,很快就会消逝。

持武力的危险

圣人从不把别人认为是必然的事看作必然,所以没有相争的事。普通人把别人不如此认为的事当作必然,自然就容易有纷争。有纷争就会动干戈。若习惯了干戈,人的行为随之也暴恣无厌,终致遭到毁灭的命运。

(《庄子》杂篇第三十二章《列御寇》)

第三十一节　不祥之器

夫兵者不祥之器,物或恶之,故有道者不处。君子居则贵左,用兵则贵右。兵者,不祥之器,非君子之器,不得已而用之,恬淡为上。胜而不美,而美之者,是乐杀人。夫乐杀人者,则不可以得志于天下矣。吉事尚左,凶事尚右。偏将军居左,上将军居右。言以丧礼处之。杀人之众,以悲哀泣之,战胜,以丧礼处之。

【语译】

兵器是不祥的东西,不但人们讨厌它,就是物类也不喜欢它,有道的人是绝不轻易用它。有道的君子,平时以左方为贵,用兵时才以右方为贵。

兵器是种不祥的东西,君子心地仁慈,厌恶杀生,那不是君子所使用的东西,万不得已而用它也要心平气和,只求达到目的就算了。即使打了胜仗,也不可得意。得意,就是喜欢杀人。喜欢杀人的,天下人都不会归服他,当然他也就无法治理天下。大家都知道:吉事尚左,凶事尚右。所以用兵时,偏将军负的责任轻,就居左方,上将军责任重,便居右方。这是说出兵打仗,要以丧礼来处理战胜的莅临啊!所以,有道的君子,人杀多了便挥泪而哭;战胜了,还须以丧礼来庆祝。

一、战胜的空虚

武侯对徐无鬼说:"我老早就想见你,向你请教:为了爱人民和讲道义而停止战争。可以吗?"

徐无鬼说:"不可以。爱民是害民的开始;为道义停止战争,是促成战争的本源。你由这方面着手,恐怕不会成功。美其名为爱,事实上就是为恶的工具,即使你行仁行义,恐怕也成虚伪了。

"凡是有形的东西必会造成另一个形迹,譬如,有成功就有失败,改变常道会招来战争。切记:不要把兵器陈列在丽谯的高塔前,不要集合兵士在锱坛的宫廷里,不要以不正当的手段求取,不要用巧诈、计谋、战争来得胜。借着杀害别国的百姓,吞并别国的土地,来满足私欲,对谁会有益? 而其胜利的价值又何在?

"你最好还是停止战争,修身养性,让万物各随本性发展,百姓自然就可避免死亡的灾害。又何必劳神谈什么停战不停战?"

(《庄子》杂篇第二十四章《徐无鬼》)

庄子反对停战的论点,表面上对野心家来说,似乎非常荒谬,但是他的出发点相当正确。好像现在人们体会到的:一谈到停战,所有停战的策略都会失败。庄子

的论点主要还是在谈精神方面的整装。

下面这篇精选,把战争的窘境和"和平"的进退两难,描写得极为透彻。当然,在历史的陈迹中,二千年前,漠视备战和不备战的局面,只给今日的人们造成了一些闲谈的资料。

二、战争的困境与和平

魏莹和田侯牟结盟。田侯牟(齐威王)背信,魏莹(魏惠王)大怒,想差人去行刺。犀首官听到这件事,认为是一大耻辱,就跑去对魏王说:"你是拥有万乘兵马的国君,怎可叫一个匹夫去报仇? 还是由我率领二十万大军去攻他吧! 先把他的百姓掳来,牛马牵来,让他内心难过万分,再来消灭他的国家。如果田忌(齐国大将)逃走,我一定设法把他抓回来,打他的背,折他的骨,好为王报仇。"

季子听到这番话,大感耻辱,便对魏王说:"人们好不容易筑好的十仞城墙,竟然要把它毁坏,这不是在浪费百姓的体力吗? 如今国家已有七年没有战争,这正是王建立基业的良机,王怎可听信公孙衍的话大动干戈呢?"

听了这段话的华子,顿感万分羞耻,说道:"说攻打齐国的人,是鲁莽的人;说不打齐国的人,也是鲁莽,说他们两个都是鲁莽的人,更鲁莽。"

魏莹左右为难道:"那么我该怎么做呢?"

华子回答:"王只要顺其自然就可。"

惠子(庄子的朋友,雄辩家)听到这番话,便去见戴晋人,告诉他怎么应对魏王的妙策。

接受惠子劝告的戴晋人,便对王说:"王有没有见过蜗牛?"

魏王答道:"有啊!"

戴晋人又说:"一个建国在蜗牛左角的触,和一个建国于蜗牛右角的蛮,常常为了争夺土地而战。每逢战事一起,死伤总是几万,那些追逐败兵的军士却往往要过十五天才能回来。"

魏王怀疑道:"有这回事? 这恐怕不是真的吧!"

戴晋人说:"不,这是真的。我告诉你它的原因吧! 你认为天地有没有界限?"

魏莹说:"没有。"

戴晋人又问:"如果让你的心遨游于无穷的境界,身却在有限的国度,你心目中的国家到那时还存不存在呢?"

魏莹说:"当然存在。"

戴晋人紧接着又说:"在有限的国度中,有你的国家——魏,魏国有个大梁(魏都),梁中又有大王。那么你以为魏王与我刚才说的蛮王有没有分别?"

魏莹回答说:"没有分别。"

戴晋人退出,留下魏王若有所思地坐在那儿。

(《庄子》杂篇第二十五章《则阳》)

第三十二节　道似海

道常无名,朴,虽小,天下莫能臣。侯王若能守之,万物将自宾。天地相合,以降甘露,民莫之令而自均。始制有名。名亦既有,夫亦将知止,知止所以不殆。譬道之在天下,犹川谷之与江海。

【语译】

道体虚无,永远处于不可名而朴质的状态。即使非常隐微,天下也没有人敢支配它。侯王若能守着这虚无的道体,不违反万物的本性,万物自然会顺其性而归服。天地阴阳之气相合,就会降下甘露。不需人们指使,就会很均匀。

道亦然。道创造了万物,万物兴作就产生了各种名称。既已定了名称,纷争也就跟着产生,所以人便不可舍本逐物,应该知道适可而止。知道适可而止,才能远离危险,避免祸患。

道对于天下人来说,就好像江海对于川谷一样,江海是百川的归宿,也是天下人的归宿;人广受其利,物备受其泽。

本章重述二十八章的主题,保守本性,与三十七章对照阅读,其义将更为明显。同时,本章还谈道:统治者或圣人若要保守天性,必须借重一种深获民心的神秘力量或德性方可。

从下文中,读者定不难看出"道"与"德"的不同点:道无法具体表现出来,德却可以。由此可知,道是不可知的,而德却可以预先知道。

一、寻找不可知的境界而停止

德引人至道的纯一，智慧止于人心不可知的境界，能如此，就是最高明的了。道的纯一，是德不能到达的地步，智慧的不可知，也不是用言语可表达的。为争声名而像儒、墨那样争持下去，灾祸也就免不了。

因此，大海不拒绝向东流的河川，所以能博大深沉；圣人包容天地，恩泽满天下，百姓却不知他是谁。所以他生时没有爵位，死后也没有谥号。他不积财，不树名，所以又称做大德的人，会叫的狗不见得好，会说话的人也不见得聪明贤能。有心想成为伟人的呢？渴望达到伟大的人，不能成就伟大，何况有心修德的人？

世上没有比天地完备的东西，然而它到底是追求什么，才能达到最完备的境界呢？知道完备的人没有追求，没有丧失，没有抛弃，不因外物改变自己，反求自己达到无穷的妙境，因循古迹却不求行为与他们相似，而这就是伟人的德性。

（《庄子》杂篇第二十四章《徐无鬼》）

在此，特别以"海不辞东流（或就下）"来解释本章最后两句话。因为，海和道一样，总趋于低处。请参看六十六章。

庄子最重要的思想之一是限智（不可知论或怀疑论），但却承认知识本身的存在，他好几次提到可知的世界，和不可知的世界等观念。所谓可知的世界，代表的是有限的知识，而最重要的宇宙真理，却是属于不可知的世界。由此我们可以看出，后者所处的地位比前者高出许多。

二、庄子论"不知"的名言：知止

我们的生命是有限的，而知识却无穷，以有限的生命追求无穷的知识，那就危险了。明明知道它危险，还要拼命追求，可就更危险了。

（《庄子》内篇第三章《养生主》）

一个人能够止于他所不知的，就达到知的极点了。

人所能知道的事物实在很少，虽然少，他还须依靠不知道的事物才能够知道天道的含义。

（《庄子》杂篇二十四章《徐无鬼》）

以我们所知的和我们不知的相比,就好像斜眼一样,不能周全。

(《庄子》杂篇第二十三章《庚桑楚》)

第三十三节　自　知

知人者智,自知者明。胜人者有力,自胜者强。知足者富,强行者有志。不失其所者久,死而不亡者寿。

【语译】

能了解别人长短善恶,乃是智慧,能了解自己,才是清明,能够战胜别人,乃是有力,能够克服自己,才是坚强。能够知足淡泊于财货的,就是富裕,能够勤行大道而恒久不息的,就是有志。不离失根基,能常处于道的,才能长久。

人既能以道为处所,自然也能和它同长久;既能以道为依归,则虽死,却能与道同存,这才是真正的长寿。

老子在本章就知识、学习、力量、财富和长寿各方面,谈到不少至理名言,其中的"死而不亡者寿"非常接近他的"不朽"观。当然,在此他只是点到为止,所谓寿或长命百岁对我们中国人来说,是最高明的贺词了。

像所有伟大的诗人、哲学家一样,庄子比老子更感叹生命之短促,特别对"死"的感触最深,他最好的作品几乎都接触到生死的问题。反观老子,倒很少提到这方面的观点,不但少,可说是不曾提及呢!

"知人者智,自知者明"在二十四章已说明得极为详尽。

一、论财富与贫穷

原宪住在鲁国一栋小房子里,这间房子的屋顶是用青草盖的,蓬草编成的大门破损不堪,他用桑木做门槛。破甕做窗户,粗布隔房间。每逢下雨,屋顶滴水,地上潮湿时,他便端坐而歌,毫不为意。

有一天,子贡骑骏马,着蓝里白衫去见原宪,到了巷口却进去不得,他只好步行而人。一眼瞧见头戴桦树皮帽,脚拖没有后跟的破鞋,手扶藜木杖,亲来迎接的原宪,便大叫道:"天哪!你怎么啦?是病了吗?"

原宪回答说:"我哪有病?你没听说:没有财叫作贫,读书不能实行叫作病?我现在是贫,不是病啊!"

子贡顿感不安,露出羞愧的神色。于是,原宪又笑说道:"你可知有些事是我极不愿做的?比方:行动迎合世俗,牵亲攀戚,结交朋党,为别人求学,为自己教人,假托仁义去做坏事,盛饰车马以炫耀富有。"

(《庄子》杂篇第二十八章《让王》)

子贡画像

"知足的人不因为钱财而劳苦自己。"

尧到华这个地方去参观,华地的封疆官对他说:"欢迎圣人到此,特祝圣人长寿。"

尧推说:"不敢当。"

封疆官又说:"祝圣人多富。"

尧回说:"不敢当。"

封疆官再说:"祝圣人多男子。"

尧又推说:"不敢当。"

封疆官迷惑道:"多福多寿多男子,是每个人渴求的,你却不愿接受,是什么道理?"

尧回答说:"多男子就多恐惧,多财富就多闲事,多福寿就多耻辱,这三种不是养德的东西,我怎敢接受?"

封疆官说道:"我原以为你是圣人,现在才知道,你只是个君子而已。天生万民,各有其职,多男子就多给他们事做便是,有什么恐惧的?富有了就分别给别人,何来多事了。

"再说,那圣人居无定所,食如母鸟哺育的小雀,行如鸟飞没有形迹可寻;天下有道,与万物同存,天下无道,便隐居而养心,千年后,当他厌倦了尘世的生活,便离世而进入仙界,驾白云而到仙都。这三种忧患根本不会降临在他的身上,也别无灾祸可言,更别说什么受辱了。"

说完,封疆官便转身离去。尧跟在他身后说道:"我可以跟你谈谈吗?"

封疆官答道："你还是走吧！"

（《庄子》外篇第十二章《天地》）

这可能跟道家"不怕事"的想法有关。所以他们主张，人不应丢弃财富。在庄子的作品中，老子一度被描写为丰足的大谷仓。

下面我为各位收集了一部分庄子论"死"的格言。至于他的"生死谈"，另于五十章内详述。

二、骷髅

庄子到楚国的途中，看见一个骷髅，枯干了，但仍保有形状，于是，庄子拿着马鞭在上面敲了敲说："你是因为生前贪生怕死，行为不合法，被人杀死的呢？还是因为国破家亡被人害死的？是因为生前行为不好，怕连累父母妻儿受苦自杀的呢？还是穷困饥寒而死？或者是你寿命已尽，不得不死呢？"

说完这席话后，庄子把骷髅拿了过来，枕在头下睡了过去。到了半夜，庄子梦见骷髅向他说："刚才你谈话的神情，好像是辩士。至于你所说的内容，大多是活人的系累，死了就没有这些了。你想听听死后的情形吗？"

庄子答道："好啊！"

骷髅说："死后，上面没有国君，下面没有臣子，也没有春夏秋冬四时的转变。人在那里无拘无束，更可与天地同终始，即使是帝王的快乐，也不能与此相提并论。"

庄子不相信，说道："假如我请掌管生命的神灵，恢复你的形体，再生你的肌肤骨肉，让你重回故乡，和你的父母妻子、亲戚、朋友团聚，你愿意吗？"

骷髅听了，皱眉蹙额，忧愁地说："我怎能抛弃这帝王般的快乐，再去受人间的劳苦？"

庄子画像

（《庄子》外篇第十八章《至乐》）

三、庄子妻死

庄子的妻子死了，惠子前去吊丧，看见庄子蹲坐地上，边敲瓦盆边唱着歌，惠子

生气地说道:"妻子跟你生活多年,替你生儿育女,跟你吃苦受罪,现在年老身死,你不哭倒也罢了,居然大唱起歌来,不太过分了吗?"

庄子回答说:"不是这样的。当她刚死的时候,我怎会不悲伤?可是仔细一观察,她原无生命;不但没有生命,而且也没有形体;非但没有形体,甚至连气息都没有。以后掺杂在恍恍惚惚若有若无的中间,才变化成有气息,有气息而有形体,有身体而有生命,现在再由生命变化成死亡。

"这种演变的过程,就像春夏秋冬四时的循环一样。想她此刻正安睡在天地的大房间里,我却在旁边哇哇的哭泣,实在是不明生命演变的过程,所以才停止了哭泣。"

(《庄子》外篇第十八章《至乐》)

四、庄子将死

庄子快死的时候,弟子商议要厚葬他。但是庄子说:"我用天地做棺木,日月做璧玉,星辰做葬珠,万物来送葬,这不是一个很壮观的葬礼吗? 我还有什么可求的?"

弟子说:"我们是怕老鹰来吃先生啊!"

庄子答道:"在地上会被老鹰吃,在地下又会被蚂蚁吃。把我从老鹰那里抢过来给蚂蚁吃,你们不是太偏心了吗?"

(《庄子》杂篇第三十二章《列御寇》)

五、老子死

老聃死了,秦失去吊丧,只哭几声就出来了。老聃的弟子问他:"你不是我老师的朋友吗?"

秦失说:"是啊!"

弟子又问:"那么你是来吊祭他,应当表示悲伤才对,怎么反而这样草率?"

秦失回答:"这样就可以了。起初我还以为他是凡人,现在才知道他不是。刚才我进去的时候,看见许多老人像哭自己孩子一样地哭他,许多年轻人像哭自己母亲一样的哭他。他们情不自禁地说出话来,不期而然地流下眼泪,乃是违反天理,倍增依恋的表现啊！他们已忘了受之于天的本性。古时候称这种情形为'遁天之刑'——违反天然之理，被世俗的感情所束缚，像受到刑罚一样。

"你们的老师应时而生，顺理而死，有什么好悲泣的？若能安于时机的进展，顺着自然的变化，把生死置之度外，所谓的痛苦欢乐也就不能闯进心怀了。古时候把这种情形叫作'解脱'。"

（《庄子》内篇第三章《养生主》）

六、四友谈生死

子祀、子舆、子黎、子来四个人在一起谈话。其中一人突然说："谁能把虚无当作头，生存当作脊梁，死亡当作尾椎骨？谁能知道生死存亡本属一体的，就是我们的朋友。"四人相视而笑，乃成了莫逆之交。

不久，子舆生了病，子祀去探望他。子舆却说道："看哪！那造物者多伟大，居然能把我的身体弄成这般形态，既弯又巧，真是妙极了！"

原来他的腰已弯曲，背骨突出，头藏在肚脐底下，肩膀高出头项，发髻直冲天空，甚至连阴阳二气也不调了，可是他的心情却平静如昔。他支起身子走到井边，照了照自己的影子，说道："造物者竟把我的身体弄成这么巧啊！"

子祀问他说："你嫌恶这个形态吗？"

子舆回答："我为什么要嫌恶？假如我的左臂变成了鸡，我就叫它报晓；假如我的右臂变做弹，我就用它去打鸟，然后烤鸟来吃，假使把我的尾椎骨变做车，精神变做马，我就坐着这辆马车到处游玩，哪里还用得着另外去找交通工具呢？

"并且，生是应时机的，死是顺天命的，若能安守时机，随顺天命，那么哀乐的情感，也就进不了我的胸中，这就是古时候所说的解脱。如果不能解脱，就是被外物束缚了。人本胜不过天，我虽形体如此，又有什么好嫌恶的？"

不久，子来生病，气息急促，已成弥留状态，他的家人围着他不停地哭泣。这时子黎来探望他，看到这种情形就对他的妻儿道："快走开吧！不要惊动了这将要变化的人。"说完，便靠在门旁对子来说："伟大啊！天地的主宰又要把你变成什么呢？要把你派到什么地方去？你想他会把你变成什么呢？要把你派到什么地方去？你想他会把你变做鼠肝呢？还是虫臂？"

子来气息微弱地答道："父母命儿子往何处去，无论东西南北，他都听从命令，而阴阳对于人,就好像父母对儿子一样,并没有多大区别。它如果要我死,我就得死,要是不听从,就是忤逆不顺。这一切的罪过都须我来承当,它却毫无过错可言。

"天地给我形体,让我壮时劳苦,老时清闲,死后安息。既以生为善,也要以死为善啊!

"譬如:有一个铁匠在化铁,突然铁跳起来说道:'我一定要做成莫邪宝剑,你以为铁匠还会认为这是吉祥的铁吗? 现在,我若偶然成了人形,就想世世做人,请求造物说:'让我做人! 让我做人!'造物者一定会以为我是不祥的人。假若现在我把天地看作是化铁的大炉子,造物为铁匠,那又何必担心死后会到那里去呢?"

然后陷入平静的沉睡中。没多久,居然精神抖擞的醒了过来。

(《庄子》内篇第六章《大宗师》)

七、三友谈生死

子桑户,孟子反和子琴张三人交友,谈道:"谁能以仿佛不曾在一起的模样相处在一起? 谁能彼此帮助,却又能做到好像没有互助的样子? 谁能在云雾里遨游,在无极中跳跃,既不喜欢生存,也不厌恨死亡呢?"三个人相视而笑,乃成了莫逆之交。

不久,子桑户死了,还未下葬,孔子便命子贡去帮忙料理丧事。可是,子贡一到那儿,就看到孟子反和子琴张两人,一个在编织蚕册,一个弹琴,嘴里还不住地唱道:

回来吧桑户啊,

回来吧! 桑户,

你已回返了本真!

我们却仍在受人体的束缚。

子贡急忙走上前问道:"你们这样对着尸体唱歌,合理吗?"

两人相对一笑,无视子贡的存在,说道:"这个人哪里知道礼的意义?"

子贡回去后,把所看见的事都告诉了孔子,并且说:"他们是什么啊? 不用礼教约束自己的行为,而把形体置之度外,对着尸体唱歌,竟然能面不改色,我不知道应该怎么称呼他们。还是请教老师吧!"

孔子说:"他们是超脱世俗的外方人,我却是寄托在世俗里的方内人。方内、方外是不相通的。我差你去吊丧,实在是我不曾考虑到这点,要怪我识浅了。

"他们自认是造物者的伴侣,遨游于天地之间,并与气合为一;他们把生看作肉瘤,把死当作溃破的疮,如此一来,怎能知道生死先后的区别呢? 他们把形体看作是精神寄托的异物,无所谓寄托成何种形体,所以能忘却形体内的肝胆,还有那形体外的耳目。

"他们把生死看作是循环往复:没有开始,没有结束;他们茫然徘徊于尘世之外,逍遥于无为的事业中。像他们这种人怎能拘守世俗的礼节,且把它表演给人们看呢?"

子贡又问:"那么,你是依哪一种道呢?"

孔子答道:"我是受天诅咒的人。虽然如此,我还是愿和你共同追求那方外之道。"

子贡说:"请问如何追求?"

孔子说:"鱼的生活依赖水,人却需道而生活。依赖水生活的,掘个水池就足够活命了,依赖道生活的,得了道,性情也就会安定。所以说:鱼游于江湖,自在逍遥,便忘记了一切;人得了大道,性情安定,也忘却了一切。"

子贡跟着又问:"请问奇人是什么人?"

孔子答道:"奇人乃是异于世俗,合于天理的人。所以说:天眼中的小人,乃是人间的君子,世人眼中的君子,便是天所认为的小人。"

（《庄子》内篇第六章《大宗师》）

第三十四节　大道泛滥

大道氾兮,其可左右。万物恃之以生而不辞,功成而不有,衣养万物而不为主。常无欲,可名于小;万物归焉,而不为主,可名为大。以其终不自为大,故能其成大。

【语译】

大道广泛流行,就像水一样,可左可右,无远弗届,无所不到。任万物赖以生长,而不加以干预,任万物赖以成就,而不居其功;它养育万物,而不主宰万物。

从道体的隐微虚无看,它可说很渺小,但其用无穷,作育万物,使万物归附而不

知其所由,它又可说是很伟大。道所以能成其伟大,就因它不自以为伟大的缘故。

一、道的内涵

东郭子问庄子说:"所谓的道,在什么地方?"

庄子答道:"它无所不在。"

东郭子说:"请说出一个地方吧!"

庄子说:"在蚂蚁身上。"

东郭子说:"为什么这么卑下?"

庄子又说:"在稊米里。"

东郭子说:"怎么那么卑下?"

庄子紧接着又说道:"在瓦甓里。"

东郭子说:"怎么更卑下了?"

庄子又说:"在屎溺里面。"

东郭子再也不说了。

于是,庄子说:"你的问题,没有接触到实质,所以我只能这么回答你。从前正获问监管市场的人如何判断猪的肥瘦,便是从脚看起。你不要固执成见,认为屎溺里面没有道,其实天地间没有一样东西能离开道的。伟大的真理如此,伟大的学说又何尝不是如此?"

(《庄子》外篇第二十二章《知北游》)

二、道无所不在

说到大,道可谓无穷无尽;说到小,也没有一样东西不比它小,所以万物才能由此而生。就因为道大,它才能包容万物;就因为它像海一样深,所以才不可测度。

"天地四方虽浩大无比,却未离开大道而独存的;秋天兽类刚生的毫毛,虽微小,却能依靠大道自成形体。"

(《庄子》外篇第二十二章《知北游》)

第三十五节　道之平

执大象,天下往。往而不害,安平太。乐与饵,过客止。道之出口,淡乎其无味,视之不足见,听之不足闻,用之不足既。

【语译】

能守大道,天下人都会归从他。因为他不但不会害人,反而能使天下得到太平康乐。悦耳的音乐,可口的美味,只是作客时的短暂享受罢了,怎么可能持久?道显现出来的,虽然淡而无味,既看不见,又听不到,但却取之不尽,用之不竭。

《列子》(取作者名为书名)一书特别强调道家"精神重于物质"的学说。而作者本人却以乘风而来的仙人姿态,出现在庄子的作品中。下文将提到的关尹,乃是函谷关令,曾说服老子写《道德经》一书。

一、执守大道的太平

列子问关尹说:"至德的人在水中行走不会窒息,踏在火上也不觉其热,在高空飞行也不觉恐惧,这是什么原因呢?"

关尹答道:"因为他能保守纯和之气,修养恬淡之心的缘故。这可不是智慧、技巧、果断、勇敢所能做到的,我这就告诉你它的原因何在吧!

"凡是有形貌、影像、声音、颜色的东西,都是物。那么物与物之间怎么会有距离呢?是因为有声无声的分别罢了!唯有无声无色,断绝视听,才能达到无形无变的境界。能执守这个'大道'的人,才不会受外物的控制。……

"酒醉的人掉在车下,虽会受伤或患病,还不至于死亡。他的骨节和常人相同,为什么损害却与常人迥异?乃因他精神凝聚,乘车不知,坠车不知,任何恐惧没有进入心中,即使和外物摩擦,内心也不会惊恐的缘故。酒醉的人尚能如此,何况那顺天而行的人呢?

"圣人和自然化合,所以外物伤不了他;复仇的人不会去折断仇人的剑,因为剑本无心;性急的人,不会埋怨掉在头上的瓦片,因为瓦片也无心而落。

"天下若能平静,没有战乱,没有杀戮,没有刑罚,那都是由于自然无为的大道所造成的啊!

"不要运用智慧去发展人性,应该顺乎自然去发展天性;因为应合天性的合于道德,运用智慧的就伤害天性了。若能不厌弃自然,不运用人为,也就达到了返璞归真的境界。"

(《庄子》外篇第十九章《达生》)

道家主要的德性,乃是混合了生活中的为与不为,以达到心灵的"恬静"与"成熟"。所谓道家之名,由道的"恬静"而来。在三十七章之一中将谈到恬淡、平静、沉着和无为,彼此是可以换的。

二、用恬静来培养智慧

古时学道的人,用恬静培养智慧;虽有智慧,却不用它,这又叫作用智慧来培养恬静。两者交相培养,和顺的道德自然就由本性流露出来。

(《庄子》外篇第十六章《缮性》)

三、用之不尽

"灌水进去不见满,取水出来不见干,而且不知其源在何处,那就叫作葆光。"

(《庄子》内篇第二章《齐物论》)

第三十六节　生命的步骤

将欲歙之,必固张之。将欲弱之,必固强之。将欲废之,必固兴之。将欲取之,必固与之。是谓微明。柔弱胜刚强。鱼不可以脱于渊,国之利器不可以示人。

【语译】

物极必反,势强必弱,这是自然不易的铁则。能够明了这个道理而加以运用,自然就无往不利了。任何事物,要收敛的,必定会先扩充;要衰弱的,必定会先强盛;要废堕的,必定会先兴举;要取去的,必定会先给予。这个道理,看似隐微,其实很明显,那只不过是柔弱胜刚强这一机先的征兆罢了。

深水是鱼生存的根本,鱼不能脱离深水的,否则必定干死;权谋是治国利器,不可轻易炫人,否则便要自取其祸,国灭身亡。

从本章我们看到完整的"复归为始说"。这是庄子《秋水篇》的本体论相对论,经过一段长时期的发展,才导引出来的结论。

一、复归为始说

北海若总结上面说道:"安静点吧! 河伯! 你哪里知道贵贱的门径和大小的根由啊!"

河伯说:"那么我该做些什么,又不该做些什么呢? 对世俗的推辞和接受,进行和退避,我究竟该怎么应付呢?"

北海若回答说:"以道的立场看起来,何来贵贱? 贵贱本是循环的,所以叫作'复归为始'。因此,不要局限你的心志,这和大道是不合的。世上原无多少区别,多少乃是相对的,所以还是为你所拥有地去感谢上天吧! 不要太偏执一方,而违反了大道。

"应该像国君一样的庄严正直,对人民没有偏私的恩惠;像祭祀的神社一样怡然自得,而没有偏私的赐福,更要像天地一样的宽大为怀,不分界限地包容万物,爱护万物,这样才能达到合道的境界。"

(《庄子》外篇第十七章《秋水》)

"道虽寄托在充盈和空虚中,但它并不充盈和空虚;虽寄托在衰退腐败中,也不会衰退和腐败。道可说随时处于开始和终结的状态中,但却不是开始和终结的本身,它也是物的积聚和消散,却又不是积聚和消散的本身。"

(《庄子》外篇第二十二章《知北游》)

"道本是通而为一的,所谓成,就是毁,毁也就是成。万物本来无成也无毁,而是通达为一的。"

(《庄子》内篇第二章《齐物论》)

二、有会合就有分离

庄子说："万物的情理和人类的变化,就不是这样了。大凡世间的事,有会合就有分离,有成功就有毁坏,清廉的被伤害,高贵的受攻击,有为的遭非议,贤人被谋害,常人受欺凌。那么世上究竟什么东西才是好的呢?唉!可叹啊!弟子们千万要记着,处世若要免于物累,只有归向道德的途径。"

(《庄子》外篇第二十章《山木》)

三、失败和成功的征候

八种失败的预兆,和三种成功的征候,而形体则有六个腑脏。若美姿、长髯、高身、强大、健壮、优雅、勇猛、果敢,这八种特性都超过别人的话,那就注定了失败穷困的命运。如果有依赖外物,委屈从人,怯懦柔气这三项不如别人的本领,也就能走上成功通达的道路了。

(《庄子》杂篇第三十二章《列御寇》)

第三十七节　天下自正

道常无为而不为,侯王若能守之,万物将自化。化而欲作,吾将镇之以无名之朴。镇之以无名之朴夫将不欲。不欲以静,天下将自正。

【语译】

道永远顺任自然,不造不设,好像常是无所作为的,但万物都由道而生,恃道而长,实际上却又是无所不为。侯王若能守着这个道,万物就会各顺己性,自生自长。然而这种状态,并不能长保,在万物生长繁衍的过程中,难免有欲心邪念,这时唯有以道的本质"无名之朴",来克服这种情形的发生。一旦没有欲心邪念,能够归于沉静不乱,那么,天下自然就上轨道。

前面几章讨论的寂静无为,乃是代表不朽的自然,和所有力量的泉源。我们活在这个世上,完全不活动是绝不可能的事。因此,只有综合虚静、恬淡、寂寞、无为,才是最恰当的生活方式。

以下的精选乃是最完整的无为说,是经由自然无为和天地行而不说的论点来探讨,同时还告诉人们:虚静、恬淡、寂寞、无为是人类最明智的生活态度。

一、无为寂静说

天道运转,无休无息,万物因此而生,帝王之道运转,无休无息,所以天下人心归顺;圣人之道运转,无休无息,所以四海之士钦服。如果能明白天道,通晓圣道,并了解上下古今四方变化的帝王之德,都是自为的话,其行为也就能归于平静了。

圣人的寂静,并不是因为"静是好的",所以才寂静;乃是因为世上没有一样东西能干扰到他,而自然归于平静的寂静。水平静的话,可以很清楚地照见发眉,也可作为木匠"定平"的准则。圣人的心神若是平静了,不但能鉴照天地的精微,甚至还可明察万物的奥妙。

虚静、恬淡、寂寞、无为是天地的"水平仪",是道德最高的境界,更是古代帝王、圣人休息的场所。心神休息便虚空,虚空就合于真实的道,合于实道便已达到自然的伦常了;心神虚空象征着寂静,由寂静再产生行为,哪里还会有不合宜的行为? 所谓的心神寂静就是无为,在上无为,居下的臣子自然就会各尽其责;无为又象征着和乐,一个人内心和乐,则外患不能入侵,又何惧寿命不能延长?

明白虚静恬淡,寂寞无为是万物之本的国君,是尧;明白虚静恬淡、寂寞无为是万物之本的臣子,是舜。以这个道理行之于上位,是帝王、天子的德操;以这个道理行之于下的,乃是圣贤的德性。

以此德性退休山林,闲游四方的人,没有一个隐士不敬佩他;以此德性进身官场,治理世事的人,没有不功虚名就,并使天下统一的。他静的时候,是圣人;动的时候,便是帝王;处在无为的时候,天下更没有一样东西能比得上他德性之完美。

明白天地之德的人,便是通晓"万物的根本和来源"的人;他能与天和,使天下得到太平;他能与人和,使人人和乐相处。与人和的,称为"人乐";与天和的,便称作"天乐"。

庄子说:"我的老师! 我的老师啊! 他摧毁万物而不以为暴虐,施恩于万物也不以为仁,生长在上古而不自认长寿,覆盖承载万物的形体也不以为智巧。"这就叫作"天乐"。

所以说:"知道天乐的人,生时顺天而行,死后随物而化。"他虚静的时候,和阴气同归寂;运行的时候,便和阳气同波逐流。因此,知道天乐的人,没有天怨,没有人议,没有外物的系累,也没有鬼神的责难。

所以说:"他行动的时候,像天一样的运行;静止的时候,像地一样的平静。因为他心神虚静,所以鬼神不扰,精神不乏,终能得到万物的归服。"换句话说,以虚静推及天地,通达万物的,便叫"天乐"。天乐乃是圣人畜养天下苍生的本心啊!

(《庄子》外篇第十三章《天道》)

二、天下将自定:合于自然

天地虽博大,无为自化的道理却是一致;万物虽然繁杂,那率性自得的道理却无不同;人民虽众多,治理天下的却只有国君一人。国君,乃是依据道德,顺乎自然治理百姓的人,所以说:"远古的君王,无为而治。"他们只顺着自然的德性就够了。

因此,从道的立场来授名分,天下的国君都是名正言顺;从道的立场来观察上下的分际,君臣尊卑之分已极明显;从道的立场来选贤举能,天下官能莫不各称其职;以道的立场来看万物,万物莫不具备我们所需求的一切。所以,与天地俱存的是德,行于万物的是道。……

所以说:"古代畜养天下苍生的人,没有欲望,而天下自富足;没有作为,而万物自化生;沉默寂静,而百姓处于安宁。"

(《庄子》外篇第十二《天地》)

第三十八节　堕　落

上德不德,是以有德;下德不失德,是以无德。上德无为而无以为;下德为之而有以为。上仁为之而无以为,上义为之而有以为。上礼为之而莫之应,则攘臂而扔之。故夫道而后德,失德而后仁,失仁而后义,失义而后礼。夫礼者,忠信之薄,而乱之者。前识者,道之华,而愚之始。是以大丈夫处其厚,不居其薄,处其实,不居其华。故去彼取此。

【语译】

上德的人,对人有德而不自以为德,所以才有德。下德的人,对人一有德就自居其德,所以反而无德了。因为上德的人,与道同体,道是无所为而为,所以他也是无所为而为。而下德的人,有心为道,反而有许多地方却做不到了。

上仁的人,虽然是为,却是无所为而为;上义的人,尽管是为,却是有所为而为;上礼的人,就更过分了,他自己先行礼,若得不到回答,便不惜伸出手臂来,引着人家强就于礼。

由此看来,失去了道而后才有德,失去了德而后才有仁,失去了义而后才有礼。

等到步入礼的境界,是表示忠信的不足,祸乱也就随之开始。至于以智慧去测度未来,不过是道的虚华,是愚昧的开始;更是愚不可及的事。

所以大丈夫立身敦厚,以忠信为主,而不重视俗礼;以守道为务,而不任用智巧;务必除去一切浇薄浮华等不合乎道的,而取用敦质实等合于道的。

本章乃是老子最著名的一章。有不少版本把老子这本书分为上下两篇,本章就是下篇的第一章,但是这种区分法似乎有欠妥当。因为形成老子思想的哲学原理,完全包括在前四十章内,而后四十章处理的,大多是实际生活上的问题,譬如生活的准则和政治论等。

本章讨论的主题,是道的堕落。道所以会堕落的原因,乃是某些哲学家——特别是孔子——的仁、义、礼、乐之教大兴的缘故。

研读本章应与十八、十九章的精选(庄子怒斥孔教)对照阅读,才不致对老子思想有所缺失。

一、道的堕落

道不是可用言语招来的,德也不是自称有德就可得到;然而,仁可以培养,义却可不足,礼也可作伪。所以说:"失去道而后德出现,失去德而后仁蔚起,失去仁而后义显现,失去义而后礼大兴。"礼就是道的堕落和祸乱的开始。

(《庄子》外篇第二十二章《知北游》)

上述引句中的话，显然是出自老子，因为它所采用的字与本章原文完全一致。不过，这些词句偶尔也会出现在其他的引句中，这种引句在老子的书中常可看到。

二、合其位的制度

天道的根本在于君主，人道的终结在于臣下；君主需要的是简扼，臣下需要的是详情；起用三军和兵器，是德行衰败的结果；施行赏罚和刑具，是教育的末途；采用礼法典章的制度，是治理百姓的终结；大兴钟鼓的声律、羽毛的舞姿，是音乐的结束；区别哭泣悲痛丧服的等级，是悲伤的末路。

这五种终结，必须要有精神的运行，心术的引动，才能产生出来，古时候的人早已有了这种认识，只是没有率先实行而已。……

讲述大道而不论程序，便不是大道；论述大道不依道而行，论道就无用了。所以古代阐明大道的人，先阐明自然，再谈道德；道德明白后，再论仁义；知道了仁义，则求名位；了解了名位，再谈声誉；得到声誉，再论因材任职；做到了因材任职，再谈审察；做到了审察，再来辨别是非；能够辨别是非，才能论赏罚。

做到了赏罚，那么愚笨、聪明、尊贵、低贱等人也都有了适当的位置；贤、智、愚、鲁之士，自也能各有其用。用这种方法来侍奉君主，养畜臣子，治理事物，修养身心，也就无所谓用不用智谋，当然也必能归返自然，这就叫作太平，乃是治世的最高境界。

所以古书上面记载着："有形就有名"，古人早就有了形名，只是没有率先使用而已。

古时讲述大道的，要五次演变才举到形名，要九次演变才说到赏罚。若没有经过这些过程，突然提到形名（像孔教所为），人们就无法知道它的根本；突然提到赏罚，人们也不能明白它的原始。像这样颠倒大道，违背大道的人，只有被人治理，怎可能去治理别人呢？

突然提到形名、赏罚的人，是只知治理的意思，不知治理的原则；是只能受天下人役使，不能役天下人的辩士。

（《庄子》外篇第十三章《天道》）

三、孔教何以乱天下

偏爱视觉的,迷五色;偏好听觉的,喜声乐;偏爱仁的,乱五德;偏爱义的,背于理;偏爱理的,助长了技巧;偏爱乐的,助长了淫声;偏爱圣的,导致百姓苦求绩业;偏爱智的,导致评是非的弊病。

如果天下百姓各守本性,这八种弊端存不存在都无所谓。如果天下百姓不守本性,这八种弊端便是引起大乱的主因了。

正当它们扰乱天下的时候,世人竟然愈来愈尊崇它,珍惜它,天下人的迷惑可说已到达了极点。本该弃置不顾的弊端,天下人反而斋戒谈论它,跪坐学习它,歌舞赞养它。看到这种情形,我又有何法可想?

(《庄子》外篇第十一章《在宥》)

读者如果想要更进一步了解道家的反论,和孔子的思想,请参阅本书后面《想象的孔老会谈》。

道家特别强调无意识的善。善本是自然和无心的表现,若是有心为善,便会脱离"大道",进而走向毁灭的道路。

四、无意的善

不去辨别万事万物的所以然,就合乎道体了。

(《庄子》内篇第二章《齐物论》)

最大的祸害便是有心为德。

(《庄子》杂篇第三十二篇《列御寇》)

庄子说:"不期而然射中目标的人,才是精于射箭的人。"

(《庄子》杂篇第二十四章《徐无鬼》)

偶然碰到适意的事,来不及笑;真正从内心发出的笑声,事先也无从去安排。

(《庄子》内篇第六章《大宗师》)

第三十九节　全　道

　　昔之得一者,天得一以清,地得一以宁,神得一以灵,谷得一以盈,万物得一以生,侯王得一以为天下正。其致之一也。谓天无以清则恐裂,地无以宁则恐废,神无以则恐歇,谷无以盈则恐竭,万物无以生则恐灭,侯王无以正则恐蹶。故贵以贱为本,高以下为基。是以侯王自谓孤寡不谷,此非以贱为本耶? 非乎? 故致舆无舆。不欲琭琭如玉,珞珞如石。

【语译】

　　天地万物都有生成的总源,那就是道,也可称为一。自古以来天得一才能清明,地得一才能宁静,神得一才能灵妙,谷得一才能充盈,万物得一才能化生,侯王得一才能使得天下安定。

　　这些都是从一得到的。否则,天下不能清明就会崩裂,地不能宁静就会震溃,神不能灵妙便会消失,谷不能充盈便会枯竭,万物不能化生便遭绝灭,侯王不能为理天下准则便会被颠覆。

　　所以贵乃是以贱为根本,高则是以下为基础。且看侯王的称孤道寡,不就是以卑微为出发点吗? 明白这个道理的人,绝不会强要为玉让人称赞,也不会死心为石让人非议,因为偏执任何一方的荣辱都不合乎道,就好像取走马车的任一部分就不成为马车一样,道必须是完整的。

一、道的力量

　　有了道:狶韦氏便去整顿天地,伏羲氏用它来调和元气,北斗星永远不改变位置,日月能永远地运行不停;堪杯掌握了昆仑山,冯夷在大川中嬉戏,肩吾住上了太山顶,黄帝登上了云天,颛顼也住上了九玄宫。

　　有了道:禺强能够主持北极;西王母据有了少广山,没有人知道她的起始,也没有人知道她的终结;彭祖的年岁从有虞直到五霸才终了;传说生时能辅佐武丁统治天下,死后他的精神仍能驾着东维和箕尾两座星球,与天上众星并列。

(《庄子》内篇第六章《大宗师》)

二、春秋两季因得道而有力

庚桑子说:"有什么好奇怪的? 春天一来,百草丛生;秋天一到,万物收成。这是因为在它身后有一个道啊!"

(《庄子》杂篇第二十三章《庚桑楚》)

三、圣人如何处于世

冉相氏执守中道,随物自成,与物混同,既不知过去,也不知未来,更不知现在。他虽与万物化合,却仍守着纯一的道体。他知道,道是永远不会变的,所以未曾离开它片刻。一个有意效法自然的人,终心失败,走向追逐外物的道路。一个没有自然、人为观念的圣人,同样也没有开始和结束的观念,他混迹世间,随波浮沉,而德性却未败坏。这是因为他无心合道却能与道同体的缘故。

(《庄子》杂篇第二十五章《则阳》)

第四十节　反的原则

反者道之动;弱者道之用。天下万物生于有,有生于无。

【语译】

道的运行本是反复循环的,无所谓正反的区别,等到有正反相对时,道已由静而动。可是道的运用,全以柔弱谦下为主。宇宙万物也都是由这个道而生息无已。

本章仅以短短的几句话便总括了老子的学说,这个思想的基础原是建于反的原则上,有"反"故而道动,在二十五章之二、二十五章之三、和三十六章之一中曾详述过这个观点。现在再请各位参阅二十五章之二的"不朽的循环"和解说。同

图文珍藏版

时,不妨再参考四章节之一的:"道高且无穷。刚才结束,紧跟着又再开始。"

一、"反"是道的运用

万物都是齐一的,何来长短的区别?大道没有终始,万物却有生死的变化,它的成长怎可自恃!万物时而虚空,时而充实,并无不变的形体,而岁月却是一去无回,时间也终究无法停止。

由万物永远在生长、死亡、盈满、空虚的现象中变化,以及终结、开始的循环不息中,不难看出大道的趋向和宇宙变化的原理。万物的生长,像快跑,像奔驰,没有一个动作不在变化,也没有一时一刻不在移动,该做什么?不该做什么?它本身就会自然地演变,何用人为的操作?

(《庄子》外篇第十七章《秋水》)

二、万物的起源:由无至有的演变

冉求问孔子说:"我们可以知道天地的起源吗?"

孔子回答道:"可以。古代就和现在一样。"

冉求无言以对,便退了出去。第二天他又来问孔子说:"昨天我问老师:'可以知道天地的起源吗?'老师说:'古代和现在一样。'当时我还很明白,现在却又迷糊了,请老师开导开导。"

孔子说:"昨天明白,是因为你用精神去领会;今天迷糊,是你从形象上去了解的缘故。它本来就是没有过去和现在,没有开始和结束的。试想,在没有子孙前就有了子孙,可能吗?所以还是放弃形象的了解吧。"

冉求没有回答,孔子紧接着说:"答不出来了?不要以为死是由生而来,也不要以为生是因死而生,这两者本就是相互依赖,形同一体的。你以为在天地以前就有物生出来了吗?事实上,所谓主宰物的,它本身并不是物,因为物的出生没有先后的区别,在这个物生出前,又岂会没有别的物存在?"

请再参阅二章之三。"万物是从'无有'产生出来的。"

(《庄子》杂篇第二十三章《庚桑楚》)

第四十一节　道家的特性

上士闻道,勤而行之;中士闻道,若存若亡;下士闻道,大笑之。不笑不足以为道。故建言有之:明道若昧,进道若退,夷道若纇;上德若谷,大白若辱,广德若不足,建德若偷,质德若渝,大方无隅;大器晚成,大音希声,大象无形。道隐无名。夫唯道,善贷且成。

【语译】

上士,是有志的人,所以闻道就努力不懈的去实行,绝不间断。中士,是普通的人,由于识见不足,认道不清,所以觉得道似真似幻,若有若无。下士,是俗陋的人,识见浅薄,根本不晓得道为何物,听见合于道的话,反而哈哈大笑起来,以为荒诞不经。如果不能让这般俗陋的人大笑的话,那道就不是高深的,也算不得是真道呢!

所以古时候立言的人有这样的话:"从表面上看来,明道反像暗昧,讲道反像后退,平道反像不平。"同样地,上德反像低下的川谷,高洁显荣反似含垢受辱,广大的德性反似不足的样子,刚健之德反像怠惰的样子,质朴的德反似易变的样子,其理莫不本源于此。

广大的空间没有可指的角落,伟大的成就大都晚成,天籁的声音无声可闻,没有形象的象,无形可见;大道隐微不可说,没有名称来指明。

上士的人听到上面这些道理,立刻付之于行动,以期合于道体。因为只有无时不有,无所不在的大道,才能施恩万物,才能无所不成。

老、庄的哲学思想到此已完全表露了出来。到四十章结束为止,老子的《道经》不但处理了哲学上的实用问题,并且把古版《老子》分为了上下两篇:上篇一一三十七章,称为《道经》;下篇由三十八一八十一章,称为《德经》。

经过一番研读和分析,可以得到以下的结论:从这些章节的安排来看,本书可就"原则"和"实行"两个观点而分为上下两篇。并且,第四十章的描述,更给老子的哲学思想写下了一篇最好的摘要。

至于庄子的思想,虽然在前面几章已提到了不少,但是并没有包括他最好的作

品——论生死和限知说在内。论生死这部分，我把它安排在五十章的精选内解说；限知说在五十六章将会有更进一步的发展。若要研究庄子的思想，这两章乃是不可或缺的篇幅。

以下从四十一——四十六章讨论的主题，是知足及损益的虚实。有一位古学者——吴澄，曾把四十一、四十二、四十三等章合为一章，他所从事的这种组合法在其他的章节也曾出现过，一般说来，重组章节可使思想更具有连贯性。

"大白若辱，盛德若不足"

阳子居准备南下到沛这个地方，正巧老子也西行去秦地，他便约老子在沛的郊外相见。但是却在走到梁的时候，遇见了老子，两人便一起走了一程。半路上，老子突然仰头向天，长叹一声说："起初我以为你还可以教育，现在才知道你实在不堪造就。"

阳子居听了，没有出声。等到了旅舍，双方梳洗完毕，阳子居脱了鞋子，跪着走到老子的面前说："刚才弟子想请问老师，老师正走着没有空闲，所以不敢问，现在老师有空了，可否告知弟子犯了什么错？"

老子说道："你态度骄傲，目空一切，谁看了都害怕，怎么还敢来接近你？要知道，真正清白的人，不自以为清白，反而觉得自己好像有污点似的；真有盛德的人，也不自以为德高，反倒觉得自己的德性欠缺了什么似的。"

阳子居听后，面容一变，说道："敬谢老师的教诲。"便弓身退了出去。

阳子居刚来旅舍的时候，店里的客人让路给他，店主为他安排座席，女主人替他拿梳洗的用具，先来的客人都躲着他，烧饭的厨子也不敢当着炉子站。但是，从他见过老子，并听从老子的劝告后，旅舍的人不但已敢和他随便地争席位，态度也亲热了许多。

（《庄子》杂篇第二十七章《寓言》）

序文的引句，乃是采用老子的："知其白，守其辱。"

第四十二节　强梁者

道生一,一生二,二生三,三生万物。万物负阴而抱阳,冲气以为和。人之所恶,惟孤、寡、不谷,而王公以为称。故物或损之而益,或益之而损。人之所教,我亦教之。强梁者,不得其死,吾将以为教父。

【语译】

道是万物化生的总原理,无极生太极,太极生阴阳,阴阳二气相交而生第三者,如此生生不息,便繁衍了万物,因此万物禀赋阴阳二气的相交而生,这阴阳二气互相激荡而生成新的和谐体,始终调养万物。人所厌听的是孤、寡、不善,而侯王却以此自称,那是因为得道的侯正深明道体的缘故。任何事物,表面上看来未受损,实际上却是得益,表面上看来得益,实际上却是受损。因此,人生在世,应体道而行,不可仗恃自己的力量向大自然称强,否则定得不到善终。前人教给我这个道理,如今我也拿来转教别人,并以此作为"戒刚强"的基本要义。

"道生一"

"道既有了名称,和本性加起来便成了两个数目;有了一个名称,这两个名称和道的本体加起来,就形成了三个数目。如此类推下去,即使精于数学的人来算都算不清了。"

(《庄子》内篇章《齐物论》)

有关阴阳的运行,请参阅二十五章之一"宇宙的神秘",和二十五章之二"不朽的循环"。

第四十三节　至　柔

天下之至柔,驰骋天下之至坚,无有入无间。吾是以知无为之有益。不言之教,无为之益,天下希及之。

【语译】

天下最柔弱的东西,能驾驭天下最坚强的东西。道是无微不入的,这一无形的力量,能穿透没有间隙的东西。因此我才知道无为的益处。但是像这样的道理——不言的教导,无为的益处,天下很少人懂得,也很少人能做得到。

屠夫的寓言:"无有入无间"

有一个厨子替文惠君宰牛,举凡用手抓、用肩扛、用脚踩、用膝抵、用刀割等动作,以及牛的皮肉分离声,刀的割切声,没有一样不合乎节拍,像是《桑林》的舞曲,又像煞了《经首》的节奏。

文惠君不觉赞叹道:"太棒了!你的技巧真是出神化境。"

厨子放下刀来回答:"我所喜欢的不只是手艺,还有道。当初我刚学杀牛的时候,看见的是一只完整的牛;三年后,在我眼中的已不是全牛,而是牛体的关节;而今杀牛,我再也用不着用眼耳来操纵,而只运用神顺着牛体的结构,以刀击开骨节连接的空隙。我甚至可以不碰筋骨和肌肉相连处,更别说去碰大骨了。

"技术高明的厨子,每年得换一把刀,因为他用刀割肉;普通的厨子,每月要换一把刀,因为他用力去砍骨头;而我的刀用了十九年,杀了几千头牛,刀口却没有厚度,用没有厚度的刀插入骨节间的空隙,活动的空间自然是绰绰有余,这把刀就这样使用了十九年。

"虽然如此,每当碰到筋骨交错难辨的地方,我还是会特别仔细,集中注意力,慢慢地动手。只要我稍一动刀,牛的肢体就好像堆在地上的土块一样分散开来。然后我提起刀四处看了看,再带着满意的心情,把刀擦净了收起来。"

文惠君听后,恍然说道:"由你这番话,我已得到了养生的妙道。"

(《庄子》内篇第三章《养生主》)

请参看第二章和五十六章的不言之教,庄子就"以语言传达思想的不当"来说明此观念。

第四十四节　知　足

名与身孰亲? 身与货孰多? 得与亡孰病? 是故甚爱必大费,多藏必厚亡。知足不辱,知止不殆,可以长久。

【语译】

身外的声名,和自己的生命比起来,哪一样亲切? 身外的财货,和自己的生命比起来,哪一样贵重? 得到名利,与失掉生命,哪一样对我有害呢?

由此可知:过分的爱名,就必要付出重大的损耗;要收藏喜爱的东西,将来亡失的也多。只有知足知止,才可不受大辱,不遭危险,而生命也必能得以久存。

一、庄子游于果园

有一天,庄周到雕陵果园游玩,看见一只从南方飞来的鹊鸟,翅膀有七尺宽,眼睛的直径有一寸长。这只鸟从庄子的头前擦过,停在不远的栗林里。

庄子自语道:"这是什么鸟? 翅膀大却不高飞,眼睛大却不看人。"

于是提起衣角追了过去,手里还拿着弹弓准备射它。就在这时,一幕景象从他眼前掠过:一只躲在树荫下的蝉,贪图舒适,没有注意到在它身后正要举起臂膀来捉它的螳螂;螳螂只顾着捕蝉,竟没有观察到鹊鸟的窥伺;而鹊鸟为了贪利,也忽视了藏于一侧正要捕捉它的庄子。

庄子

这一刹那,庄子蓦地心惊道:"物类本是只顾眼前的利欲,而忽略了身后的祸害啊!有心谋害他物的,又何尝不会为自己带来灾害呢?"因此,抛掉弹弓,掉头就走。管果园的人以为他要偷栗子,就追在后面大声斥骂着。

庄子回来后,接连三天,心情都不愉快,他的弟子蔺且问他说:"这几天老师为什么不愉快?"庄子回答:"我只顾和外物接触,竟忘掉了自身所处的环境,好像看惯了浊水,突然看到清渊,反倒迷糊起来一样。我曾听先生(老子)说过:'到那个地方,就要守那个地方的风俗习惯。'前日我到雕陵玩,忘了身处的环境,跟着一只怪鹊到栗林里,没想到竟受到管果员的侮辱,把我当作小偷看待,这就是我不愉快的原因啊!"

(《庄子》外篇第二十章《山木》)

二、论丧失本性

因为求名而丧失本性的人,就不是有道的人。他不但不能役使世人,反而会被世人所用,就像狐不偕、务光、伯夷、叔齐、箕子、胥余、纪他、申徒狄等人,受别人役使,为别人牺牲,反让自己得不到安适。

(《庄子》内篇第六章《大宗师》)

三、孔子接受道家的忠告

孔子问子桑雽说:"我在鲁国两次被驱逐出境,在宋国遭到'砍树'的祸患,在卫国受到'禁足'的耻辱,在商、周穷途潦倒,在陈、蔡又被围困。遭受了这些祸害,反使得亲戚疏远了我,弟子、朋友也相继离我而去,这到底是什么原因呢?"

子桑雽答道:"你难道没有听过假国人逃亡的故事吗?假国亡了,林回抛弃了价值千金的璧玉,背小孩亡命他乡。有人问他说:'你这么做是图钱财?还是怕累赘?如果是为了钱财,那小孩还不如璧玉值钱;如果是怕拖累,那小孩又比璧玉累赘多了。假如不是这个原因,那么你这么做到底是为什么?'

"林回说道:'璧玉只不过是图利,小孩与我却是天性的结合。'

"凡是因利而合的,在遇到灾难时,必会被抛弃;因天性而相聚,遇到灾难时,必会彼此收容,这两者的差距究竟有多大,实非笔墨可以形容的啊!

"再说,君子的结交,平淡如清水;小人的结交甜美如甘饴。君子以道而合,所以能永远相亲;小人以利而聚,所以能绝情绝义。因此,那偶然结合的,当然也会无故地分离。"

孔子听后,言道:"谢敬你的教诲。"便缓步自得地走了回去。从此,他摒弃了书籍,不再教授学生。然而,虽然学生在那儿学不到什么,师生的感情却比以前浓厚了许多。

(《庄子》外篇第二十章《山木》)

四、了解性命之情的人

了解性命之情的人,不做无益生命的分外事;通达命运之理的人,不做命运勉强不来的事。人须依靠物质来强身,但是物质富足却不能强身的人,并不在少数;人有形体才有生命,但是徒具形体却丧失性命之情的人,更是多不胜数。

悲哀啊!我们阻止不了生命的降生,也无法避免生命的死亡。世间的人总以为有了形体,就可以保全生命,然而如果养形保不了性命,那世间还有什么值得做的事呢?尽管不值得做,却又不能不做,乃是因为那是人分内的事啊!

若想避免养形,就得抛弃世俗之见,不去做分外的事;能够抛弃世俗之见,就不会有系累;没有系累就合于平静之道;新的生命也就随之开始;人只要有了新生,就近于大道了。

那么,为什么要抛弃俗事?为什么要忘掉生命呢?抛弃俗事就不会劳形,遗忘生命,精神便不会亏损,能做到这个地步,也就能与天合而为一了。

天地,是万物的父母。当它的精神与万物相合时,便产生形体;与万物分离,也就复归为始。

(《庄子》外篇第十九章《达生》)

在庄子的作品里,有三四篇关于他轻蔑官职的趣闻,下面给各位介绍其中的两篇。

五、庄子拒收官职

庄子在濮水旁钓鱼,楚威王派了两个大夫来看他,并且要他们代传旨意。这两个大夫见到庄子,便急忙说:"大王要把楚国的事托付给你了。"

庄子手执鱼竿,头也不回:"听说楚国有个神龟,活了三千年才死,楚王用布把它包在匣子里,然后藏在庙堂的上面。现在我请问你们,如果你们是这只神龟,是愿意死后留着骨骸让人崇仰呢?还是宁愿活着拖着尾巴在烂泥里爬。"

两个大夫回答:"当然愿意拖着尾巴在烂泥里爬。"

庄子也跟着说道:"那好!你们回去吧!我宁愿拖着尾巴在烂泥里爬行。"

惠子做了梁国的宰相,庄子打算去看他。于是,有人便对惠子说:"庄子要来取代你的相位了。"惠子听了很害怕,便在国内花了三天三夜找庄子。

第四天,庄子才去见他,并说着:"你可知道南方有只名叫鹓雏的鸟?它从南海飞到北海,一路上不是梧桐不栖止,不是竹实不去吃,没有甘泉便不饮。快要到达的时候,它看到了一只猫头鹰,正得着一只腐烂的老鼠,在那儿沾沾自喜,一眼瞧见鹓雏飞过,唯恐夺走了自己的老鼠,便昂起头向着鹓雏怒吼。现在你也想以你的梁国向我怒吼吗?"

(《庄子》外篇第十七章《秋水》)

第四十五节　清　正

大成若缺,其用不弊;大盈若冲,其用不穷。大直若屈,大巧若拙,大辩若讷。静胜躁,寒胜热,清静为天下正。

【语译】

最完满的东西,因物而成,看起来好像有欠缺的样子,但是它的作用却永不会停竭;最充实的东西,因物而有,看起来好像虚空的样子,但它的作用却没有穷尽。

最直的东西,随物而直,看起来好像屈曲的样子;最灵巧的东西,因自然而成器,不强为造作;看起来好像很笨拙的样子;最卓越的辩才,因礼而言,不强事争辩,看起来仿佛是口讷的样子。因此,体道的人,自可做到无为而无不为。

治理天下的人,更当随时体道而行,要明察寒、静可以克服热、躁。能执守清静无为之道,也就可做人民的模范,使万物各得其所。

"大成若缺"——请参阅二章之一庄子所说的:"所谓成就是毁,毁就是成。万物本就无成也无毁,而是通达为一的。"

"大巧若拙"——请参阅十九章之一的相同引句。

"大辩若讷"——请参阅二章之三庄子的说辞:"所以说,辩论的发生,乃是不曾见到大道的缘故。……雄辩的人,不会用是非之论去屈服人。"

"清静为天下正"——请参阅三十七章之一及三十七章之二,用相同的句型道出本思想的发展过程。

第四十六节　走　马

天下有道,却走马以粪;天下无道,戎马生于郊。祸莫大于不知足,咎莫大于欲得。故知足之足,常足矣。

【语译】

天下有道,人人知足知止,国与国间没有战争,善跑的马拉到田野,作为犁田之用;天下无道,人人贪欲无厌,国与国间争战频仍、所有的马用来战争,甚至连母马都要在荒郊生产,这就象征将有亡国之祸了。

由此看来,祸患没有过于贪得不知足的了,罪过没有过于贪得无厌的了。治国如此,做人又何尝不是如此? 只有知足知止,这种知足,才是永远满足。

老子的书中,常有以内容作为"章名"的标题,本章就是最好的证明,前一章也是如此。当然,章节的区分并不是出自老子之手,而是早期的编注者所为。

我曾在"绪论"中谈到,庄子不常讲知足的观念,或许是他不善传道吧! 他也很少提到老子的德性之教——"谦恭"一词。不过,老子的"知足",也正是庄子轻视物质(财富与地位)享受的另一个代名词。有关庄子"知足"的思想,我只能在庄子全文中发掘出一二稍具代表性的介绍给各位。

山　雀

山雀在深林筑巢,所占不过一根树枝;大鼠到河边饮水,不过把肚子填饱而已。

(《庄子》内篇第一章《逍遥游》)

第四十七节　求　知

不出户,知天下;不窥牖,见天道。其出弥远,其知弥少。是以圣人不行而知,不见而明,不为而成。

【语译】

万物万事皆有总原理;天下虽大,若能知天下之所以为天下的道理,不需出户,就可以知天下;天道虽广,若能知天道之所以为天道的道理,不看窗外,就可以知道自然的法则。

如果一定要出户,外看以求知求见,反而会离道愈远,所知愈少。所以明白道体的圣人,不待远求,天下的事理就可知道;不观察外界,就可说出自然的法则;不造作施为,就可使万物自化而有成。

在老子的作品里,有些被近代道家取来研究法术和招魂术的词句,尤其在庄子的著作中出现得更多。这个思想的形成,乃是起因于心灵胜过实体的观念。本章和五十、五十九章的后部都针对此点,提供了某些暗示。

老子稍微提到的"避死和不朽术",竟成了近代道家稗史的主体。因此,某些超自然的信仰者,更在庄子和列子的作品中,找到了不少证明他们信仰的学说。以下描述的,就是早期的瑜伽术。

孔子论"心斋"

颜回说;"我家贫穷,几乎有好几个月不曾喝过酒,吃过荤,这样算不算是斋戒?"

孔子答道:"这是祭祀的斋戒,不是心的斋戒。"

颜回问:"请问什么叫作'心的'斋戒?"

孔子说:"就是集中精神,专心一致的意思。记着,用耳去听,用心去听,不如以气去听。耳朵听的是没有意义的声音,心意领会的是无常的现象,惟有气才是空虚而能容纳的一切。所谓的真道也就存在这虚空的境界中。这个'虚空'便是所谓的'心斋'。"

颜回又问："我所以没有运用此法的原因，是因为感觉到自己是存在的，如果接受了这个方法，就不会有这种自我存在的感觉，那么，这算得上是'虚'吗？"

孔子说："这就是心斋的妙处。我告诉你它的原因何在？……且看那空虚的地方：因为室内虚空，所以才有光明；因为心神静止，所以吉祥才会聚集。如果心神不能静止，则虽身体静坐，精神仍是奔驰于外的。你还是摒弃心智，让耳目向内集中吧！"

（《庄子》内篇第四章《人间世》）

第四十八节　以无为取天下

为学日益，为道日损。损之又损，以至于无为。无为而无不为。取天下常以无事，及其有事，不足以取天下。

【语译】

为学可以日渐增加知见，为道可以日渐除去情欲。能把为学日益的妄念去了又去，减了又减，把知欲都损尽了，最后便能到达无为的境界。既到了无为的境地，便与道同体，自然也就能无为而无不为了。无为则何愁治理不好天下？反之，若强恃自己的智能一意孤行，又何以能治理天下？

"为学日益，为道日损，损之又损，以至于无为。"——庄子《知北游》也有相同的引文。

无为的学说一向不易了解，若以科学的眼光来解释，便是"利用自然达成目的"的意思。就无为的影响力，庄子写下了一篇最好的明证："以火救火，以水救水，名之日益多，顺始无穷。"——《养生主》篇；并再参阅四十三章之一的："屠夫的寓言"。

第四十九节 民 心

圣人无常心,以百姓心为心。善者吾善之,不善者吾亦善之,德善。信者吾信之,不信者吾亦信之,德信。圣人在天下,歙歙焉;为天下,浑其心。百姓皆注其耳目,圣人皆孩之。

【语译】

圣人没有成见,而以百姓的意见为意见。百姓善良的,固然善待他们;百姓不善良的,不但不摒弃,反而更加善待他们。因为圣人是各因其用而用之,绝不失其善;这样人人自然都会同归于善。百姓信实的,固然要以信对待;百姓不信实的,更应以诚信对待,因为圣人是只守信实,不知虚伪,唯其如此,所以才能化去虚伪,使人人同归于信实。

圣人治理天下。是无私无欲,无莫无适的。在他的治理下,百姓也是浑朴没有机心,因为圣人对待他们,就好像自己的孩子一般的爱护,务期使他们各顺其性。

老、庄教导贤明的君主,要让百姓自己判决事情,自己生活,而君主本身,不但不能以自己的意见限制百姓的思想,甚至还应以人民的意见来引导自己。

一、圣人接受百姓的意见并据为己有

世俗的人,都喜欢别人的意见和自己的相同,而厌恶别人的意见和自己的相反。他们这种好恶的心理,主要还是想胜过别人罢了!但是,他们果真能超出众人之上吗?与其如此,还不如听任众人的见闻,以求心灵的安宁,若想徒逞自己的才技,不但胜不了别人,反而还会比不上别人。

治理国家的人,只看见三王治理天下的利益,不见逞才而治的祸患。他们存着侥幸的心理拿别人的国家去求利,又怎么会不因这种心理而丧失别人的国家呢?若想保存别人的国家,可说万分之一的机会都没有。但要丧失国土,恐怕一万个国家都不够丢失的。可悲啊!这是治国的人不知道的事啊!

（《庄子》外篇第十一章《在宥》）

二、随　民

万物虽贱，却又不能不任其自然；百姓虽卑，却又不能不随从。

（《庄子》外篇第十一章《在宥》）

第五十节　养　生

出生入死。生之徒十有三，死之徒十有三。人之生，动之于死地，亦十有三。夫何故？以其生生之厚。盖闻善摄生者，陆行不遇兕虎，入军不被甲兵。兕无所投其角，虎无所用其爪，兵无所容其刃。夫何故？以其无死地。

【语译】

人始于生而终于死。当人生的时候，四肢九窍都属于生；当人死的时候，四肢九窍也都属于死。再看人生的过程，自幼至死，中间有许多劳动，动必有损，以至于四肢九窍也都归向了死地。这是什么缘故？实在是因为愈看重肉体，愈保不住它啊！

听说善养生的人，在陆上行走，遇不见攻击的牛虎；在军中作战，碰不到杀伤人的兵刃。因此，牛虽凶悍，却无法以角来攻击；虎虽勇猛，爪子也没了用处；刀刃虽利，却难以使用。这乃是因为善养生的人，绝不进入致死的境地。

一些年轻的道家，常把老子的哲学思想拿来作为自己的诗集体裁。有关生之悲哀和死之神秘这方面的感触，老子虽有，却很少提到。而庄子，不但慨叹世俗生命的短促，对死亡的神秘感到迷惑，而且以天赋的诗人文笔，写下了自己的感言。

以下便是庄子最优美的作品——生死谈。

一、生是死的结束，死是生的开始

谁知道生死两方面的关联性？人所以能生，是因为气的集聚，气聚便是生，气

散就是死,生死原是互为循环,我又何必为此忧虑?人们喜欢生的神奇,厌恶死的腐臭,岂不知臭腐会转为神奇,神奇又将化为臭腐?万物本就是一体的啊!

(《庄子》外篇第二十二章《知北游》)

二、人类灵魂的颤动

人的灵魂在睡时关闭也好,醒后活动也好,其争斗和环境都脱不了关系。不管那是宽大懒散的人,或深沉狡猾、谨密小心的人,只要他们心意一动,随之而来的,不是提心吊胆,就是丧魂失魄。

他们的心神,像是射出去的利箭,专门窥伺别人的是非以便攻击;又好像突发的咒语,在耐心等候制胜的机会。如此驰逐竞争的结果,使他们的精神,像秋冬的萧瑟一样,一天天销毁下去,不但无法自拔,更别说恢复本性。最后,这衰微的心灵日渐老化枯竭,慢慢走向死亡。

人的心灵,时而欣喜,时而愤怒,时而悲哀,时而欢乐,时而忧虑长叹,时而犹豫固执,时而轻佻放纵,时而张狂作态,好像气息吹进虚寂的窍孔所发出的声音,又像是地气蒸发凝结成的朝菌。

这些变化,日夜轮流替代,呈现在我们眼前,可是遗憾的是却不知它们来自何处?如果真能领悟,便不难了解宇宙间生生化化的道理了。

如果没有这些情绪的变化,就没有我;如果没有我,又哪能感觉出它们的演变?可见我与它们是最接近的,然而却又不知它们是受谁的主使?仿佛真有个'灵魂'存在。尽管看不到它的形迹,倒可看到它的作用;尽管看不到它的形状,却知它本就是真实的存在。

再以人体来比喻:人体具备了百骸、九窍、六脏等各部。在这些成分中,人最喜欢哪一个?是全都喜欢?还是偏爱哪一个?或是把它们服侍我的臣仆看待?若是臣仆,它们的行为就是被动的,当然就是有某个"灵魂"在控制它们。

你知道这"真灵"也罢,不知道也罢,对它的真实性并不会有什么增损。人既生,就有形体;有形体,就有死亡。纵然不是立即死去,也不过偷生世上,坐待死神的降临罢了。就这样天天和外来的事物抵触,看着光阴飞逝而过,却又无法阻止,岂不是太可悲了吗?

终身劳碌,见不到辛苦的果实;疲累至死,不知道自己的归宿。这样的人生岂不太可叹、太可怜了吗？有人或认为形体无恙，便不会死亡，但是，这又有什么意思？要知道，形体一旦死亡，精神和心灵也随着毁灭，这才是最大的悲哀！

人生在世，原就是这样迷糊吗？还是只有我迷糊，别人不迷糊？

（《庄子》内篇第二章《齐物论》）

三、梦见饮酒作乐的人，醒后反遇悲伤的事

我怎知道贪生不是迷惑？怕死不是像流落异乡的孤儿？

丽姬是艾地封疆官的女儿，当晋王迎娶她的时候，哭得像个泪人似的。等她到了晋王的宫里，和晋王睡在舒适的床上，吃着美味的菜蔬肉羹，这才懊悔当初不该哭泣。我怎知道死了的人，不会像丽姬那样，懊悔当初不该求生呢？

梦见饮酒作乐的人，早晨起来却碰到悲伤哭泣的事；梦见伤心痛哭的，醒后反有像打猎那样快乐的事发生。当人在梦境中，并不晓得那是梦；而人生在世深入迷途，又像在做梦一般；人在梦醒后，才知道以前是梦；人死了譬如大醒，那时才知道人生也不过是一场大梦而已。

可是有些愚蠢的人，不知道自己是活在梦中，还以为自己清醒得很，一副什么都知道的神情。整天君呀！民呀！贵呀！贱呀！喊个不停！真是执迷不悟，心胸狭窄极了。

孔丘和你都在做梦，说你们做梦的我也是在做梦。这些话常人听了，必以为怪异。但在万世之后，还怕遇不到一个解得开这个道理的大圣人吗？

（《庄子》内篇第二章《齐物论》）

"古时候的真人，不知道喜爱生存，也不知道憎恨死亡。"

（《庄子》内篇第六章《大宗师》）

四、人生短促

人生于天地之间，就像白驹穿过石隙一般，转瞬即逝。万物突然生，突然长，又突然的衰退死亡，莫不是顺着自然的变化而来。但是生物却因此而哀伤，人类更因此而悲痛。其实，离开人世就好像解开自然的束缚，毁坏自然的剑囊一样，魂魄走向哪里，形体也跟着走向哪里。

（《庄子》外篇第二十二章《知北游》）

五、孟孙的死:本身就是一场梦

颜回问孔子说:"孟孙才的母亲死了,他没有掉眼泪,心不觉难过,居丧不悲哀。三种悲哀的表示,他一项都没有,反而以善于居丧闻名鲁国,这不是虚有其名吗?"

孔子答道:"孟孙才已经尽了居丧之道,他比知道丧礼的人更精进了一层。丧事本应简化,只是世俗难以办到,而他已经有所简化了。他不知什么是生,什么是死;不知迷恋生前,也不知追求死后;仅把生死看做物的变化,一味听从那不可知的演变而已。

"人的形体无时不在变化,哪能晓得那不变化的是什么?人的精神是不变的,又哪里晓得那形体已变化了呢?我和你还是在梦中啊!孟孙氏突然遇着形体上的变化,却并不以此连累他的心神。他以为,形体上的变化并不是真死,而是搬了新居。他之所以哭,乃是随别人哭而哭,他的心却是毫无感觉可言。

"人们常以暂有的形体说道:'这是我!这是我!'其实,这个'我'果真是自己吗?譬如你曾梦作鸟在空中翱翔,梦作鱼在水底戏游,那么在这里和我谈话的你,是醒着的你?还是做梦的鱼鸟?

"偶然碰到如意的事,来不及笑;真正从内心发出的笑声,事先也来不及安排。因此,唯有安于造物者的安排,忘却生死,顺着自然的变化,才能进入虚无的境界,与天合为一体。"

(《庄子》内篇第六章《大宗师》)

六、庄子梦为蝴蝶

从前,我(庄周)曾做过一个梦,梦到自己变成了一只非常生动的蝴蝶,在花丛间高兴地飞舞着,那时候的我,丝毫不知自己就是庄周。醒来后,看见自己仍是人形,不觉迷惑半响:到底是我做梦变成蝴蝶呢?还是蝴蝶做梦变成了我?我和蝴蝶一定有分别了。

庄子梦蝶

但是在梦里,我和蝴蝶,何尝有分别？说我是蝴蝶可以,说蝴蝶是我又有什么不可？这就叫作"物化"——形象的变化。

(《庄子》内篇第二章《齐物论》)

七、广成子论不朽

黄帝在位十九年,教令通行天下,民心因而归向。一天,黄帝听说广成子在崆峒山上隐居,便亲自去看他,说:"听说先生已经达到至道的境界,请问至道的精气是什么？我想用天地的精气,助长五谷的成熟,以养百姓；又想调和阴阳,以顺万物的情性。"

广成子说:"你所问的,是万物的本质；你想做的,却是摧残万物。自你治理天下以来,云气没有集中就下雨；草木没有枯黄便凋落；日月的光辉,也逐渐昏暗不明。像你这样浅陋的心志,又有什么资格来谈至道的境界？"

于是黄帝弓身而退。回去后,便抛弃了王位,盖了一间清静的小屋,坐在洁白的茅草上静思。这样过了三个月,他又来拜望广成子。

黄帝画像

广成子朝南而卧,黄帝顺着下风,跪行而上,深拜叩头说:"先生已达至道的境界,请问如何修身才可以长久生存？"

广成子惊奇的坐起来,说道:"问得好！来！我告诉你至道的境界。至道的精气,幽远而不可穷究；至道的极境,细微而无法看见。

"不要求去看,不要求去听,专一精神,清静无为,形体自然会走向正道；必定要静寂,必定要清心,不要劳动你的形体,不要动摇你的精神,自然就可以长生。

"因为,眼睛不看,耳朵不听,心里就不会思虑,精神自会与形体冥合,形体也就长生了。不要动摇你的心志,不要因外物而动心,因为多用心智,乃是祸害的根源。

"如果能做到这些,我定助你上太虚的空中,进至阳的境地；我还会引你到幽远寂寥的至阴之地。天地万物各有功用,阴阳两气也各守其根！你只要注意修身,万物自会茁壮,又何必劳心为它经营？我就是因为专处于恬淡的境地,所以至今一千二百岁了还不见衰老。"

黄帝再三叩头说:"广成子可说是和天同体了。"

广成子又说:"来,我再告诉你:万物的变化没有穷尽,世人却以为有终始;万物的变化不可测量,世人却以为是有极限。得到我'道'的人,在上可以为皇,在下可以为王;丧失我'道'的人,活时只能看日月之光,死后也不过是一堆土壤。

"如今万物生于土地葬于土地,而我却要带着你,经无穷的道途,游无限的旷野。我和日月一样光明,和天地同样长久。在我之前,万物泯然而不知;在我之后,万物更是昏暗而无识。众人认为有生有死,所以必有死尽的一天;唯有了解生死如一的我,方能永远长存。"

(《庄子》外篇第十一章《在宥》)

八、至道的人不会受到伤害

河伯说:"既如此,道有什么可贵的呢?"

北海若答道:"知道大道的,必定通达事理;通达事理的,必能明白权变;明白权变的人,不会让外物来伤害自己。至德的人,火不能烧死他,水无法淹死他,寒暑也损害不了他,禽兽更伤不了他。这并不是说靠近它们而不受损伤,乃是因为他能辨别安宁和危险;安守穷困和通达;进退都非常小心,所以才没有物能伤害他。"

(《庄子》外篇第十七章《秋水》)

第五十一节　玄　德

道生之,德畜之,物形之,势成之。是以万物莫不尊道而贵德。道之尊,德之贵,夫莫之命而常自然。故道生之,德畜之,长之育之,亭之毒之,养之覆之。生而不有,为而不恃,长而不宰。是谓玄德。

【语译】

道为天下之母,所以万物皆从道生,随之便有了蓄养之德;既生既蓄,物才能为物;物既为物自然就有了貌像声色;物既成形,则形形相生,产生了无穷尽的万物;这一切的形式,乃是由于一个名叫"势"的力量在其中操纵。

万物既从道生,所以莫不尊道;既受德蓄,所以莫不贵德。但是道虽尊,德虽贵,却不自以为尊,自以为贵。它施于物的,并不是有心命物,而是让物各自为生,各自以蓄。

所以说,道虽化生万物,德虽蓄养万物,虽长育、安定、覆养万物,却是化生而不为己有,兴任而不恃已能,长养而不自以为主宰。像这样微妙深远的力量,就是玄德了。

"万物受它的蓄养,却不知它是什么,这个它就是本根。了解本根的道理,便可通达于天地。"——六章之一(《庄子》外篇第二十二章《知北游》)。

"为而不恃,长而不宰",在庄子《达生篇》中也曾出现过类似的引句。

第五十二节　袭常道

天下有始,以为天下母。既得其母,以知其子;既知其子,复守其母,没身不殆。塞其兑,闭其门,终生不勤;开其兑,济其事,终身不救。见小曰明,守柔曰强。用其光,复归其明,无遗身殃。是谓习常。

【语译】

天地万物都有本源,这个本源就是道;道创生天地万物,所以也是天地万物之母。既能认知天地万物之母的道,就可以认识天地万物,既能认识天地万物,又能秉守这个创造天地万物的道,那么,终身就不会遭到伤害,没有任何危险了。

若以道为依归,便不可妄用聪明,应该守其母,知其子,这样一来虽万物纷纭于前,也可相安无事,终身不劳;若妄用自己的聪明,专恃自己的才能,那就终身无可救治了。

能察见微小的道根,守住柔弱的道体;再以道根之小为明,道体之柔为强,方不致祸及本身。也就是因道而行,凡事必可"无为而无不为"的道理。

本章由"母"提到万物之源的"道",再从"子"谈到宇宙万物,这一连串的叙述,正是道现的形态。若能了解宇宙万物来自同源的道理,精神方面便可获得"压倒万物之性"的解放。

一、论"万物为一"的知与不知

只有得道明达的人,才能了解这通而为一的道理。人们不知道这个道理,反劳心费神去求道的一贯,却不知万物本就没有什么分别,这种情形和"朝三"的意思又有何不同? 什么叫作"朝三"呢?

据说:从前宋国有个养猴子的老人,分栗子给猴子吃的时候,先向它们说:"早上吃三个,晚上吃四个。"猴子以为太少,全都发起怒来。老人换个语气又说:"那么,早上吃四个,晚上吃三个。"猴子听了,都高兴得跳了起来。其实,数量不曾改变,只是利用猴子喜怒的情感来顺应它们罢了。这和固执己见,劳神求"一"的心理有何分别?

所以圣人调和万物,以自然去平息是非的争论,使物、我各得其民,并行不碍。

(《庄子》内篇第二章《齐物论》)

二、道通

道是通而为一的,而万物的生成就是毁灭。万物所以毁灭的原因,就是在区别万物的时候,它们已违反了道通为一的原则,而各备其体。

人本就各备其体,所以只知心驰外物,不知返回本源,其结果不是自以为得,就是迷灭了本性。自以为得,不过是得到死的预兆;徒具形体,没有本性,宛如行尸走肉,只可说是鬼的一种罢了。

唯有那能以有形的身体,达到忘我境界的人,心灵才能得到安定。

(《庄子》杂篇第二十三章《庚桑楚》)

三、圣人随物而安

圣人任凭物性的本根,不违反物性来顺从自己;众人违反本性去追逐外物,却不使物性来顺应自然。

(《庄子》杂篇第三十二章《列御寇》)

第五十三节　盗　夸

使我介然有知,行于大道,唯施是畏。大道甚夷,而民好径。朝甚除,田甚芜,仓甚虚;服纹彩,带利剑,厌饮食,财货有余,是谓盗夸。非道也哉!

【语译】

假若我稍为有些认识,那么,行于大道时,必定小心谨慎,唯恐走入邪路。奇怪的是大道如此不稳,而人君却喜欢舍弃正路,去寻小径邪路前行。

因为人君不遵守大道,结果才使朝政腐败污乱,田地非常荒芜,仓廪非常空虚。此外,他又外服锦绣纹彩,来修饰外表的美观;身带利剑,来夸耀自己的强悍,一心只知目前的享受,只顾自己的财货有余,不想往后的艰难岁月。

这样的人君,真可称为强盗的头目,同时也必然教人民为盗。教人为盗的,不但不合乎大道,反损毁了大道,这是在自取灭亡啊!

一、为猪设想

主祭官穿着礼服来到猪圈前面,向要祭祀的猪说:"你讨厌死吗?我饱养你三个月,十天戒、三天斋,然后用白茅铺座位,把你的肩臀放在雕饰的祭器上,难道你还不愿意有这份殊荣?"

接着他假想自己是猪的话,一定会这么回答:"我宁愿你用糟糠养我,只要能把我放在牢圈里,我就心满意足了。"

但是,当他为自己打算时,便无所谓牢笼,凡能让他"生时富贵,死有棺椁"的事,他都愿意去做。他为猪打算,不愿做;为自己打算,却愿为。猪和他究竟有什么不同?

(《庄子》外篇第十九章《达生》)

国学经典文库

林语堂讲《道德经》

图文珍藏版

二、论至乐

天下到底有没有真正的快乐？有没有保身活命的方法？答案是有，只是世人不知如何取舍罢了！他们不知道：应该怎么去做？应该依据什么，避免什么，保守什么，离弃什么，喜爱什么，和厌恨什么？

人们赞美的是：长命，富贵和幸运。喜欢的是：身体的安适，饮食的合口，装饰的华丽，色欲的满足，音乐的悦耳。所厌恨的是：穷困、卑贱，死亡和疾病。引以为苦的是：身体不得安逸，口吃不到美味，身穿不着华服，眼看不到美色，耳听不到悦音。

如果得不到这些形体上的满足，人们就开始忧愁起来。唉！这么费心为形体着想，不是太愚蠢了吗？富人劳苦身体，勤奋做事，积了不少钱财，自己却不能完全使用，这是在苛虐自己的形体。贵人夜以继日为自己地位的安危着想，这是在疏忽自己的形体啊！

而世上的人，既有生，总离不了忧愁，年寿愈长，忧虑也就愈久，却又不能立即就死，若是这样保存生命，未免太悲苦了。

烈士受天下人称善，却不能保存自己的生命。我不知道这个善，是真善？还是不善？若说他是善，为何他连自己的生命都保不住？若说他不善，他却又能保存别人的生命……

如今世俗所做的事，和他们所说的快乐，我不知那究竟是真的快乐？还是假的快乐？看那世俗所喜欢称道的和群起争赴的事，都像是迫不得已而为的样子，可是他们嘴里还不住地说道："这是快乐。"我既不认为那是快乐，也不以为那是不快乐。那么，到底世间有没有真正的快乐呢？

我以为清静无为是真快乐，而世人又认为这太苦了。所以说："真正的快乐，是忘去一切形体上的快乐；真正的荣誉，是离弃一切美好的荣誉。"

（《庄子》外篇第十八章《至乐》）

第五十四节　身与邦

善建者不拔,善抱者不脱,子孙以祭祀不辍。修之于身,其德乃真;修之于家,其德乃余;修之于乡,其德乃长;修之于邦,其德乃丰。修之于天下,其德乃普。故以身观身,以家观家,以乡观乡,以邦观邦,以天下观天下。吾何以知天下然哉?以此。

【语译】

天下有形的东西,容易被拔去;有形的执着,容易被取走。唯有善于建德持道的人,建于心,持于内,也就不能拔去取走的形迹。若能世世遵从这个道理而行,则社稷宗庙的祭祀,必将代代相传不绝。

拿这种道理贯彻到修身,必定内德充实,不需外求;身既具备以道理,再贯彻到治家,则必德化家人而有余;以此德性贯彻到治乡,必能德化乡人而受尊崇;以之贯彻到邦国,必能德化邦国而丰盛;以之贯彻到天下,也势必能普遍地德化天下人。

德性既修,便可以我一身观照各人,以我一家,观照其他各家,以我一国,观照其他各国,以我现在的天下,观照现在和未来的天下。至于谈到我何以能够知道天下的情况呢?那就是由于这一道理。

本章前两句的意思,主要是对“可见的策略”采不信任的态度。这个意思,特别是在二十七章的开始,描写得极为详细。

“要防备开箱、探囊、倒柜的小偷偷窃,必定要把箱柜等东西用绳子绑好,用锁锁好;这么做的人,便是世上所谓的聪明人。但是,一旦大盗来了,背着柜,提起箱,挑着行囊而跑,唯恐绳子捆得不紧,锁栓得不牢。”——十九章之一

(《庄子》外篇第十章《胠箧》)

孔子观人的九种特征

孔子说:“人心比山川还要险恶,比天道还难推测。”天还有春、夏、秋、冬四季

的变化,和早晚的区别;人的内心却深藏在外貌的后面,叫人无法了解。

有的人外貌谨慎,行为却傲慢无礼;有人貌似聪明,却满肚子愚鲁;有人形貌顺从,内心却轻佻无比;有貌似坚强,内心软弱的人;也有貌似宽静,内心急躁的人。这些人饥不择食地急急趋向仁义,又像避热逃火地迅速舍弃了它。

因此,君子要任用某人时,必得先用下面几种方法来试探他是属于那类的人;远离他,看他是否忠心;亲近他,看他是否有礼;吩咐他做繁杂事,看他是否有才能;突然问他,看他是否多智;急促限期,看他是否守信;委托钱财,看他有没有仁心;告诉他危险的事,看他会不会变节;让他酒醉,看他是否守法;处于混杂的地方,看他是否会淫乱。有这九种试验,不肖之徒便可以看出来了。

(《庄平》杂篇第三十二章《列御寇》)

第五十五节　赤子之德

含德之厚,比于赤子。毒虫不螫,猛兽不据,攫鸟不搏,骨弱筋柔而握固;未知牝牡之合而朘作,精之至也。终日号而不嗄,和之至也。知和曰常,知常曰明,益生曰祥,心使气曰强。物壮则老,谓之不道;不道早已。

【语译】

含德深厚的,可以和天真无邪的婴儿相比。至德,是柔弱和顺的,赤子也是如此。他不识不知,无心无欲,完全是一团天理的组合,所以毒虫见了不螫他,猛兽见了不伤他,鸷鸟见了不害他。他的筋骨虽很柔弱,但握起小拳来,却是很紧。他并不知雌雄交合的事情,但其小生殖器却常常勃起,这是因为他的精气充足的关系;他终日号哭,嗓子并不沙哑,这是因为他元气醇和的关系。

调理相对的事物叫作醇和,认识醇和的道理叫作常;常是无所不至,所以认识它就叫作明。以常道养生,含德自然是最厚。若不以常道养生,含德自然是最薄。若不以常道养生,纵欲不顺自然,不但没有好处,反会招来祸患。欲念主使和气就是刚强,刚强总是支持不了多久的。

道是以柔为强,若是勉强为强,便不合道的叫作物,物由壮至老,由老至死,便是因为它强为道的缘故。因此，真正道的强，柔弱冲和，比如赤子，任何东西都加害不了它的。

庄子最受人喜爱的格言便是对"全性""全德""全才""全形"的描述，这和老子"守其性"及"力量之源"的思想，完全相符。

他们都以"赤子"和"小牛"比喻为"纯德"的征象，这个征象也就是圣人的"全德"。另外，庄子还借用"丑者"和"残缺者"，为"身体的不全"和"精神的至善"两方面，做了一个对照。

一、全才：哀骀它

鲁哀公问孔子说："卫国有一个面貌丑陋的人，名叫哀骀它。不但男人和他相处，都不想离开他，甚至见了他的妇女，也向父母要求说，与其做别人的妻子，不如做他的妾。因此，他的妻妾不下数十位，而且还有继续增多的可能。

"不曾听说他倡导过什么，只见他一味地应和人而已。不但如此，他既没有权位救别人的灾难，没有爵禄去养活别人，面貌又丑陋不堪，除了应和别人外，只有'不思索身外的事'这样的特长。那么为什么见了他的男女都如此亲附他呢？想必他一定有异乎常人的地方吧！

"于是，我把他召来一看。果然面貌丑得惊人。可是，和他相处不到一月，我便发现他有过人之处；不到一年，我竟万分信任他了。那时国家正没有主持国政大臣，我就想请他来担任这个职务。他既不答应，也没有推辞，但没有多久，他就离开了。为此我难过得不得了，像是失落什么似的，只觉得世上已没有可以和我共欢乐的人。他到底是什么样的人呢？"

孔子说："我曾经到楚国去，恰巧看到一群小猪在吃母猪的乳。它们吃了一会才发现母猪是死的，顿时吓得四处乱窜，这是因为母猪没有知觉，不像活的时候那个样子的缘故。可见小猪爱它们的母亲，不是爱它的形体，而是爱那主宰形体的精神。

"譬如：为阵亡的武将举行葬礼时，不用布衣装饰棺木；犯刑砍断脚的人，不喜爱鞋子，这都是因为失去了根本。做天子的妃妾，不剪指甲，不穿耳洞；娶妻的仆从，只在宫外服役，不得再在天子跟前侍奉。为了要求形体的完全，普通人都须做到如此的地步，何况那德性完全的人？

"现在哀骀它没有说什么，却得到了别人的信任；没有立什么功，却得到了别人的敬佩；甚至还使得别人把国政交给他，犹唯恐他不肯接受，这必定是才全而德不外露的人。"

（《庄子》内篇第五章《德充符》）

二、全德

纪渻子替齐王饲养斗鸡，养了十天，齐王问他可不可以斗了？

纪渻子回答说："还不行。鸡性骄矜，自恃意气，还不能使用。"过了十天，王又来探问。纪渻子回答说："还不可以。它一听到声音，看见影子，就冲动起来了。"

又过了十天，王再来探问。纪渻子回答说："仍然不行，它的眼睛还有锐气，气势也还太强。"

十天后，王又来探问。纪渻子终于答道："可以了。它听到别的鸡在叫，已经毫无反应。你看它，俨然一副木鸡的神态，这正表示它的德性已经完备。现在没有一只鸡敢跟它应战，即使想向它挑战，看到它这副神情，也必定吓得回头就跑。"

（《庄子》外篇第十九章《达生》）

三、新生的小牛：专一的秘诀

啮缺（尧时的老师）向被衣问道，被衣回答说："你只要端正形体，专一视听，自然的和气就会来到；放摄知识，专一思想，神明也自会来栖止。若能做到这些，你不但能表现出美好的德性，与大道化合，更会像初生的小牛一样，不会去研究事物的所以然。"

（《庄子》外篇第二十二章《知北游》）

四、影子、形体、精神

半阴影问影子说："你一会儿走，一会儿停，一忽儿坐，又一忽儿站，怎么一点独立的性格也没有？"

影子回答说："那是因为我有依赖性，所以才会这个样子。被我所依赖的东西，同样地也须依赖别物。这就好像蛇须靠它肚下的皮才能行动,蟑须靠它的翅膀才能飞行一样。就连我自己也不知道为什么一会儿做这件事,一会儿又做那件事。"

(《庄子》内篇第二章《齐物论》)

关于影边和影子的对话,有人这么解释:前者依后者,后者依形体,形体再仰赖精神的移动。另一派解说是,影子说:"我和蛇或蝉蜕一样,是类似形体的空壳。"这个意思似较前者更为妥当。

五、论"不增益自然的本性"

庄子说:"我所说的无情,乃是不因为好恶损伤自己的天性,只随自然的变化,而不以人为来增益自然本性的人啊!"

(《庄子》内篇第五章《德充符》)

第五十六章　无荣辱

知者不言,言者不知。塞其兑,闭其门,挫其锐,解其纷,和其光,同其尘。是谓玄同。故不可得而亲,不可得而疏;不可得而利,不可得而害;不可得而贵,不可得而贱。故为天下贵。

【语译】

智者晓得道体精微,所以不任意向人民施加政令;好施加政令的人就不是智者。塞绝情欲的道路,关闭情欲的门径,不露锋芒,消解纷扰,含敛光耀,和尘俗同处,这就是玄妙的齐同境界。修养能达到这种境界,就不分亲疏,不分利害,不分贵贱。能够超越这种亲疏、利害、贵贱的,才是天下最为尊贵的人。

一、知道的人不谈道,好谈道的人不知道

世人珍视的大道,是文字的记载;文字的记载不外乎语言,所以说珍视文字,实

际上就是珍视语言。语言重视的是内容和意义,有的意义可以表达,有的意义却是语言表达不出的。世人因重视语言,便把它记载在书中,以文字流传下来,殊不知这种文字实是毫无价值的。

我所以不珍视它的原因,实在是因为他们所看重的东西,并不是世上最珍贵的东西,最珍贵的东西往往是言外之意啊!眼睛看得见的是形体和颜色,耳朵听得到的是名誉和声闻,这一切在人们的心里,竟成了洞穿大道的媒介物。事实上,那形、色、声、名根本无法助人探得大道的实情。

因此,知"道"的,不谈道,好谈道的,便不知"道",世人又岂会知道这些道理?

一天,桓公在堂上读书。车匠在园里制轮,听到了桓公的读书声,车匠放下工具走向堂上,问桓公说:

"请问陛下在看什么书?"

桓公回答:"是圣人的言语。"

车匠问:"圣人还活着吗?"

桓公说:"已经死了。"

车匠说道:"那么殿下谈的,是古人的糟粕罢了!"

桓公怒道:"寡人读书,由得你这个车匠随意批评吗? 有理由还可以,没理由你就只有死路一条。"

车匠说:"就以我做的事来比喻吧! 做的轮子太紧,便带涩;太松,又会不牢固。要做得恰到好处,必须心手合一才可。但是这种心手合一的感触,不是能用语言表达出来的。这也就是为什么我不能把这门手艺传给儿子,让他继承我衣钵的缘故,以致我年已七十,还在这里制轮。

"古人和他那不能传授的东西,都已经消失了。陛下读的岂不就是古人遗留下来的糟粕?"

每个人都知道:从没有形体到有形体,叫作生;从有形体到没有形体,叫作死。但是,人们仍不停地议论着这件事,唯有那求道的人才忽略了它。因此,一个真正明白大道的人是不议论的,议论不停的人,便求不到大道。

（《庄子》外篇第二十二章《知北游》）

二、"不谈道"是很困难的事

庄子说:"了解道很容易,要想不说出来,就困难了。知'道'而不说,便合乎天然;知'道'而说出来,就是随顺人为。古代的人合乎天然,而不去做人为的事。"

(《庄子》杂篇第三十二章《列御寇》)

三、"知"的相对论

啮缺问王倪说:"你知道万物所以相同的原因吗?"

王倪说:"我怎会知道?"

啮缺又问:"你不知道自己不知吗?"

王倪说:"我哪里知道?"

啮缺又问:"这么说,就没有人知道了吗?"

王倪回答说:"我怎么会知道? 虽然这样,我还是试着说给你听吧! 试想,我如果说知,怎么知道我所说的'知'是不知? 我如果说不知,怎么知道这'不知'其实就是真知?

"再说,人睡在潮湿的地方,就会腰酸背疼,患上半身不遂的病,那么泥鳅会不会这样呢? 人住在树上,就会吓得发抖,恐慌得不得了,那么猿猴会不会这样呢? 你以为人、泥鳅、猿猴这三者,谁的住处最恰当?

"人吃蔬菜和肉类,麋鹿吃青草,蜈蚣爱吃蛇脑、猫脑,猫头鹰和乌鸦爱吃死老鼠,你以为人、兽、虫、鸟这四者,谁的口味最合适?

"和雌猿作配偶,麋和鹿作配偶,泥鳅和鱼作配偶,当这些物类看见了世人认为最美丽的毛嫱和丽姬时,不是避于水底,就是飞向高空;不是奔入暗处,就是逃向深林。你以为人、鱼、禽、兽这四者,谁才是最完美的?

"照我看来,仁义的标准,是非的途径,纷然错杂,实在是无从分别啊!"

啮缺又问:"你既然不知是非的分别,难道至人也不知吗?"

王倪答道:"至人是神灵,山林焚烧,他不觉得热;江河冰冻,他不觉得冷;疾雷狂风,震动了山,掀起了海,也不会使他惊惧。

"驾着祥云,乘着日月,遨游于四海之外,与大自然的变化合为一体,生死再也控制不了他,何况那是非利害的区别,他当然更是不会放在心上了。"

(《庄子》内篇第二章《齐物论》)

"不知道的人是真知,知道的人反而是无所知,那么谁才知道那不知的知呢?"——一章之一(《庄子》外篇第二十二章《知北游》)。

四、玄德

"削除曾参、史鰌的忠信行为,封闭杨朱、墨翟的浮诞口辩,抛弃仁义礼乐之说,天下人的道理才能达到'玄同'的境界。"——十九章之一(《庄子》外篇第十章《胠箧》)。

五、爱憎不至,得失不临

宋荣子这个人,即使世上的人都称赞他,他也不会因此而得意;世上的人都毁谤他,他也不会因此而沮丧。因为他能认清内外的分际,了解荣辱的真正内涵。

(《庄子》内篇第一章《逍遥游》)

本章提到的哲学家,乃是宋荣。参阅序文。

第五十七节　治　术

以正治国,以奇用兵,以无事取天下。吾何以知其然哉?以此。天下多忌讳,而民弥贫;人多利器,国家滋昏;人多伎巧,奇物滋起;法令滋彰,盗贼多有。故圣人云:我无为而民自化,我好静而民自正,我无事而民自富,我无欲而民自朴。

【语译】

治国者以正不以奇;用兵者以奇不以正。然而以正治国,虽是合于正道,仍是有为而治,以奇用兵,仅止于暂应一时之变;若用正奇这两者来治天下就不合适了,我何以知道会这样呢?只要从下面几个无为而治的反面情形来看,就可以明白。

天下的禁忌太多,人民动辄得咎,无所适从,便不能安心工作,生活愈陷于困苦。人间的权谋愈多,为政者互相钩心斗角,国家就愈陷于混乱。在上位者的技巧太多,人民起而效尤的结果,智伪丛生,邪恶的事层出不穷。法令过于严苛森严,束缚人民的自由太过,谋生困难,盗贼就愈来愈多。

因此,圣人有见于此,便说道:我无为,人民便自我化育;我好静,人民也自己走上正轨;我无事,人民便自求多福;我无欲,人民也就自然朴实。

五十七、五十八、五十九、六十等章表达的思想,都牵涉到"民干政的危险"。主要的原因,便是人们知识的增长,把混乱带进了世界。至于怒斥"人性堕落"和"狡猾、伪善的滋长"等思想,请参阅十八、十九、二十八、三十八等章。

一、机械的坏影响

子贡到南方的楚国游玩,回返晋国的途中,路过汉阴,看见一个在菜园种菜的老人,打通了一条隧道到井边,极为辛苦的抱着瓮罐盛水来灌溉,只见他费了大半天的工夫,却没有得到多大功效。

于是,子贡忍不住说道:"有一种抽水的机器,一天可以灌溉百亩的菜圃,出力少,功效又大,先生为什么不用呢?"

灌园的老人抬头看了看子贡,问道:"那是什么模样?"

子贡回答:"那是木头做的机器,后面重前面轻,引水的时候,不必费力,井水就自然地急速流出,这种机器叫作槔。"

灌园的老人脸色变了变,笑着说道:"我的老师曾经说过,用机械做事的人,必定有机谋巧变的心思;有了机谋巧变的心思,便破坏了纯洁的天性;天性损毁,心神就不定;心神不定的人,离道就远了。我并非不知道用机器,而是认为这么做是羞耻的事。"

子贡听了,惭愧地低下头来。过了一会儿,灌园的老人问道:"你是谁?"

子贡答道:"我是孔子的弟子。"

老人又说:"你不是那个自认博学、又自比圣人,想超越众人,而又独自在那里弦歌哀叹,向世人炫耀名声的人吗?假如你能去掉神气,隐灭形体,还有接近大道的希望。否则,你连自己都不知怎么处理,还能教天下人吗?你快去吧!不要耽误了我的正事。"

子贡满脸愧色，茫茫然若有所失地走了三十里，心神才安定下来。

他的弟子问他说："刚才那个人是做什么的？为什么老师跟他谈过话后，脸色都变了，而且还整天不自在？"

子贡说："我以为天下只有孔夫子一人而已，没想到居然还有这么一个人。我曾听老师说过：人应求事能成，只要用力少，获得的成就多，就是圣人之道。如今我所听到的道理竟不是这样，而是能够执守大道的人，道德才完备；道德完备的人，形体就不亏损；形体不亏损，精神才专一；精神专一，才是圣人的大道啊！

"这个人和普通百姓一样地生活，行为醇和，道德全备，凡是不顺他心志的地方他不去，不合他意愿的事情他不做。若是全天下的人都称誉他，他不会引以为傲；全天下人都毁谤他，他也不会放在心上。像这样天下的毁誉对他都没有影响的人，才是全德的人啊。"

（《庄子》外篇第十二章《天地》）

二、犯罪的原因

柏矩向老聃学道。一天，他请求老子说："请老师带我们四处游历一番。"

老聃回答说："算了吧！天下都是一样的啊！"

柏矩再三要求，老聃只好答应道："好吧！你想先去哪里？"

柏矩说："先到齐国。"

他们一到齐国。看见一具死囚的尸体横卧在地，老聃推正了尸体，脱下朝服为他盖上，然后呼天而哭道：

"你呀！你！竟首当其冲地逃开了天下最大的灾难。"

接着他又说："莫不是为盗？莫不是杀了人？世事大多有了荣辱，才有弊病；有了积财，才有争夺。如今治理天下的人，不断地建立荣辱，聚集财货，穷困人体，要想逃避这些弊端，怕是不容易了。

"古代统治天下的人，若有功绩，都认为那是百姓辛劳的结果；若有过失，就以为那是自己造成的。同时，他还认为，政治所以畅行，是因为百姓能守法；政治所以阻塞，是因为自己的罪过。只要看百姓受饥受寒，便一再责备自己的不到。

"现在就不同了，在上位的人，故意隐藏事物，以此来责备百姓的无知；故意想出困难的事，来惩罚那些惧不敢为的人。他加重责任，以处罚那不能胜任的人；限期到远地,以诛杀那不能到的人。

"百姓的智慧已难应付这些法规,于是虚伪随之而生。试想,治者无日不在欺骗百姓,百姓又怎能不欺骗治者呢? 当一个人的力量不足时,就产生虚伪;智慧不足时,便产生欺诈;财用不足时,就开始偷窃。这本是最自然的事。但是,使百姓沦为盗贼的责任,该由谁来负啊?"

(《庄子》杂篇第二十五章《则阳》)

"我无为,百姓才能化育自己。"——三十七章之二(《庄子》外篇第十二章《天地》)

第五十八节　政　闷

其政闷闷,其民淳淳;其政察察,其民缺缺。祸兮福之所倚,福兮祸之所伏。孰知其极? 其无正也。正复为奇,善复为妖。人之迷,其日固久。是以圣人方而不割,廉而不刿,直而不肆,光而不耀。

【语译】

治国者无为无事,一国的政治看似混浊不清,其实有人民因生活安定,其德反而纯厚。治国者有为有事,一国的政治看似条理分明,其实人民因不堪束缚,其德反而浇薄。所以灾祸的里面,未必不隐藏着幸福;所以幸福里面,也未必不潜伏着祸根。这种得失祸福的循环,是没有一定的,谁能知道它的究竟呢?

就好像那本是正直的东西,突然间竟变作了虚假;那本是善良的东西,突然又化作邪恶一样。世人看不透这个道理,每每各执己见,作为是非取舍的标准。他们陷在这往复循环的圈子里,不能自拔,已为时很久了。

唯独得道的圣人,才能跳出这个圈子,能无为而为,以无事为事,方正而不戕人,锐利而不伤人,直率而不放肆,光亮而不刺耀。既伤不到自己,也伤不到别人。

第五十九节 如　啬

治人事天,莫如啬。夫唯啬,是谓早服,早服谓之重积德;重积德则无不克,无不克则莫知其极;莫知其极,可以有国;有国之母,可以长久。是谓深根固柢,长生久视之道。

【语译】

治理国家修养身心,最好的方法,莫过于爱惜精神、节省智识。因为只有爱惜精神,节省智识,才能早做准备,早做准备,就是不断地积德;能够积德,就没有什么不能胜任的;既没有什么不能胜任的,就无法估计他的力量;无法估计他的力量,就可以担负保家卫国的责任。掌握了治理国家的道理,就可以长久站稳。这就是"根深蒂固""长生久视"的长久之道。

或许导致近代道家研习法术的根由,就是老子在五十九章最后一句所说的话。事实上,从老子的自然玄同说,到努力成仙的演变过程,本是最自然的发展。因此,中国史上的道家,充满了"不朽"的神话故事,那些习法术的道士,更成了人们眼中的"活神仙"。

庄子曾特别详细地介绍了不少有关这方面的术语,比方:"内省""道引""养神"和"吸气"。这种术语很容易叫人联想起印度的瑜伽术。

我选了一些庄子"论不朽之崇拜"的作品,于下文中介绍给各位读者。

一、养神术

山林隐居之士,看破红尘及投水自杀的人,爱慕的是:磨炼意志使行为高尚,脱离现实而与众不同,发表高论而怨叹怀才不遇,乃是标榜清高的一群。

清平治世之士,教诲化人及四处游历的人,爱慕的是:施行仁爱、节义、忠诚、信实、恭敬、俭朴、推举、辞让的美德,乃是一些勤于修身的学者。

朝廷之士,忠君爱国及功勋盖世的人,爱慕的是:建大功,立大名,制定君臣礼仪,匡正上下名分,乃是治理国家的政客而已。

江海之士和避世闲居的人羡慕的是:到有山有水的地方居住,闲来钓鱼为乐。至于像彭祖寿考这类导引练气,养护身体的人,所爱慕的则是:修炼、呼吸、吐纳、倒挂树上若熊、伸足空中若鸟等保身长命的技巧。

如果能做到"不磨炼意志而行为自然高尚,不称说仁义而自然有修为,不建功立名而天下自然太平,不隐居于江海而自然优游闲散,不导引练气而自然身强命长,忘记一切,淡泊无欲,而所有美好的事都会随之而来"的境界,才算是天地的正道,圣人的美德啊!

所以说,恬淡、寂寞、虚静、无为,是天地的根本,道德的本质。圣人安静无为则平易,平易是恬静淡泊。若能如此,忧患邪气便不会入侵,也因此才能道德完备而不会神亏气损。

所以说:圣人生随自然,死随万物;静时和阴气一样地寂寥,动时若阳气一样地运行;不兴福,不起祸;有了感触而后接应,外物逼来而后周旋;摒弃智慧的技巧,以顺从自然的常理。

唯其如此,他才没有灾害,没有物累,没人批评,也没有鬼神的责罚。他生时无心,浮游于世;死时像休息般地静寂,没有思虑,没有预谋;光亮而不显耀,诚信而不必事先约定。因此他睡时不会做梦,醒时没有忧愁,终日神清气爽,魂魄不疲……

所以说,纯净而不混杂,专一布而不变动,淡泊无为以顺应自然,才是养神护气的至道。

（《庄子》外篇第十五章《刻意》）

二、才全

哀公问:"什么叫作才全?"

孔子回答:"生死、得失、贵贱、贫富、君子、小人、毁誉、饥渴、寒暑等,全都是事物的变化,天命的流行,他们日夜循环不已,都不知源流何处。因此,除了顺其自然外,实不应拿它们来扰乱本性,混杂灵台。

若能经常保持纯和之气的流通,而又不丧失喜乐的性情,使心胸日夜交替着春和的气概,来顺应一切的变化,便叫作才全。"

（《庄子》外篇第五章《德充符》）

三、见道

南伯子葵问女偶说:"你的年龄已不小,怎么脸色看起来还像小孩子一样?"

女偶说:"因为我学了道。"

南伯子葵说:"我可以学道吗?"

女偶说:"不,不可以,你不是学道的人。譬如说:那卜梁倚有圣人之才,却没有圣人之道;我有圣人之道,却没有圣人之才。因此我想,用圣人之道教他,他或许会立刻成为圣人吧,但是并没有这么快。

"照理说,把圣人之道告诉具有圣人之才的人,是很容易的事。可是没想到,我耐心教了他三天,他才把天下看作是虚空;再守他七天,他才把外物忘掉;我又守了九天,他才把自己的形体忘却。

"一旦他忘却形体,也就像清晨的天气那样清明;能够达到清明的境界,也就能得到绝对的大道了。得到大道以后,便没有古今的区别;没有古今,就能进入不生不死的境界。在此境界中,未必因为绝了生念就会死,也未必有了生念就会生。

"道支配一切事物的运行,因此万物莫不因道而生,顺着而死的;也没有不是因道而成,因道而毁的。能够了解这个道理,外问一切生死成毁的变化,都不能扰乱他心情的安宁。"

(《庄子》内篇第六章《大宗师》)

四、忘却心灵与形体

颜回告诉孔子说:"我进步了。"

孔子问:"何以见得?"

颜回说:"我忘了仁义。"

孔子说:"很好,可是还不够。"

过了几天,颜回又去见孔子说:"我进步了。"

孔子问:"何以见得?"

颜回说:"我忘了礼乐。"

孔子说:"很好,但是还不够。"

又过了几天,颜回再又见孔子说:"我进步了。"

孔子问:"何以见得?"

颜回答道:"我已经能坐忘。"

孔子听了,惊问道:"什么叫坐忘?"

颜回说:"不知道有形体的存在,摒除聪明的作用,离开形体,去掉机智,和大道相合,就叫作坐忘。"

孔子道:"和大道相合,就没有私心;顺着大道的变化,就没有阻滞。你实在是贤人啊,我真该向你学习学习。"

(《庄子》内篇第六章《大宗师》)

第六十节　治大国

治大国,若烹小鲜。以道莅天下,其鬼不神。非其鬼不神,其神不伤人;非其神不伤人,圣人亦不伤人。夫两不相伤,故德交归焉。

【语译】

治大国好像烹小鱼不能常常翻动,常常翻动小鱼就会破碎;不可以朝令夕改,过于多事,否则人民不堪其扰,便会把国家弄乱。但是能做到这个地步,只有"有道的人"才能达到。

有道的人临莅天下,清静无为,使物各得其所,鬼神各有其序。这时,不仅鬼不作祟伤人,神也不伤害人;不仅神不伤害人,就是圣人也不伤害人;鬼、神、圣人都能做到不伤害人,人民便能安宁生活,勉力修德了。

前章的首句,谈的是治人事,本章讨论的,则是治国。其源虽不同,但论"自制"和"不过分"的思想,却是大同小异。老子一向认为,政府干涉民生终归是伤民,所以极力主张"无为而治"。

一、圣人不伤人

圣人与人处而不伤人。因其不伤害人,所以也不会受到别人的伤害。故而唯有那不伤人的才能与人相处。

(《庄子》外篇第二十二章《知北游》)

二、其神不伤人

桓公在大泽中打猎,管仲为他驾车。突然桓公像是看见鬼魂似的拉着管仲的手问:"你看见什么没有?"

管仲说:"我什么都没看到。"

桓公回宫,因为恐惧而生起病来,有好几天不曾上朝。齐国有位名叫皇子告敖的士子对桓公说:"鬼怎能伤害陛下?陛下是自己在伤害自己啊!"

管仲

(《庄子》外篇第十九章《达生》)

第六十一节　大国和小国

大国者下流,天下之交。天下之牝,牝常以静胜牡,以静为下。故大国以下小国,则取小国;小国以下大国,则取大国。故或下以取,或下而取。大国不过欲兼畜人,小国不过欲入事人。夫两者各得其所欲,大者宜为下。

【语译】

人类能否和平共处,实系于大国的态度。大国要像江海居于下流,为天下所会归。天下的雌性动物,常以柔弱的静定,胜过刚强躁动的雄性动物,这是因为静定且能处下的缘故。因此大国如能对小国谦下有礼,自然能取得小国的信任,而甘心归服;小国若能对大国谦下有礼,自也可取得大国的兼畜,而对它平等看待。

无论是谦下以求小国的信任,或谦下以求大国的等视,都不外乎兼畜或求容对方。故而为了达到目的,两国都必须谦下为怀。但是最要紧的,还是大国应该先以下流自居,这样天下各国才相安无事。

庄子从未提到"雌胜雄"这个观点,请参阅下文。

"海不辞东流(或下流)"——三十二章之一(《庄子》杂篇第二十四章《徐无鬼》)

第六十二节　善人之宝

道者,万物之奥。善人之宝,不善人之所保。美言可以市尊,美行可以加人。人之不善,何弃之有? 故立天子,置三公,虽有拱璧,以先驷马,不如坐进此道。古之所以贵此道者何? 不曰:求以得,有罪以免邪? 故为天下贵。

【语译】

道无所不包,是万物的隐藏之所。善人固然以它为宝,不肯离开它,就连恶人也需要它的保护。善恶原没有一定的标准,普通人把道之理说出,便可换得尊位,把道之理做出,就可高过他人。恶人只要明白大道,悔过自新,道又怎可能弃他们于不顾?

可见得道人,是最高贵不过的,即使得到世间的一切名位:或立为天子,封为三公,或厚币在前,驷马随后,还不如获得此道来得可贵。古人所以重视此道的原因是什么呢? 还不是因道以立身,有求就能得到,有罪就能免除吗? 所以说,道才是天下最贵重的。

何弃人?

"天所认为的小人,是世人眼中的君子;世人所认为的君子,是天眼中的小人。"——三十三章之七(《庄子》内篇第六章《大宗师》)

"知'道'最完备的人,没有追求,没有丧失,也没有抛弃。"——三十二章之一(《庄子》杂篇第二十四章《徐无鬼》)

第六十三节　难　易

为无为,事无事,味无味。大小多少,报怨以德。图难于其易,为大于其细。天下难事,必作于易;天下大事,必作于细。是以圣人终不为大,故能成其大。夫轻诺必寡信,多易必多难。是以圣人犹难之,故终无难矣。

【语译】

众人是有所为而为,圣人是无所为而为;众人是有所事而事,圣人是无所事而事;众人是味有其味,圣人是淡而无味。众人是以大为大,以小为小;以多为多,以少为少;圣人是以小为大,以少为多。

众人德怨分明,常有以怨报怨,以德报德,甚或以怨报德的事;而圣人却是大公无私,无人我之分,也就无所谓德与怨。若在常人看来是德是怨,圣人宁可以德报怨;既能以德报怨,还有何怨可言?

天下的难事,必从容易的时候做起;天下的大事,也必从小事做起。所以圣人不肯舍小以为大;不舍小以为大,最后才能成其大。

圣人深知轻易许诺的人,必然少信用……把事情看得越容易的人,困难也越多。因此,他对人不肯轻易许诺,对事也宁愿把容易的看作艰难。虽说他以易为难,其实始终没有困难产生。

终不为大

以德报怨

"只有一任自然的人,才做得到受辱而不发怒的境界。"(《庄子》杂篇第二十三章《庚桑楚》)

第六十四节　终　始

其安易持,其未兆易谋,其脆易泮,其微易散,为之于未有,治之于未乱。合抱之木,生于毫末;九层之台,起于累土;千里之行,始于足下。为者败之,执者失之。是以圣人无为故无败,无执故无失。民之从事,常于几成而败之。慎终如始,则无败事。是以圣人欲不欲,不贵难得之货;学不学,复众人之所过。以辅万物之自然,

而不敢为。

【语译】

当世道安平的时候,是容易持守的;当事情还未见端倪的时候,是容易图谋的。脆弱的东西,容易分化;微小的东西,容易散失。因此,在事情还未发生时就处理,便容易成功;在天下未乱前开始治理,就容易见效。

合抱的大木,是从细小的萌芽生长起来的;九层的高台,是由一筐一筐的泥土建筑起来;千里的远行,是从脚下的举步开始走出来的。这些道理,都是化有事于无事,消有形于无形,其所作所为,仍是无所作,无所为;否则为者失败,执者丧失。圣人无为而为,所以不失败;不事执着,所以没有丧失。

普通人做事,往往到快成功的时候失败,便是因为不能始终如一。如果对于一事,自开始就循道而行,一直到最后还是一样谨慎,是绝不可能失败的。

圣人深知此理,所以不与众人的行事和居心一样,众人喜爱的是难得的财货,圣人偏好的却是众人所不喜欢的;众人喜好追逐知识,卖弄聪明,结果弄得满身过错;圣人却排除后天的妄见,不学众人所学的妄知。

那么圣人究竟是怎样的人呢?他确守无为的道体,辅助万物的自然发展,而不敢有所作为。

一、慎终如始

用拳技角力的,起初大家是明来明去地游戏,后来就慢慢暗里使用阴谋来伤害对方;在正式场合饮酒的,起先是规规矩矩地欢聚,结果逐渐迷醉昏乱,做出淫荡的游戏。凡事莫不如此。起初诚信,到后来总是以欺诈结束;开始本很简单,结果反而复杂艰巨。

(《庄子》内篇第四章《人间世》)

二、学众人之所过

在世俗修养本性的人,常以世俗的学识,来恢复自己的本性;受世俗物欲扰乱的人,常想求世俗的大道来平复。这些人乃是世上最愚昧不过的人。

(《庄子》外篇第十六章《缮性》)

第六十五节　大　顺

古之善为道者，非以明民，将以愚之。民之难治，以其智多。故以智治国，国之贼；不以智治国，国之福。知此两者亦稽式。常知稽式，是谓玄德。玄德深矣远矣；与物反矣，然后乃至大顺。

【语译】

古时善于以道治国的人，不要人民机巧明智，而要人民朴质敦厚。百姓智巧诡诈太多，就难以治理。如果人民多智，治国的人又凭自己的智谋去治理他们，那么上下斗智，君臣相欺，国家怎会不乱！

如果治国者不用智谋，不显露自己的本领，不开启人民的智谋，只以诚信待民，则全国上下必然相安无事，这岂不是国家的一大福祚？

"以智治国"和"不以智治国"是古今治乱兴衰的标准界限。若能常怀这种标准在心，不以智治国，必能与道同体，而达玄德的境界。

玄德既深又远，不同于普通的物事。当玄德愈见真朴时，万物也就回归了自己的本根，然后才能完全顺合自然，与道一体。

近代的读者几乎乏人同意老子无政府主义的"弃智"和"愚民"的学说。主要的原因就是：老子所说黄金时代的单纯思想，把人带进了退步的世界。

读者或许还记得：老子的哲学思想是反"多智"和"多学"的。他不但坚持人民要回复原始的单纯，君王和圣者更应做到这个地步：导致无政府主义产生的因素，是由于当时的政治混乱，人们智力的发展与道德的滋长已大不平衡的缘故。

我曾在十九章之一介绍过庄子那时代的混乱，这些混乱大多是由一些学者名师引起的。当时的学者，利用人民疲于应付战乱、税金、征兵的机会，一国一国地去宣传他们所谓的和平之道。于是，理想主义的儒家高唱仁义之教，现实主义的政客广布无益的策略之说。

他们都为自己闯出了名声，却把各国的君主带进纷扰的世界，这种现象在当时已蔚然成了潮流。

庄子特别针对那些旅游学者造成的纷扰，提出抗议。他觉得，这些人未免太小题大做了。

一、天下大乱之始

现在弄得百姓无时不仰头举足,寻求安全的处所。只要听到有人说:"某地方有贤人。"便不顾一切地背着粮食,内弃双亲,外抛君主,急驰千里,到达别国的疆域。这都是治者喜欢智识的结果。上位的人一旦喜欢智慧,忽视大道,天下也就大乱。怎么会有这种结果呢?

譬如说:弓、箭、毕、戈等东西一多,飞鸟就困扰;钓、饵、网等东西一多,水中的鱼便混乱;栅、网、阱等东西一多,林中的野兽便慌张;懂得欺诈、狡猾、奸佞的知识愈多,世人就愈会被口辩所迷惑。

世人只知追求不知道的外在知识,而忽略了保守已具有的内在本性;只知批评别人的过错,不知省察自己的错失,天下岂有不乱之理?甚至还连带影响到日月的光辉,山川的精气,四时的运行。这些若受到蒙蔽的扰乱,即使那没有脚的爬虫、空中飞的昆虫,也会跟着失去了他们的本性,这实在是好智引起的大乱啊!

自三代以来,天下就已经是这样了。人们抛弃纯朴,喜好狡诈;不用无为,反用争辩:单单争辩一项,就已足够把混乱带给天下。

(《庄子》外篇第十章《胠箧》)

导致大乱的原因,除了儒墨之教的盛行,便是曾在十九章之二提到的民情变化。

二、"圣人"伤人性

马的本性原是:饥渴时吃草喝水,高兴时交颈摩擦,愤怒时背立相踢。如果用衡轭驾驭它,用月题限制它,它立刻就知道如何睥睨怒视,曲颈猛突,诡诈吐吐衔,暗中咬嗒来对抗。马所以能有这般狡诈的智力,乃是伯乐的罪过啊!

上古赫胥氏时,百姓安居无为,步行无为;饿了便吃,饱了便遨游四方,过着无忧无虑的生活。但是,到后世圣人治理天下的时候,便开始创设礼乐来改变世人的行为,高悬仁义来安抚天下的人心。百姓因而竭力追求智巧,贪慕利禄,而不知停止,这又是圣人的过错啊!

(《庄子》外篇第九章《马蹄》)

三、吃人的言：儒家"解决困难之愚行"

庚桑楚说："自从尧、舜以来，治者便开始尊敬贤人，擢用才能，优待善人，并给予利禄……

"实在说来，那尧、舜二人又有什么值得让人称颂的地方？他们像在断垣残壁中种植杂草样地穷于无味的争辩，又像是选长发梳洗，数米粒煮饭地困于乏味的计较中，这样又如何能救世呢？

"要知道：推举贤能，百姓就会有所图谋；任用才智，百姓便会彼此相欺。这些方法不但不能使百姓淳厚，反而给他们制造了谋利的机会，于是，子弑父，臣弑君，白昼抢劫，正午行窃的层出不穷。

"我告诉你吧！社会大乱的原因，必定是起自尧、舜的时代。它不但影响到现在，更会波及千年以后的社会，到那时，人吃人的事是绝对避免不了。"

(《庄子》杂篇第二十三章《庚桑楚》)

四、回返本性：海鸟的寓言

从前，有只海鸟降落在鲁国的郊外，鲁侯把它载进庙堂，献酒给它喝，奏《九韶》乐给它听，还备办了丰盛的筵席请它吃。但那海鸟，由于心内太过悲伤，以致粒米未进，滴酒未沾，过了三天就死了。

这是用"养人之道"来养鸟，不是用"养鸟之道"来养鸟啊！用"养鸟之道"来养鸟的，应当是让鸟在深林里栖止，在沙滩边遨游，在江湖上漂浮；应当用泥鳅喂它，随它自由翱翔，自由栖息才对。

若是以"养人之道"来养鸟，便违反了它的本性。事实上，它连人说话的声音都不喜欢听，要那些噪人的音乐有什么用？以此养鸟，岂不是太愚蠢了。

(《庄子》外篇第十八章《至乐》)

请参阅十六章之四，庄子对"玄德"和"大顺"的描述。

江海所以能为百谷王者,以其善下之,故能为百谷王。是以圣人欲上民,必以言下之;欲先民,必以身后之。是以圣人处上而民不重;处前而民不害。是以天下乐推而不厌。以其不争,故天下莫能与之争。

【语译】

江海所以能成为百川之王,乃因它善于低下的地位。同样的道理,圣人要想高居民之上,必先心口一致地自以为下;想要居万民之先,必得迫而后动,感而后应,不得已而后才起。

因此,怀有处下居后心胸的圣人,虽处上位,却不威迫凌人,所以人民不以他为累。虽居民先却不多所更张,所以人民也不以人为善。天下人都乐意拥护他的缘故,就是因为他有这些处下居后的不争之德。因为不和任何人相争,天下也没有人能争得过他了。

如下人

"自以为不如别人的人,是绝对可以得到人心的。"(《庄子》杂篇第二十四章《徐无鬼》)

第七章之三也有类似的思想。

"海不辞东流(或下流)。"三十二章之一。

第六十七节　三　宝

天下皆谓我道大,似不肖。夫唯大,故似不肖;若肖,久矣其细也夫。我有三宝,持而保之。一曰慈,二曰俭,三曰不敢为天下先。慈故能勇,俭故能广,不敢为天下先,故能成器长。今舍慈且勇,舍俭且广,舍后且先,死矣!夫慈,以战则胜,以守则固。天将救之,以慈卫之。

【语译】

世人说我的道太大,天下没有可与它比拟的。不错,就因为道大,所以不像任何物体;如果它像某一样东西的话,岂不早就变成微不足道、不值一顾的东西了。

我以为,有三种宝贝是应当永远保持的:一种叫作慈爱,一种便是俭啬,还有一种就是所谓的"敢为天下先"。慈爱则视人民如赤子而尽力卫护,所以能产生勇气;俭啬则蓄精积德,应用无穷,所以能致宽广;不敢为天下先,所以反而能得到拥戴,作为万物之长。但如果舍弃慈爱而求勇敢,舍弃俭啬而求取宽广,舍弃退让而求取争先,那是走向死亡之路。三宝之中,慈爱最重要,以慈爱之心用于争战就会胜利,用来防守就能巩固。能够发挥慈爱之心的人,天也会来救助他,卫护他。

本章包含了老子最好的学说——爱。庄子除教人恬淡虚静外,并无哪章叙述这种思想。

第六十八节　不争之德

善为士者不武,善战者不怒,善胜敌者不与,善用人者为之下。是谓不争之德,是谓用人之力,是谓配天古之极。

【语译】

善于做将帅的,不会显出凶猛的样子;善于作战的人,不轻易发怒;善于克敌的人,不用和敌人交锋;善用人的人,反处于众人之下。这些是不和人争的德,就是利用别人能力的处下。能做到不争和处下这二者就是合"道"的极致了。

第六十九节　掩　饰

用兵有言:"吾不敢为主而为客,不敢进寸而退尺。"是谓行无行,攘无臂,扔无敌,执无兵。祸莫大于轻敌,轻敌几丧吾宝。故抗兵相若,哀者胜矣。

兵家曾说:"我不敢先挑起战端以兵伐人,只有不得已的情况才起而应战;在作战时也不敢逞强躁进,宁愿退避三舍,以求早弭战祸。"这样的作战就是:虽有行阵,却好像没有行阵列;虽要奋臂,却好像没有臂膀可举;虽然面敌,却好像没有敌人可赴;虽有兵器,却好像没有兵器可持。

但是,切莫看轻了敌人的力量,以致遭到毁灭的祸害。因为轻敌便违反了慈道。所以说,圣人不得已而用兵,但内心仍须怀着慈悲的心情而战。就因心存慈悲,才能得到最后的胜利。

下文取自庄子的精选,全为虚构。我囊括这些故事的原因是:一来故事本身有趣,二来它说明了公元前三四世纪已蔚成的思想形态。

论不战

大王亶父(周朝的祖先)居住在邠这个地方,受到狄人的攻伐。他送财帛给狄人,他们不接受,送犬马家畜也不接受;送珍珠宝玉,他们还是不接受。原来狄人要的竟是这块土地。于是,大王亶父对他的子民说:

"我不忍让各位因战争而失弟丧子,所以决定放弃这个地方远走他乡。你们留在这儿,做我的臣民和做狄人的臣民并没有什么不同。而且,我相信他们绝不会因为争土地而杀害百姓的。"

说完,就扶着杖离开了,跟在他身后的百姓不计其数。后来,他们到达岐山的下面,又建了一个国家。像大王亶父这样的人,可说是重视生命的人了。

越国人杀了三代的国君,王子搜非常忧虑,便逃到深山的洞穴里隐居起来。越国人没有国君,大为着急,四处找寻王子搜的下落,终于在洞穴里找到了他。但是,王子搜硬是不肯出来为王,越人只好用艾草熏他出来,强迫他坐上国君的车舆。

王子搜扶着车登上车座,便向天呼喊道:"做国君!做国君!你们为什么不让我离开呢?"王子搜并不是厌恶为王,而是担心为王的忧虑。像王子这样的人,可说是不肯以王位伤害生命的人,这也是越人苦寻他为王的原因。

韩国和魏国互相争夺土地。子华子拜见昭僖侯,见他面有忧色,便说道:"假如在你面前有一张铭约这么写着:'左手取到铭约就砍右手,右手取到铭约就砍左手。'但是取到铭约就有天下,你愿意去取吗?"

昭僖侯回答说:"不愿取。"

子华子说:"好,这么看来,你的两臂比天下重要多了。当然你的身体又比两臂贵重。如今,韩国并非天下,你们所争的东西更比不上韩国,你又何必为得不到那块土地而忧伤呢?"

昭僖侯说:"说得好。劝我的人不少,从未听过这样的话。"

子华子可说是知道事情轻重的人。

(《庄子》杂篇第二十八章《让王》)

第七十节　不我知

吾言甚易知,甚易行。天下莫能知,莫能行。言有宗,事有君。夫唯无知,是以不我知,知我者希,则我者贵。是以圣人被褐而怀玉。

【语译】

我的言论很容易了解,既很容易明白,那也就很容易实行。可是天下人却不能明白,又不肯照着去做:一再惑于躁欲,迷于荣利。事实上,我的言论以道体的自然无为为主旨,行事以道体的自然无为为根据,这有什么难知难行的呢?

正因为他们不了解我这些言论,所以也就不能了解我。了解我的人愈少,取法我的人也就愈少。大道唯其如此不行,圣人才不得不外同其尘,内守其真。

第七十一节　病

知不知,尚矣;不知知,病也。夫唯病病,是以不病。圣人不病,以其病病。

【语译】

已经知道真理却自以为不知的人,是最高明的人;根本不认识真理,却自以为知道的人,是患了谬妄的病症。认为这种病是病的人,便得不着这种病。圣人所以不患此病的原因,就是因为他知道这种病的缘故!

"不知便是知,知反而就是不知了。"——一章之一(《庄子》外篇第二十二章《知北游》)

"你知道你所'知道'的,其实是'不知'吗?"——五十六章之三(《知北游》)

第七十二节　论罚（一）

民不畏威，则大威至。无狎其所居，无厌其所生。夫唯不厌，是以不厌。是以圣人自知不自见，自爱不自贵。故去彼取此。

【语译】

人民一旦不害怕统治者的威势，则更大的祸乱就会随之而来。因此，执政权的人，不要逼迫人民的生存，使他们得不到安居；不要压榨人民的财货，使他们无法安身。能不如此，人民才不会厌恶你，才不会带来莫大的祸乱。

所以，圣人虽是自知己能，却不自我显扬；虽自爱己力，也不自显高贵，只是采取"无为""处下"的态度顺民而已。取前者而舍后者，又怎会陷民于不安？

第七十三节　论罚（二）

勇于敢则杀，勇于不敢则活。此两者，或利或害。天之所恶，孰知其故？是以圣人犹难之。天之道，不争而善胜，不言而善应，不召而自来，绰然而善谋。天网恢恢，疏而不失。

【语译】

勇于表现刚强的人，必不得善终；勇于表现柔弱的人，则能保全其身。这两者虽同样是"勇"，但勇于刚强则得害，勇于柔弱则受利。天为什么厌恶勇于刚强的人，没有人能知道为什么？所以，圣人也以知天为难，何况一般人呢？

天之道是不争攘而善于得胜，不言语而善于回应，不召唤而万物自归，宽缓无心而善万物筹策。这就好像一面广大无边的天网一样，它虽是稀疏的，却没有一样的东西会从中漏失。

第七十四节　论罚（三）

　　民不畏死，奈何以死惧之？若使民常畏死，而为奇者，吾得执而杀之，孰敢？常有司杀者杀，夫代司杀者杀，是谓代大匠斫。夫代大匠斫者，稀有不伤其手矣。

【语译】

　　人民若饱受虐政苛刑，到了不怕死的地步，以死来威胁他又有何用？假使人民怕死，一有着奸犯法的人，就抓来杀死，那么还有谁敢再做坏事，触犯刑罚？但事实并不如此，天下刑罚何其多，犯法的人却并未止步；万物的生死，早操在冥冥中司杀者的手中，又何必人去参与其谋？

　　但是，世上一般的执政者，往往凭自己的私意枉杀人命。替代冥冥司杀者的职责，还自以不是替天行道，这就好像不知技巧而去替木匠砍斫木头一样。凡是代木匠砍斫木头的人，少有不砍伤自己的手的。

　　七十二、七十三、七十四等章所说，都是老子的"罪罚论"。有关"犯罪的起源"，请参阅五十七章之二。

　　"自三代以后，统治天下的人，每每以赏罚为治理天下的手段，在这种情况下生活，百姓的情性又怎么能得到宁静？"——三章之四（《庄子》外篇第十一章《在宥》）。

　　"道德从此要衰废，刑罚从此必畅行。"——十七章之二（《庄子》外篇第十二章《天地》）。

第七十五节　论罚（四）

　　民之饥，以其上食税之多，是以饥。民之难治，以其上之有为，是以难治。民之轻死，以其上求生之厚，是以轻死。夫唯无以生为者，是贤于贵生。

【语译】

　　人民为什么饥饿？因为在上的人聚敛太多，弄得人民无法自给，所以才饥饿。

人民为什么难治？因为在上的人多事妄作，弄得人民无所适从，所以才难治。人民为什么不怕死？还不是因在上的人奉养过奢，弄得人民不堪需索，所以才轻死。

假使在上的人，能够看轻自己的权势，恬淡无欲，清静无为，那么，比起贵生厚养，以苛政烦令需索来压榨人民，就要好多了，这种情形也就不会产生了。

"百姓是很容易和平相处的。"——十七章之一（《庄子》杂篇第二十四章《徐无鬼》）

重视养生之道

中山公子车谓瞻子说："我虽身隐江海之边，心却还留恋着朝廷的荣华，请问我该怎么做才能身心如一呢？"

瞻子说："首先，你得重视养生之道。因为重视生命，就会轻视利禄。"

（《庄子》杂篇第二十八章《让王》）

第七十六节　强　弱

人之生也柔弱，其死也坚强。草木之生也柔脆，其死也枯槁。故坚强者死之徒，柔弱者生之徒。是以兵强则灭，木强则折，强大处下，柔弱处上。

【语译】

人活着的时候，身体是柔软的；死了以后，就变得僵硬。草木活着的时候，形质是柔弱的；死了以后，形质立刻转为枯槁。所以说，凡是坚强的都是属于死亡的类型；凡是柔弱的，都是属于生存的类型。

从用兵逞强反而不能取胜，树木强大反而遭受砍伐来看，凡是强大自夸，心想要高居人上的人，结果必被厌弃，反居人下；而那些柔弱自守的人，最后终必受人推戴，反居人上。

第七十七章　张　弓

天之道，其犹张弓与！高者抑之，下者举之；有余者损之，不足者补之。天之道，损有余而补不足；人之道，则不然，损不足以奉有余。孰能有余以奉天下？唯有道者。是以圣人为而不恃，功成而不处，其不欲见贤。

【语译】

天道的作用，好像把弦系在弓上一样。弦位高了，便压低它；弦位低了，便抬高它；弦过长了，便减短；弦过短了，便补足它。天之道，也正是如此。

人之道就不是这样了。天道，是损有余而补不足；人道，乃是损不足以奉有余。那么，谁才能善体天道，把有余的奉献给天下呢？只有得道的人，才做得到啊！

体道的圣人，作育万物，却不自恃己能；成就万物，也不自居其功。能如此做到无私无欲，因任自然，不想表现自己，才能体察天之道，才能把有余的奉献天下。

足就是福

足够是福，有余是祸，凡物莫不如此，其中尤以财货的为害最大。

（《庄子》杂篇第二十九章《盗跖》）

本精选乃取自"伪作。"

第七十八节　莫柔于水

天下莫柔弱于水，而攻坚强者莫之能胜。以其无以易之。弱之胜强，柔之胜刚，天下莫不知，莫能行。是以圣人云："受国之垢，是谓社稷主；受国不祥，是谓天下王。"正言若反。

【语译】

天下没有一样的东西比水还柔弱，但任何能攻坚克强的东西，却都不能胜过水,世上再没有别的东西可以替换它,也再没有比它力量更大的东西。

世人皆知弱胜强,柔胜刚的道理,却无法付诸实行,主要的原因,乃在人们爱逞一时的刚强,而忽略了永久的平和。

所以圣人说:"能承受全国的污辱,才配做社稷之主;能承受全国的灾祸,才配做天下之王。"这就是"正言若反"——合于真理的话,表面上多与俗情相反——的道理。

"恃兵之险"——参阅三十章之一。

"弱胜强"——参阅十四章之二。

"能为国家受污辱的,才配做社稷之主。"——参阅序文。这是老子的基本学说。

第七十九节　平　治

和大怨,必有余怨,安可以为善?是以圣人执左契,而不责于人。有德司契,无德司彻。天道无亲,常与善人。

【语译】

既有大的怨恨,纵使把它调解,心中必然还会有余怨,这岂是好的方法?所以圣人治理天下,守柔处下,就好像掌握左契,只向人而不向人索取,是不会去苛责百姓的。如此,则上下相和,仇怨根本不会产生,还有什么大怨要调解的?

因此,有德的君主,就如同持着左契,只向人而不索取于人,人心无怨;无德的君主,就如同执掌赋税,只给人索取而不给人,人多生怨。给而不取,合于天道;天道虽毫无偏私,而没有私亲的天道,却常常在帮助那有德的人!

一、盟约的无益

用不公正的态度达到和平,即使和了也不是真和;用虚言来发誓,即使表面上看来诚信,事实上还是伪誓罢了。明智的人常被物所役使,神人却直追真理而行,这两者本已差距很远。而那愚昧的人,却仍仗恃着自己的见识,沉迷于无谓的争执,不时劳苦自己的形体,这不是太可悲了吗?

(《庄子》杂篇第三十二章《列御寇》)

二、天子

人民紧随不舍的人，叫作天民；天所佑助的人，就叫作天子。

（《庄子》杂篇第二十三章《庚桑楚》）

第八十节　理想国

小国寡民，使有什伯之器而不用，使民重死而不远徙。虽有舟舆，无所乘之；虽有甲兵，无所陈之。使民复结绳而用之。甘其食，美其服，安其居，乐其俗。邻国相望，鸡犬之声相闻，民至老死不相往来。

【语译】

理想的国家是这样的：国土很小，百姓不多，但他们有用不完的器具，并且重视生命而不随处迁徙。这样，虽有舟车，却无可用之地；虽有武器，也没有机会陈列。使人民恢复到不用文字，不求知识的结绳记事时代，有甜美的饮食，美观的衣服，安适的居所，欢乐的习俗，大家无争无隙。

因为都是小国，所以各国的人民彼此都可看到，鸡鸣狗吠的声音也可以听见，虽然如此，但因生活的安定，彼此之间的人民却到老死，也不会离开自己的国家，与邻国的人互相往来。

至德的时代

你难道没有听说过至德的时代吗？那时容成氏、大庭氏、伯皇氏、中央氏、栗陆氏、骊畜氏、轩辕氏、赫胥氏、尊庐氏、祝融氏、伏羲氏、神农氏等人所治理的百姓，没有过分的要求，只知结绳记事，吃的合口，穿的合身，居住安适，风俗纯朴就可以了。

虽然他们的都邑彼此相连，鸡犬之声时有耳闻，但两地的百姓直到老死也不会离开自己的国家，与别国的人互相交往。那个时代，才是真正的太平啊！

（《庄子》外篇第十章《胠箧》）

第八十一节　天之道

信言不美，美言不信。善者不辩，辩者不善。知者不博，博者不知。圣人不积，既以为人，已愈有；既以与人，已愈多。天之道，利而不害；圣人之道，为而不争。

【语译】

真实的话不悦耳，悦耳的话不真实。行善的人，不需言辩；好辩的人，行为反非至善。真正聪明的人深求事理，所以知道的并不多；知识广博的人，不求深理，所以不就是真知。

圣人不私自积藏，以虚无为体，以无用为用，他尽量帮助别人，自己反而愈充足；他尽量给予人，自己反而更丰富。天道无私，对于万物有利而无害。圣人善体天道，所以，他的道是施给而不和人争夺的。

一、信言不美

"会叫的狗不见得好；会说话的人，也不见得聪明贤能。"——三十二章之一
（《庄子》杂篇第二十四章《徐无鬼》）

"学问渊博的人，不必有真知；善于辩论的人，不必有智慧。"——四章之一
（《庄子》外篇第二十二章《知北游》）

二、既以与人

真人的神灵，经过泰山没有阻碍，潜入深泉不会浸湿，位居卑贱不觉疲惫。其神充满天地之间而无所不在，这是因为他给人愈多，自己就愈见充实。

（《庄子》外篇第二十一章《田子方》）

三、哪里去找忘言的人

鱼饵是捕鱼的工具，捕到了鱼。就可忘掉鱼饵；兔阱是捕兔的工具，捕到了兔，

也就可把兔阱忘掉。语言是表达感情和思想的工具，了解了情意，自然就该把语言忘记。但是我到哪里才能遇到忘言的人，而和他交谈呢？

"有用言语表达的事理，也有用心意推测的事理。但是，你说得愈多，离开原意也就愈远了。"

（《庄子》杂篇第二十六章《外物》）

想象的孔老会谈

这是庄子虚构的故事，他本人也承认自己的作品中，十之八九都是寓言。他详述哲学思想的方法，往往是以历史上、传说中，或自己虚构的人物为主，不时为这些主角安插谈话的机会。

因此，在他的作品里，充满了无法逐字记载的会话。只要看过云将和鸿蒙，光曜与泰清，黄帝，无为和无始，以及"伯昏无人"和"叔山无趾"等人的会谈故事，就不难明白他的取材了。

本篇描述虽为想象，但其间也会提到不少孔、老时代的历史事实。一般传言，老子较孔子年长，而孔子一生只见过他一次。当然，由道家经手的文章，总是把孔子描写为接受劝告，而不是给予劝告的人。

孔老会谈

在《庄子》这本书里，孔子以不同的会谈方式出现了有四五十次之多，其中还包括了孔子的弟子——颜回和子贡与道家圣者邂逅的趣闻。

孔老会谈共有八篇，其中之一已在第四章之一介绍过。

一

孔子想要西行至周，把他那些珍贵的书藏在周室。子路思考了一会儿，便对他说："听说周室有个掌管图书的人，名叫老聃，现在已退职归隐，老师如果要藏书，不妨找他试一试。"

孔子说:"好吧!"

于是孔子到了老聃的住所,请求他代理藏书,老子说什么都不答应,孔子只得用十二经来向他解说。还没有说完,老子就打断他的话:"你说得太复杂了,还是告诉我一些简要的思想吧!"

孔子说:"最简要的就是仁义。"

老子问:"请问仁义是不是人的本性?"

孔子说:"是的,君子如果不仁便成不了德,不义就没有正当的生活方式。仁义实在是人的本性。否则,除了仁义还有什么可做的?"

老子又问:"请问什么叫作仁义?"

孔子说:"心中坦诚欢乐,博爱无私,便是仁义的本质。"

老子说:"唉!你这是近似后世浮华的言论啊!说到兼爱,那不就迂腐了吗?所谓的无私,才是真正的偏私啊!如果你真想使得天下苍生皆有所养,何不顺着天道而行?要知道,天地本有一定的常道,日月、星辰也自有其光明和行列,禽兽本有群类,树木也各自生长。

"你又何必高举仁义,生怕众人不知似的,拼命击鼓去找寻那迷失的人呢?你这么做,是在迷乱人的本性啊!"

(《庄子》外篇第十二章《天道》)

二

孔子已五十一岁了,还不曾听过大道的事,于是他南行到沛这个地方去见老聃。老聃看他来了,便说道:"听说你是北方的贤人,是不是已经悟解大道了?"

孔子说:"还没有。"

老子又问:"你怎么去寻求的?"

孔子说:"我从制度上寻求,已经有五年了,可是到现在还没有得到。"

老子再问:"那么,你是如何寻求真理的?"

孔子答道:"我从阴阳变易的道理中寻求,已经有十二年了,仍未得到。"

老子说道:"不错。假如道是可以贡献的,没有一个人不把它当作礼物送给国君;假如道是可以进奉的,没有一个人不把它拿去进奉给双亲;假如大道可以说给人听,那么人们早就告诉自己的弟兄了;假如大道是可以传授的,人们也早就传给了自己的子孙。"

"但是,直到现在还没有一个人得到'道',没有别的缘故,实在是因为本心还

没有领受到大道的本质。本心不曾领受，大道怎会留止？何况在外没有与本心配合的对象，大道自然也难于运行。"

"若出自本心，外在不能接受的，圣人就不会拿来传授；若是出于外在，其本心又无法接受的，圣人也不会强迫自己来接受。要知道，名声是天下共用的，不可多取，多取便容易造成混乱；仁义，是先王的旅舍，只可留宿一夜，若是久居常见，责难也就相继而起。"

"古代的圣人，时而假借仁道而行，时而寄托义理而止，没有一定的常迹，仅求能自由自在地遨游就够了。他们靠简陋的田地而活，赖荒芜的菜圃居住。然而，就因他逍遥自在，所以能无为；就因为简陋，所以容易生活；就因它荒芜，所以才没有损失。古人认为只有这样才是本真行为的表现。"

"显达的人，不能辞让禄位与人；有名望的人，也不能把声名让给别人；位高势大的人，更不能给人权柄。因为获得这项权柄的人，有了就害怕失去；真失去了又悲伤莫名。他们对这些权势毫无所知，却又渴慕那无休无止的物欲，自己陷身其中而无法自拔，这是上天给他们的惩罚啊！"

"恩、怨、取、与、谏、教、生、杀这八项，都是纠正人类行为的工具，只有顺从自然而不滞塞的人，才能使用这八项工具。所以说：'自己端正了，才能正人。'本心看不到这些道理的人，他的智机也就闭塞不明。"

（《庄子》外篇第十四章《天运》）

三

老子说："仁义就像朝眼睛撒灰沙一样，刹时分辨不清四周的方位；又像叮人皮肤的蚊虫，整夜叫人无法入眠。仁义伤人本性，迷人心智，从这里就可以看出。"

"如果你不希望天下人丧失纯朴的本性，就应该顺自然而动，世人自会树立自己的德性，又何必劳心费力，像那背着大鼓去找寻迷路小孩的人一样，大呼小叫地高喊仁义之说呢？"

"鸿鹄不是天天洗澡才洁白，乌鸦也不是天天染漆才变黑，它们黑白的本质，原是出于自然，不足以作为美丑的分别。那么，声名令誉又何尝能增益人的本性？"

"困在干泉里的鱼，彼此喘着气，吐着涎沫湿润对方以生，这样求生不是太痛苦了吗？还不如逍遥于江湖，彼此不认识来得好啊！"

（《庄子》外篇第十四章《天运》）

　　孔子对老子说:"我研究《诗》《书》《礼》《乐》《易》《春秋》六经,自以为研究的时间够久,书中的含义也够明白了,便去求见七十二位国君,和他们讨论先王之道,阐明周公、召公的政绩,但是没有一个国君肯听我的。要劝说人了解真理实在太难了。"

　　老子说:"你还算侥幸呢! 没有碰到一位真要治世的国君。否则,你那些'道'就行不通了。你所说的六经,是先王陈腐的遗迹,并不是先王的真迹! 所谓迹,只是鞋印,不是鞋子本身。"

　　"雌雄的水鸟相互凝视不动,自然就产生出幼鸟;雄虫在上鸣叫,雌虫在下应和,借着回声而受孕;还有一些雌雄同体的动物,因遥感而自生。它们的天性不能更改,命运也无法转移。这就跟时光不能停止,大道不可壅塞一样地自然。"

　　"得到道的人,任何地方都可去得;失去道的人,到哪里都行不通。"

　　孔子返回住所,三月不曾出门。不数日又来见老子说:"我知道了。鸟鹊孵卵而化育,鱼类传沫而生子,蜂类昆虫遥感而自生;尤其是那昆虫,一生下弟弟,哥哥就哭泣(因以母奶喂婴)。我已经有好长一段时间,没有和造化冥合。没有看到万物的天性,怎么能去教人呢?"

　　老子说道:"不错,你已经明白这个道理了。"

(《庄子》外篇第十四章《天运》)

五

　　孔子去见老子,老子刚洗过澡,正披头散发要晾干它。但见他木然直立的神情,煞是惊人,看起来就像是具尸体。孔子只得在外面等了一会儿,才再去求见,他说道:"是我眼睛看差了? 还是事实本就是如此? 刚才先生的形体就跟枯木一样,卓然直立若脱离了人世。"

　　老子说:"我正在万物刚开始的境界中游荡。"

　　孔子问:"这句话怎么说?"

　　老子答:"这种境界很难说得明白。不过,我还是把大概的情形告诉你吧! 天地的阴阳之气,本是一动(阳)一静(阴);静出于天,动来自地,阴阳相交,万物丛生。你可以看到这种现象的关系,却看不到阴阳两气的形体。

"阴消阳息,夏满冬虚,夜晦昼明,日迁月移等变化,无时不在进行,却看不到它的功能所在;生有起源,死有归宿,遗憾的是却又找不到它的端倪和穷尽。这一切的一切若非道在推动,那会是谁?"

孔子又问:"请问在万物刚开始的境界中闲游是什么感觉?"

老子回答说:"能够到达'道'的境界,必是最完美,最快乐的。也唯有至人才可以达到这种地步。"

孔子问:"你可以再详细地说说吗?"

老子答道:"譬如:食草的野兽,不怕移居草泽;生长水中的昆虫,不怕移居池沼。这是因为它们的变动少,没有影响到它们正常的生活。了解这个道理,那么,喜、怒、哀、乐的变化,也就扰乱不了我们的心怀,因为万物本就是同一的啊!"

"知道天下万物本为一的道理,便会视四肢百骸为尘垢,生死循环为昼夜一般,对那身外的得、失、祸、福再也不会去计较。能做到弃声名如抛泥土一样的人,知道本身的一切重于外在的得失,也就能与时俱变,不会因外界的变化而觉得丧失了什么。"

"何况那万物的变化,原就是无终无始,人心有什么好忧虑的?唉!唯有修道的人,才能了解这个道理啊!"

孔子问:"先生的德性已可配合天地,还需依赖'智言'来修养心性。古代的君子不知道修养心性的事,那么他们是怎么成为君子的呢?"

老子说:"你这就错了。拿水来说吧!水相冲激,自然成声,这是水的本质。至人的道德,也就像水激成声一样,是来自'自然',不是'修为'。

"天自然就有那么高,地自然就有那么厚,日月自然就有那么光明,难道它们又有什么修为吗?"

孔子回去后,把这些话告诉了颜回,然后说道:"对于大道,我就像瓮中的蠓虫一般,了解得太少。要不是先生为我启蒙,到现在我还不知道天地有多大呢!"

(《庄子》外篇第二十一章《田子方》)

六

孔子对老子说:"一些研究政治之'道'的人,常常为是非、可否的观点争执不下。辩论的人说:'离坚白、别同异是很容易的事,就好像把它们悬在屋角一样,是再简单不过了。'这种人可以称作圣人吗?"

老子回答说:"这种人和掌乐舞,掌占卜的官一样,被技能所累,不过是劳形伤身罢了。狗要不是因为会捕狸,怎会招来忧患?猿猴要:不是因为身手敏捷,又怎会被抓出山林的?丘啊!我告诉你一些你从未听过和你无法用言语表达出来的事吧!

"世上有头有脚、有始有终、无心无耳,而能自化的人很多,但却没有一人知道有形无形能同时存在,以及动若止,死若生,穷似达的道理。"

"治事在于随顺各人的本性,一任自然的发展,若是能忘掉周围的事物,忘掉自然,甚至能忘掉自己,就可以和自然冥合了。"

(《庄子》外篇第十二章《天地》)

七

孔子见了老子,回去后足足有三天不曾开口说话。

他的弟子问他说:"老师见了老子?给了他什么忠告呢?"

孔子说:"给他忠告?我到现在才看见龙啊!龙的精神相合就成妙体,迹散便成彩云,能够乘坐云气便能配合阴阳了。看到这种情形,我只有张口结舌的份,哪还能给他什么忠告!"

子贡说:"这么说,真有人能够达到,静时若尸体,动时似神龙,说话时如雷霆,沉默时若深渊,发动时又若天地般地不可测度吗?我可不可以去看他呢?"

于是就以孔子的名义去拜见老子。老子盘坐堂上,细声问他:"我年纪已经老迈了,你还有什么要规劝我的?"

子贡说:"那三皇五帝治理天下的方法虽不同,人们爱戴他们的心却是一样,为什么独有先生认为他们不是圣人?"

老子说:"年轻人,你走前来,告诉我你怎么知道他们治理的方法不同?"

子贡回答说:"尧让位给舜,舜让位给禹,禹因治水而得天下,汤因吊民伐罪,以武力得到天下;文王顺从纣王,不肯悖逆;武王却背叛纣王,不肯顺从,这就是他们不同的地方。"

老子说:"年轻人,你再走前来,我告诉你三皇五帝是怎么治理天下的:黄帝治理天下时,人必纯一,纵使双亲去世也不会哭泣,而人们并不以为这有什么不对。

"尧治理天下时,使人尊敬双亲,疏远别人,人们也不以为这有什么不对。到舜治天下时,人心相竞,孕妇十个月就生孩子,婴儿长到五个月就会说话,不到三岁,便知道人我的分别了,早夭的情形,从此开始出现。"

"禹治理天下时,使有心机的人,以杀伐为顺天应人,自认为诛杀盗贼不算是

杀。于是群党自立,儒墨大兴,开始时还算合理,现在竟成了漫天瞎谈的乌合之众。"

"三皇五帝治理的天下,名义上说是治理,事实上却是祸乱的根源。他们的智慧,蒙蔽了日月的光明,消灭了山川的英华,扰乱了四时的运行,其智比蝎子的尾巴,罕见的鲜规野兽还要惨毒。他们安不了人们的本性,还自以为是圣人,未免太可耻了!"。

子贡听了,顿时脸色大变,坐立不安。

(《庄子》外篇第十四章《天运》)

特别提示:

本书在编写过程中,借鉴和参考了大量文献和作品,谨向诸位专家、学者致以崇高的敬意。但由于部分作者的地址或姓名不详等原因,截至发稿之前,仍有部分作者没有联系上,但出版时间在即,只好贸然使用,不到之处,敬祈谅解,在此也敬启作者、见书后,将您的信息反馈与我,我们将按国家规定,第一时间对相关事宜做出妥善处理。

联系电话:010-80776121　　　　联系人:马老师